全国中级注册安全工程师职业资格考试辅导教材

安全生产专业实务

精讲精练

煤矿、金属非金属矿山、金属冶炼及其他安全技术

宋大成　主编

内 容 提 要

本书介绍了《中级注册安全工程师职业资格考试大纲》（2019 版）在“安全生产专业实务”部分列出的煤矿、金属非金属矿山、金属冶炼安全技术内容的要点，并给出了相关模拟试题。对于“其他安全技术”，阐述了烟花爆竹、民用爆炸物品、电力、石油天然气开采安全技术要求，并给出了相关模拟试题。前四章的每章最后一节给出了相关行业事故案例分析，第五章给出了具有共性参考意义的事故案例分析。

本书是中级注册安全工程师职业资格考试的简明、高效的辅导教材，也有益于高级和初级注册安全工程师职业资格考试。本书可用于注册安全工程师继续教育。本书同时是安全生产培训的好教材。

图书在版编目（CIP）数据

安全生产专业实务精讲精练：煤矿、金属非金属矿山、金属冶炼及其他安全技术 / 宋大成主编. 一北京：中国电力出版社，2019.6

全国中级注册安全工程师职业资格考试辅导教材

ISBN 978-7-5198-2249-1

Ⅰ. ①安… Ⅱ. ①宋… Ⅲ. ①安全生产–资格考试–自学参考资料 Ⅳ. ①X93

中国版本图书馆 CIP 数据核字（2018）第 159803 号

出版发行：中国电力出版社
地　　址：北京市东城区北京站西街 19 号（邮政编码 100005）
网　　址：http://www.cepp.sgcc.com.cn
责任编辑：未翠霞（010-63412611）
责任校对：黄　蓓　朱丽芳　闫秀英
装帧设计：王英磊
责任印制：杨晓东

印　　刷：北京天宇星印刷厂
版　　次：2019 年 6 月第一版
印　　次：2019 年 6 月北京第一次印刷
开　　本：787 毫米×1092 毫米　16 开本
印　　张：26
字　　数：622 千字
定　　价：98.00 元

前　言

本书是中级注册安全工程师职业资格考试辅导教材。

本书依据《中级注册安全工程师职业资格考试大纲》（2019 版）“安全生产专业实务”部分关于煤矿、金属非金属矿山、金属冶炼安全技术和其他安全技术的要求及最新修订的相关法规编写。

本书前四章首先列出考试大纲要求的相关内容，内容简明清晰，然后给出模拟试题（单选题）；最后一节给出了相关行业事故案例分析。

第五章给出了具有共性参考意义的事故案例分析。

案例分析的客观试题中，带星号的表示多选题，否则为单选题。

本书编写人员如下：

第一章：李增峰、王伯文、宋大成

第二章：宋大成、崔明江

第三章：倪凯、宋大成、李兴隆

第四章：宋大成、买买提·克力木、马献军、崔明江

第五章：宋大成

目录

前言

第一章　煤矿安全技术……1
第一节　煤矿开采技术基础……1
第二节　煤矿通风技术……6
第三节　瓦斯防治技术……13
第四节　防灭火技术……20
第五节　粉尘防治技术……24
第六节　防治水技术……30
第七节　地压灾害防治技术……36
第八节　爆破技术……40
第九节　机电运输技术……48
第十节　露天开采技术……56
第十一节　排土场及矸石山灾害防治技术……63
第十二节　矿山救护……67
第十三节　煤矿事故案例分析……73
第二章　金属非金属矿山安全技术……81
第一节　矿山通风技术……81
第二节　矿山地压灾害防治技术……87
第三节　矿山水灾防治技术……95
第四节　爆破危害防治技术……101
第五节　矿井火灾防治技术……104
第六节　提升与运输危害防治技术……110
第七节　露天矿山边坡灾害防治技术……123
第八节　排土场（废石场）灾害防治技术……126
第九节　尾矿库灾害防治技术……134
第十节　矿山机械、电气、高处坠落伤害和地下空区危害防治技术……146

第十一节　矿山自然与地质灾害防治技术……156
第十二节　金属非金属矿山事故案例分析……160
第三章　金属冶炼安全技术……168
第一节　冶金和有色金属行业主要生产工艺和安全生产特点……168
第二节　烧结球团安全技术……174
第三节　焦化安全技术……181
第四节　炼铁安全技术……193
第五节　炼钢安全技术……200
第六节　轧钢安全技术……210
第七节　有色金属压力加工安全技术……216
第八节　煤气安全技术……220
第九节　冶金企业常用气体安全技术……230
第十节　铝冶炼安全技术……238
第十一节　重金属及其他有色金属冶炼安全技术……248
第十二节　金属冶炼事故案例分析……252
第四章　其他安全技术……258
第一节　烟花爆竹安全技术……258
第二节　民用爆炸物品安全技术……268
第三节　电力安全技术……298
第四节　石油天然气开采安全技术……330
第五节　事故案例分析……349
第五章　具有共性参考意义的事故案例分析……371
模拟试题答案……403
参考文献……407

第一章

煤矿安全技术

第一节　煤矿开采技术基础

一、煤矿开采的基本安全条件

（1）矿井有及时填绘的反映实际情况的井上下对照图、采掘工程平面图、通风系统图和避灾路线图等图纸资料。

（2）矿井有至少两个独立的能够行人并直达地面的安全出口，出口之间距离不得小于30m。井下每一个水平、每一个采区至少有两个便于通行的安全出口，并与直达地面的安全出口相连接。

（3）矿井在用巷道净断面应能满足行人、运输、通风和设置安全设施的需要。矿井主要运输巷、主要风巷的净高不得低于 2m，采区上、下山和平巷的净高不得低于 1.8m，采煤工作面出口 20m 内巷道的净高不得低于 1.6m。

（4）采煤工作面至少保持 2 个畅通的安全出口，一个通到回风巷，另一个通到进风巷。因煤层赋存条件限制确实不能保持 2 个安全出口的，必须制订经县级以上主管部门批准的专项安全技术措施。

（5）矿井各煤层有自燃倾向性和煤尘爆炸性的鉴定结果。

（6）矿井应当具备完整的独立通风系统。关于通风的要求见第二节。

（7）高瓦斯、煤与瓦斯突出矿井应有瓦斯抽采措施，并装备安全监控系统。高瓦斯掘进工作面采用专用变压器、专用电缆、专用开关，实现风电、瓦斯电闭锁。开采煤与瓦斯突出危险煤层的，应有预测预报、防治措施、效果检验和安全防护的综合防突措施。

（8）矿井应当配备足够的专职瓦斯检查员和瓦斯检测仪器。

（9）矿井有完善的防尘供水系统、防排水系统和火灾防治措施及设施。

（10）矿井应当保证双回路电源线路供电。年产 6 万 t 以下的矿井采用单回路供电时，必须设置满足要求的备用电源。

（11）矿井提升使用矿用提升绞车，并装设齐全的保险装置和深度指示器。立井升降人员应当使用罐笼或带乘人间的箕斗，并装设防坠装置。斜井运送人员应当使用专用人车，并装设防跑车装置。

（12）矿井应有完善可靠的通信系统，保持矿内外、井上下和重要场所、主要作业地点通信畅通。

（13）煤矿井下爆破，须按矿井瓦斯等级选用相应的煤矿许用炸药和雷管。

二、开拓方式

矿井开拓方式指开拓巷道在井田内的布置形式。

1. 斜井开拓

利用倾斜巷道由地面进入地下到达煤层的开拓方式。分为片盘斜井式和斜井分区式。

2. 立井开拓

立井开拓是利用垂直巷道（进井筒）由地面进入，并通过一系列巷道到达煤层的开拓方式。当井田的冲积层较厚，水文地质条件比较复杂或煤层埋藏较深时，一般用立井开拓，分为立井单水平和多水平分区式开拓方式。

立井开拓的优点：开采水平深度变大时，井筒短，提升速度快，提升能力大。缺点：与斜井开拓相比，立井井筒掘进及延深需要较高的技术，井筒开凿需要的设备多，掘进速度慢，井筒装备复杂，基本建设投资大。

3. 平硐开拓

利用水平巷道从地面进入地下，并通过一系列巷道通达矿体的开拓方式。分为走向平硐、垂直平硐和阶梯平硐。

优点：投资少，占用设备少，施工技术简单，出煤快，矿井开拓、运输、排水等系统简单，省去了提升、排水等环节及其设备和动力。

4. 综合开拓

在复杂的地形、地质及开采技术条件下，采用单一的井筒形式开拓，在技术上有困难、经济上也不合理。采用立井、斜井、平硐等任何两种或两种以上的开拓方式，称为综合开拓。

三、巷道掘进安全要求

在岩（煤）体中，采用一定的手段把岩石（煤）破碎下来，形成地下空间，接着对这个空间进行支护的工作，叫巷道掘进。

掘进主要工序有：破岩、装岩、运输、支护；辅助工序有：排水、掘砌水沟、通风、铺轨和测量等。

在掘进巷道中，破碎岩石是一项主要工序。常用的方法有钻眼爆破破岩法和掘进机破岩法。

巷道掘进安全要求如下：

（1）掘进工作面严禁空顶作业。靠近掘进工作面 10m 内的支护，在爆破前必须加固。爆破崩倒、崩坏的支架必须先行修复，之后方可进入工作面作业。

（2）棚架支护时棚架之间应设牢固的撑木或拉杆。可缩性金属支架应用金属支拉杆，并用机械或力矩扳手拧紧卡缆。巷道砌碹时，碹体与顶帮之间必须用不燃物充满填实；巷道冒顶空顶部分，可用支护材料接顶，但在碹拱上部必须充填不燃物垫层，其厚度不得小于 0.5m。

（3）更换巷道支护时，在拆除原有支护前，应先加固临近支护；在倾斜巷道中，必须有防止矸石、物料滚落和支架歪倒的安全措施。

（4）采用锚杆、锚喷等支护。

1）锚杆、锚喷等支护的端头与掘进工作面的距离，锚杆的形式、规格、安装角度，混凝土标号、喷体厚度，挂网所采用金属网的规格以及围岩涌水的处理等，必须在施工组织设计或作业规程中规定。

2）采用钻爆法掘进的岩石巷道，必须采用光面爆破。

3）打锚杆眼前，必须首先敲帮问顶，将活矸处理掉，在确保安全的条件下，方可作业。

4）使用锚固剂固定锚杆时，应将孔壁冲洗干净，砂浆锚杆必须灌满填实。

5）软岩使用锚杆支护时，必须全长锚固。

6）采用人工上料喷射机喷射混凝土、砂浆时，必须采用潮料，并使用除尘机对上料口、余气口除尘。喷射前必须冲洗岩帮；喷射后应有养护措施。作业人员必须佩戴劳动保护用品。

7）锚杆必须按规定做拉力试验。煤巷还必须进行顶板离层监测，并用记录牌板显示。对喷体必须做厚度和强度检查，并有检查和试验记录。在井下做锚固力试验时，必须有安全措施。

8）锚杆必须用机械或力矩扳手拧紧，确保锚杆的托板紧贴巷壁。

9）岩帮的涌水地点，必须处理。

10）处理堵塞的喷射管路时，喷枪口的前方及其附近严禁有其他人员。

（5）开凿或延深斜井、下山时，必须在斜井、下山的上口设置防止跑车装置，在掘进工作面的上方设置坚固的跑车防护装置。跑车防护装置与掘进工作面的距离必须在施工组织设计或作业规程中规定。

（6）斜井（巷）在施工期间兼作行人道时，必须每隔 40m 设置躲避硐并设红灯。设有躲避硐的一侧必须有畅通的人行道，上下人员必须走人行道。行车时红灯亮，行人立即进入躲避硐；红灯熄灭后，方可行走。

（7）由下向上掘进 25° 以上的倾斜巷道时，必须将溜煤（矸）道与人行道分开，防止煤（矸）滑落伤人。

四、采煤方法

按采煤工艺、矿压控制的特点，将采煤方法分为壁式体系和柱式体系两大类。

1. 壁式体系采煤方法（长壁体系采煤方法）

（1）特点。采煤工作面长，通常在 80m 以上。随着采煤工作面推进，顶板暴露面积增大，矿山压力显现较为强烈。采煤工作面分别用爆破、滚筒式采煤机或刨煤机破、装煤，用与采煤工作面相平行铺设的刮板输送机运煤，用支架支护工作空间，用放顶垮落法或充填法处理采空区。在采煤工作面两端，一般至少各有一条回采巷道。

（2）分类。

1）按所采煤层倾角，分为缓斜、倾斜煤层采煤法和急斜煤层采煤法；按煤层厚度，可分为薄煤层采煤法、中厚煤层采煤法和厚煤层采煤法。

2）按采用的采煤工艺不同，可分为爆破采煤法，普通机械化采煤法和综合机械化采煤法。

3）按采空区处理方法不同，可分为垮落采煤法、刀柱（煤柱支撑）采煤法、充填采煤法。

4）按采煤工作面布置及推进方向的不同，分为走向长壁采煤法和倾斜长壁采煤法。按工作面倾斜推进的方向不同，又有仰斜长壁和俯斜长壁之分。

5）按是否将煤层全厚进行一次开采，可分为整层采煤法和分层采煤法。薄煤层、厚度小于 3m 的中厚煤层采用整层采煤法；厚度较大的中厚煤层、厚煤层既可采甩整层也可采用分层采煤法。

2. 柱式体系采煤方法

（1）特点。采用短工作面推进，在煤层内布置一系列宽为 5～7m 的煤房，采房时矿山压力显现较和缓，将煤柱作为暂时或永久的支撑物，采用连续采煤机、梭车（或万向接长机）、锚杆等配套设备进行采煤。随着工作面（房）推进，只用较简单的锚杆支架支护顶板，用于防止顶板岩石冒落。由于采用锚杆支护增大了工作面空间，为机械化采煤创造了有利条件。采掘合一，掘进准备也是采煤过程，回收房间煤柱时，也使用同一种类型的采煤配套设备。此外，由于采用同类机械采房与采柱，提高了采煤的灵活性。

（2）高度机械化的柱式体系采煤方法，又分为房式采煤法和房柱式采煤法两类。

（3）煤柱可留下不采，用以支撑顶板，或在煤房采完后，再将煤柱按要求尽可能采出。前者称为房式采煤法，后者称为房柱式采煤法。

五、采煤安全管理

（1）开采顺序采用“采区前进，区内后退”，即先采靠近井筒的采区，逐渐向边界推进；在每个采区内，采煤工作面从采区边界向采区上山方向后退式开采。各水平间及采区内各区段的开采顺序一般采用下行式，即沿倾斜方向由上向下依次回采。这种开采顺序主要是便于生产接替和尽快出煤，同时采用下行式开采顺序还可避免或减少对下个工作面或下层煤的影响。

（2）炮采工作面的回柱放顶及爆破落煤两道工序对顶板下沉量影响比较大，所以这两道工序在空间和时间上应保持一定间隔。

（3）回柱放顶产生的剧烈下沉影响范围沿倾斜约 30m，而 15m 以内影响剧烈。影响范围在回柱地点前方 15～20m，10m 内影响剧烈。回柱地点沿走向距煤壁越近，下沉量越大。

（4）支护与回柱两工序平行作业时，也应错开一定距离进行。一般情况下，回柱放顶应滞后支护的距离不小于 10～15m。

（5）移输送机与回柱工序应避免相互干扰，最好在不同班中完成。

（6）采用综合机械化采煤时，必须遵守下列规定：

1）根据矿井各个生产环节、煤层地质条件、煤层厚度、煤层倾角、瓦斯涌出量、自然发火倾向和矿山压力等因素，编制设计。

2）运送、安装和拆除液压支架时，必须有安全措施。

3）工作面煤壁、刮板输送机和支架都必须保持直线。倾角大于 15°时，液压支架必须采取防倒、防滑措施；倾角大于 25°时，必须有防止煤（矸）窜出刮板输送机伤人的措施。由下向上掘进 25°以上的倾斜巷道时，必须将溜煤（矸）道与人行道分开，防止煤（矸）滑落伤人。

4）当采高超过 3m 或片帮严重时，液压支架必须有护帮板。

模拟试题及考点

1. 矿井应有至少两个独立的能够行人并直达地面的安全出口，出口之间距离不得小于________m。

A. 20　　B. 30　　C. 40　　D. 50

【考点】“一、煤矿开采的基本安全条件”。

2. 矿井主要运输巷、主要风巷的净高不得低于________m，采区上、下山和平巷的净高不得低于________m，采煤工作面出口 20m 内巷道的净高不得低于________m。

A. 2.0，1.8，1.6　　B. 1.8，2.0，1.6　　C. 2.0，1.6，1.8　　D. 1.6，1.8，2.0

【考点】“一、煤矿开采的基本安全条件”。

3. 采煤工作面至少保持 2 个畅通的安全出口，________。

A. 通到进风巷

B. 通到回风巷

C. 一个通到回风巷，一个通到进风巷

D. 上述三种选择都可以

【考点】“一、煤矿开采的基本安全条件”。

4. 年产 8 万 t 的矿井，应当________。

A. 在采用单回路电源线路供电时，设置满足要求的备用电源

B. 在采用单回路电源线路供电时，制定事故应急预案

C. 在条件具备时将单回路电源线路供电改为双回路电源线路供电

D. 采用双回路电源线路供电

【考点】“一、煤矿开采的基本安全条件”。

5. 矿井开拓方式主要是指________在井田内的布置形式。

A. 二次开拓巷道　　B. 掘进巷道　　C. 开拓巷道　　D. 运输巷道

【考点】“二、开拓方式”。

6. 靠近掘进工作面________m 内的支护，在爆破前必须加固。

A. 5　　B. 10　　C. 15　　D. 20

【考点】“三、巷道掘进安全要求”。

7. 巷道掘进中更换巷道支护时，在拆除原有支护前，应先________临近支护。

A. 拆除　　B. 查看　　C. 维护　　D. 加固

【考点】“三、巷道掘进安全要求”。

8. 巷道掘进中，打锚杆眼前，必须首先________，将活矸处理掉。

A. 测量地压　　B. 敲帮问顶　　C. 通风置换　　D. 实施爆破

【考点】“三、巷道掘进安全要求”。

9. 由下向上掘进________以上的倾斜巷道时，必须将溜煤（矸）道与人行道分开，防止煤（矸）滑落伤人。

A. 10° B. 15° C. 20° D. 25°

【考点】“三、巷道掘进安全要求”。

10. 开凿或延深斜井、下山时，必须在斜井、下山的________设置防止跑车装置，在掘进工作面的________设置坚固的跑车防护装置。

A. 上口，上方 B. 下口，下方 C. 上口，下方 D. 下口，上方

【考点】“三、巷道掘进安全要求”。

11. 巷道掘进，斜井（巷）在施工期间兼作行人道时，必须每隔________m 设置躲避硐并设红灯。

A. 30 B. 40 C. 50 D. 60

【考点】“三、巷道掘进安全要求”。

12. 采煤中，一般情况下，回柱放顶应滞后支护的距离至少________m。

A. 5 B. 8 C. 10 D. 15

【考点】“五、采煤安全管理”。

13. 采煤中，当________时，液压支架可以不必有护帮板。

A. 采高不到 3m，片帮不严重 B. 采高超过 3m，片帮不严重

C. 采高超过 4m，片帮不严重 D. 片帮严重

【考点】“五、采煤安全管理”。

第二节 煤矿通风技术

一、通风、漏风和反风

1. 通风的目的

（1）在正常生产时期，保证向矿井各用风地点输送足够数量的新鲜空气，用以稀释有毒有害气体，排除矿尘，保持良好的工作环境。

（2）在发生灾变时，能有效、及时地控制风向及风量，并与其他措施结合，防止灾害扩大。

2. 矿井通风系统

矿井通风系统是向井下各作业地点供给新鲜空气、排除污浊空气的通风网络、通风动力及其装置和通风控制设施（通风构筑物）的总称。

（1）通风方式。根据进风井和出风井的布置方式，矿井通风系统的类型可以分为中央式（中央并列式和中央分列式）、对角式（两翼对角式和分区对角式）和混合式三类。

（2）通风方法。根据主要通风机的工作方法，分为抽出式、压入式和压抽混合式。

3. 矿井漏风

矿井漏风是指通风系统中风流沿某些细小通道与回风巷或地面发生渗漏的短路现象。产生漏风的条件是有漏风通道并在其两端有压力差存在。矿井漏风按其地点可分为外部漏风和内部漏风，前者是指地表与井下之间的漏风，后者是指井下各处的漏风。

矿井漏风会造成动力的额外消耗，使矿井、采区和工作面的有效风量（送达用风地点的风量）减少，造成瓦斯积聚、气温升高等。大量的漏风会使通风系统稳定性降低，风流易紊乱，调风困难，易发生瓦斯事故；会使采空区、被压碎的煤柱和封闭区内的煤炭及可燃物发生氧化自燃，易发生火灾；当地表有塌陷区时，老窑裂隙的漏风会将采空区的有害气体带入井下。

4. 矿井反风

矿井反风是为防止灾害扩大和抢救人员的需要而采取的迅速倒转风流方向的措施。

（1）全矿性反风。

全矿性反风是指井下各主要风道的风流全部反向的反风。

在矿井进风井、井底车场、主要进风大巷或中央石门发生火灾时常采用全矿性反风，避免火灾烟流进入人员密集的采掘工作面。《煤矿安全规程》规定：矿井主要通风机必须装有反风设施，并能在 10min 内改变巷道中风流方向，当风流方向改变后主要风机的供给风量不应小于正常供风量的 40%，每年应进行 1 次反风演习，反风设施至少每季度检查 1 次。矿井通风系统有较大变化时，应进行 1 次反风演习。

（2）局部反风。在采区内部发生灾害时，维持主要通风机正常运转，主要进风风道风向不变，利用风门开启或关闭造成采区内部风流反向的反风。

二、煤矿风量计算及通风参数测定

1. 煤矿矿井风量

煤矿矿井风量按下列要求分别计算，并选取其中的最大值：

（1）按井下同时工作的最多人数计算，每人每分钟供风量不少于 $4m^3$。

（2）按采煤、掘进、硐室和其他地点实际需要风量的总和进行计算。各地点的实际需要风量，必须使该地点的风流中的瓦斯、二氧化碳、氢气和其他有害气体的浓度、风速以及温度、每人供风量符合《煤矿安全规程》（2016）第一百三十五条、第一百三十六条、第一百三十七条、第一百三十八条的有关规定。

2. 通风参数测定

（1）压力。

1）静压是单位体积空气具有的对外做功的机械能所呈现的压力，是风流质点热运动撞压器壁面而呈现的压力，包括绝对静压和相对静压。

2）位压是单位体积内空气在地球引力作用下，相对于某一基准面产生的重力位能所呈现的压力。水平巷道的风流流动无位压差；在非水平巷道，风流的位压差就是该区段垂直空气柱的重力压强。

3）动压是单位体积空气风流定向流动具有的动能所呈现的压力，又称为速压。风流动压通常用皮托管配合压差计测定。

4）全压是单位体积风流具有的（静）压能与动能所呈现的压力之和。

5）总机械能（总压力）是矿井风流在井巷某断面具有的（静）压能、位能和动能的总和。

（2）风速。风速的测定采用风表，风表一般分为高速风表（≥10m/s）、中速风表（0.5～10m/s）和微速风表（0.3～0.5m/s）。

三、矿井通风设备和通风构筑物

1. 矿用通风设备

矿用通风设备中最主要的是通风机。通风机按其服务范围的不同，可分为主要通风机、辅助通风机、局部通风机；按通风机的构造和工作原理，可分为离心式通风机和轴流式通风机。

主要通风机用于全矿井或矿井某一翼（区）的通风；辅助通风机用于矿井通风网络内的某些分支风路中借以调节其风量、帮助主要通风机工作；局部通风机用于井下局部地点通风，它产生的风压几乎全部用于克服它所连接的风筒阻力。

通风机工作基本参数是风量、风压、效率和功率，它们共同表达通风机的规格和特性。通风机的合理选择是要求预计的工况点在 $H—Q$ 曲线的位置满足两个条件：通风机工作时稳定性好；通风机效率高，最低不应低于 60%。

2. 通风构筑物

井下通风建（构）筑物是井下通风系统中的风流调控设施，用以保证风流按生产需要的线路流动。一类是通过风流的构筑物，包括主要通风机风硐、反风装置、风桥、导风板、调节风窗和风障；另一类是遮断风流的构筑物，包括风墙和风门等。

四、局部通风技术

利用局部通风机或主要通风机产生的风压对井下局部地点进行通风的方法称为局部通风。

1. 局部通风方法

向井下局部地点进行通风的方法。按通风动力形式的不同，可分为局部通风机通风、井下全风压通风和引射器通风，其中以局部通风机通风最为常用。

（1）局部通风机通风。

1）压入式通风。局部通风机及其附属装置安装在距离掘进巷道口 10m 以外的进风侧，将新鲜风流经风筒输送到掘进工作面，污风沿掘进巷道排出。

2）抽出式通风。局部通风机安装在距离掘进巷道口 10m 以外的回风侧。新鲜风流沿巷道流入，污风通过风筒由局部通风机抽出。

3）混合式通风。混合式通风是压入式和抽出式两种通风方式的联合运用，其中压入式向工作面供新鲜风流，抽出式从工作面抽出污风，其布置方式取决于掘进工作面空气中污染物的空间分布和掘进机、装载机的位置。

（2）井下全风压通风。利用井下主要通风机的风压，借助导风设施把新鲜空气引入掘进工作面。其通风量取决于可利用的风压和风路风阻。

（3）引射器通风。利用引射器产生的通风负压，通过风筒导风。引射器通风一般都采用压人式。

2. 矿井局部通风安全管理规定

（1）瓦斯喷出和煤（岩）与瓦斯（二氧化碳）突出煤层的掘进通风方式必须采用压入式。

（2）压入式局部通风机和启动装置，必须安装在进风巷道中，距掘进巷道回风口不得小于 10m。

（3）瓦斯喷出区域、高瓦斯矿井、煤（岩）与瓦斯（二氧化碳）突出矿井中，掘进工作面的局部通风机应采用三专（专用变压器、专用开关、专用线路）供电。

（4）严禁使用 3 台以上（含 3 台）的局部通风机同时向 1 个掘进工作面供风。不得使用 1 台局部通风机同时向 2 个掘进工作面供风。

（5）恢复通风前，必须检查瓦斯。只有在局部通风机及其开关附近 10m 以内风流中的瓦斯浓度都不超过 0.5%时，方可人工开启局部通风机。

五、矿井通风系统参数测定

1. 风速测定方法

风速测定方法有：热电式风速仪和皮托管压差计；风速传感器；对很低的风速或者鉴别通风构筑物漏风时，可以采用烟雾法或嗅味法近似测定空气移动速度。

2. 矿井通风阻力测定方法

精密压差计和皮托管的测定法、恒温压差计测定法和空盒气压计测定法。

3. 一氧化碳检测

火灾、瓦斯和煤尘爆炸及爆破作业时都将产生大量的一氧化碳。《煤矿安全规程》规定，井下作业场所的一氧化碳浓度应控制在 0.0024%以下。

矿山常用的一氧化碳检测仪器有电化学式、红外线吸收式、催化氧化式等。

4. 氧气检测

煤矿安全规程对井下氧气含量有严格规定。检测氧气常用的方法主要有气相色谱法、电化学法和顺磁法。其中气相色谱仪一般安装在地面，通过人工取样分析井下气体成分浓度。

5. 温度检测

常用的温度传感器有热电偶、热电阻、热敏电阻、半导体 PN 结、半导体红外热辐射探测器、热噪声、光纤等。

六、矿井通风系统优化

1. 主要通风机的合理选型

选用高效节能的风机。

2. 更换电机

矿井设计时，主要通风机及电机设备都是按达产后通风容易时期和困难时期的最大需风量、负压选型。

3. 建立合理的通风系统

对全矿井通风网络进行全面调查和阻力测定，在关键分支上降低通风阻力。

降阻方法：扩大巷道断面；降低巷道局部阻力；开掘新井巷；缩短通风长度；增加并联风路；调整采掘布局，实现均衡生产。

4. 改造反风设施及防爆盖

采用堵漏处理，尽可能将反风设施及防爆盖的漏风降到最低限度，合理调整闸门钢丝绳的长度，使闸门均能到位。

5. 主要通风机附属装置的改造

主要通风机的附属装置，包括风硐、扩散器和反风设施等，是通风机装置的重要组成部分。要确保其结构合理、施工质量好。

6. 建立合理的风网结构

（1）确定矿井各调节设施最佳位置，以使得矿井通风总功率为最小。

（2）优化风道断面。

（3）较多采用并联巷道通风，减少角联，缩短通风流程。

7. 准确测量和计算矿井实际风阻和风量

目的是了解系统中阻力分布情况，提供实际的井巷通风阻力系数和风阻值，使通风设计与计算更切合实际。

8. 正确调节矿井风量

矿井风量调节包括一翼系统调整和采区系统调整两部分，风量调节效果的好坏，取决于风量调节设施布置的位置，调节参数的大小及调节设施数目的合理性。

通过控制采区总刨风量及各采掘工作面风量，采用局部增阻，减压减漏，改变通风方式等方法，使风量分配合理，从而保证各用风地点特别是新投产采掘工作面的风量。

9. 搞好局部通风管理

加强安全技术培训，提高全员局部通风安全意识，建立健全通风安全管理制度。

七、矿井灾变时期通风管理

1. 主要扇风机的管理

灾变时期，要根据灾变性质、发生地点、发展趋势来决定主要通风机的工作状况。

（1）保持主要通风机正常运转。

灾变发生后，一般情况下必须保证主要扇风机正常运转，确保矿井通风系统稳定和充足的风量，以便救灾工作顺利进行。

不论是火灾，还是瓦斯、煤尘爆炸事故，大多数伤亡人员都是因有害气体中毒、贫氧窒息所致。因此在灾变期间，不能盲目停止主要通风机，要保持正常运转，及时稀释和排出有毒有害气体，提高氧含量，减少灾区内未撤出人员中毒、窒息事故发生。

（2）停止主扇运转。适应范围如下：

1）发火地点在进风井筒时或井底车场时，矿井无反风装置或者反风装置不能反风、且利用火风压可以使风流改变方向时，在瓦斯不超限的情况下可以停止主扇运转。

2）矿井自然风压较大且与机械风压方向相反时，火灾发生在进风系统、需反风而无反风设施时，可以停止主扇运转，利用自然风压的风。

3）当火风压很大且影响主扇正常运转时，应视火风压的方向，采取停止主扇运转或者调节主扇工况的措施。

4）矿井采用多台主要扇风机联合通风时。停止主扇应慎重，严防灾区气体进入到灾害区。

（3）矿井反风。适用范围如下：

1）火灾发生在矿井进风侧，在全部人员撤出或进风侧人员已撤出，已通知井下人员撤退方向时，可进行全矿反风。

2）多台风机联合通风的矿井，某一系统内由于爆炸波把防爆门冲开而改变了风向，灾区气体可能会进入其它采区时，应立即组织非事故区主要扇风机联合反风。

3）确定反风，而服务事故区的主扇没有因瓦斯、煤尘爆炸被破坏时。且记：反风时，应非事故区主扇先反风，而事故区主扇后反风。

（4）调节主扇工况。调节主扇机的外部漏风，实现主要扇风机工作在稳定区，既能排出灾变期的有害气体又不使灾变气体进入其他系统。

2. 井下风流控制

在处理火灾和瓦斯、煤尘爆炸事故时，最常用的通风方法就是井下风流调控。目的是恢复通风，排除瓦斯，提高氧含量，扑灭火源，防止二次爆炸。

（1）正常通风——适用于火灾发生在回风流，或者通风网路复杂，改变通风方法可能造成风流紊乱时。

（2）增、减风量——增加风量是为了冲淡和排除瓦斯及有害气体，如封闭火区前为防止瓦斯聚积以快速冲淡瓦斯；减少风量主要是控制火势的发展，创造灭火条件。

（3）风流短路。

新风流短路是为了减少火源的供风量，控制火势。

火烟风流短路是把火灾烟雾和有毒有害气体直接导入回风或总回风巷，使工作人员免受火灾气体伤害。

注意：风量减少或短路后，串入火源以下原通风系统的有害气体和烟雾少了，但有毒气体的浓度并没有降低，有可能使原系统内氧含量下降，要防止因贫氧发生窒息事故。

（4）区域反风。整个采区反风，或局部反风。适用于火灾发生在采区进风巷或采面进风巷，为了救人、灭火而常用的方法。

（5）隔绝风流。在直接灭火无效时，对火区进行封闭。

（6）局部调节风流。根据井下通风情况和救灾需要，在局部巷道中挂风障、建板闭或开关风门，以改变局部风流大小和方向，创造救援条件。

模拟试题及考点

1. 《煤矿安全规程》规定：矿井主要通风机必须装有反风设施，并能在________min 内改变巷道中风流方向。

A. 20　　B. 15　　C. 10　　D. 5

【考点】“一、通风、漏风和反风”。

2. 煤矿矿井每________应进行 1 次反风演习，反风设施至少每________检查 1 次。

A. 季度，周　　B. 半年，月　　C. 年，季度　　D. 两年，年

【考点】“一、通风、漏风和反风”。

3. 煤矿井下工作人员每人每分钟供风量应不少于________m^3。

A. 1　　B. 2　　C. 3　　D. 4

【考点】“二、煤矿风量计算及通风参数测定”。

4. 采煤、掘进、硐室和其他地点的实际需要风量，应当使该地点风流中除________之外的参数符合《煤矿安全规程》的有关规定。

A. 湿度　　B. 有害气体的浓度

C. 风速　　D. 每人供风量

【考点】“二、煤矿风量计算及通风参数测定”。

5. 微速风表的测量范围是________m/s。

A. 0.1～0.3　　B. 0.3～0.5　　C. 0.5～10　　D. ≥10

【考点】“二、煤矿风量计算及通风参数测定”。

6. 煤（岩）与瓦斯（二氧化碳）突出矿井，________。

A. 突出煤层的掘进通风方式必须采用抽出式

B. 掘进工作面的局部通风机应采用三专（专用变压器、专用开关、专用线路）供电

C. 严禁使用 2 台局部通风机同时向 1 个掘进工作面供风

D. 可以使用 1 台局部通风机同时向 2 个掘进工作面供风

【考点】“四、局部通风技术”。

7. 矿井恢复局部通风前，必须检查瓦斯。只有在局部通风机及其开关附近 10m 以内风流中的瓦斯浓度都不超过________%时，方可人工开启局部通风机。

A. 0.5　　B. 1　　C. 1.5　　D. 2

【考点】“四、局部通风技术”。

8. 《煤矿安全规程》规定，井下作业场所的一氧化碳浓度应控制在________%以下。

A. 0.24　　B. 0.0024　　C. 0.024　　D. 0.000 24

【考点】“五、矿井通风系统参数测定”。

9. 下列关于矿井通风系统优化的说法，错误的是________。

A. 选用高效节能的风机

B. 对全矿井通风网络进行全面调查和阻力测定，在关键分支上降低通风阻力

C. 采用堵漏处理，尽可能将反风设施及防爆盖的漏风降到最低限度

D. 较多采用串联巷道通风

E. 确定矿井各调节设施最佳位置，以使得矿井通风总功率为最小

【考点】“六、矿井通风系统优化”。

10. 矿井灾变发生后，一般情况下，要________。

A. 保证主要扇风机正常运转　　B. 停止主扇运转

C. 矿井反风　　D. 调节主扇工况

【考点】“七、矿井灾变时期通风管理”。

11. 某煤矿发生火灾，当具备条件________时，可进行全矿反风。

① 火灾发生在矿井进风侧

② 火灾发生在矿井回风侧

③ 进风侧人员已撤出

④ 回风侧人员已撤出

⑤ 已通知井下人员撤退方向

A. ②、④、⑤　　B. ②、③、④　　C. ①、③、④　　D. ①、③、⑤

【考点】“七、矿井灾变时期通风管理”。

12. 煤矿发生火灾或瓦斯、煤尘爆炸事故时，要进行井下风流调控，其目的不包括________。

A. 恢复通风　　B. 排除瓦斯　　C. 降低氧含量　　D. 扑灭火源

【考点】“七、矿井灾变时期通风管理”。

第三节　瓦斯防治技术

一、瓦斯性质及煤层瓦斯参数

1. 瓦斯性质

瓦斯是指矿井中主要由煤层气构成的以甲烷为主的有害气体，有时单独指甲烷。瓦斯是一种无色、无味、无臭、可以燃烧或爆炸的气体，难溶于水，扩散性较空气高。瓦斯无毒，但浓度很高时，会引起窒息。

2. 煤层瓦斯赋存状态

瓦斯在煤层中的赋存形式主要有两种状态：一种是在渗透空间内的瓦斯，主要呈自由气态，称为游离瓦斯或自由瓦斯，这种状态的瓦斯服从理想气体状态方程；另一种称为吸附瓦斯，它主要吸附在煤的微孔表面上和在煤的微粒内部，占据着煤分子结构的空位或煤分子之间的空间。实测表明，在目前开采深度下（1000～2000m 以内），煤层吸附瓦斯量占 70%～95%，而游离瓦斯量占 5%～30%。

3. 煤层瓦斯含量及测定

煤层瓦斯含量是指单位质量煤体中所含瓦斯的体积，单位为 m^3/t。煤层瓦斯含量是确定矿井瓦斯涌出量的基础数据，是矿井通风及瓦斯抽放设计的重要参数。煤层在天然条件下，未受采动影响时的瓦斯含量称原始含量；受采动影响，已有部分瓦斯排出后而剩余在煤层中的瓦斯量，称残存瓦斯含量。影响煤层原始瓦斯含量的因素很多，主要有煤化程度、煤层赋存条件、围岩性质、地质构造、水文地质条件等。

煤层瓦斯含量测定方法目前主要有地勘钻孔测定法、实验室间接测定法和井下快速直接测定法3种。

4. 煤层瓦斯压力及测定方法

煤层瓦斯压力是存在于煤层孔隙中的游离瓦斯分子热运动对煤壁所表现的作用力。煤层瓦斯压力是用间接法计算瓦斯含量的基础参数，也是衡量煤层瓦斯突出危险性的重要指标。

测定方法有直接测定法和间接测压法。

二、矿井瓦斯涌出及瓦斯等级

1. 矿井瓦斯涌出的形式

开采煤层时，煤体受到破坏或采动影响，储存在煤体内的部分瓦斯就会离开煤体而涌入采掘空间，这种现象称为瓦斯涌出。涌出形式分普通涌出和特殊涌出两种。

2. 矿井瓦斯涌出量及主要因素

矿井瓦斯涌出量是指开采过程中正常涌入采掘空间的瓦斯数量，瓦斯涌出量的表示方法有两种：绝对瓦斯涌出量，即单位时间涌入采掘空间的瓦斯量，单位为m^3/min；相对瓦斯涌出量，即单位质量的煤所放出的瓦斯数量，单位为m^3/t。

影响矿井瓦斯涌出量的因素主要有煤层瓦斯含量、开采规模、开采程序、采煤方法与顶板管理方法、生产工序、地面大气压力的变化、通风方式和采空区管理方法等。

3. 矿井瓦斯等级及其鉴定

《煤矿安全规程》规定，一个矿井中只要有一个煤（岩）层发现瓦斯，该矿井即为瓦斯矿井。瓦斯矿井必须依照矿井瓦斯等级进行管理。

根据矿井相对瓦斯涌出量、绝对瓦斯涌出量和瓦斯涌出形式，矿井划分为低瓦斯矿井、高瓦斯矿井和煤（岩）与瓦斯（二氧化碳）突出矿井。

低瓦斯矿井：矿井相对瓦斯涌出量小于或等于$10m^3/t$且矿井绝对瓦斯涌出量小于或等于$40m^3/min$。

高瓦斯矿井：矿井相对瓦斯涌出量大于$10m^3/t$或矿井绝对瓦斯涌出量大于$40m^3/min$。

煤（岩）与瓦斯（二氧化碳）突出矿井：矿井在采掘过程中，只要发生过一次煤（岩）与瓦斯（二氧化碳）突出，该矿井即定为煤（岩）与瓦斯（二氧化碳）突出矿井。

《煤矿安全规程》规定：每年必须对矿井进行瓦斯等级和二氧化碳涌出量鉴定。

三、瓦斯喷出及预防

1. 瓦斯喷出

矿井瓦斯喷出是指从煤体或岩体裂隙、孔洞或炮眼中喷出大量瓦斯现象。在20m巷道范围内，涌出瓦斯量大于或等于$1.0m^3/min$，且持续时间在8h以上时，该采掘区域即定为瓦斯喷出危险区域。

瓦斯喷出的预兆：矿压活动显现激烈，煤壁片帮严重、底板突然鼓起、支架承载力加大甚至破坏，煤层变软、潮湿等。

2. 瓦斯喷出的预防

（1）加强矿井地质工作，摸清采掘地区的地质构造情况。

（2）在可能发生喷出的地区掘进巷道时，打前探钻孔或抽排钻孔。

（3）加大喷出危险区域的风量。

（4）将喷出的瓦斯直接引入回风巷或抽放瓦斯管路。

（5）掌握喷出的预兆，及时撤离工作人员，并配备自救器，安设压气自救系统。

（6）掌握矿压规律，避免矿压集中，及时处理顶板，以防大面积突然卸压造成瓦斯喷出。

四、煤（岩）与瓦斯（二氧化碳）突出及预防

煤（岩）与瓦斯（二氧化碳）突出是指在地应力和瓦斯的共同作用下，破碎的煤（岩）和瓦斯（二氧化碳）由煤体或岩体内突然向采掘空间抛出的异常动力现象。煤（岩）与瓦斯（二氧化碳）突出具有突发性、极大破坏性和瞬间携带大量瓦斯（二氧化碳）和煤（岩）冲出等特点，能摧毁井巷设施、破坏通风系统、造成人员窒息，甚至引起瓦斯爆炸和火灾事故，是煤矿最严重的灾害之一。

煤（岩）与瓦斯（二氧化碳）突出的机理有许多种假设，但基本公认的是综合假说，即：煤（岩）与瓦斯（二氧化碳）突出是由地应力、瓦斯和煤的物理力学性质三者综合作用的结果。

1. 煤（岩）与瓦斯（二氧化碳）突出的一般规律

（1）突出危险性随采掘深度的增加而增加。

（2）突出危险性随煤层厚度的增加而增加，尤其是软分层厚度。

（3）石门揭煤工作面平均突出强度最大，煤巷掘进工作面突出次数最多，爆破作业最易引发突出，采煤工作面突出防治技术难度最大。

（4）突出多数发生在构造带、煤层遭受严重破坏的地带、煤层产状发生显著变化的地带、煤层硬度系数小于 0.5 的软煤层中。

（5）突出发生前通常有地层微破坏、瓦斯涌出变化、煤层层理紊乱、钻孔卡钻夹钻、煤壁温度降低、散发煤油气味、煤层产状发生变化等预兆。

（6）突出按动力源作用特征可分为 3 种类型：突出、压出和倾出；按突出物分类可分为 4 种类型：煤与瓦斯突出、煤与二氧化碳突出、岩石与瓦斯突出、岩石与二氧化碳突出。

2. 煤（岩）与瓦斯（二氧化碳）突出预测

（1）区域性预测。区域性预测的任务是确定井田、煤层和煤层区域的危险性，在地质勘探、新井建设和新水平开拓时进行。区域性预测主要有如下几种方法：

1）单项指标法，包括煤的破坏类型、瓦斯放散初速度、煤的坚固性系数和煤层瓦斯压力。

2）按照煤的变质程度，主要是挥发分的百分数范围。

3）地质统计法，根据已开采区域突出点分布与地质构造的关系。

（2）日常预测。也称工作面预测，任务是确定工作面附近煤体的突出危险性，即该工作面继续向前推进时有无突出危险。

1）石门揭煤突出危险性预测。方法主要有：

① 综合指标法。在石门向煤层打测压孔，测定煤层瓦斯压力，并在打钻过程中采样，测

定煤的坚固性系数和瓦斯放散初速度。

② 钻屑指标法。测定钻屑的瓦斯解吸指标。

③ 钻孔瓦斯涌出初速度结合瓦斯涌出衰减系数。

2） 煤巷突出危险性预测。方法主要有：

① 钻孔瓦斯涌出初速度法。

② 钻屑指标法。测定每个钻孔沿孔深每米的最大钻屑量和钻屑解吸指标。

3. 防治煤（岩）与瓦斯（二氧化碳）突出的措施

（1）技术措施。

区域性措施是针对大面积范围消除突出危险性的措施，包括预留开采保护层、大面积瓦斯预抽放、控制预裂爆破。

局部性措施主要在采掘工作面执行，针对采掘工作面前方煤岩体一定范围消除突出危险性的措施。措施有多种，如卸压排放钻孔、深孔或浅孔松动爆破、卸压槽、固化剂、水力冲孔等。

（2）“四位一体”综合防治突出措施。

“四位一体”就是：预测预报，防突技术措施，措施效果检验，安全防护措施。

首先对开采煤层及其对开采煤层构成影响的邻近煤层进行突出危险性预测。对确认的突出危险区域，应采取区域性防治突出技术措施。对确认的突出危险工作面，必须采取防治突出技术措施。在采取技术措施后，必须对其消除突出危险性的效果进行检验，如果检验有效，在采取安全防护措施的前提下进行采掘作业；如果检验无效，必须补充技术措施，直至检验为有效时，方可在采取安全防护措施前提下进行采掘作业。

（3）安全防护措施，即控制突出危害程度的措施。即使发生突出，也要使突出强度降低，对现场人员进行保护不致危及人身安全。如震动性放炮、远距离放炮、反向防突风门、压风自救器、个体自救器等。

五、瓦斯爆炸及预防

瓦斯不助燃，但它与空气混合达一定浓度后，遇火能燃烧、爆炸。瓦斯爆炸时会产生 3 个致命的因素：爆炸火焰、爆炸冲击波和有毒有害气体。瓦斯爆炸不仅造成大量的人员伤亡，而且还会严重摧毁矿井设施、中断生产。瓦斯爆炸往往引起煤尘爆炸、火灾、井巷坍塌和顶板冒落等二次灾害。

1. 瓦斯爆炸的条件

引起瓦斯燃烧与爆炸必须具备 3 个条件：一定浓度的甲烷、一定能量的引火源和足够的氧气。

2. 预防瓦斯爆炸技术措施

预防瓦斯爆炸技术措施包括 4 个方面：

（1）防止瓦斯积聚和超限。

（2）严格执行瓦斯检查制度。

（3）防止瓦斯引燃的措施。

（4）防止瓦斯爆炸灾害扩大的措施。

六、瓦斯抽放

1. 瓦斯抽放方法

瓦斯抽放系统主要由瓦斯抽放泵、瓦斯抽放管路（带阀门）、瓦斯抽放钻孔或巷道、钻孔或巷道密封等组成。

根据抽放瓦斯的来源，瓦斯抽放可以分为本煤层瓦斯预抽、邻近层瓦斯抽放、采空区瓦斯抽放以及几种方法的综合抽放。

2. 瓦斯抽放指标

（1）反映瓦斯抽放难易程度的指标：煤层透气性系数、钻孔瓦斯流量衰减系数、百米钻孔瓦斯涌出量。

（2）反映瓦斯抽放效果的指标：瓦斯抽放量、瓦斯抽放率。

3. 瓦斯抽放的主要设备设施

（1）瓦斯抽放泵，是进行瓦斯抽放最主要的设备。

（2）瓦斯抽放管路，是进行瓦斯抽放必备也是使用量最大的材料。

（3）瓦斯抽放施工用钻机。绝大多数的瓦斯抽放工程都需要利用钻孔进行瓦斯抽放。因此，钻机是进行瓦斯抽放的矿井使用最多的设备。

（4）瓦斯抽放参数测定仪表。主要有孔板流量计、均速管流量计、皮托管、涡街流量计等。

（5）瓦斯抽放钻孔的密封。封孔是确保抽放效果的重要环节，要采用先进的封孔技术并加强封孔的日常施工管理，提高封孔质量。

七、瓦斯检测

瓦斯检测是检测甲烷在空气中的体积浓度。矿井瓦斯检测方法有实验室取样分析法和井下直接测量法两种。使用便携式瓦斯检测报警仪，可随时检测作业场所的瓦斯浓度，也可使用瓦斯传感器连续实时地监测瓦斯浓度。

煤矿常用的瓦斯检测仪器有光学式、催化燃烧式、热导式、气敏半导体式等，根据使用场所、测量范围和测量精度等要求，选择不同的瓦斯检测仪器。

1. 光干涉瓦斯检定器

主要用于检测甲烷和二氧化碳，检测范围为0～10%、0～40%和0～100%。

2. 热催化瓦斯检测报警仪

主要检测低浓度甲烷，检测范围为0～5%。

3. 智能式瓦斯检测记录仪

主要检测甲烷浓度，能实现0～99%CH_4的全量程测量，并能自动修正误差。

4. 瓦斯、氧气双参数检测仪

可同时连续检测甲烷和氧气浓度。四参数检测仪，可以同时测定甲烷、氧气、一氧化碳和温度。一氧化碳测量范围：0～0.0999%；甲烷测量范围：0～4%；氧气检测范围：0～25%；温度检测范围：0～40℃。

5. 瓦斯报警矿灯

在矿灯上附加一瓦斯报警电路，即为瓦斯报警矿灯。仪器以矿灯蓄电池为电源，具有照明和瓦斯超限报警两种功能。

6. 一氧化碳检测报警仪

能连续或点测作业环境的一氧化碳浓度检测范围，0～0.2%。

模拟试题及考点

1. 煤层瓦斯含量是指单位质量煤体中所含瓦斯的________，煤层瓦斯压力是用间接法计算________的基础参数。

A. 体积，瓦斯含量　B. 体积，瓦斯能量　C. 质量，瓦斯质量　D. 质量，瓦斯含量

【考点】“一、瓦斯性质及煤层瓦斯参数”。

2. 高瓦斯矿井是相对瓦斯涌出量大于________m^3/t________绝对瓦斯涌出量大于________m^3/min的矿井。

A. 10，或，40　B. 10，且，40　C. 5，或，20　D. 5，且，20

【考点】“二、矿井瓦斯涌出及瓦斯等级”。

3.《煤矿安全规程》规定：每________必须对矿井进行瓦斯等级和二氧化碳涌出量鉴定一次。

A. 季度　B. 半年　C. 年　D. 两年

【考点】“二、矿井瓦斯涌出及瓦斯等级”。

4. 在20m巷道范围内，涌出瓦斯量大于或等于________m^3/min，且持续时间在________h以上时，该采掘区域即定为瓦斯喷出危险区域。

A. 0.5，10　B. 1.0，8　C. 1.5，10　D. 2.0，8

【考点】“三、瓦斯喷出及预防”。

5. ________不是预防瓦斯喷出的措施。

A. 在可能发生喷出的地区掘进巷道时，打前探钻孔或抽排钻孔

B. 加大喷出危险区域的风量

C. 将喷出的瓦斯直接引入进风巷

D. 避免矿压集中，及时处理顶板，以防大面积突然卸压

【考点】“三、瓦斯喷出及预防”。

6. 煤（岩）与瓦斯（二氧化碳）突出按动力源作用特征可分为3种类型，不包括________。

A. 喷出　B. 突出　C. 倾出　D. 压出

【考点】“四、煤（岩）与瓦斯（二氧化碳）突出及预防”。

7. 下述关于煤（岩）与瓦斯（二氧化碳）突出的特点的说法，正确的是________。

A. 石门揭煤工作面平均突出强度最大

B. 采煤工作面突出次数最多

C. 爆破作业不易引发突出

D. 煤巷掘进工作面突出防治技术难度最大

【考点】"四、煤（岩）与瓦斯（二氧化碳）突出及预防"。

8. ________不是煤（岩）与瓦斯（二氧化碳）突出发生前的预兆。

A. 地层微破坏　　B. 瓦斯涌出变化　　C. 钻孔卡钻夹钻　　D. 煤壁温度升高

【考点】"四、煤（岩）与瓦斯（二氧化碳）突出及预防"。

9. 预留开采保护层是预防煤（岩）与瓦斯（二氧化碳）突出的________措施。

A. 局部性技术措施　　B. 区域性技术措施

C. 预测措施　　D. 安全防护措施

【考点】"四、煤（岩）与瓦斯（二氧化碳）突出及预防"。

10. 煤（岩）与瓦斯（二氧化碳）突出"四位一体"综合防治措施的步骤是________。

A. 安全防护措施，预测预报，防突技术措施，措施效果检验

B. 预测预报，防突技术措施，措施效果检验，安全防护措施

C. 安全防护措施，措施效果检验，防突技术措施，预测预报

D. 预测预报，安全防护措施，防突技术措施，措施效果检验

【考点】"四、煤（岩）与瓦斯（二氧化碳）突出及预防"。

11. 瓦斯爆炸会产生的致命因素不包括________。

A. 爆炸火焰　　B. 爆炸冲击波　　C. 爆炸强光　　D. 有毒有害气体

【考点】"五、瓦斯爆炸及预防"。

12. 引起瓦斯燃烧与爆炸的条件不包括________。

A. 一定浓度的甲烷　　B. 一定能量的引火源

C. 足够的空间　　D. 足够的氧气

【考点】"五、瓦斯爆炸及预防"。

13. 预防瓦斯爆炸发生的措施不包括________。

A. 防止瓦斯积聚　　B. 减少人员密度

C. 执行瓦斯检查制度，避免浓度超限　　D. 杜绝引火源

【考点】"五、瓦斯爆炸及预防"。

14. 瓦斯抽放率是反映瓦斯抽放________的指标。

A. 时间　　B. 难易程度　　C. 效果　　D. 方法

【考点】"六、瓦斯抽放"。

15. 瓦斯检测是检测甲烷________。

A. 密度　　B. 在空气中的质量浓度

C. 扩散性　　D. 在空气中的体积浓度

【考点】"七、瓦斯检测"。

第四节 防灭火技术

一、煤矿火灾的分类和特点

凡是发生在井下或地面而威胁到井下安全生产、造成损失的非控制燃烧均称为矿井火灾。

根据引火源的不同，矿井火灾可分为外因火灾和内因火灾两大类。

外因火灾是指由于外来热源，如明火、爆破、瓦斯煤尘爆炸、机械摩擦、电气短路等原因造成的火灾。外因火灾的特点是突然发生，来势凶猛，如不能及时发现，往往可能酿成恶性事故。

内因火灾是指煤（岩）层在一定的条件和环境下自身发生物理化学变化积聚热量导致着火而形成的火灾。内因火灾的特点是发生过程比较长，而且有预兆，易于早期发现，但很难找到火源中心的准确位置，扑灭比较困难。

二、火灾监测

1. 煤巷掘进阶段的火灾监测

（1）掘进期间定点连续监测巷道内 CO 和 CH_4 的浓度，并绘制出监测参数的变换曲线。

（2）定期测定区域均压系统状况。

（3）绘制掘进巷道素描图，并标明冒顶、断层、硐室等位置。

（4）正常情况下，沿空掘进巷道，每周一次测定采空区温度并取气样分析。若出现异常，必须每班至少进行一次温度测定，每班进行一次钻孔气样分析。根据钻孔的温度和气体浓度，分别绘制出对时间的变化曲线。

2. 工作面生产阶段的火灾监测

（1）正常回采时，每月测定一次实施区域性均压管理后的均压状况；每旬至少测定一次进风巷、回风巷的风量，发现风量变化较大时，应立即汇报。

（2）定点连续监测工作面回风巷的 CO 浓度；采煤工作面回风隅角的 CO 浓度每班至少检测两次。

三、工程设计的防火要求

1. 木料场、矸石山

木料场、矸石山等堆放场距离进风井口不得小于 80m。木料场距离矸石山不得小于 50m。不得将矸石山设在进风井的主导风向上风侧、表土层 10m 以内有煤层的地面上和漏风采空区上方的塌陷范围内。

2. 不燃性材料

新建矿井的永久井架和井口房、以井口为中心的联合建筑，必须用不燃性材料建筑。

井下爆炸物品库、机电设备硐室、检修硐室、材料库的支护和风门、风窗必须采用不燃性材料。

暖风道和压入式通风的风硐必须用不燃性材料砌筑，并至少装设 2 道防火门。

井筒与各水平的连接处及井底车场，主要绞车道与主要运输巷、回风巷的连接处，井下机电设备硐室，主要巷道内带式输送机机头前后两端各 20m 范围内，都必须用不燃性材料支护。

3. 地面消防水池和井下消防管路系统

地面的消防水池必须经常保持不少于 200m³ 的水量。井下消防管路系统应当敷设到采掘工作面，每隔 100m 设置支管和阀门，但在带式输送机巷道中应当每隔 50m 设置支管和阀门。

4. 消防材料库

井上消防材料库应当设在井口附近，但不得设在井口房内。

井下消防材料库应当设在每一个生产水平的井底车场或者主要运输大巷中，并装备消防车辆。

四、矿井内因火灾防治技术

1. 煤炭自燃倾向性

煤炭自燃倾向性是煤的一种自然属性，它取决于煤在常温下的氧化能力，是煤层发生自燃的基本条件。煤的自燃倾向性分为容易自燃、自燃、不易自燃 3 类。

《煤矿安全规程》规定，新建矿井的所有煤层必须由国家授权单位进行自燃倾向性鉴定；生产矿井延深新水平时，必须对所有煤层的自燃倾向性进行鉴定。

2. 煤炭自燃的预测预报

我国的煤炭自燃的预测预报主要采用气体分析法。

（1）预测预报指标。最新研究成果表明，可以使用一氧化碳、乙烯及乙炔等指标预测预报煤炭自燃情况。煤炭自燃划分为 3 个阶段，即矿井风流中只出现 10^{-6} 级的一氧化碳时的缓慢氧化阶段；出现 10^{-6} 级的一氧化碳、乙烯时的加速氧化阶段；出现 10^{-6} 级的一氧化碳、乙烯及乙炔时的激烈氧化阶段，此时即将出现明火。

（2）束管集中检测系统。束管集中检测系统是基于气体分析的检测系统，与该系统相配套的设备包括矿用火灾多参数色谱仪、火灾气体及温度传感器等。该系统由束管将被测气体送至井下分站，由各火灾气体传感器将所测到的电信号参数直接输送至地面监控室，在地面进行集中的实时监控和预报。

3. 煤炭自燃的预防技术

煤炭自燃的预防技术包括：惰化、堵漏、降温等，以及它们的组合。

惰化是将惰性气体或其他惰性物质送入拟处理区，抑制煤炭自燃的技术。主要包括黄泥灌浆、粉煤灰、阻化剂及阻化泥浆和惰气等。

堵漏是采用某些技术措施减少或杜绝向煤柱或采空区的漏风，使煤缺氧而不至于自燃。堵漏技术和材料主要有：抗压水泥泡沫、凝胶堵漏技术、尾矿砂堵漏和均压等。

4. 火区封闭、管理和启封

（1）火区封闭。当防治火灾的措施失败或因火势迅猛来不及采取直接灭火措施时，就需要及时封闭火区，防止火灾势态扩大。火区封闭的范围越小，维持燃烧的氧气越少，火区熄灭也就越快，因此火区封闭要尽可能地缩小范围，并尽可能地减少防火墙的数量。

为了便于隔离火区，应首先封闭或关闭进风侧的防火墙，然后再封闭回风侧，同时，还应优先封闭向火区供风的主要通道(或主干风流)，然后再封闭那些向火区供风的旁侧风道(或旁侧风流)。

（2）火区管理。火区封闭以后，在火区没有彻底熄灭之前，绘制火区位置关系图，标明所有火区和曾经发火的地点，并注明火区编号、发火时间、地点、主要监测气体成分、浓度等。必须针对每一个火区，都建立火区管理卡片，包括火区登记表、火区灌注灭火材料记录表和防火墙观测记录表等，并对火区进行观测检查。

（3）煤炭自燃火区启封。只有经取样化验分析证实，下列 4 项指标持续稳定的时间在 1 个月以上，才准予启封：

1）火区内温度下降到30℃以下，或与火灾发生前该区的空气日常温度相同。

2）火区内的氧气浓度降到5%以下。

3）区内空气中不含有乙烯、乙炔，一氧化碳浓度在封闭期间内逐渐下降，并稳定在0.001%以下。

4）在火区的出水温度低于25℃，或与火灾发生前该区的日常出水温度相同。

五、火灾时期救灾技术

1. 矿井火灾事故救护原则

处理矿井火灾事故时，应遵循以下基本技术原则：控制烟雾的蔓延，不危及井下人员的安全；防止火灾扩大；防止引起瓦斯、煤尘爆炸；防止火风压引起风流逆转而造成危害；保证救灾人员的安全，并有利于抢救遇险人员；创造有利的灭火条件。

2. 风流控制技术

选择合理的通风系统，加强通风管理，减少漏风。

3. 矿井反风技术

根据井下火灾具体情况，在保证作业人员和重大设备设施的安全条件下，可采用局部反风或全矿反风方法。

4. 火灾的常用扑救方法

（1）直接灭火方法。用水、惰气、高泡、干粉、砂子（岩粉）等，在火源附近或离火源一定距离直接扑灭矿井火灾。

（2）隔绝方法灭火。隔绝灭火就是在通往火区的所有巷道内构筑防火墙，将风流全部隔断，制止空气的供给，使矿井火灾逐渐自行熄灭。

（3）综合方法灭火。先用密闭墙将火区大面积封闭；待火势减弱后，再逐步缩小火区范围；然后打开密闭墙用直接灭火方法进行直接灭火。

模拟试题及考点

1. 煤矿火灾监测的参数不包括________。

A. CO浓度（巷道内、工作面回风巷）

B. CO_2浓度（巷道内）

C. 区域均压状况

D. 沿空掘进巷道采空区的温度

【考点】“二、火灾监测”。

2. 煤巷掘进期间定点连续监测巷道内________的浓度，并绘制出监测参数的变换曲线。

A. CO和CO_2　　B. CO和CH_4　　C. H_2S和CH_4　　D. CO_2和H_2S

【考点】“二、火灾监测”。

3. 工作面生产阶段正常回采时，________监测工作面回风巷的CO浓度。

A. 每月一次　　B. 每旬一次　　C. 每周一次　　D. 定点连续

【考点】“二、火灾监测”。

4. 煤矿木料场、矸石山等堆放场距离进风井口不得小于________m，木料场距离矸石山不得小于________m。

A. 50，40　　B. 80，50　　C. 100，60　　D. 120，70

【考点】“三、工程设计的防火要求”。

5. 下列不要求用不燃性材料的数目是________。

① 新建矿井的永久井架和井口房

② 井下爆炸物品库、机电设备硐室的支护

③ 暖风道和压入式通风的风硐的砌筑

④ 主要巷道内带式输送机机头前后两端各20m范围内的支护

⑤ 井筒与各水平的连接处的支护

A. 3　　B. 2　　C. 1　　D. 0

【考点】“三、工程设计的防火要求”。

6. 矿井必须设地面消防水池和井下消防管路系统。地面的消防水池必须经常保持不少于________m^3的水量，井下消防管路系统应当敷设到________。

A. 100，井下车场　　B. 100，石门

C. 200，回风巷　　D. 200，采掘工作面

【考点】“三、工程设计的防火要求”。

7.《煤矿安全规程》规定，新建矿井的所有煤层必须由国家授权单位进行自燃倾向性________。

A. 鉴定　　B. 鉴别　　C. 核查　　D. 核准

【考点】“四、矿井内因火灾防治技术”。

8. 煤炭自燃的预防技术不包括________。

A. 惰化　　B. 支护　　C. 堵漏　　D. 降温

【考点】“四、矿井内因火灾防治技术”。

9. 火区封闭时，为了便于隔离火区，应首先封闭________的防火墙，然后再封闭________；同时，还应优先封闭________，然后再封闭________。

A. 进风侧，回风侧，旁侧风流，主干风流

B. 进风侧，回风侧，主干风流，旁侧风流

C. 回风侧，进风侧，主干风流，旁侧风流

D. 回风侧，进风侧，旁侧风流，主干风流

【考点】“四、矿井内因火灾防治技术”。

10. 下列关于煤炭自燃火区启封条件的说法，哪项是正确的？

A. 火区内温度下降到40℃以下

B. 火区内的氧气浓度降到7%以下

C. 区内空气中不含有乙烯、乙炔，一氧化碳浓度稳定在0.001%以下

D. 在火区的出水温度高于火灾发生前该区的日常出水温度

【考点】“四、矿井内因火灾防治技术”。

11. 矿井火灾事故救护原则不包括________。

A. 控制烟雾的扩散

B. 防止火灾扩大

C. 防止引起瓦斯、煤尘爆炸

D. 促使火风压引起风流逆转

E. 保证救灾人员的安全

【考点】“五、火灾时期救灾技术”。

12. 综合方法灭火的顺序是________。

A. 将火区大面积封闭，缩小火区范围，直接灭火

B. 直接灭火，缩小火区范围，将火区大面积封闭

C. 缩小火区范围，直接灭火，将火区大面积封闭

D. 将火区大面积封闭，直接灭火，缩小火区范围

【考点】“五、火灾时期救灾技术”。

第五节 粉尘防治技术

煤矿粉尘是井下在建设和生产过程中所产生的各种煤、岩石微粒的总称。煤矿生产的主要环节如采煤、掘进、运输、提升的几乎所有作业工序都不同程度地产生粉尘。采掘机械化和开采强度、采煤方法、作业地点的通风状况、地质构造及煤层赋存条件都是影响粉尘产生的因素。

一、煤矿粉尘的性质及危害

1. 粉尘的概念

（1）全尘。全尘是指用一般敞口采样器采集到一定时间内悬浮在空气中的全部固体微粒。

（2）呼吸性粉尘。呼吸性粉尘是指能被吸入人体肺部并滞留于肺泡区的浮游粉尘。空气动力直径小于 7.07μm 的极细微粉尘，是引起尘肺病的主要粉尘。

（3）浮尘和落尘。悬浮于空气的粉尘称浮尘，沉积在巷道顶、帮、底板和物体上的粉尘称为落尘。

2. 粉尘性质

（1）粉尘中游离二氧化硅的含量。粉尘中游离二氧化硅的含量是危害人体的决定因素，含量越高，危害越大。游离二氧化硅是引起矽肺病的主要因素。

（2）粉尘的粒度。粉尘粒度是指粉尘颗粒大小的尺度。一般来说，尘粒越小，对人的危害越大。

（3）粉尘的分散度。粉尘的分散度是指粉尘整体组成中各种粒级的尘粒所占的百分比。粉尘组成中，小于 5μm 的尘粒所占的百分数越大，对人的危害越大。

（4）粉尘的浓度。粉尘的浓度是指单位体积空气中所含浮尘的质量（质量浓度）或数量（颗粒浓度）。粉尘浓度越高，对人体危害越大。

（5）粉尘的吸附性。粉尘的吸附能力与粉尘颗粒的表面积有密切关系，分散度越大，表面积也越大，其吸附能力也增强。主要指标有吸湿性、吸毒性。

（6）粉尘的荷电性。粉尘粒子可以带有电荷，其来源是煤岩在粉碎中因摩擦而带电，或与空气中的离子碰撞而带电，尘粒的电荷量取决于尘粒的大小并与温湿度有关，温度升高时荷电量增多，湿度增高时荷电量降低。

（7）煤尘的燃烧和爆炸性。煤尘在空气中达到一定的浓度时，在外界明火的引燃下能发生燃烧和爆炸。

3. 粉尘的危害性

（1）污染工作场所，危害人体健康，引起职业病。

（2）某些粉尘（如煤尘、硫化尘）在一定条件下可以爆炸。

（3）加速机械磨损，缩短精密仪器使用寿命。

（4）降低工作场所能见度，增加工伤事故的发生。

二、煤矿粉尘防治技术

煤矿防尘技术包括风、水、密、净和护等 5 个方面，并以风、水为主。风就是通风除尘；水是指湿式作业；密是指密闭抽尘；净是净化风流；护是采取个体防护措施。

1. 采煤工作面防尘

（1）煤层注水。

（2）合理选择采煤机截割机构。

（3）喷雾降尘。

（4）采用除尘设备。

2. 掘进工作面防尘

（1）炮掘工作面防尘。风动凿岩机或电煤钻打眼是炮掘工作面持续时间长、产尘量高的工序。一般干打眼工序的产尘量占炮掘工作面总产尘量的 80%～90%，湿式打眼时占 40%～60%。所以，打眼防尘是炮掘工作面防尘的重点。

1）打眼防尘。

风钻湿式凿岩：这是国内外岩巷掘进行之有效的基本防尘方法。

干式凿岩捕尘：在无法实施湿式凿岩时（如岩石遇水会膨胀，岩石裂隙发育），或实施湿式作业其防尘效果差等情况下，可用干式孔口捕尘器等干式孔口除尘技术。

煤电钻湿式打眼：在煤巷、半煤巷炮掘中，采用煤电钻湿式打眼能获得良好的降尘效果，降尘率可达 75%～90%。

2）放炮防尘。

放炮是炮掘工作面产尘最大的工序。

水炮泥：这是降低放炮时产尘量最有效的措施。

放炮喷雾：在放炮时进行喷雾可以降低粉尘浓度和炮烟，简单有效。

（2）机掘工作面通风除尘。机掘工作面的产尘强度大大高于炮掘工作面。

1）通风除尘系统：长压短抽通风除尘系统、长抽通风除尘系统和长抽短压通风除尘系统。

2）通风除尘设备：湿式除尘风机、湿式除尘器、袋式除尘器以及配套的抽出式伸缩风筒、附壁风筒等。

3）通风工艺的要求：压、抽风筒口相互位置的关系；压抽风量的匹配；局部通风机安装位置；抽出式局部通风机与除尘局部通风机的串联要求。

（3）锚喷支护防尘。锚喷支护的粉尘主要来自打锚杆眼、混合料转运、拌料和上料、喷射混凝土以及喷射机自身等生产工序和设备。针对这些产尘源，锚喷支护主要采取配制潮料向喷射机上料、双水环加水、加接异径葫芦管、低压近喷、水幕净化和通风除尘等。

3. 运输、转载防尘

（1）机械控制自动喷雾降尘装置。该类装置的特点是结构简单、容易制造、使用和维护方便而且降尘效果较好。

（2）电器控制自动喷雾降尘装置。该装置适用于煤矿转载运输系统中不同的尘源，有光控、声控、触控、磁控等多种形式。

4. 综合防尘措施

综合防尘措施包括湿式钻眼、冲刷井壁巷帮、使用水炮泥、放炮喷雾、装岩（煤）洒水和净化风流等措施。

三、煤尘爆炸和防、隔爆措施

1. 煤矿煤尘爆炸的条件

煤矿煤尘爆炸必须同时具备以下 4 个条件：粉尘本身具有爆炸性；粉尘悬浮在空气中并达到一定浓度；有足以点燃粉尘的热源；有可供爆炸的助燃剂。

2. 煤尘爆炸性评价方法

（1）煤尘爆炸指数。也被称作可燃挥发分含量，在煤矿设计时，可作为初步判定煤尘爆炸危险的指标。

（2）煤尘爆炸性鉴定。爆炸指数只是初步判断，还必须按《煤矿安全规程》规定，由国家授权单位采用大管状煤尘爆炸鉴定装置进行鉴定试验。

3. 防止煤尘爆炸的技术措施

（1）降低沉积煤尘量。

一般情况下，生产场所的浮游煤尘浓度是远低于爆炸下限浓度的。但是，因空气震荡（如放炮的冲击波）等原因使沉积煤尘重新飞扬起来，这时的煤尘浓度大大超过爆炸下限浓度。据估算 4m^2 断面小巷道的周边上，只要沉积 0.04mm 厚的一层煤尘，当它全部飞扬起来，就达到了爆炸下限。实际上，井下的沉积煤尘都超过了这个厚度，所以，减少巷道内的沉积煤尘量并清除出井，是最简单有效的防爆措施。

各生产环节采用有效的防尘、降尘措施，减少煤尘的产生，降低空气中的煤尘浓度，也就降低了沉积煤尘量。因此，综合防尘措施既是减少粉尘危害工人健康的措施，也是防止煤尘爆炸的治本措施。

（2）杜绝着火源。

井下能引起煤尘爆炸的着火源有电气火花、摩擦火花、摩擦热、煤自燃而形成的高温点、爆破作业出现的爆燃以及瓦斯爆炸所产生的高温产物等。

消除这类着火源的主要技术措施有：保持矿用电气设备完好的防爆性能，加强管理，防止出现电器设备失爆现象；选用非着火性轻合金材料避免产生危险的摩擦火花；胶带、风筒、电缆等常用的非金属材料必须具有阻燃、抗静电性能；采用阻化剂、凝胶或氮气防止煤柱、采空区残留煤发生自燃。

（3）撒布岩粉法。

定期向巷道周边撒布惰性岩粉，用它覆盖沉积在巷道周边上的沉积煤尘。

当发生瓦斯爆炸等异常情况时，巨大的空气震荡风流把岩粉和沉积煤尘都吹扬起来形成岩粉一煤尘混合尘云。当爆炸火场进入混合尘云区域时，岩粉吸收火焰的热量使系统冷却，同时岩粉粒子还会起到屏蔽作用，阻止火焰或燃烧的煤粒向未着的煤尘粒子传递热量，最终达到阻止煤尘着火的目的。

4. 防止煤尘爆炸传播技术

防止煤尘爆炸传播技术也称为隔绝煤尘爆炸传播技术（以下简称隔爆技术），是指把已经发生的爆炸控制在一定范围内并扑灭，防止爆炸向外传播。该技术不仅适用于对煤尘爆炸的控制，也适用于对瓦斯爆炸、瓦斯煤尘爆炸的控制。

（1）被动式隔爆技术（也称隔爆措施）。

发生爆炸的初期，爆炸火焰峰面超前于爆炸压力波向前传播，随着爆炸反应的继续和加强，压力波逐渐赶上并超前于火焰峰面传播，两者之间有一时间差。被动式隔爆技术就是利用这一规律，利用压力波的能量使隔爆措施动作，在巷道内形成扑灭火焰的消焰抑制剂尘云，后续到达的火焰进入抑制剂尘云时被扑灭，阻止了爆炸继续向前传播。被动式隔爆技术主要有岩粉棚、水槽棚和水袋棚，统称为被动式隔爆棚。

被动式隔爆棚的设置方式有 3 种：集中式布置、分散式布置和集中分散式混合布置。根据隔爆棚在井巷系统中限制煤尘爆炸的作用和保护范围，可将它们分为主要隔爆棚（重型棚）和辅助隔爆棚（轻型棚），重型棚的作用是保护全矿性的安全，设置在地下矿山两翼与井筒相通的主要运输大巷和回风大巷，相邻煤层之间的运输巷和回风石门，相邻采区之间的集中运输巷和回风巷。轻型棚的作用是保护一个采区的安全，在采煤工作面的进风、回风巷，采区内的煤及半煤岩掘进巷道，采用独立通风并有煤尘爆炸危险的其他巷道内设置。

（2）自动隔爆技术。

被动式隔爆技术的作用原理决定了该技术措施只能在距爆源 60～200m（岩粉棚 300m）范围内发挥抑制爆炸的作用。因此，在爆炸发生的初期该技术是无效的。此外，在低矮、狭窄和拐弯多的巷道中使用也不能发挥抑爆效果。

传感器、控制器和喷洒装置是自动隔爆装置的三大组成部分，由若干台自动隔爆装置组成的隔爆系统即为自动式隔爆措施。采用的传感器主要有 3 类：接受瓦斯煤尘爆炸动力效应的压力传感器，利用爆炸热效应的热电传感器和利用爆炸火焰发出的光效应的光电传感器。控制器向喷洒抑制剂的执行机构发出动作指令。喷洒机构一般由执行机构、喷洒器和抑制剂储存容器组成。它的作用是将抑制剂（岩粉、干粉或水）扩散于巷道空间形成粉尘云或水雾带。

抑制剂的选择原则是抑制火焰用量少、效果好、价格便宜。适用于自动隔爆装置的抑制剂主要有液体抑制剂水、水加卤代烷、粉末无机盐类抑制剂。

四、煤矿粉尘检测

粉尘检测项目主要是粉尘浓度、粉尘中游离二氧化硅含量和粉尘分散度（也称为粒度分布）。检测频次要符合《煤矿安全规程》的规定。企业自身要进行力所能及的检测，每年至少请有资质的机构检测一次。

依据 GBZ 2.1《工作场所有害因素职业接触限值　第 1 部分：化学有害因素》，作业场所空气中粉尘（总粉尘、呼吸性粉尘）浓度要符合表 1–1 的要求。

表 1–1　　作业场所空气中粉尘浓度标准

粉尘中游离 SiO_2 含量		最高允许浓度/（mg/m^3）	
种类	含量 s（%）	总粉尘	呼吸性粉尘
煤尘	$s<10$	4	2.5
矽尘	$10\leqslant s\leqslant 50$	1	0.7
矽尘	$50<s\leqslant 80$	0.7	0.3
矽尘	$s>80$	0.5	0.2

模拟试题及考点

1. ________，对人体的危害越大。

A. 粉尘中游离二氧化硅的含量越低

B. 粉尘浓度越低

C. 粉尘粒度越大

D. 粉尘组成中，小于 5μm 的尘粒所占的百分数越大

【考点】“一、煤矿粉尘的性质及危害”。

2. 空气动力直径小于________μm 的极细微粉尘，是引起尘肺病的主要粉尘。

A. 4.04　B. 5.05　C. 6.06　D. 7.07

【考点】“一、煤矿粉尘的性质及危害”。

3. 煤矿防尘技术包括风、水、密、净、护 5 个方面，其中________是防止粉尘产生的措施。

A. 通风除尘　B. 湿式作业　C. 密闭抽尘　D. 净化风流

E. 采取个体防护措施

【考点】“二、煤矿粉尘防治技术”。

4. 风动凿岩机或电煤钻打眼是炮掘工作面持续时间长，产尘量高的工序。一般干打眼工序的产尘量占炮掘工作面总产尘量的________。

A. 60%～70%　B. 70%～80%　C. 80%～90%　D. 90%～100%

【考点】“二、煤矿粉尘防治技术”。

5. 关于煤矿粉尘防治技术，下述中错误的是________。

A. 自动喷雾降尘（运输）

B. 采用煤电钻湿式打眼（煤巷、半煤巷炮掘）

C. 煤层注水（掘进工作面）

D. 通风除尘系统（机掘工作面）

【考点】“二、煤矿粉尘防治技术”。

6. 关于粉尘爆炸必须具备的条件之一，________的说法有误。

A. 粉尘本身具有爆炸性

B. 粉尘悬浮在空气中并达到极高浓度

C. 有可供爆炸的助燃剂

D. 有足以点燃粉尘的热源

【考点】“三、煤尘爆炸和防、隔爆措施”。

7. 据估算 4m² 断面小巷道的周边上，只要沉积________mm 厚的一层煤尘，当它因空气震荡（如放炮的冲击波）等原因全部飞扬起来，就达到了爆炸下限。

A. 0.03　B. 0.04　C. 0.05　D. 0.1

【考点】“三、煤尘爆炸和防、隔爆措施”。

8. ________不是防止煤尘爆炸的技术措施。

A. 各生产环节采用有效的防尘、降尘措施，减少煤尘的产生

B. 杜绝着火源

C. 杜绝可供爆炸的助燃剂

D. 定期撒布惰性岩粉，用它覆盖沉积在巷道周边上的煤尘

【考点】“三、煤尘爆炸和防、隔爆措施”。

9. 煤尘隔爆技术是用抑制剂________。

A. 防止爆炸的发生

B. 切断爆炸火焰峰面的传播

C. 切断爆炸压力波的传播

D. 把已经发生的爆炸控制在一定范围内并扑灭

【考点】“三、煤尘爆炸和防、隔爆措施”。

10. GBZ 2.1《工作场所有害因素职业接触限值　第 1 部分：化学有害因素》规定：当作业场所空气中煤尘的游离 SiO_2 含量小于 10%时，总粉尘和呼吸性粉尘的最高允许浓度分别是________mg/m³和________mg/m³。

A. 5，3　　B. 5，2.5　　C. 4，3　　D. 4，2.5

【考点】“四、煤矿粉尘检测”。

第六节　防 治 水 技 术

一、水文地质监测

（1）矿井应当对主要含水层进行长期水位、水质动态观测，设置矿井和各出水点涌水量观测点，建立涌水量观测成果等防治水基础台账，并开展水位动态预测分析工作。

（2）矿井水文地质类型应当每 3 年修订一次。发生重大及以上突（透）水事故后，矿井应当在恢复生产前重新确定矿井水文地质类型。

（3）当矿井水文地质条件尚未查清时，应当进行水文地质补充勘探工作。

（4）水文地质条件复杂、极复杂矿井应当每月至少开展 1 次水害隐患排查，其他矿井应当每季度至少开展 1 次。

（5）矿井应当编制下列防治水图件，并至少每半年修订 1 次：

1）矿井充水性图。

2）矿井涌水量与相关因素动态曲线图。

3）矿井综合水文地质图。

4）矿井综合水文地质柱状图。

5）矿井水文地质剖面图。

二、矿井突水源及涌水特征

在煤矿开采过程中，突水水源主要有地表水、隙水、含水层水、断层水、封闭不良的钻孔水、采空区形成的“人工水体”等。

1. 以大气降水为主要充水水源的涌水特征

这里主要指直接受大气降水渗入补给的矿床，多属于包气带中、埋藏较浅、充水层裸露、位于分水岭地段的矿床或露天矿区。

（1）矿井涌水动态与当地降水动态相一致，具有明显的季节性和多年周期性的变化规律。

（2）多数矿床随采深增加矿井涌水量逐渐减少，其涌水高峰值出现滞后的时间加长。

（3）矿井涌水量的大小还与降水性质、强度、连续时间及入渗条件有密切关系。

2. 以地表水为主要充水水源的涌水特征

（1）矿井涌水动态随地表水的丰枯作季节性变化，且其涌水强度与地表水的类型、性质和规模有关。受季节流量变化大的河流补给的矿床，其涌水强度呈季节性周期变化，有常年性大水体补给时，可造成定水头补给稳定的大量涌水，并难于疏干。有汇水面积大的地表水补给时，涌水量大且衰减过程长。

（2）矿井涌水强度还与井巷到地表水体间的距离、岩性与构造条件有关。一般情况下，其间距越小，则涌水强度越大；其间岩层的渗透性越强，涌水强度越大。当其间分布有厚度大而完整的隔水层时，则涌水甚微，甚或无影响；其间地层受构造破坏越严重，井巷涌水强度亦越大。

（3）采煤方法的影响。依据矿井水文地质条件选用正确的采矿方法，开采近地表水体的煤层，其涌水强度虽会增加，但不会过于影响生产；如选用的方法不当，可造成崩落裂隙而与地表水体相通或形成塌陷，发生突水和泥沙冲溃。

3. 以地下水为主要充水水源的涌水特征

能造成井巷涌水的含水层称矿井充水层。当地下水成为主要涌水水源时，矿井涌水强度与充水层的空隙性及其富水程度、充水层厚度和分布面积有关。矿井涌水强度及其变化，还与充水层水量组成有关。

4. 以老窑水为主要充水水源的矿床

在我国许多老矿区的浅部，老采空区（包括被淹没井巷）星罗棋布，水量大，大多积水范围不明，连通复杂，酸性强，水压高。如现生产井巷接近或崩落带达到老采空区，便会造成突水。

三、矿井导水通道及探测技术

岩体及其周围虽有水存在，但只有通过某种通道，它们才能进入井巷形成涌水或突水。涌水通道可分为地层的空隙、断裂带等自然形成的通道和由于采掘活动等引起的人为涌水通道。

1. 自然导水通道

（1）地层的裂隙与断裂带。坚硬岩层中的煤体，其中的节理型裂隙较发育部位彼此连通时可构成裂隙涌水通道。断裂带分为隔水断裂带和透水断裂带。

（2）岩溶通道。岩溶空间极不均一，可以从细小的溶孔直到巨大的溶洞。它们可彼此连通，成为沟通各种水源的通道，也可形成孤立的充水管道。

（3）孔隙通道。松散层粒间的孔隙输水，可在开采矿床和开采上覆松散层的深部基岩矿床时遇到。前者多为均匀涌水，仅在大颗粒地段和有丰富水源的矿区才可导致突水；后者多在建井时期造成危害。此类通道可输送本含水层水入井巷，也可成为沟通地表水的通道。

2. 人为导水通道

这类通道是由于不合理勘探或开采造成的，理应杜绝。

（1）顶板冒落裂隙通道。采用崩落法采矿造成的透水裂隙，如抵达上覆水源时，则可导致该水源涌入井巷，造成突水。

（2）底板突破通道。当巷道底板下有间接充水层时，便会在地下水压力和矿山压力作用下，破坏底板隔水层，形成人工裂隙通道，导致下部高压地下水涌入井巷造成突水。

（3）钻孔通道。在各种勘探钻孔施工时均可沟通矿床上、下各含水层或地表水，如在勘探结束后对钻孔封闭不良或未封闭，开采中揭露钻孔时就会造成突水事故。

3. 导水通道探测技术

导水通道的探测分析技术主要有：

（1）用音频电穿透仪探测含水层与导水构造。

（2）用地震勘探仪和组合测井仪探测地质构造。

（3）通过地质构造检测水位。

（4）用同位素质谱仪对矿山地下水中环境放射性同位素 3H、14C 的能谱进行测定，用以判断地下水年龄。

（5）用离子色谱仪、高压液相色谱仪对矿山地下水中常量、微量的离子进行分析。

四、矿井防治水技术

1. 地表水治理措施

（1）合理确定井口位置。井口标高必须高于当地历史最高洪水位，或修筑坚实的高台，或在井口附近修筑可靠的排水沟和拦洪坝，防止地表水经井筒灌入井下。

（2）填堵通道。为防雨雪水渗入井下，在矿区内采取填坑、补凹、整平地表或建不透水层等措施。

（3）整治河流。

1）整铺河床：在漏失地段用黏土、料石或水泥修筑不透水的人工河床，以制止或减少河水渗入井下。

2）河流改道：选择合适地点修筑水坝，将原河道截断，用人工河道将河水引出矿区以外。

（4）修筑排（截）水沟。山区降水后以地表水或潜水的形式流入矿区，可在井田外缘或漏水区的上方迎水流方向修筑排水沟，将水排至影响范围之外。

2. 地下水的排水疏干

（1）地表疏干。在地表向含水层内打钻，并用深井泵或潜水泵从相互沟通的孔中把水抽到地表，使开采地段处于疏干降落漏斗水面之上。

（2）井下疏干。当地下水源较深或水量较大时用井下疏干的方法可取得较好的效果。根据不同类型的地下水，有疏放老孔积水和疏放含水层水等方法。

3. 地下水探放

（1）通过矿井工程地质和水文地质观测，查明地下水源及其水力联系。

（2）超前探放水，“有疑必探，先探后掘”，探明水源后制定措施放水。

4. 矿井水的隔离与堵截

在探查到水源后，由于条件所限无法放水，或者能放水但不合理，需采取隔离水源和堵截水流的措施。

（1）隔离水源。

1）隔离煤柱防水。为防止煤层开采时各种水流进入井下，在受水威胁的地段留一定宽度或厚度的煤柱。

2）隔水帷幕带。将预先制好的浆液通过由井巷向前方所打的具有角度的钻孔，压入岩层的裂缝中，浆液在孔隙中渗透和扩散，再经凝固硬化后形成隔水的帷幕带。

（2）矿井突水堵截。为预防采掘过程中突然涌水而造成淹井，在巷道一定的位置设置防水闸门和防水墙。

5. 矿井排水

（1）煤矿必须有工作、备用和检修的水泵。工作水泵的能力，应能在20h内排出矿井24h的正常涌水量（包括充填水和其他用水）。备用水泵的能力应不小于工作水泵能力的70%。工作水泵和备用水泵的总能力，应能在20h内排出矿井24h的最大涌水量。检修水泵的能力应不小于工作水泵能力的25%。

（2）必须有工作、备用的水管。工作水管的能力应能配合工作水泵在20h内排出矿井24h的正常涌水量。工作水管和备用水管的总能力，应能配合工作水泵和备用水泵在20h内排出矿井24h的最大涌水量。

（3）主要水仓必须有主仓和副仓，当一个水仓清理时，另一个水仓能正常使用。新、改、扩建或生产矿井的新水平，正常涌水量在1000m^3/h以下时，主要水仓的有效容量应能容纳8h的正常涌水量。正常涌水量大于1000m^3/h的矿井，主要水仓有效容量可按下式计算：

$$V=2\times(Q+3000)$$

式中　V——主要水仓的有效容积，m^3；

Q——矿井每小时正常涌水量，m^3。

但主要水仓的总有效容量不得低于4h的矿井正常涌水量。

采区水仓的有效容量应能容纳4h的采区正常涌水量。

五、矿井水灾的预测和突水预兆

1. 矿井水灾的预测

矿井水灾的预测是指在开采前，根据地质勘探的水文地质资料及专门进行的水害调查资料，确定矿井水灾的危险程度，并编制矿井水灾预测图。

（1）矿井水灾危险程度的确定。

1）用突水系数来确定矿井水害的危险程度。突水系数是含水层中静水压力（kPa）与隔水层厚度（m）的比值，其物理意义是单位隔水层厚度所能承受的极限水压值。

2）按水文地质的影响因素来确定矿井水害的危险程度，将矿区的水害危险程度划分为5个等级。

（2）矿井水灾预测图的编制。根据隔水层厚度和矿区各地段的水压值，计算某开采水平的突水系数，编制相应比例的简单突水预测图，然后根据矿区突水系数的临界值，圈定安全区和危险区。水灾预测图的另一种编制方法是在开采平面图上圈定地下水灾的等级区域，据此制定最佳矿井规划和防治水害的措施。

2. 矿井突水预兆

突水事故可归纳为两种情况：一种是突水水量小于矿井最大排水能力，地下水形成稳定的降落漏斗，迫使矿井长期大量排水；另一种是突水水量超过矿井的最大排水能力，造成整个矿井或局部采区淹没。

（1）一般预兆。

1）煤层变潮湿、松软；煤帮出现滴水、淋水现象，且淋水由小变大；有时煤帮出现铁锈色水迹。

2）工作面气温降低，或出现雾气或硫化氢气味。

3）有时可听到水的“嘶嘶”声。

4）矿压增大，发生冒顶片帮及底鼓。

（2）工作面底板灰岩含水层突水预兆。

1）工作面压力增大，底板鼓起，底鼓量有时可达 500mm 以上。

2）工作面底板产生裂隙，并逐渐增大。

3）沿裂隙或煤帮向外渗水，随着裂隙的增大，水量增加。当底板渗水量增大到一定程度时，煤帮渗水可能停止，此时水色时清时浊，底板活动时水变浑浊；底板稳定时水色变清。

4）底板破裂，沿裂缝有高压水喷出，并伴有“嘶嘶”声或刺耳水声。

5）底板发生“底爆”，伴有巨响，地下水大量涌出，水色呈乳白或黄色。

（3）松散孔隙含水层突水预兆。

1）突水部位发潮、滴水且滴水现象逐渐增大，仔细观察发现水中含有少量细砂。

2）发生局部冒顶，水量突增并出现流砂，流砂常呈间歇性，水色时清时混，总的趋势是水量、砂量增加，直至流砂大量涌出。

3）顶板发生溃水、溃砂，这种现象可能影响到地表，致使地表出现塌陷坑。

以上预兆是典型的情况，在具体的突水事故过程中，并不一定全部表现出来，所以应该细心观察，认真分析、判断。

模拟试题及考点

1. 矿井水文地质类型应当每________年修订一次，防治水图件至少每________修订 1 次。

A. 2，季度　　B. 3，半年　　C. 4，年　　D. 5，年

【考点】“一、水文地质监测”。

2. 水文地质条件复杂、极复杂矿井应当每________至少开展 1 次水害隐患排查，其他矿井应当每________至少开展 1 次。

A. 周，月　　B. 月，季度　　C. 季度，半年　　D. 半年，年

【考点】“一、水文地质监测”。

3. ________是以地下水为主要充水水源的涌水特征。

A. 矿井涌水强度与充水层的空隙性及其富水程度、充水层厚度和分布面积有关

B. 矿井涌水动态与当地降水动态相一致，具有明显的季节性

C. 矿井涌水动态随地表水的丰枯作季节性变化，涌水强度还与井巷到地表水体间的距离有关

D. 老采空区充满大量积水，大多积水范围不明，连通复杂，酸性强，水压高

【考点】“二、矿井突水源及涌水特征”。

4. 不合理的勘探或开采可能造成的导水通道，不包括________。

A. 采用崩落法采矿造成的顶板冒落裂隙通道

B. 当巷道底板下有间接充水层时的底板突破通道

C. 地层的裂隙与断裂带

D. 沟通矿床上、下各含水层的钻孔通道

【考点】“三、矿井导水通道及探测技术”。

5. ________不是防止地表水涌水的措施。

A. 使井口标高高于当地历史最高洪水位

B. 在矿区内填坑、补凹、整平地表或建不透水层

C. 选择合适地点修筑水坝，将原河道截断，用人工河道将河水引出矿区以外

D. 在漏水区的下方迎水流方向修筑排水沟，将水排走

【考点】“四、矿井防治水技术”。

6. 对于防止矿井水害，________是不可取的。

A. 掘进过程中一旦发现水源，立即制定措施放水

B. 煤层开采时在受水威胁的地段留一定宽度或厚度的煤柱

C. 在地表向含水层内打钻，并用深井泵从相互沟通的孔中把水抽到地表

D. 采掘过程中，在巷道一定的位置设置防水闸门和防水墙

【考点】“四、矿井防治水技术”。

7. 煤矿必须有工作、备用的水泵和与之配合的水管。工作水泵和备用水泵的总能力，应能在20h内排出矿井________。

A. 24h的正常涌水量　　B. 24h的最大涌水量

C. 20h的最大涌水量　　D. 20h的正常涌水量

【考点】“四、矿井防治水技术”。

8. 矿井主要水仓的总有效容量不得低于________h的矿井正常涌水量。采区水仓的有效容量应能容纳________h的采区正常涌水量。

A. 2，2　　B. 3，3　　C. 4，4　　D. 5，5

【考点】“四、矿井防治水技术”。

9. 对于某开采水平，用其含水层中静水压力除以其隔水层厚度，如果结果值小于矿区突水系数的临界值，则该地段属于________。

A. 危险区　　B. 警惕区　　C. 稳定区　　D. 安全区

【考点】“五、矿井水灾的预测和突水预兆”。

10. 矿井突水的一般预兆不包括________。

A. 煤层变潮湿、松软　　B. 煤帮出现滴水、淋水现象

C. 矿压减小　　D. 工作面气温降低

【考点】"五、矿井水灾的预测和突水预兆"。

第七节　地压灾害防治技术

一、矿（地）压灾害的概念及成因

1. 矿（地）压的概念

（1）矿（地）压。在矿体没有开采之前，岩体处于平衡状态。当矿体开采后，形成了地下空间，破坏了岩体的原始应力，引起岩体应力重新分布，并一直延续到岩体内形成新的平衡为止。在应力重新分布过程中，使围岩产生变形、移动、破坏，从而对工作面、巷道及围岩产生压力。通常把由开采过程而引起的岩移运动对支架围岩所产生的作用力，称为矿（地）压。

（2）矿（地）压显现。矿（地）压作用的结果及外部表现，有顶板下沉和垮落、底板鼓起、片帮、支架变形和损坏、充填物下沉压缩、煤岩层和地表移动、露天矿边坡滑移、冲击地压、煤与瓦斯突出等现象。

（3）矿（地）压灾害的常见类型。采掘工作面或巷道的冒顶片帮、采场（采空区）顶板大范围垮落和冲击地压（岩爆）。

2. 矿（地）压灾害的成因

（1）采矿方法不合理和顶板管理不善。

采掘顺序、凿岩爆破、顶板放顶等作业不合理。

（2）缺乏有效支护。支护方式不当、不及时支护或缺少支架、支护强度不足。

（3）检查不周和疏忽大意。事先缺乏认真、全面的检查，疏忽大意，没有认真执行"敲帮问顶"制度等。

（4）地质条件不好。断层、褶曲等地质构造形成破碎带，或者由于节理、层理发育，破坏了顶板的稳定性。

（5）地压活动。

（6）其他原因。

如不遵守操作规程、发现问题不及时处理、工作面作业循环不正规、爆破崩倒支架等。

二、井巷支护

1. 掘进工作面支护

（1）锚杆支护与锚喷支护。

1）锚杆支护。掘进后即向巷道围岩钻孔，然后在孔中安装锚杆，目的是使锚杆与围岩共同作用进行巷道支护。

2）锚喷支护。

锚喷支护又称喷锚支护，是联合使用锚杆和喷射混凝土或喷浆的支护。

从广义上讲可以将除锚杆支护以外的其他与锚杆联合的支护形式都纳入此范围，如喷浆支护、喷混凝土支护、锚网支护、锚喷网支护、锚梁网（喷）支护以及锚索支护等。

（2）混凝土及钢筋混凝土支护。混凝土支护是用预制混凝土块或浇筑混凝土砌筑的支架所进行的支护。钢筋混凝土支护是用预制的钢筋混凝土构件或浇筑的钢筋混凝土砌筑的支架所进行的支护。这两种支护是立井井筒、运输大巷及井底车场所采用的主要支护方式。

（3）棚状支架支护。根据材质的不同，棚状支架支护可以分为木支架支护和金属支架支护。

（4）支护方式和支护强度的选择。

根据直接顶稳定性和老顶来压强度来选择合理的支护方式和支护强度。

直接顶是指直接位于煤层之上的易垮落岩层。煤矿直接顶稳定性分类主要以直接顶初次垮落步距为主要指标，将直接顶分为不稳定、中等稳定、稳定和非常稳定 4 类。

老顶是位于直接顶之上较硬或较厚的岩层。老顶压力显现分为 4 级，即老顶来压不明显、来压明显、来压强烈和来压极强烈。

2. 回采工作面支护

支架主要有单体摩擦式金属支柱、单体液压支柱和液压自移支架等几种，少数矿井也还使用木支柱。

三、矿井冒顶片帮事故的预防措施

1. 选用合理的采矿方法

2. 搞好地质调查工作

对于工作面推进地带的地质构造要调查清楚，通过危险地带要采取可靠的安全措施。

3. 加强工作面顶板支护的管理和维护

为了防止掘进工作面的顶板冒落，必须使永久支护与掘进工作面之间的距离不超过 3m，如果顶板松软，这个距离还应缩短。在掘进工作面与永久支护之间，必须架设临时支护。

4. 及时处理采空区

采用正确的开采顺序，及时充填、支护或崩落采空区。

5. 坚持正规循环作业，加快工作进度，减少顶板悬露时间

6. 加强对顶板和浮煤的检查和处理

浮煤是采面和掘进工作面爆破后极为常见而普遍存在的，要严格检查清理，防治浮石掉落伤人。

7. 严格顶板监测制度。

顶板事故可以采用简易的方法和仪器进行检查与观测，常用的简易方法有木楔法、标记法、听音判断法、震动法等。还可以采用顶板报警仪、机械测力计、钢弦测压仪、地音仪等观测顶板及地压活动。

四、冲击地压（岩爆）及其控制技术

1. 冲击地压（岩爆）现象及特点

冲击地压（岩爆）是井巷或工作面周围岩体，由于弹性变形能的瞬时释放而产生的一种以突然、急剧、猛烈的破坏为特征的动力现象。

根据原岩（煤）体应力状态不同，冲击地压（岩爆）可分为3类：重力型冲击地压、构造应力型冲击地压、中间型或重力——构造型冲击地压。

冲击地压（岩爆）的特点如下：

（1）一般没有明显的预兆，难于事先确定发生的时间、地点和冲击强度；

（2）发生过程短暂，伴随巨大声响和强烈震动；

（3）破坏性很大，有时出现人员伤亡。

2. 冲击地压（岩爆）的预测方法

（1）钻屑法。钻屑法是通过在煤体中打小直径（42～50mm）钻孔，根据排出的煤粉量及其变化规律以及钻孔过程中的动力现象鉴别冲击危险。钻屑法是我国《煤矿安全规程》规定采用的冲击危险程度监测和解危措施效果检验的主要方法。

（2）声发射和微震监测方法。

（3）综合指数法。

3. 冲击地压（岩爆）的控制措施

（1）防范措施。

1）预留开采保护层。

2）尽量少留煤柱和避免孤岛开采。

3）尽量将主要巷道和硐室布置在底板岩层中。

4）回采巷道采用大断面掘进。

5）尽可能避免巷道多处交叉。

6）确定合理的开采程序。

7）加强顶板控制。

8）煤层预注水，以降低煤体的弹性和强度。

（2）解危措施。卸载钻孔、卸载爆破、诱发爆破和煤层高压注水等。

模拟试题及考点

1. 矿（地）压灾害的常见类型不包括________。

A. 采掘工作面或巷道的冒顶片帮　　B. 矿井突泥

C. 采场（采空区）顶板大范围垮落　　D. 冲击地压（岩爆）

【考点】“一、矿（地）压灾害的概念及成因”。

2. 造成矿压灾害的主要原因不包括________。

A. 采掘顺序不合理

B. 缺乏有效支护

C. 煤层瓦斯含量高

D. 没有执行“敲帮问顶”制度

E. 断层、褶曲等地质构造形成破碎带

【考点】“一、矿（地）压灾害的概念及成因”。

3. 根据直接顶的________和老顶的________来选择掘进工作面合理的支护方式和支护强度。

A. 稳定性，来压强度　　B. 来压强度，稳定性

C. 面积，厚度　　D. 岩性，来压强度

【考点】“二、井巷支护”。

4. ________是回采工作面支护方法。

A. 锚杆支护　　B. 钢筋混凝土支护

C. 棚状支架支护　　D. 单体摩擦式金属支柱支护

【考点】“二、井巷支护”。

5. 为了防止掘进工作面的顶板冒落，必须使永久支护与掘进工作面之间的距离不超过________m，如果顶板松软，这个距离还应缩短。

A. 2　　B. 3　　C. 4　　D. 5

【考点】“三、矿井冒顶片帮事故的预防措施”。

6. 下列关于预防煤矿矿井冒顶片帮事故的措施的叙述中，难以实行的是________。

A. 执行顶板监测制度

B. 爆破后检查清理浮煤

C. 在掘进工作面与永久支护之间，架设临时支护

D. 及时充填、支护或崩落采空区

E. 减少地压活动

【考点】“三、矿井冒顶片帮事故的预防措施”。

7. ________是《煤矿安全规程》规定采用的冲击危险程度监测和解危措施效果检验的主要方法。

A. 钻屑法　　B. 声发射和微震监测方法

C. 综合指数法　　D. 电磁辐射法

【考点】“四、冲击地压（岩爆）及其控制技术”。

8. 冲击地压（岩爆）的预防措施不包括________。

A. 预留开采保护层　　B. 尽量少留煤柱和避免孤岛开采

C. 卸载钻孔　　D. 尽可能避免巷道多处交叉

E. 尽量将主要巷道和硐室布置在底板岩层中

【考点】“四、冲击地压（岩爆）及其控制技术”。

9. 冲击地压（岩爆）的解危措施不包括________。

A. 卸压爆破　　B. 煤层预注水　　C. 诱发爆破　　D. 卸载钻孔

【考点】"四、冲击地压（岩爆）及其控制技术"。

第八节　爆　破　技　术

一、爆破材料安全管理

1. 爆破材料库

爆破材料库分为矿区总库和地面分库。总库专对地面分库或井下爆破材料库供应爆破材料，禁止从总库将爆破材料直接发给炮工。

矿区总库的总容量：炸药不得超过所供单位半年生产用量；起爆材料不得超过所供单位一年生产用量。

地面分库的总容量：炸药不得超过所供单位三个月生产用量；起爆材料不得超过所供单位半年生产用量。

井下爆破材料库的最大贮存量，不得超过该矿 3d 的炸药需要量和 10d 的电雷管需要量。

井下爆破材料库必须采用矿用防爆型（矿用增安型除外）的照明设备，照明线必须使用阻燃电缆，电压不得超过 127V。严禁在贮存爆破材料的硐室或壁槽内装灯。

2. 保管

保管的主要任务是防止爆破材料受温度、湿度影响和与其他物品作用而引起的变质失效；因炸药本身分解引起的燃烧、爆炸，以及被盗。

保管期间的温度越高，湿度越大，则保存期越短；在同一温度条件下，因湿度情况不同，保存期限相差 6～8 倍。

保管人员要经常检查以下内容：

（1）库房内的温度、湿度是否符合规定。

（2）爆破材料是否受潮、受热或分解变质。

（3）门、窗、锁是否完好。

（4）消防设备是否齐全、有效。

（5）防雷设施是否可靠。

煤矿企业必须建立爆破材料领退制度、电雷管编号制度和爆破材料丢失处理办法。

电雷管（包括清退入库的电雷管）在发给爆破工前，必须用电雷管检测仪逐个做全电阻检查，并将脚线扭结成短路。

3. 销毁

由于管理不当、储存条件不好或储存期超限，导致爆破材料安全性能不合格或失效、变质时，必须及时销毁。

销毁必须在专用空场地内进行。销毁场地应选在有天然屏障的隐蔽地方，周围 50m 内要清除各种可燃物。当不具备天然屏障时，要考虑销毁时爆炸冲击波对周围单位、民用建筑、铁路、高压线等设施的影响。

销毁一般采用引爆、化学处理、烧毁、溶解等方法。性质不同的炸药不得混在一起销毁。销毁时必须有公安部门人员在场监督、登记、签名、备案。

4. 爆破材料运送

严禁用煤气车、拖拉机、自翻车、三轮车、自行车、摩托车、拖车运输爆破材料。

由爆破材料库直接向工作地点用人力运送爆炸材料时，应遵守下列规定：

（1）电雷管必须由爆破工亲自运送，炸药由爆破工或在爆破工监护下由其他人员运送。

（2）爆炸材料必须装在耐压和抗冲撞、防震、防静电的非金属容器内。电雷管和炸药严禁装在同一容器内。严禁将爆炸材料装在衣袋内。领到爆炸材料后，应直接送到工作地点，严禁中途逗留。

（3）携带爆炸材料上、下井时，在每层罐笼内搭乘的携带爆炸材料的人员不得超过 4 人，其他人员不得同罐上下。

（4）在交接班、人员上下井的时间内严禁携带爆炸材料人员沿井筒上下。

二、矿用爆破材料的选用

井下爆破作业，必须使用煤矿许用炸药和煤矿许用电雷管。

1. 煤矿许用炸药

（1）低瓦斯矿井的岩石掘进工作面，必须使用安全等级不低于一级的煤矿许用炸药。

（2）低瓦斯矿井的煤层采掘工作面、半煤岩掘进工作面，必须使用安全等级不低于二级的煤矿许用炸药。

（3）高瓦斯矿井、低瓦斯矿井的高瓦斯区域，必须使用安全等级不低于三级的煤矿许用炸药。有煤（岩）与瓦斯（二氧化碳）突出危险的工作面，必须使用安全等级不低于三级的煤矿许用含水炸药。

（4）严禁使用黑火药和冻结或半冻结的硝化甘油类炸药。

同一工作面不应使用两种不同品种的炸药。

2. 煤矿许用电雷管

采掘工作面，必须使用煤矿许用瞬发电雷管或煤矿许用毫秒延期电雷管。使用煤矿许用毫秒延时电雷管时，从起爆到最后一段的延时时间不应超过 130ms。

不同厂家生产的或不同品种的电雷管，不得掺混使用。

三、爆破作业安全管理

1. 爆破人员

所有爆破人员，包括爆破、送药、装药人员，必须熟悉爆破材料的性能和本规程规定。

井下爆破工作必须由专职爆破工担任。在煤（岩）与瓦斯（二氧化碳）突出煤层中，专职爆破工必须固定在同一工作面工作。

爆破工的资格：20 周岁以上，具有两年以上采掘工龄和初中以上文化，经专门培训并考试合格，取得爆破操作资格证上岗。

2. 爆破作业说明书

煤矿所有地点爆破作业必须编制爆破作业说明书，爆破工必须依照说明书规定的炮眼深度、角度、使用爆破材料的品种、装药量、封泥长度、联线方式和起爆顺序等进行爆破作业。

3. 不得装药、爆破的情况

有下列情况之一时，不得装药、爆破：

（1）采掘工作面的控顶距不符合作业规程的规定，或者支架有损坏、留有伞檐。

（2）装药前和爆破前爆破地点附近 20m 内风流中瓦斯浓度达到 1%。

（3）在爆破地点 20m 内有矿车、未清除的煤、矸或其他杂物堵塞巷道断面 1/3 以上。

（4）炮眼内发现异状、温度变化异常、有显著瓦斯涌出、煤岩松散、透采空区等情况。

（5）采掘面风量不足（无风、微风）。

除上述情况外，有下列情况时，也不得装药、爆破：

（1）在有煤尘爆炸危险的煤层中：掘进工作面爆破前后，附近 20m 巷道内未洒水降尘；工作面风量、风速、风质不符合煤矿安全规程规定的新鲜风流；

（2）爆破前机器、液压支架、电缆等没有移出工作面或加以可靠保护；

（3）爆破前，靠近迎头 10m 内支架未加固；

（4）掘进工作面到永久支护之间，未使用临时支护或前探支架，造成空顶作业；

（5）采煤工作面：两个安全出口不畅通；在爆破地点及上下出口 5m 内，支架不齐全牢固；没有一定量的备用支护材料；

（6）爆破与放顶工作平行作业，不符合作业规程的距离。

4. 爆破操作规程

（1）爆破材料箱。

炮工必须把炸药、电雷管分别存放在专用的爆破材料箱内，并加锁。严禁乱扔、乱放。爆破材料箱必须放在顶板完整、支架完好，避开机电设备和导电物体的地点。每次爆破时，都必须把爆破材料箱放到警戒线以外的安全地点。

（2）抽出单个电雷管。

从成束的电雷管中抽出单个电雷管时，不得手拉脚线硬曳管体，也不得手拉管体硬曳脚线，应将成束电雷管顺好，拉住前端脚线将电雷管抽出。抽出单个电雷管后，必须将其脚线末端扭结成短路。

（3）装配引药注意事项。

1）必须在顶板完整、支架完好、避开电气设备和金属导电物体的爆破地点附近进行。严禁坐在爆破材料箱上做引药。引药的数量以当时当地需要量为限。

2）做引药时必须防止电雷管受震动、冲击而折断脚线和损坏脚线绝缘层。

3）电雷管必须从药卷非聚能穴端插入，且必须全部插入药卷内。严禁将电雷管斜插在药卷中部或捆在药卷上。严禁用电雷管代替竹、木棍扎孔。

4）电雷管插入药卷后，必须用脚线将药卷缠住，以便把电雷管固定在药卷内，还必须将脚线扭结短路。

（4）装药。

1）装药前，首先清除炮眼内煤、岩粉末，再用竹、木炮棍将药卷轻轻推入眼内，不得冲撞或捣实。眼内各药卷必须彼此密接。有水炮眼必须用抗水炸药。

2）装药后，脚线必须扭结悬空，严禁脚线、母线与运输设备、电气设备以及采掘机械等导电体接触。

（5）爆破前。

1）警戒。

班组长必须亲自布置专人，在警戒线外及可能进入的所有入口处担任警戒工作。警戒人员必须有可靠掩护的安全地点进行警戒。警戒线处应设警戒牌、拉警戒线（绳）等标志。

2）母线。

煤矿井下爆破必须采用符合标准的爆破母线。掘进爆破时，母线应随用随挂，禁止使用固定母线。只准用绝缘母线单回路爆破，严禁用轨道、金属管、金属管网、水、大地等作回路。爆破前，母线必须扭结成短路。

3）钥匙。

发爆器的钥匙或电力起爆接线盒的钥匙，必须由炮工随身携带，严禁转交他人，不到爆破通电时，不得将钥匙插入发爆器的钥匙孔内。爆破后，必须立即将钥匙拔除，摘下母线并扭结成短路。

4）炮工的专责。

脚线的联结可由班组长协助炮工进行，母线与脚线联结、线路检查和通电工作，只准炮工一人操作，其他人员禁止参与。

5）清点人数和爆破警号。

爆破前，班组长必须清点人数，确认无误后，方准下达起爆命令。炮工接到起爆命令后，必须先发出爆破警号，至少再等 5s，方可起爆。炮工必须最后离开爆破地点，并必须在有掩护的安全地点进行起爆。

5.“一炮三检”和“三人联锁”放炮制

爆破作业必须执行“一炮三检”和“三人联锁”。

“一炮三检”是要在装药前、放炮前和放炮后都要检查瓦斯浓度，就是放一次炮要检查三次瓦斯浓度。而“三人联锁”是放炮时必须由爆破工、瓦斯检查员、班组长三个人同时在场参与放炮。爆破工的责任是自联自放操作；瓦斯检查员实施“一炮三检”；班组长负责保护工具、设备、清点人数和在各入口处设人、牌、线三道警戒。

6. 一次起爆

在采煤工作面，可分组装药，但一组装药应一次起爆且不应在一个采煤工作面使用两台起爆器同时进行爆破。在掘进工作面应全断面一次起爆，不能全断面一次起爆的，必须采取安全措施。

7. 炮泥

炮眼封泥应用水炮泥，水炮泥外剩余的部分应用粘土或用不燃性、可塑性松散材料制成的炮泥。严禁用煤粉、块状材料或其他可燃材料作炮泥。

无封泥、封泥不足或不实的炮眼严禁爆破。

《煤矿安全规程》第 329 条规定了炮眼深度和炮眼的封泥长度应符合的要求。

8. 盲（瞎）炮处置

处理盲炮前应由爆破技术负责人定出警戒范围，并在该区域边界设置警戒，处理盲炮时无关人员不许进入警戒区。

应派有经验的爆破员处理盲炮，硐室爆破的盲炮处理应由爆破工程技术人员提出方案并经单位技术负责人批准。

电力起爆器发生盲炮时，应立即切断起爆器电源开关，及时将爆破母线扭接成短路。严禁强行拉出炮孔中的起爆药包。

露天爆破处理盲炮：掏出炮泥，重新装入起爆药包起爆，或距盲炮至少 0.3m 处另钻平行炮眼装药起爆。盲炮处理后，应再次仔细检查爆堆，将残余的爆破器材收集起来统一销毁；在不能确认爆堆无残留的爆破器材之前，应采取预防措施并派专人监督爆堆挖运作业。

盲炮处理后应由处理者填写登记卡片，说明产生盲炮的原因、处理的方法。

四、几种爆破的安全规定

1. 毫秒爆破

毫秒爆破是迟延时间间隔仅为几毫秒到几十毫秒的延期爆破，使前段炮眼爆炸后瓦斯还来不及涌出时，后段相继爆炸结束，避免了前段炮眼爆炸后涌出的瓦斯被后段爆炸火焰引燃引爆的可能性。

在有瓦斯或有煤尘爆炸危险的采掘工作面，应采用毫秒爆破，只要使用煤矿安全毫秒延期电雷管就可实现。

2. 煤巷掘进工作面爆破

起爆地点应设在进风侧反向风门之外的全风压通风的新鲜风流中或避难硐室内，装药前回风系统必须停电撤人，爆破后 30min 方允许进入工作面检查。

3. 巷道贯通放炮

间距小于 20m 的平行巷道的联络巷贯通，必须遵守下列规定：

（1）贯通前，综合机械化掘进巷道在相距 50m 前、其他巷道在相距 20m 前，必须停止一个工作面作业，做好调整通风系统的准备工作。

（2）贯通时，专人在现场统一指挥，只有在两个工作面及其回风流中的瓦斯浓度都在 1.0%以下时，掘进的工作面方可爆破。每次爆破前，两个工作面入口必须有专人警戒。

（3）贯通后，停止采区内一切工作，立即调整通风系统，风流稳定后，方可恢复工作。

4. 特殊条件爆破

下述几种特殊条件爆破，按《煤矿安全规程》的相关规定执行：放震动炮；放炮处理溜煤眼堵塞；遇老空区爆破；接近积水区爆破；放浅眼小跑；放炮处理机采工作面夹矸；突出煤层松动爆破。

模拟试题及考点

1. 关于井下爆破材料库，以下说法中无误的是________。

A. 最大贮存量不得超过该矿 3d 的炸药需要量和 6d 的电雷管需要量

B. 必须采用矿用防爆型或矿用增安型的照明设备
C. 照明线必须使用阻燃电缆，电压不得超过 220V
D. 在贮存爆破材料的硐室或壁槽内装灯，要采取电气安全措施
【考点】“一、爆破材料安全管理”。

2. 关于爆破材料的保管，下述中________有误。
A. 温度逾高，湿度逾大，则保存期逾短
B. 要经常检查消防设备是否齐全有效、防雷设施是否可靠
C. 电雷管在发给爆破工前，必须用电雷管检测仪逐个做全电阻检查
D. 建立电雷管领退制度、爆破材料编号制度
【考点】“一、爆破材料安全管理”。

3. 关于爆破材料的销毁，下列说法中正确的是________。
A. 销毁必须在专用空场地内进行
B. 销毁场地周围 30m 内要清除各种可燃物
C. 销毁时必须有质量检验部门人员在场监督
D. 性质不同的炸药混在一起销毁时，要有可靠的安全措施
【考点】“一、爆破材料安全管理”。

4. 关于爆破材料的运送，下列说法中________有误。
A. 严禁用三轮车运输爆破材料
B. 电雷管和炸药严禁装在同一容器内
C. 炸药必须由爆破工亲自运送，电雷管由爆破工或在爆破工监护下由其他人员运送
D. 携带爆炸材料上、下井时，其他人员不得同罐上下
【考点】“一、爆破材料安全管理”。

5. 下述中正确的是________。
A. 低瓦斯矿井的煤层采掘工作面，必须使用安全等级不低于一级的煤矿许用炸药
B. 低瓦斯矿井的高瓦斯区域，必须使用安全等级不低于二级的煤矿许用炸药
C. 有煤与瓦斯突出危险的工作面，必须使用安全等级不低于三级的煤矿许用含水炸药
D. 采掘工作面必须使用煤矿许用顺发电雷管，不得使用煤矿许用毫秒延期电雷管
E. 使用黑火药须经批准并有安全措施
【考点】“二、矿用爆破材料的选用”。

6. 下述要求中不充分的是________。
A. 井下爆破工作必须由专职爆破工担任
B. 爆破工必须经专门培训、考试合格，取得爆破操作资格证
C. 在煤与瓦斯突出煤层中，专职爆破工必须固定在同一工作面工作
D. 在高瓦斯矿井、低瓦斯矿井的高瓦斯区域进行爆破作业必须编制爆破作业说明书
【考点】“三、爆破作业安全管理”。

7. 装药前和爆破前爆破地点附近20m内风流中瓦斯浓度达到________%时，不得装药、爆破。

A. 0.5　　B. 1　　C. 1.5　　D. 2

【考点】“三、爆破作业安全管理”。

8. 下列情形中，除________之外，都不得装药、爆破。

A. 采掘工作面支架有损坏

B. 距爆破地点15m处，有矿车、煤、矸等杂物堵塞巷道一半断面

C. 炮眼内温度变化异常

D. 采掘面风量较大

E. 爆破地点附近18m处风流中瓦斯浓度为1%

【考点】“三、爆破作业安全管理”。

9. ________不是对爆破材料箱的放置地点和装配引药的地点的强制要求。

A. 专用空场地　　B. 顶板完整

C. 支架完好　　D. 避开电气设备和金属导电物体

【考点】“三、爆破作业安全管理”。

10. 关于装配引药，下述中错误的是________。

A. 不得坐在爆破材料箱上做引药

B. 防止电雷管受冲击而折断脚线或损坏脚线绝缘层

C. 应将电雷管的大部分插入药卷内

D. 不得将电雷管捆在药卷上

【考点】“三、爆破作业安全管理”。

11. 关于装药的要求，下述中错误的是________。

A. 装药前，清除炮眼内煤、岩粉末

B. 装药时，用竹、木炮棍将药卷轻轻推入眼内

C. 将已推入眼内的药卷捣实

D. 装药后，将脚线扭结悬空

【考点】“三、爆破作业安全管理”。

12. 将电雷管脚线扭结成短路的时间节点，不包括________。

A. 库房保管人员在把电雷管发给爆破工前

B. 从成束的电雷管中抽出单个电雷管后

C. 电雷管插入药卷前

D. 装药后

【考点】“三、爆破作业安全管理”。

13. 下列关于爆破作业的说法，错误的是________。

A. 母线与脚线联结，可由班组长协助炮工进行

B. 不到爆破通电时，不得将钥匙插入发爆器的钥匙孔内

C. 严禁用可燃材料作炮眼封泥

D. 在有瓦斯或有煤尘爆炸危险的采掘工作面，应采用毫秒爆破

E. 爆破前和爆破后，将母线扭结成短路

【考点】“三、爆破作业安全管理”。

14. 炮工接到起爆命令后，必须先发出爆破警号，至少再等________秒，方可起爆。

A. 3　　B. 4　　C. 5　　D. 6

【考点】“三、爆破作业安全管理”。

15. “三人联锁”放炮制是放炮时必须由三个人同时在场参与放炮，其中不包括________。

A. 爆破工　　B. 班组长　　C. 瓦斯检查员　　D. 安全员

【考点】“三、爆破作业安全管理”。

16. “一炮三检”就是放一次炮要检查三次瓦斯浓度，检查的时间节点不包括________。

A. 装药前　　B. 装药后　　C. 放炮前　　D. 放炮后

【考点】“三、爆破作业安全管理”。

17. 在爆破作业中，班组长的责任不包括________。

A. 协助炮工进行线路检查和通电

B. 保护工具、设备

C. 清点人数

D. 在各入口处设人、牌、线三道警戒

【考点】“三、爆破作业安全管理”。

18. 电力起爆器发生盲炮时处理的下列步骤中，________错误。

A. 爆破技术负责人定出警戒范围，设置警戒，无关人员不许进入

B. 拉出炮孔中的起爆药包

C. 切断电源

D. 将盲炮电路短路

E. 处理者填写登记卡片，说明产生盲炮的原因、处理的方法

【考点】“三、爆破作业安全管理”。

19. 在有瓦斯或煤尘________危险的采掘工作面，应使用煤矿安全毫秒延期电雷管爆破。

A. 中毒　　B. 涌出　　C. 爆炸　　D. 致病

【考点】“四、几种爆破的安全规定”。

20. 间距小于20m的平行巷道的联络巷贯通，只有在两个工作面及其回风流中的瓦斯浓度都在________%以下时，掘进的工作面方可爆破。

A. 0.5　　B. 1.0　　C. 1.5　　D. 2.0

【考点】“四、几种爆破的安全规定”。

第九节 机电运输技术

一、供电要求和矿用电气设备

1. 煤矿对供电的基本要求

（1）供电可靠。

煤矿供电必须连续，不能中断。煤矿一旦中断供电，不仅造成全矿停产，而且由于主排水泵、主通风机、瓦斯抽放泵、主提升机等机电设备停止运行，必将危及井下工作人员，甚至全矿井的安全。

（2）供电安全。

由于煤矿井下特殊的环境条件，使供电线路和电气设备易受损坏，可能造成人身触电和电火花引起的火灾和瓦斯、煤尘爆炸。因此，煤矿井下供电必须采取安全技术措施。

（3）技术合理。

确保电压和频率保持稳定，偏离额定值的幅度不超过允许范围。

（4）供电经济。尽量做到供电系统简单、设备选型合理、安装操作方便、基本建设投资和运行费用低。

2. 矿用电气设备的类型

（1）矿用一般型电气设备。

矿用一般型电气设备是专为煤矿井下生产的不防爆的电气设备。对矿用一般型电气设备的基本要求是：外壳封闭、坚固、防滴、防溅、防潮性能好，能防止从外部直接触及带电部分。有专门接线盒，有防止带电打开的机械闭锁。

矿用一般型电气设备只能用于没有瓦斯煤尘爆炸危险的矿井或者有瓦斯、煤尘爆炸危险的矿井的井底车场、总进风道等通风良好、瓦斯煤尘爆炸危险性很小的场所。

矿用一般型电气设备外壳上均有清晰的标志“KY”。

（2）矿用防爆型电气设备。

有隔爆型（d）、增安型（e）、本质安全型（i）、正压型（p）、充油型（o）、充砂型（q）、浇封型（m）、无火花型（n）、气密型（h）、特殊型（s）。

防爆型电气设备外壳上均有清晰的标志“Ex”，矿用隔爆型电气设备的防爆标志为“ExdI”。

（3）隔爆型电气设备的防爆原理。

隔爆型电气设备是指具有隔爆外壳的电气设备。隔爆外壳具有耐爆性和不传爆性，能承受内部爆炸性气体混合物爆炸产生的最大压力，并能阻止内部的爆炸向外壳周围的爆炸性气体混合物传播。

1）隔爆外壳的耐爆性。隔爆外壳具有足够的机械强度，在最大爆炸压力作用下不会变形、损坏。

2）隔爆外壳的不传爆性（又称隔爆性）。外壳各接合面的间隙的长度和粗糙度，使壳内的爆炸性气体混合物爆炸时产生的高温气体或火焰，通过间隙向壳外喷泄过程中能得到足够的冷却，使之不会点燃周围的爆炸性混合物。

二、煤矿电气事故及预防措施

1. 电气事故的分类

（1）人身伤亡事故：人体触及因绝缘损坏而带电的设备外壳，或人体接近高压带电体时有电流流过人体而造成的事故。

电击：触电死亡的绝大部分是电击造成的。

电伤：电流通过人体某一局部时电弧烧伤人体，造成人体外部局部性的伤害。

（2）设备事故。电气设备因过流、过电压、绝缘损坏与老化和其他原因所产生的电弧、电火花和危险温度引起的设备损坏、电气火灾、瓦斯或煤尘爆炸等。

2. 电气事故的原因

（1）电气系统中所含器件绝缘损坏。

（2）电气系统不合理；设备选型不当，参数不满足要求；安装、连接不符合要求。

（3）保护接地不符合要求。

（4）继电保护装置不符合要求或整定不合理。

（5）运行、维护、试验不规范，安全检查未起到应有作用。

（6）相关防护设施不当或不符合要求。

（7）违反操作规程，违章作业。

3. 电气事故的预防措施

（1）绝缘：防止电气设备受潮、进水和长期过负荷造成的绝缘能力下降；防止电缆受挤压、砍砸、过度弯曲、划伤而出现的绝缘损伤。

（2）系统合理：各级配电电压等级符合要求，矿井上下装设防雷电装置等。

（3）保护接地：所有电气设备必须有保护接地，并连接成接地网。保护接地应符合《煤矿安全规程》相关规定。

（4）继电保护装置符合要求并整定合理。

（5）严防失爆：正确选型、使用、维护，对防爆电气设备严防失爆。

（6）对部分带电设备采取严格的防护措施，如对高压带电裸露部分必须设遮栏。

（7）运行维护：按规定检查设备的运行状态及完好程度，及时处理发现的问题（如过载运行）。

（8）电气设备检查、维护和调整必须由电气维护工进行，执行工作票制度和工作监护制度。

三、煤矿提升运输系统及安全防护装置

1. 矿井提升运输系统

（1）矿井提升运输任务。

1）通过矿井主井筒或主巷道将工作面采落的煤炭提升运出地面。

2）通过矿井副井筒或巷道将矸石及回收的材料、设备提升运出地面。

3）通过矿井副井筒或巷道将生产需要的材料、设备送往井下。

4）提升运送工作人员。

（2）立井提升系统。

1）主井提升：由提升机、钢丝绳、箕斗、井架、天轮、翻笼和井底煤仓等构成。

2）副井提升：由提升机、钢丝绳、罐笼、井架和天轮等构成。

（3）斜井提升系统。

1）斜井串车提升系统，由绞车、矿车、天轮、井架和井下煤仓等构成。

提升运输特点：可作为主斜井提升运输，又可作为副斜井提升运输。

2）斜井箕斗提升系统，由绞车、提煤箕斗、天轮、井架和井下煤仓等构成。

2. 矿井提升安全防护装置

（1）安全制动装置。

1）主要功能。

① 提升机正常停止工作能可靠闸住卷筒；

② 能控制提升减速放物；

③ 提升机发生事故时，能及时保险制动。

2）主要构成机构。

① 执行机构：通过制动闸直接控制提升机的卷筒。

② 传动机构：用于向执行机构传递制动力，传动方式有手动、气压和液压三种。

3）安全要求。

① 保险闸必须能自动发生制动作用；

② 经常维护检查和定期试验，并由专职人员每天检查一次，确保运行可靠。

（2）过卷装置。

1）作用原理。当矿井提升容器超过正常位置或出车平台时，通过串联在保险闸电磁铁线圈安全保护回路中的行程开关，使电磁铁断电、保险闸立即动作实施制动保护。

2）过卷装置的种类。

① 直接撞击式：提升过卷时，提升容器直接撞击行程开关的杠杆臂，切断保险闸电磁铁线圈电源并立即保护。

② 重锤式：提升过卷时，提升容器将重锤托起，切断保险闸电磁铁线圈电源并立即保护。

③ 改进式：行程开关的杠杆臂较长，可伸入到提升容器运行的范围之内，避免提升容器摆动影响防过卷撞击行程开关的可靠性。

3）安全要求。每日进行一次检查和试验。

（3）防过速装置。

1）防护作用。保证矿井提升容器到达井口时的速度不超过 2m/s。

2）防过速装置的种类。

① 机械式防过速装置：提升容器到达井口时的速度超过 2m/s 时，通过装置叉形体受力倾斜的作用，断开串联保护回路中的开关触点，使保险闸电磁线圈失电，立即动作保护。

② 电磁式防过速装置：主要由测速发动机构成。利用测速发电机的电压与提升机转速成正比的关系，防止提升机过速。

3）安全要求。

提升容器速度超过最大正常速度的15%时，必须能立即断开保险闸电磁线圈电源，并使保险闸动作进行动作保护。

能安全可靠的实时控制提升容器，使到达井口的速度不超过2m/s。

（4）深度指示器。

1）防护作用。监控矿井提升容器位置，实时发出减速信号。

2）深度指示器的种类。

①牌坊式深度指示器：以提升机主轴作为动力，经传动机构带动深度指示器的螺杆转动，并通过标尺指示提升容器位置。

②圆盘式深度指示器：利用提升机减速器低速轴传动，由圆盘指针指示提升容器位置。

3）安全要求。

①实时指示提升容器位置。

②提升容器接近井口或井底时，发出减速警告信号。

③深度指示器失效时，自动断电使保险闸动作保护。

四、矿井提升运输安全要求

1. 操作安全

（1）严格执行“三不开”制度：信号不明不开、没看清上下信号不开、启动状态不正常不开。

（2）严格落实“五注意”制度：注意电压、电流表指示是否正常，注意制动闸是否可靠，注意深度指示器指示是否准确，注意钢丝绳排列是否整齐（缠绕式），注意润滑系统是否正常。

（3）监视提升机的运行，掌握运行状态，提升机出现异常或运行状态变化时，应及时停车并向工区值班人员汇报，且能准确描述现象和过程，为维修提供可靠信息。

2. 安全维护

（1）定期检查提升机设备：各部分的连接零件是否完好，减速器齿轮的啮合情况，润滑系统的供油情况，保护装置是否完好，各转动部分的稳定性等。

（2）按计划维修矿井提升设备：小修检查调整或更换零部件；中修检查调整或更换减速器；大修检查调整传动系统或更换部件等。

3. 安全检验

（1）测试保险闸空动时间和制动减速度。对于摩擦轮式绞车，要检验在制动过程中钢丝绳是否打滑。

（2）立井罐笼防坠器每年要进行1次脱钩试验；对使用中的斜井人车防坠器，应每年进行1次重载全速脱钩试验。

五、矿井提升事故的预防措施

1. 提升容器坠落事故的预防

（1）提升容器坠落原因。

1）提升钢丝绳突然破断。

2）提升机连接装置断裂。

（2）预防措施。

1）防坠器。

① 木罐道防坠器：利用棘爪刺入木罐道内而起保护作用。

② 金属罐道防坠器：利用偏心摩擦轮与金属罐道产生摩擦力而起保护作用。

③ 钢丝绳罐道防坠器：利用楔块夹在钢丝绳罐道上产生摩擦力而起保护作用。

2）检查和试验。必须加强对防坠器的日常检查和维护，每半年进行一次不脱钩检查性试验，每年进行一次脱钩试验。

2. 提升钢丝绳事故的预防

（1）钢丝绳断裂原因。

1）钢丝绳磨损严重：钢丝绳与天轮、地滚等外界物体的摩擦，引起钢丝绳丝与丝、股与股之间的断裂。

2）锈蚀严重：井下潮湿常淋水，钢丝绳易锈蚀。

3）超负荷或疲劳运行，使钢丝绳强度下降。

（2）预防措施。

1）加强提升钢丝绳的检查与维护，由专人每天检查一次。

2）及时对提升钢丝绳除污、涂油。

3）定期对提升钢丝绳性能检查试验，防止疲劳运行。

4）严格控制提升负荷，防止钢丝绳过负荷运行。

3. 提升过卷事故的预防

（1）事故现象。

1）提升过卷：提升容器超过井口停车位置未停车，继续向上提升所造成的事故。

2）下放过卷：下放到井底而未减速停车，与井底承接装置或井窝发生撞击而造成的事故（礅罐事故）。

（2）预防措施。

1）正确设置和使用矿井提升过卷保护和制动等安全防护装置。

2）井架必须有一定的过卷高度，其安全要求：提升速度小于 3m/s 时，过卷高度不得小于 4m；提升速度为 3～6m/s 时，过卷高度不得小于 6m；提升速度为 7～10m/s 时，过卷高度不小于最高提升速度下运行 1s 的提升高度。

六、煤矿巷道运输安全技术

1. 矿井巷道运输系统

（1）矿井平巷运输。

1）运输任务：运输煤炭、材料设备、矸石和人员等。

2）运输方式：电机车轨道运输、胶带输送机运输。

（2）采区运输。

1）采区上山运输。

① 轨道上山运输：主要运输矸石、材料设备及人员。

② 运输机上山运输：主要运输煤炭。

2）工作面区运输：段平巷轨道平巷运输、胶带输送机平巷运输和工作面刮板输送机运输。

2. 矿井巷道运输特点

（1）井下巷道线路长，断面狭小，光线不足，潮湿，作业条件差，作业困难。

（2）运输设备安装、移动频繁，因而对安装质量提出了高要求。

（3）机车运输运行速度快，发生危险情况时，即便刹车，也不能立即停住。

（4）矿井运输网络呈多水平的立体交叉状态，运输线路复杂、分支多，提升系统会发生坠落事故。

（5）矿井运输中货载变换环节多。斜巷串车提升，易发生跑车事故。

3. 矿井平巷运输事故及预防措施

（1）事故现象。列车掉道和翻车；机车撞车和追尾；机车撞人和压人。

（2）预防措施。

1）开车前必须发出开车信号。

2）行车时必须在列车前端牵引行驶，严禁顶车行驶（调车除外）。

3）机车运人时，列车行驶速度不得超过 4m/s。

4）机车在下坡道、弯道、交叉口、道岔、风门、两车相会处，以及交接班人多时，应减速行驶，并在 40m 以外响铃示警。

4. 斜巷运输事故及预防措施

（1）事故现象。摘挂钩挤压人和车辆跑车等。

（2）预防措施。

1）把钩工按操作规程正确摘挂钩。

2）运输前必须检查牵引车数和各车连接情况，牵引车数超过规定不得发开车信号。

3）矿车之间、矿车和钢丝绳之间的连接，都必须使用不会自行脱落的连接装置。

4）巷道倾角超过 12° 应加装保险绳。

5）上部和中部的各个停车场都必须设阻车器，阻车器必须经常关闭，只准在放车时打开。

6）斜巷必须装设自动防跑车装置，当发生跑车时，防跑车装置能自动放下挡车门，阻止跑车。

5. 巷道胶带输送机运输事故及预防措施

（1）事故现象。输送带跑偏被撕裂；运送带打滑起热着火；伤人。

（2）预防措施。

1）安装防跑偏和防撕裂保护装置。

2）安装防滑保护装置，及时清除胶带滚筒上的水或调整胶带长度。

3）带式输送机的机头传动部分、机尾滚筒、液力偶合器等处都要装设保护罩或保护栏杆。

4）安装输送机的巷道，两侧要有足够的宽度，输送机距支柱或碹墙的距离不得小于 0.5m，行人侧不得小于 0.8m。

6. 工作面刮板输送机运输事故及预防措施

（1）事故现象。输送机动部分绞伤人；机头或机尾突然向上撬起，打伤或挤伤人；没发信号开动输送机伤人等。

（2）预防措施。

1）电动机与减速器的液力偶合器、传动链条、链轮等运转部件设保护罩或保护栏杆，机尾设护板。

2）工作面刮板输送机沿线装设能发出停车或开车信号的装置，间距不得超过 12m。

3）机槽接口要平整，机头、机尾紧固装置要牢靠，无紧固装置要用顶柱撑牢。

4）刮板输送机运长料和长工具时，必须采取安全措施。

模拟试题及考点

1. 矿用一般型电气设备用于________矿井。

A. 低瓦斯　　B. 高瓦斯

C. 煤与瓦斯突出　　D. 没有瓦斯煤尘爆炸危险的

【考点】“一、供电要求和矿用电气设备”。

2. 矿用隔爆型电气设备的防爆标志为________。

A. KY　　B. EX　　C. MA　　D. ExdI

【考点】“一、供电要求和矿用电气设备”。

3. 隔爆型电气设备的外壳具有的特点是________。

A. 具有足够的机械强度，能承受内部爆炸产生的最大压力

B. 各接合面的间隙的长度和粗糙度，使壳内爆炸产生的高温气体或火焰向壳外喷泄过程中能得到足够的冷却

C. A 或 B

D. A 和 B

【考点】“一、供电要求和矿用电气设备”。

4. 下列关于电气事故预防措施的叙述，不充分的是________。

A. 防止电缆受挤压、划伤等而出现绝缘损伤

B. 井下装设防雷电装置

C. 所有电气设备必须有保护接地

D. 电气设备选型正确、使用正确

E. 电气设备维护、调整，执行工作票制度和工作监护制度

【考点】“二、煤矿电气事故及预防措施”。

5. 深度指示器的功能是________。

A. 提升机发生事故时，能及时保险制动

B. 当提升容器超过正常位置时，使电磁铁断电、保险闸立即动作实施制动保护

C. 保证矿井提升容器到达井口时的速度不超过 2m/s

D. 监控矿井提升容器位置，接近井口或井底时发出减速信号

【考点】“三、煤矿提升运输系统及安全防护装置”。

6. 防过速装置的作用是保证矿井提升容器到达井口时的速度不超过________m/s。

A. 2　　B. 3　　C. 4　　D. 5

【考点】“三、煤矿提升运输系统及安全防护装置”。

7. 矿井提升运输要严格执行的“三不开”制度，不包括________。

A. 非班组长发出的信号不开　　B. 信号不明不开

C. 没看清上下信号不开　　D. 启动状态不正常不开

【考点】“四、矿井提升运输安全要求”。

8. 每________年对防坠器进行1次脱钩试验。

A. 半　　B. 一　　C. 二　　D. 三

【考点】“五、矿井提升事故的预防措施”。

9. 下列关于预防提升钢丝绳断裂的措施的叙述，________有不当处。

A. 加强提升钢丝绳磨损情况的检查

B. 定期对提升钢丝绳进行性能试验，防止疲劳运行

C. 及时对提升钢丝绳除污、涂油，以防止磨损

D. 严格控制提升负荷，防止过负荷运行

【考点】“五、矿井提升事故的预防措施”。

10. 为预防矿井提升过卷事故，井架必须有一定的过卷高度。________。

A. 提升速度越大，过卷高度越高

B. 提升速度越大，过卷高度越低

C. 过卷高度不得小于4m

D. 过卷高度不得小于6m

【考点】“五、矿井提升事故的预防措施”。

11. 下列关于预防矿井平巷运输事故的措施的叙述，错误的是________。

A. 开车前必须发出开车信号

B. 行车时必须在列车前端牵引行驶，严禁顶车行驶（调车除外）

C. 机车运人时，列车行驶速度不得超过6m/s

D. 机车在下坡道、弯道等处应减速行驶，并响铃示警

【考点】“六、煤矿巷道运输安全技术”。

12. 下列关于预防矿井斜巷运输事故的措施的叙述，________有误。

A. 把钩工按操作规程正确摘挂钩

B. 巷道倾角超过25°应加装保险绳

C. 矿车之间、矿车和钢丝绳之间的连接，应使用不会自行脱落的连接装置

D. 牵引车数超过规定时不得发开车信号

E. 斜巷须装设自动防跑车装置

【考点】“六、煤矿巷道运输安全技术”。

13. 安装在巷道的胶带输送机，两侧要有足够的宽度。输送机距支柱或碹墙的距离不得小于 0.5m，行人侧不得小于________m。

A. 0.6　　B. 0.7　　C. 0.8　　D. 0.9

【考点】“六、煤矿巷道运输安全技术”。

第十节 露天开采技术

一、露天开采工艺

确定露天矿山开采顺序主要考虑矿床的埋藏条件、露天矿场的空间几何形状、生产工艺和开拓运输系统等。

对山坡露天矿，当矿体倾向与山坡方向一致时，一般采用在矿场表层逐层开掘单壁沟，自上而下，由里而外的顺序。

对凹陷露天矿，由上而下进行掘沟、剥离和采矿，上部水平顺次推到最终境界，下部水平顺次开拓和准备出来，旧的水平不断结束，新的水平陆续投产，这是露天矿在整个开采期间的程序。遵循“采剥并举，剥离先行”的原则。

每个台阶的开采顺序是开掘出入沟→开段沟→扩帮，即首先开掘自地表到第一个台阶下部平台的出入沟，然后开掘段沟；开段沟形成以后，在沟旁建立剥岩或采矿工作线，按采掘带顺序逐条采掘，即为扩帮。待工作线推进到一定宽度后，即可开掘下一个台阶的出入沟和开段沟。

掘沟、剥离和采矿都由穿孔、爆破、采装、运输等工艺来实现。

二、穿孔作业及安全要求

1. 穿孔作业

穿孔工作是露天开采的第一个工序，其目的是为爆破工作提供装炸药的孔穴。穿孔质量的好坏，对后续的爆破、采装、破碎等工作有很大影响。

露天矿穿孔设备按其穿孔深度分为浅孔和深孔凿岩设备。浅孔凿岩设备主要有凿岩机和凿岩台车。深孔凿岩设备主要有牙轮钻机、潜孔钻机、钢绳冲击式钻机。

2. 凿岩安全技术

（1）凿岩机作业安全要求。

1）凿岩工要经过培训，熟悉凿岩机的性能和操作方法。

2）开孔口时要扶稳钻机，以防钻头伤脚或凿岩机倾倒伤人。严禁打干眼和残眼。

3）在坡度超过 30° 的台阶坡面上凿岩时，凿岩工要使用安全绳，凿岩时要站稳。

（2）大型凿岩机穿孔安全要求。

1）钻机司机应经过专门培训，了解钻机的性能，熟练掌握操作程序和操作技术。钻机移动时，应有人指挥和监护；行走时，司机应先鸣笛，履带前后不得站人。不准转急弯。

2）钻机靠近台阶坡顶线行走时，应先检查行走路线是否稳固安全，凿岩台车外侧突出部分至台阶坡顶线的最小距离为 2m，牙轮钻和潜孔钻为 3m。钻机不宜在坡度超过 15° 的坡面上行走；如果坡度超过 15°，必须放下钻架，并采取防倾覆措施。不准长时间停留在斜坡道上。

3）在松软的地面行走时，应采取防沉陷措施。通过高、低压线路时应采取安全措施。夜间行走应有照明。

4）为防止台阶坍塌而造成钻机倾翻事故，钻机稳车时，千斤顶至台阶坡顶线应有一定的安全距离：凿岩台车为 1m，牙轮钻和潜孔钻为 2.5m。千斤顶放置的位置应稳固，不得在千斤顶下垫块石。

5）穿凿第一排炮孔时，钻机的中轴线与台阶坡顶线的夹角不得小于 45°，以便在台阶出现坍塌征兆时，钻机尽快撤离危险区。钻机作业时平台上严禁站人，钻机长时间停机应切断电源。

6）挖掘每个水平的最后一个采掘带时，上阶段正对挖掘机作业范围内的第一排孔位地带，不得有钻机作业或停留。

7）起落钻架时，非操作人员不要在钻机移动范围内停留。爆破时，应将钻机移至安全地带。移动电缆和停送电时，应穿绝缘鞋，戴高压绝缘手套，使用符合要求的电缆钩。钻机发生接地故障时，应立即停机处理，严禁任何人上下钻机。雷雨天、大雪天和大风天不准上钻机顶部进行检修作业。严禁双层作业，高空作业时，应挂好安全带。

三、爆破安全要求

爆破工作是利用炸药爆炸能来破碎矿岩，为采装、运输和破碎提供矿岩。露天矿山的爆破方法有：浅眼爆破法、深孔爆破法、硐室爆破法、药壶爆破法、裸露爆破法及其他爆破方法。爆破安全已在第八节介绍。

四、采装作业及安全要求

采装作业是用装载机械将矿岩直接从地下或爆堆中挖掘出来，并装入运输工具或直接卸到一定地点。它是露天开采过程的中心环节。

坚硬的矿岩一般用凿岩爆破的方法破碎成松散状，然后用不同的装运手段将矿岩分别装车运至矿仓或排土场。松散矿岩一般不需要进行爆破，而是用挖掘机直接铲装，或用推土机配合铲运机对矿岩进行集堆和铲装运工作。

大型露天矿山采装工作所用的采装设备有单斗挖掘机、前装机、索斗铲、轮斗挖掘机、链斗挖掘机等，小型露天矿和采石场采用装岩机、电耙乃至人工装岩。

1. 单斗挖掘机

单斗挖掘机是露天矿山用于采矿、剥离、排土、掘沟和倒装等工作的主要设备。按动力可分为电铲、柴油铲和液压铲三种，铲斗的容积一般为 0.5～12m^3，斗容达 20～30m^3 的挖掘机也已在一些矿山应用。单斗挖掘机生产能力大，一般应用于大中型露天矿山，并与铁路运输或汽车运输等方式相配合。

2. 前端式转载机

前端式装载机又叫前装机，是一种自装自运的多用设备，经常与汽车配合使用。有履带式和轮胎式两种，由于轮胎式前装机机动灵活、调动方便，行走速度快，可达 30～40km/h，因此轮胎式前装机在露天矿应用较广，既可以与运输设备配合装载矿岩，还可作为采、装、运三位一体的设备，同时还可作为牵引车进行清理工作场地等辅助作业。

3. 装岩机

装岩机有电动和风动两种，斗容一般在 $0.1～0.3m^3$，轮胎式装岩机机动灵活。当两台装岩机同时作业时，线路中心线的距离为 4～5m。工作面人工调车，干线用电机车或人工推车运输。装岩机平均效率可达 80～120t/台班。

4. 推土机

推土机结构简单、工作灵活可靠、效率高、维修工作量少，应用广泛。一般要求运距不超过 100～150m，重载爬坡坡度不超过 20°。

5. 电耙

电耙是一种小型采运设备，它借助耙斗自重耙运矿岩，在主钢绳的牵引下，沿爆堆向下移动而装满矿岩，并运至卸载点装车。卸载后，在尾绳的牵引下空斗被拉回工作面进行下一次作业。卸载点需做人工平台，矿车在人工平台的漏斗下装车。

6. 人工装车

采用人工装车的露天矿场一般都用人力推车，运距小于 300m，矿车载重小于 1～2t。人工装车工作面采用多道头装车，线路布置成分枝状，垂直于工作面。采用手推车或拖拉机人工装矿，应合理布置装车位置，车与车之间距离 2～3m。

7. 采装作业安全

（1）两台以上的挖掘机在同一平台上作业时，挖掘机之间应保持一定的间距，采用汽车运输时，其间距不得小于最大挖掘半径的 3 倍，且不得小于 50m；采用机车运输时，不得小于二列列车的长度。

（2）相邻两阶段同时作业的挖掘机必须沿阶段方向错开一定的距离，在上阶段边缘安全带进行辅助作业的挖掘机必须超前下阶段正常作业的挖掘机最大挖掘半径的 3 倍的距离，且不小于 50m。

（3）挖掘机行走时，应遵守下列规定：

1）必须在作业平台的稳定范围内行走。

2）铲斗应空载，并下放与地面保持适当距离，悬臂方向与行进方向一致。

3）上下坡时驱动轴应始终处于下坡方向，并采取防滑措施。

4）通过电缆、风水管、铁路道口时，应采取保护电缆、风水管、铁路道口的措施。

5）在松软或泥泞的道路上行走时，应采取防止沉陷的措施。

6）应有专人指挥。

7）严禁挖掘机在运转中调整悬臂架的位置。

（4）挖掘机、前装机作业时，应遵守下列规定：

1）挖掘机工作时，其平衡装置外形的垂直投影到阶段坡底线的水平距离应不小于 1m。操作室所处的位置应使操作人员危险性最小。

2）禁止铲斗从车辆驾驶室上方通过。

3）装第一铲时，铲斗门距车厢底板的卸载高度不应大于 0.5m；卸载时应使车厢保持平衡。

4）与受装车辆驾驶员有信号联系。

5）装载时，车辆调车人员应下车指挥。

（5）推土机作业应遵守下列规定：

1）在斜坡上作业时，最大允许坡度不得超过其技术性能的规定。

2）推土作业时，刮板不得超出平台边缘。

3）距离平台边缘小于 5m 时，必须低速运行。

4）禁止后退开向平台边缘。

5）推土机发动时，严禁人员在机体下面工作，机体近旁不准有人逗留。

6）推土机行走时，禁止人员站在推土机上或刮板架上。发动机运转且刮板抬起时，司机不得离开驾驶室。

7）检修、润滑和调整推土机应在平整的场所进行。检查刮板应将刮板放稳，并关闭发动机。禁止人员在提起的刮板上停留或进行检查。

（6）爆破时，要将采装设备开到安全地点。

（7）电耙装矿时，要定期检查钢丝绳，以防断绳回甩伤人。在耙斗作业范围内不得有人作业或行走。

（8）人工装车时，不得搬动大块。大块应进行二次破碎。采用手推车或拖拉机人工装矿，禁止挤在一起，以防止相互干扰伤人。

五、运输作业安全要求

露天矿山运输的基本任务是将采出的矿石运送到选矿厂、破碎站或储矿场，把剥离的废石运送到排土场，并将人员、设备和材料运送到工作地点。

1. 铁路运输

铁路运输中常见的事故有撞车、脱轨、道口肇事和由此引起的人身伤害。露天矿山铁路运输也应遵守地下矿山电机车运输的有关规定，还应遵守下列规定：

（1）机车司机及机动车司机、绞车司机是特种作业人员，必须经过培训考核，持证上岗。

（2）在繁忙的道口和可能危及行车安全的塌方、落石地点宜安设遮断信号机。

（3）电机车升起受电弓后，禁止登上车顶或进入侧走台工作。

（4）列车运行速度必须保证能在准轨铁路 300m、窄轨铁路 150m 的制动距离内停车。

（5）同一调车线上禁止两端同时进行调车作业。

（6）采取溜放方式调车时，必须有相应的安全制动措施。

（7）在运行区间内不准甩车，在站线坡度大于 0.25%的坡道上进行甩车作业时，必须采取防滑措施。

（8）发生故障的线路，应在故障区域两端设停车信号，独头线路发生故障时，应在进车端设停车信号，故障排除前和停车信号撤除前禁止列车在故障线路区域运行。

2. 道路运输

（1）山坡填方的弯道、坡度较大的填方地段以及高堤路基路段外侧应设置护栏、挡车墙等。夜间装卸矿地点应有良好的照明。自卸汽车进入工作面装车，应停在挖掘机尾部回转范围 0.5m 以外，防止挖掘机回转撞坏车辆。装车时，发动机不准熄火，关好驾驶室车门，不得将头和手臂伸出驾驶室外，禁止检查、维护车辆。

（2）装车后挖掘机司机或指挥人员发出信号，汽车才能驶出装车地点。禁止采用溜车方式发动车辆，下坡行驶严禁空挡滑行。在坡道上停车时，司机不能离开，必须使用停车制动并采取安全措施。机动车辆在矿区道路上宜中速行驶，急弯、陡坡和危险地段应限速行驶。

（3）正常作业条件下同类车严禁超车，前后车保持适当距离。雾天和烟尘弥漫影响能见度时，应开亮前黄灯与标志灯，并靠右侧减速行驶，前后车间距不得小于 30m。视距不足 20m 时，应靠右暂停行驶，并不得熄灭车前车后的警示灯。冰雪和雨季道路较滑时，应有防滑措施并减速行驶；前后车距不得小于 40m；禁止转急弯、急刹车、超车或拖挂其他车辆。

（4）汽车在靠近边坡或危险路面行驶时，要谨慎通过，防止架头倒塌和崩落。生产干线、坡道上禁止无故停车。机动车辆通过铁路道口前，司机应减速瞭望，确认安全方可通过。卸矿地点必须设置牢固可靠的挡车设施，并设专人指挥。挡车设施的高度不得小于该卸矿点各种运输车辆最大轮胎直径的 2/5。汽车进入排卸场地要听从指挥，卸完后应及时落下翻斗，务必确认翻斗已落后方可动车，严防翻斗竖立刮坏高处线路和管道等设施。

（5）自卸汽车在翻斗升起与落下时不准人员靠近，卸载工作完毕后应将操纵器放置空挡位置，防止行车时翻斗自动升起引起事故。自卸汽车严禁运载易燃、易爆物品；驾驶室外平台、脚踏板及车斗不准载人。禁止在运行中升降车斗。要加强对机动车辆的检查、维护保养，保证机动车运行及前后车灯正常，刹车灵敏可靠。

3. 斜坡卷扬运输

（1）斜坡道与上部车场和中间车场的连接处，应设置灵敏可靠的阻车器；斜坡道上设防跑车装置；沿斜坡道设人行踏步；斜坡轨道中间设托辊并保持润滑良好，以减少钢丝绳的磨损。

（2）卷扬司机、卷扬信号工和矿仓卸矿工之间应装设声光信号联络装置。联系信号必须清楚，信号不清或中断时，不得进行作业。

（3）在斜坡道上或在箕斗（矿车）、料仓里工作，必须有安全措施。调整钢丝绳必须空载、断电进行，并用工作制动。

（4）应对钢丝绳及其附件以及绞车定期检查、试验，保证钢丝绳完好，绞车制动可靠。

4. 人力运输

露天窄轨人力推车与地下窄轨人力推车安全要求相同。

露天人力推平板车的安全要求如下：

（1）道路应有足够的宽度，路面应坚实、平坦，不得有障碍物和坑洞。

（2）连接陡坡的弯道的外侧应适当超高。

（3）卸矿场或排土场的边坡坡顶应适当超高。

六、边坡灾害防治

1. 边坡破坏的类型

露天开采破坏了边坡岩体内的原始应力平衡，在次生应力场作用下，发生滑坡和坍塌的现象，称为边坡破坏。

（1）坍塌。由于边坡过高、过陡，边坡脚的岩体受压破坏或因人工开采破坏，甚至形成伞岩，以至其根部折断或压碎而突然脱离基岩而造成坍塌。一般坍塌范围不大，塌方量较小，较容易处理。

（2）滑坡。边坡上的岩体沿着某一滑动面向下滑移。该滑动面经常是由各种地质构造形成的弱面，以及极不稳定的软岩夹层和遇水膨胀的软岩面形成的弱面。当结构面的倾向、走向与边坡一致，倾角小于边坡的倾角，欲滑移体两侧有自由面或其他结构面，下部又被采空时，就会发生岩层面滑落现象。

2. 影响边坡稳定的主要因素

（1）岩石的物理力学性质：岩石的硬度、凝聚力和内摩擦角等。一般岩石的硬度越大越稳定。通常见到的滑坡是在砂质岩、泥岩、灰岩及片理化的岩层中发生。

（2）地质构造：主要是由节理、裂隙、层理、断层和破碎带以及极不稳定的软岩夹层和遇水膨胀的软岩面等形成的弱面。大量滑坡实例表明，滑坡体的滑动面和边缘轮廓都是受结构面控制的。

（3）水文地质条件的影响：包括地表水的渗入和地下水。露天矿的滑坡多发生在雨季或解冻期。当地下水赋存于岩石弱面中时，水的作用显著增大岩体的滑动力和减小弱面间的摩擦力，从而使边坡的稳定性降低。

（4）开采技术条件的影响：包括边坡角、边坡形式、开采程序、推进方向以及穿爆工艺等的影响。边坡角越小，边坡越稳定；上部较缓、下部陡的边坡比上部陡、下部缓的边坡稳定而经济；边坡出露的时间越短越稳定；爆破震动作用也会影响边坡的稳定性。

（5）管理因素：如超挖坡脚，在边坡上部堆置废石和设备、建筑房屋等，都会降低边坡的稳定性。

（6）地震对边坡的稳定也有影响。

3. 边坡事故的预防

露天采场边坡滑坡、工作台阶和非工作台阶的坍塌以及浮石冒落统称为坍塌事故。预防边坡坍塌事故的主要措施有：

（1）技术措施。

1）贯彻“采剥并举、剥离先行”的方针，超前剥离表土和风化层。

2）严格按照要求设置台阶高度和台阶坡面角，确定合适的边坡形式。

3）确定合理的开采顺序和推进方向，从上到下逐层开采，禁止一面坡的开采方式，严禁“掏采”。

4）在临近边坡处采用控制爆破方法，如微差爆破、预裂爆破、缓冲爆破等，以减少爆破震动对边坡的影响。

5）在露天开采境界范围内，要预先疏干地下水，并在露天坑四周挖掘排水沟。

6）边坡整治措施：在生产过程中，根据揭露的边帮的岩体情况和积累的经验对边坡及时平整和刷帮，改变边坡的轮廓和形状，以提高边坡的稳定性。

7）对节理、裂隙等容易引起坍塌事故的地质构造发育的矿山，可采取人工加固措施来治理滑坡。如：用锚杆（锚索）加固，用抗滑桩加固，喷射混凝土加固，用挡土墙加固，用注浆法加固等。

（2）管理措施。

1）作业前，必须对工作面进行检查，清除危岩和其他危险物体。

2）作业中应观察边坡，当发现边坡上有裂隙可能坍塌或有大块浮石以及伞岩悬在上部时，必须及时上报，迅速处理。处理要有可靠的安全措施，受其威胁的人员和设备应撤至安全地点。如未处理，不得在浮石危险区进行其他任何作业和停留，并设置醒目的警示标志。

3）当现场作业人员发现边帮有坍塌征兆时，应立即停止作业，通知受威胁的人员和设备立即撤出危险区域。

4）应派有经验的专人负责边坡管理，定期对边帮进行检查、清扫，对危岩进行处理，及时消除事故隐患。

5）对有潜在坍塌危险的边坡，应建立观测预报制度，设立专门的观测点，对边坡的变化情况进行定期观测。

模拟试题及考点

1. 凿岩机在坡度超过________度的台阶坡面上凿岩时，凿岩工要使用安全绳。

A. 30　　B. 25　　C. 20　　D. 15

【考点】“二、穿孔作业及安全要求”。

2. 大型凿岩机穿凿第一排炮孔时，钻机的中轴线与台阶坡顶线的夹角不得小于________。

A. 15°　　B. 30°　　C. 45°　　D. 60°

【考点】“二、穿孔作业及安全要求”。

3. ________是露天开采过程的中心环节。

A. 运输　　B. 穿孔　　C. 采装　　D. 爆破

【考点】“四、采装作业及安全要求”。

4. 当两台以上的挖掘机在同一平台上进行采装作业时，挖掘机之间应保持一定的间距，采用汽车运输时，其间距不得小于最大挖掘半径的________倍，且不得小于50m。

A. 1　　B. 2　　C. 3　　D. 4

【考点】“四、采装作业及安全要求”。

5. 进行采装作业的挖掘机行走时，应遵守的规定不包括________。

A. 在作业平台的稳定范围内行走

B. 铲斗应空载，悬臂方向与行进方向一致

C. 上下坡时驱动轴应始终处于下坡方向

D. 在运转中调整悬臂架的位置要有人监护

【考点】“四、采装作业及安全要求”。

6. 下列关于推土机采装作业的叙述中，错误的是________。

A. 距离平台边缘小于3m时，必须低速运行

B. 推土作业时，刮板不得超出平台边缘

C. 禁止后退开向平台边缘

D. 推土机行走时，人员不得站在推土机上

【考点】"四、采装作业及安全要求"。

7. 下列关于露天矿山铁路运输的说法中，错误的是________。

A. 在可能危及行车安全的塌方、落石地点宜安设遮断信号机

B. 在准轨铁路上，列车运行速度必须保证能在150m的制动距离内停车

C. 同一调车线上禁止两端同时进行调车作业

D. 在运行区间内不准甩车

【考点】"五、运输作业安全要求"。

8. 斜坡卷扬运输，斜坡道上应设________。

A. 阻车器　　B. 人行踏步　　C. 防跑车装置　　D. 托辊

【考点】"五、运输作业安全要求"。

9. ________不是影响边坡稳定的主要因素。

A. 岩石的硬度　　B. 边坡角的大小　　C. 岩土的化学性质　　D. 地下水

【考点】"六、边坡灾害防治"。

10. ________不是边坡灾害防治的技术措施。

A. 超前剥离表土和风化层

B. 开采顺序采取从上到下逐层开采

C. 在露天开采境界范围内，要预先疏干地下水

D. 确定合适的边坡形式

E. 当现场人员发现边帮有坍塌征兆时，立即停止作业，撤出危险区域

【考点】"六、边坡灾害防治"。

第十一节　排土场及矸石山灾害防治技术

排土场又称废石场，是露天矿山采矿排弃物集中排放的场所。当排土场受大气降雨或地表水的浸润作用，排土场内堆积体的稳定状态会迅速恶化，引发滑坡和泥石流等灾害。

矸石山是煤炭开采、洗选加工过程中产生的固体废弃物堆放场所。堆放不仅压占大量土地，影响生态环境，而且煤矸石在遭受淋溶水的作用下，污染周围的土壤和地下水。煤矸石中含有的可燃物在一定条件下会发生自燃，排放出二氧化硫、氮氧化物、碳氧化物和烟尘等有害气体。

一、排土场事故及原因

1. 排土场滑坡

（1）排土场内部滑坡。由于岩土物料的性质、排土工艺及其他外界条件（如外载荷和雨水等）所导致的排土场滑坡，其滑动面露出堆积体。

（2）沿排土场与基底接触面的滑坡。当山坡形排土场的基底倾角较陡，排土场与基底接触面之间的抗剪强度小于排土场物料本身的抗剪强度时，易产生沿基底接触面的滑坡。

（3）沿基底软弱面的滑坡。当排土场坐落在软弱基底上时，由于基底承载能力低而产生滑移，并牵动排土场的滑坡。

2. 排土场泥石流

排土场大量松散岩土物料充水饱和后，在重力作用下沿陡坡和沟谷快速流动，形成一股能量巨大的特殊洪流。矿山泥石流多数以滑坡和坡面冲刷的形式出现，所以又可分为滑坡型泥石流和冲刷型泥石流。

形成泥石流有三个基本条件：泥石流区含有丰富的松散岩土；地形陡峻和较大的沟床纵坡；泥石流区的上中游有较大的汇水面积或充足的水源。

二、排土场灾害的影响因素

1. 基底承载能力

当基底坡度较陡，接近或大于排土场物料的内摩擦角时，易产生沿基底接触面的滑坡。如果基底为软弱岩层而且力学性质低于排土场物料的力学性质时，则软弱基底在排土场荷载作用下产生底鼓或滑动，然后导致排土场滑坡。

2. 排土工艺

不同的排土工艺形成不同的排土场台阶，其堆置高度、速度、压力大小对于基底土层孔隙压力的消散和固结都密切相关，对上部各台阶的稳定性有重要作用，是发生排土场滑坡的重要因素。

3. 岩土力学性质

当基底稳定时，坚硬岩石的排土场高度等于其自然安息角条件下可以达到的任意高度，但往往受排土场内物料构成的不均匀性和外部荷载的影响，使得排土高度受到限制。排土场堆置的岩土力学属性受容重、块度组成、黏结力、内摩擦角、含水量及垂直荷载等的影响。

4. 地下水与地表水

排土场物料的力学性质与含水量密切相关。我国露天矿山排土场滑坡及泥石流有 50%是由于雨水和地表水作用引起的。

三、排土场事故防治技术

1. 选择最合适的场址建设排土场

要从优选水文和工程地质条件、植被及周边环境等因素入手，避开塌方、滑坡、泥石流、地下河、断层、破碎带、软弱基底等不良地质区，避免跨越流水量大的沟谷等不利因素，适当改造环境工程地质条件，使之适应实际需要。

2. 改进排土工艺

铁路运输时采用轻便高效的排土设备进行排土，可以增大移道步距，提高排土场的稳定性；合理控制排土顺序，避免形成软弱夹层；将坚硬大块岩石堆置在底层以稳固基底，或堆置在最低一个台阶反压坡脚。

3. 处理软弱基底

若基底表土或软岩较薄，可在排土之前开挖掉；若较厚，开挖掉不经济时，可控制排土强度和一次堆置高度，使基底得到压实和逐步分散基底的承载压力；也可以用爆破法将基底软岩破碎，以增大抗滑能力。

4. 疏干排水

在排土场上方山坡设截洪沟，将水截排至外围的低洼处；将排土场平台修成 2%～5%的反坡，使平台水流向坡根处的排水沟而排出界外。

5. 修筑护坡挡墙和泥石流消能设施

为了稳固坡脚，防止排土场滑坡，可采用不同形式的护坡挡墙。开挖截水沟、消力池、导流渠，建立废石坝、拦泥坝等配套设施，防止水土流失而造成滑坡和泥土流，增强排弃场的稳定性。在排土场下有沟谷的收口部位修筑不同形式的拦挡坝，拦挡排土场泥石流。

6. 排土场复垦

在已结束施工的排土场平台和斜坡上进行复垦（植树和种草），可以起到固坡和防止雨水对排土场表面侵蚀和冲刷的作用。

四、矸石山灾害控制技术

1. 矸石山灾害的主要类型

（1）矸石山塌方。

（2）垮塌引起滑坡。

（3）自燃崩塌。

（4）自燃产生的有毒气体造成中毒和窒息。

2. 矸石山灾害控制技术

（1）覆土植被绿化。采用种植树木、植物等方式绿化矸石山是目前不少矿区的常用做法，效果也比较理想，可有效根治扬尘和矸石山坍塌。

（2）熄灭矸石山自燃发火的技术措施。

1） 表面覆盖法。将黄土等惰性物质覆盖在燃烧区上，隔绝空气，以达到灭火目的。

2） 表面浇灌法。向燃烧区喷洒石灰乳或其它灭火浆液，降低火区温度，同时使浆液中的某些成分被覆盖在矸石表面，阻止矸石进一步氧化。

3） 注浆法。

将灭火材料制成浆液后，借助机械力将其压入矸石山内部，使浆液渗透充填到矸石山的空隙中。

表面覆盖法的缺点是需要大量的黄土，工程量大；表面浇灌法简单易行，但灭火浆液渗入矸石山内部的效果欠佳；注浆法效果最好。

此外，还有挖掘熄灭法。

（3）微生物脱硫技术。矸石中的硫造成矿区大气污染以及土壤和水的酸化问题，采用微生物脱硫技术，对矸石进行脱硫和酸性改良。

模拟试题及考点

1. ________不是形成排土场泥石流的基本条件之一。

A. 泥石流区含有大量大块坚硬岩石

B. 地形陡峻和较大的沟床纵坡

C. 泥石流区的上中游有较大的汇水面积或充足的水源

D. 泥石流区含有丰富的松散岩土

【考点】“一、排土场事故及原因”。

2. ________不能起到防止排土场事故的作用。

A. 选择场址时避开不良地质区

B. 在排土之前开挖掉较薄的基底表土或软岩

C. 在排土场下方山坡设截洪沟

D. 修筑护坡挡墙以稳固坡脚

【考点】“三、排土场事故防治技术”。

3. ________不属于改进排土工艺以防止排土场事故的措施。

A. 铁路运输时采用轻便高效的排土设备进行排土，以增大移道步距

B. 合理控制排土顺序，避免形成软弱夹层

C. 将坚硬大块岩石堆置在底层

D. 在已结束施工的排土场平台和斜坡上进行复垦

【考点】“三、排土场事故防治技术”。

4. 种植树木等植物以绿化矸石山是为了防止矸石山________。

A. 污染周围的土壤

B. 塌方

C. 污染周围的地下水

D. 自燃产生有毒气体

【考点】“四、矸石山灾害控制技术”。

5. 将灭火材料制成浆液后，借助机械力将其压入矸石山内部，使浆液渗透充填到矸石山的空隙中，这样做的目的是防止矸石山________。

A. 污染周围的土壤和地下水　　B. 塌方

C. 自燃　　D. 滑坡

【考点】“四、矸石山灾害控制技术”。

第十二节 矿 山 救 护

一、《生产安全事故应急条例》对重点生产经营单位的要求

《生产安全事故应急条例》明确的重点生产经营单位有：易燃易爆物品、危险化学品等危险物品的生产、经营、储存、运输单位，矿山、金属冶炼、城市轨道交通运营、建筑施工单位，以及宾馆、商场、娱乐场所、旅游景区等人员密集场所经营单位。

下列1、6是该条例对所有生产经营单位的要求，2～5是对重点生产经营单位的要求。

1. 预案制定、修订及备案

针对本单位可能发生的生产安全事故的特点和危害，进行风险辨识和评估，制定相应的生产安全事故应急救援预案，并向本单位从业人员公布。

当制定预案所依据的法规、应急指挥机构及其职责、安全生产面临的风险、重要应急资源发生重大变化，或在预案演练或者应急救援中发现需要修订预案的重大问题时，需要修订预案。

预案报送县级以上人民政府负有安全生产监督管理职责的部门（应急管理部门、住房城乡建设部门）备案，并依法向社会公布。

2. 预案演练

至少每半年组织1次生产安全事故应急救援预案演练，并将演练情况报送所在地县级以上地方人民政府负有安全生产监督管理职责的部门。

3. 应急救援队伍

建立应急救援队伍；其中，小型企业或者微型企业等规模较小的生产经营单位，可以应当指定兼职的应急救援人员，并且可以与邻近的应急救援队伍签订应急救援协议。

应急救援队伍建立单位或者兼职应急救援人员所在单位应当按照国家有关规定对应急救援人员进行培训；应急救援人员经培训合格后，方可参加应急救援工作。

应急救援队伍应当配备必要的应急救援装备和物资，并定期组织训练。

及时将本单位应急救援队伍建立情况报送县级以上人民政府负有安全生产监督管理职责的部门，并依法向社会公布。

4. 应急救援装备和物资

根据本单位可能发生的生产安全事故的特点和危害，配备必要的灭火、排水、通风以及危险物品稀释、掩埋、收集等应急救援器材、设备和物资，并进行经常性维护、保养，保证正常运转。

5. 应急值班

下列单位应当建立应急值班制度，配备应急值班人员：

（1）县级以上人民政府及其负有安全生产监督管理职责的部门。

（2）危险物品的生产、经营、储存、运输单位以及矿山、金属冶炼、城市轨道交通运营、

建筑施工单位。

（3）应急救援队伍。

规模较大、危险性较高的易燃易爆物品、危险化学品等危险物品的生产、经营、储存、运输单位应当成立应急处置技术组，实行 24h 应急值班。

6. 生产经营单位应急救援措施

发生生产安全事故后，生产经营单位应当立即启动生产安全事故应急救援预案，采取下列一项或者多项应急救援措施，并按照国家有关规定报告事故情况：

（1）迅速控制危险源，组织抢救遇险人员。

（2）根据事故危害程度，组织现场人员撤离或者采取可能的应急措施后撤离。

（3）及时通知可能受到事故影响的单位和人员。

（4）采取必要措施，防止事故危害扩大和次生、衍生灾害发生。

（5）根据需要请求邻近的应急救援队伍参加救援，并向参加救援的应急救援队伍提供相关技术资料、信息和处置方法。

（6）维护事故现场秩序，保护事故现场和相关证据。

（7）法律、法规规定的其他应急救援措施。

二、煤矿事故灾害应急预案

1. 应制订事故的应急预案

煤矿应针对矿井灾害建立应急救援预案，矿井事故灾害包括：瓦斯爆炸事故，煤尘爆炸事故，冲击地压、煤与瓦斯突出，水灾，火灾，重大电气事故以及其他事故灾害等。

2. 预案的种类和级别

应急预案体系包括综合应急预案、专项应急预案和现场处置方案。

针对上述五种事故的每一种或其中的几种，制订专项应急预案和（或）现场处置方案。

根据事故的规模、影响范围，应急指挥的层级，需要调动的救援资源种类和数量的不同，专项应急预案可分为煤矿级和矿井级；现场处置方案可分为矿井级和区队级。

3. 应急预案的内容

应急预案的内容可参照 GB/T 29639—2013《生产经营单位生产安全事故应急预案编制导则》的规定。

4. 应急预案的管理

应急预案的管理要符合《生产安全事故应急预案管理办法》的要求。

三、应急救援组织

1. 应急救援指挥部或指挥小组

根据预案级别的不同，应急救援指挥部的总指挥由煤矿的领导或矿井的领导（矿长）担任，成员由采掘、通风、机电、运输、地质测量等部门的人员以及总工程师组成，煤矿级的应急救援指挥部成员还应当有相关矿井的领导。

在重特大事故或者复杂事故救援现场，应当设立现场应急救援指挥部，设立地面基地和井下基地。地面基地应当设置在靠近井口的安全地点，井下基地应当设置在靠近灾区的安全地点，设专人看守电话并做好记录，保持与应急救援指挥部的联络，汇报现场情况，接受应急救援指挥部的指令。

现场处置方案的指挥由指挥小组负责人担任。

2. 应急行动组

包括通信联络组、抢险救援组、医疗救护组、治安疏散组、后勤保障组、善后处理组等。

3. 矿山救护队

矿山救护队是处理矿井事故灾害的专业性队伍，其任务和职责如下：

（1）救护井下遇险遇难人员。

（2）处理井下火、瓦斯、煤尘、水和顶板等灾害事故。

（3）参加危及井下人员安全的地面灭火工作。

（4）参加排放瓦斯、震动性放炮、启封火区、反风演习和其他需要佩用氧气呼吸器的安全技术工作。

（5）参加审查矿井灾害预防和处理计划，协助矿井灾害预防工作。

（6）辅助救护队的培训和业务指导。

（7）协助矿山搞好职工救护知识的教育。

4. 辅助救护队

四、应急指挥

发生重大事故后，应急救援指挥部或指挥小组的负责人或成员必须立即赶赴现场，组织救援。

应急指挥的职能包括应急救援预案的启动、扩大应急、终止的决策，应急救援命令的发出，救援资源的调动，向上级及政府的汇报，和外部应急机构的联络，应急处置行动的指挥等。

五、应急处置

按照矿井应急救援预案和《矿井灾害预防和处理计划》规定的行动原则执行。

1. 瓦斯（煤尘）爆炸事故的应急处置步骤

灾区停电撤人→向上级汇报→召请救护队→成立抢救指挥部→救护队到灾区侦察情况→灾区救人→灭火→恢复通风系统等。

2. 矿井水害事故的应急处置步骤

停→断→撤→报→查：发生水害事故后，现场人员必须立即停止作业，切断电源，在现场跟班队长的组织下按避灾路线紧急撤离，并向调度指挥中心汇报，由公司值班领导根据实际情况启动应急预案。

3. 矿井火灾事故的应急处置步骤

（1）火灾发生后，现场负责人立即电话向调度室汇报清楚事故的性质、时间、地点、灾区人数，危害程度及现状。

（2）调度室立即向应急指挥部汇报，启动相应的应急预案，同时召请救护队。

（3）救护队人员根据火灾事故情况，在救火的同时，选择正确避灾路线，引导灾区人员迅速撤离到安全区域。

（4）启动相应预案的同时，上一级应急预案进入预备状态。

4. 顶板事故的应急处置步骤

煤矿顶板事故的处置要先外后里，先支后拆，由上至下，先近后远。

（1）发生局部顶板事故，由跟班区队长或班长负责处置并报告值班领导，值班领导负责组织处理。现场跟班区队长、班长有第一次直接处置权，可先处置后汇报。

（2）发生大面积顶板事故，必须立即撤出灾区人员，进行自救互救的同时按应急预案规定的顺序通知值班领导等有关人员，同时召请矿山救护大队和医疗救治单位，派遣侦查小分队进行灾情侦察，进行灾害的初步评估，根据灾情制定救援方案，救援队现场抢险救灾直至灾情消除、恢复正常生产。

六、人员急救方法

矿井发生事故后，在场人员对伤员根据伤情进行适当的急救。救护指战员在灾区工作时，只要发现遇险受伤人员，都要把救人放在第一位。

1. 对中毒、窒息人员的急救

（1）立即将伤员抢运到新鲜风流中，安置在安全、干燥和通风正常的地点。

（2）清除患者口、鼻内中的污物，解开上衣扣子和腰带，脱掉胶鞋，并用衣被等物盖在伤员身上以保暖。

（3）根据心跳、呼吸、瞳孔、神志等方面状况，判断伤情的轻重。对呼吸困难或停止者，应及时进行人工呼吸。当出现心跳停止现象时，除进行人工呼吸外，还应同时进行心脏挤压法急救。

2. 对烧伤人员的急救

（1）尽快扑灭伤员身上的火，缩短烧伤时间。

（2）检查伤员呼吸和心跳情况，查是否合并有其他外伤、有害气体中毒、内脏损伤和呼吸道烧伤等。

（3）伤员发生休克或窒息时，可对其进行人工呼吸。

（4）用较干净的衣服把伤面包裹起来，防止感染。在现场除化学烧伤可用大量流动的清水冲洗外，对疮面一般不作处理，尽量不弄破水泡以保护表皮。

（5）把重伤员迅速送往医院。搬运伤员时，动作要轻柔，行进要平稳。

3. 对出血人员的急救方法

（1）指压止血法。

（2）加压包扎止血法。

（3）止血带止血法。

4. 对骨折人员的急救

对骨折人员首先用毛巾或衣服作衬垫，然后根据现场条件用木棍、木板、竹笆等材料做成临时夹板，对受伤的肢体临时固定，然后抬运升井，送往医院。

5. 对溺水者的急救

（1）把溺水者从水中救出后，要立即送到较温暖和空气流通的地方，脱掉湿衣服，盖上干衣服，不使受凉。

（2）立即检查溺水者的口鼻，如果有泥沙等污物堵塞，应迅速清除，擦洗干净，以保持呼吸道通畅。

（3）使溺水者取俯卧位，用木料、衣服等垫在溺水者肚子下面；或将左腿跪下，把溺水者的腹部放在救护者的右侧大腿上，使头朝下，并压其背部，迫使其体内的水由气管、口腔里流出。

（4）上述方法控水效果不理想时，应立即做俯卧压背式人工呼吸或口对口吹气式人工呼吸，或体外心脏挤压。

6. 对触电者的急救

（1）立即切断电源。

（2）迅速观察伤员的呼吸和心跳情况，施以急救。

（3）如发现有其他损伤（如跌伤、出血等），做相应的急救处理。

模拟试题及考点

1.《生产安全事故应急条例》规定：生产经营单位应当针对本单位可能发生的生产安全事故的特点和危害，进行________，制定相应的生产安全事故应急救援预案，并向________公布。

A. 风险辨识和评估，本单位　　B. 风险辨识和评估，本单位从业人员

C. 风险辨识，政府　　D. 风险评估，社会

【考点】“一、《生产安全事故应急条例》对重点生产经营单位的要求”。

2. 不属于《生产安全事故应急条例》中“重点生产经营单位”的是________单位。

A. 民用爆炸物品储存、运输　　B. 金属冶炼

C. 矿山　　D. 机械加工

E. 烟花爆竹生产、经营、储存、运输

【考点】“一、《生产安全事故应急条例》对重点生产经营单位的要求”。

3. 下述中，情形________不是预案制定单位必须修订相关预案的条件。

A. 应急指挥机构及其职责发生调整　　B. 安全生产面临的风险发生重大变化

C. 重要应急资源发生重大变化　　D. 在预案演练中发现不符合项

E. 制定预案所依据的标准发生重大变化

【考点】“一、《生产安全事故应急条例》对重点生产经营单位的要求”。

4. ________不是《生产安全事故应急条例》对重点生产经营单位的要求。

A. 将其制定的生产安全事故应急救援预案报送乡、镇以上人民政府负有安全生产监督管理职责的部门备案

B. 建立应急救援队伍（规模较小的单位，可指定兼职的应急救援人员）

C. 依法向社会公布本单位应急救援队伍建立情况

D. 根据本单位事故特点和危害，配备必要的应急救援器材、设备和物资

【考点】“一、《生产安全事故应急条例》对重点生产经营单位的要求”。

5. 按照《生产安全事故应急条例》，重点生产经营单位至少每________年组织 1 次生产安全事故应急救援预案演练，并将演练情况报送所在地县级以上地方人民政府负有安全生产监督管理职责的部门。

A. 半　　B. 一　　C. 二　　D. 三

【考点】“一、《生产安全事故应急条例》对重点生产经营单位的要求”。

6. 发生生产安全事故后，生产经营单位应当采取的应急救援措施，不包括________。

A. 迅速控制危险源，组织抢救遇险人员

B. 根据事故危害程度，组织现场人员撤离或者采取可能的应急措施后撤离

C. 采取必要措施，防止事故危害扩大和次生、衍生灾害发生

D. 必要时实施交通管制

E. 及时通知可能受到事故影响的单位和人员

【考点】“一、《生产安全事故应急条例》对重点生产经营单位的要求”。

7. 《生产安全事故应急条例》规定，________应当成立应急处置技术组，实行 24h 应急值班。

A. 危险物品的生产、经营、储存、运输单位

B. 规模较大、危险性较高的危险物品的生产、经营、储存、运输单位

C. 矿山单位

D. 规模较大、危险性较高的矿山单位

【考点】“一、《生产安全事故应急条例》对重点生产经营单位的要求”。

8. 按照《生产安全事故应急条例》，________应建立应急值班制度、配备应急值班人员。

A. 所有矿山单位　　B. 规模较大的矿山单位

C. 有高瓦斯矿井的矿山单位　　D. 地压活动频繁的矿山单位

【考点】“一、《生产安全事故应急条例》对重点生产经营单位的要求”。

9. ________不是矿山救护队的职责。

A. 救护井下遇险遇难人员

B. 现场处置井下火、瓦斯、煤尘、水和顶板等事故灾害

C. 参加排放瓦斯、启封火区、反风演习等需要佩用氧气呼吸器的工作

D. 现场应急救援指挥

E. 参加审查矿井灾害预防和处理计划，协助矿井灾害预防工作

【考点】“三、应急救援组织”。

10. 发生瓦斯（煤尘）爆炸事故后，应急处置的第一步是________。

A. 向上级汇报事故情况　　B. 救护队到灾区侦察情况

C. 灾区停电撤人　　D. 灭火

E. 灾区救人

【考点】“五、应急处置”。

11. 发生透水事故后，应急处置的第四步是________。

A. 在现场跟班队长的组织下按避灾路线紧急撤离

B. 启动应急预案

C. 现场人员立即停止作业并断电

D. 向调度指挥中心汇报

【考点】“五、应急处置”。

12. ________不是煤矿顶板事故的处置原则。

A. 先支后拆　　B. 由上至下　　C. 先近后远　　D. 先里后外

【考点】“五、应急处置”。

13. 对中毒、窒息人员的急救措施不包括________。

A. 将伤员抢运到新鲜风流中

B. 清除患者口、鼻内中的污物，解开上衣扣子和腰带

C. 脱去伤员身上的外衣

D. 对呼吸困难或停止者，及时进行人工呼吸

【考点】“六、人员急救方法”。

14. 救护指战员在灾区工作时，只要发现遇险受伤人员，都要把________放在第一位。

A. 抢险　　B. 侦察　　C. 汇报　　D. 救人

【考点】“六、人员急救方法”。

第十三节　煤矿事故案例分析

案例 1　某煤矿运输事故

某日 7 时 30 分，某煤业有限公司南运输大巷皮带运输队队长 A 召开了队组班前会，强调了安全注意事项并就具体的工作做了安排。8 时，皮带运输队 20 人一起下到井下。13 时 30 分，队长 A 在巡回检查井底煤仓上方第 3 部带式输送机时，发现：机尾驱动装置处防护栏被移开并放到了一边；底板潮湿光滑；皮带清煤工 B 头朝北面向地趴着，左脚插在压带辊边与瓦座轴承缝隙之间，安全帽和头灯在距离头部 50cm 处的地面，身下压着铁锹，铁锹头在底皮带下，人已死亡。

★1. 事故发生之前，作业现场存在的物的不安全状态有________。

A. 第 3 部带式输送机机尾驱动装置处无防护栏

B. 清煤工违章将第 3 部带式输送机机尾驱动装置处防护栏移开

C. 皮带清煤工 B 安全意识不强

D. 底板潮湿光滑

2. 带式输送机距支柱或碹墙的距离不得小于________m，行人侧不得小于________m。

A. 0.5，0.7　　B. 0.5，0.8　　C. 0.6，0.8　　D. 0.7，1.0

3. 胶带输送机运输事故（输送带跑偏或被撕裂、输送带打滑起热着火、伤人等）的预防措施有哪些？

参考答案

1. AD

2. B

3. 胶带输送机运输事故的预防措施：

（1）安装防跑偏和防撕裂保护装置。

（2）安装防滑装置，及时清除胶带滚筒上的水或调整胶带长度。

（3）输送机的机头传动部分、机尾滚筒、液力偶合器等处都要装设保护罩或保护栏杆。

（4）安装输送机的巷道，输送机距支柱或碹墙的距离及行人侧的宽度应符合要求。

案例 2　某煤矿冲击地压事故

某年某月 25 日 3 时 27 分，某煤矿三水平北 21 号层三四区一段发生较大顶板（冲击地压）事故，造成 5 人死亡。

事故调查组认定，事故的直接原因是：该段切眼布置在应力集中区内，由于在上部切眼施工期间，没有按规定采取有效卸压措施，地震活跃带大断层影响区内多煤层坚硬顶板复合运动，致使积聚的弹性变形能突然释放。

19 日 3 时 04 分，SOS 微震监控系统曾监测到三水平北 21 号层三四区一段 9104 队掘进切眼区域发生一次达到 B 级冲击地压危险的 2.4×104J 能量振动的黄色预警情况，但未采取有针对性的防冲解危措施。

问题：

★1. 煤矿冲击地压的预测方法，除案例中采取的微震监测法外，还有________。

A. 电磁辐射法　　B. 钻屑法　　C. 束管监测法　　D. 应力监测法

2. 防冲解危措施有哪些？

3. 冲击地压灾害的预防措施有哪些？

参考答案

1. ABD

2. 防冲解危措施有卸载钻孔、卸载爆破、诱发爆破和煤层高压注水等。

3. 冲击地压灾害的预防措施

预留开采保护层；尽量少留煤柱和避免孤岛开采；尽量将主要巷道和硐室布置在底板岩层中；回采巷道采用大断面掘进；尽可能避免巷道多处交叉；确定合理的开采程序；加强顶板控制；煤层预注水，以降低煤体的弹性和强度。

案例 3　煤矿顶板事故

A 矿：

A 矿采煤工艺为单体液压支柱 π 型梁人工手镐落煤放顶煤采煤法。某日，某采煤工作面发生工作面直接顶断裂、失稳、支架倒塌导致的顶板事故，造成11人死亡、4人轻伤。

事故发生时矿井处于上级主管部门责令停产期间。安全生产许可证过期。煤矿设矿长一人、总工程师一人、副矿级领导一名、机电副矿长一人，以上人员中部分人员未按规定参加安全生产知识和管理能力培训。事故发生前煤矿未配备生产副矿长。矿井未安装人员定位系统，人员入井记录登记不齐全，采煤工作面无矿压观测系统。

B矿：

B矿某综采工作面推采过程中，造成下平巷靠近工作面4m范围内U型钢棚支架的一侧空肩。作业过程中没有根据现场实际改变支架间原有的联锁方式，联锁不牢固，在外力作用下U型钢棚失稳。

某日，综采二部检修班班长根据工作需要临时安排甲、乙二人到该综采工作面下平巷从里向外回撤第三架 U 型钢棚。二人到达工作地点后，首先回撤了超前支护中的第三、第四架U型钢横梁及其两端的单体支柱，并在第三架U型钢棚头梁中间支设一棵临时单体支柱。然后回掉两帮棚腿，并把末端带有安全绳的专用卸载把手卡在临时单体支柱安全阀的阀口处，安全绳的另一端距离单体支柱 2.5m。甲负责监护，乙负责操作。乙在距离临时单体支柱 1.5m 处手拉安全绳卸载把手卸载临时单体支柱时，发生冒顶，冒落矸石推倒外面相邻两架U型钢棚支架，将乙埋压，经抢救无效死亡。

C矿：

C矿某风巷，迎头煤层变软片帮时，巷道左帮帮部锚杆滞后4排，右帮滞后5排，造成迎头压力较大，片帮严重。

某日夜班综掘一区二队进行改造风巷施工，由于煤层松软、煤壁片帮，第一排锚杆施工结束后，迎头片帮空顶1.0～1.2m。班长甲找顶后，准备前移前探梁进行临时支护。由于护顶大板长度 4m，左肩窝处欠挖宽度不够，大板无法前移，工人乙用手镐找掉？左肩窝煤壁。突然顶板掉落“草帽顶”，掉落后顺迎头余货？下落碰伤乙右大腿，造成其右股骨中段骨折。

回答下列问题。

1. A矿、B矿、C矿事故的直接原因是什么？

2. 按照《国务院关于预防煤矿生产安全事故的特别规定》：

（1）A矿存在的重大安全隐患是什么？

（2）A矿可否进行生产活动？为什么？

（3）政府主管部门应对A矿采取什么措施？为什么？

★3. 关闭煤矿应当达到的要求有________。

A. 停止供应并处理火工用品

B. 将农民工工资不克扣地发放完毕

C. 停止供电，拆除矿井生产设备、供电、通信线路

D. 封闭、填实矿井井筒，平整井口场地，恢复地貌

E. 吊销相关证照

参考答案

1. 事故的直接原因

A 矿：

放顶煤工作面采用单体液压支柱配合 π 型钢梁支护，支护强度不够、稳定性差，直接顶局部断裂、失稳，导致工作面部分支架倒塌、顶煤垮落。

B 矿：

生产作业过程中，没有根据现场实际改变支架间原有的联锁方式，联锁不牢固；

检修作业中，操作人员在该综采工作面下平巷回撤 U 型钢棚时，违章作业，未对相邻支架加强支护就回撤了该支架横梁及其两端的单体支柱，卸载单体支柱安全距离不够。

C 矿：

生产作业中，迎头煤层变软片帮时，没有按照要求逐排掘进，及时进行有效支护；

改造风巷施工中，现场空顶作业。

2. 按照《国务院关于预防煤矿生产安全事故的特别规定》：

（1）该煤矿存在的重大安全隐患是“使用明令禁止使用或者淘汰的设备、工艺”，单体液压支柱配合 π 型钢梁支护是国家明令禁止使用的采煤工艺。

（2）该煤矿不可进行生产活动，因为按照该规定，煤矿证照不齐全（安全生产许可证过期）以及被责令停产整顿后，不得生产。

（3）政府主管部门应该关闭该煤矿，因为按照该规定，煤矿证照不全擅自从事生产及停产整顿期间擅自从事生产，应予关闭。

3. ACDE

案例 4　某煤矿四采区现场记事

某煤矿安全监察局人员接到某国营煤矿人员举报，称该矿四采区瓦斯可能超限，但瓦斯传感器严重失修，不灵敏。在没有事先通知的情况下，他们和随行专家携带灵敏的瓦斯传感器、瓦斯涌出量测定仪，戴着隔离式自救器（可自生氧气）突然来到该采区。

该煤矿生产区域全部集中在四采区，有三个掘进工作面和回采工作面，生产布局集中。一进该采区，瓦斯传感器就叫了起来。

现场测定，该采区 415 掘进工作面的瓦斯涌出量达 8m³/min。现场没有瓦斯抽放措施，只有四台为工作面供风的风机（2×15kW、2×75kW、22kW、11kW），但却没有运转。随行专家快速计算：在停风状态下，只需要 13 分钟，整个掘进工作面的瓦斯浓度就可达到爆炸极限（4%～16%）。大家立刻被吓坏了，意识到处于极其危险的时刻。领队叫大家镇静，环顾周围，幸好工人们在巷道内休息，没有作业；但是，有好几台电气设备还在运行，他立刻命令关掉电源，并厉声责问领班班长：你们安装了瓦斯监控系统没有？为什么没有断电？领班班长回答：安装了，但缺少超限断电功能。领队要求大家不允许弄出任何声响，立刻撤出。

撤出后，煤矿安全监察局人员命令全矿立刻停产整顿。然后要求提供最近 10d 的瓦斯监测日报。但，矿井只能拿出 4d 的数据，因为他们未要求每天报送监测日报。4d 的数据中，只有一天超限。煤矿安全监察局人员接着调查了所用的两台监测仪器，通过校准，恰恰是显示超限的那台仪器是灵敏的，而其余 3 次所用的另一台仪器已经失灵。

问题：

1. 该煤矿存在的重大安全隐患是什么？

2. 煤矿安全监察局人员命令全矿立刻停产整顿的法规依据是什么？

3. 该煤矿四采区随时可能发生什么事故？

4. 如发生事故，直接原因是什么？

5. 该矿瓦斯监测存在什么问题？

参考答案

1. 该煤矿存在的重大安全隐患是瓦斯超限作业。

2. 煤矿安全监察局人员命令全矿立刻停产整顿的法规依据是《国务院关于预防煤矿生产安全事故的特别规定》：煤矿有重大安全隐患的，应当立即停止生产，排除隐患。

3. 该煤矿四采区随时可能发生瓦斯爆炸事故。

4. 事故直接原因

（1）该采区 415 掘进工作面的瓦斯涌出量达 $8m^3/min$。现场没有瓦斯抽放措施，通风机没有开动送风，使作业现场瓦斯积聚，可在短时间达到爆炸极限。

（2）现场瓦斯监控系统缺少超限断电功能，使电器在危险条件下运转，其火花即可将浓度达到爆炸极限的瓦斯引爆。

5. 该矿瓦斯检测存在的问题

（1）瓦斯检测仪器失灵、失修。

（2）瓦斯检测制度不健全，未要求每天报送监测日报。

案例 5　某煤矿瓦斯爆炸事故

某煤矿发生一起瓦斯爆炸事故，事故造成 14 人死亡。矿井通风方式为分区抽出式，矿井需要总风量 $4700m^3/min$，总入风量 $5089m^3/min$，总排风量 $5172m^3/min$。该矿 2000 年经瓦斯等级鉴定确定为低瓦斯矿井。事故地点位于一水平的某采区左翼已贯通等移交的准备采煤工作面。事故调查组确认这是一起特大瓦斯爆炸责任事故，事故原因是：

1. 事故直接原因

两掘进工作面贯通后，回风上山通风设施不可靠，严重漏风，导致工作面处于微风状态，造成瓦斯积聚；作业人员违章试验放炮器打火引起瓦斯爆炸。

2. 事故间接原因

（1）安全管理松懈，安全责任制不落实。两掘进巷贯通后，矿各级领导没有按照《煤矿安全规程》规定对巷道贯通和贯通后通风系统调整实施现场指挥。风门没有专人管理，致使风门打开，风流短路，造成准备采煤工作面微风，导致瓦斯积聚。

（2）瓦斯检查制度不健全，瓦检员漏岗、漏检。没有制定瓦检员交接制度，没有按规定检查瓦斯、漏检、假检。在没有对工作面进行瓦斯检查的情况下，违章指挥工人进入工作面作业。

（3）违规作业。贯通后的通风系统构筑物未按设计规定的材质要求安设木质调风门，而是设挡风帘，漏风严重，造成准备工作面风量不足。

（4）“一通三防”管理工作混乱。瓦检员未经矿务局培训就上岗作业；瓦斯日报无人检查和查看，记录混乱；通风调度水平低下，不能协调指挥生产。

（5）技术管理不到位。巷道贯通和通风系统调整计划与安全措施等，矿总工程师未按规程规定组织有关人员进行审批，导致作业规程编制内容不全，无针对性的安全技术措施和明确的责任制，无法指挥生产。

（6）安全投入不足。全矿共有 9 个作业地点，仅有 14 台便携式瓦斯报警仪投入使用，全矿无瓦斯报警矿灯，二道防线不健全。

请问：

★1. 按照《国务院关于预防煤矿生产安全事故的特别规定》，事故发生前，该矿存在的重大安全隐患有________。

A. 超能力、超强度或者超定员组织生产

B. 瓦斯超限作业

C. 高瓦斯矿井未建立瓦斯抽放系统和监控系统

D. 通风系统不完善、不可靠

E. 超层越界开采

2. 事故发生前，对该煤矿，煤矿安全监察机构应当________。

A. 令其制定整改计划　　B. 令其限期消除隐患

C. 令其停产整顿　　D. 予以关闭

3. 根据事故调查组分析的事故原因，该矿应当采取的整改措施有哪些？

参考答案

1. BD

2. C

3. 该矿应当采取的整改措施

（1）通风。

进行贯通后通风系统调整，完善回风上山通风设施，通风系统构筑物安设木质调风门，专人管理风门。待系统稳定后，组织测风员和瓦检员进行风量测定和瓦斯浓度测定，风量和瓦斯浓度均符合《煤矿安全规程》的规定后，方可移交生产。

（2）瓦斯。

配备足够的便携式瓦斯报警仪、瓦斯报警矿灯，瓦检员经矿务局培训并取得资格证书，健全瓦斯检查制度、制定瓦检员交接制度，避免漏检、假检。加强重点瓦斯工作面管理和采掘工作面的瓦斯鉴定工作。

（3）作业规程。

修订、完善作业规程，内容适用、无重要遗漏，有针对性的安全技术措施和明确的责任制，矿总工程师组织有关人员进行评审、批准、实施，消除各种违章行为。

（4）加强相关培训教育。

（5）确保必要的安全投入，包括财务、设备、技术力量等。

案例 6　某煤矿采空区自燃转为瓦斯爆炸事故

某煤矿员工两千多人，年生产核定能力为 200 万 t 以上。高瓦斯矿井，煤有自燃倾向性，开采煤层最短自然发火期 5 个月。煤尘有爆炸性。事故前共计 4 个回采工作面，16 个煤巷掘进工作面，7 个岩石掘进工作面。

某水采工作面爆炸前，发生 3 次爆燃：7 月 28 日 17 时 10 分，7 月 29 日 15 时 30 分，7 月 29 日 20 时 30 分。第一次爆燃后开始封闭采空区，第二次爆燃后该区域停产，第三次爆燃后人员撤至井底，后又返回（井下 267 人）。

7 月 29 日 22 点 56 分，采空区自燃转为瓦斯爆炸，33 人死亡。

请回答下列问题。

1. 本次火灾事故属于________。

A. 外因火灾　　B. 内因火灾　　C. 其他火灾　　D. 混合类火灾

★2. 火灾的常用扑救方法有________。

A. 直接灭火方法　　B. 间接方法灭火　　C. 隔绝方法灭火　　D. 综合方法灭火

★3. 只有经取样化验分析证实，封闭的火区内不含有乙烯、乙炔，且指标________符合要求并持续稳定的时间在 1 个月以上，才准予启封。

A. 火区内温度　　B. 火区内的氧气浓度

C. 火区内空气一氧化碳浓度　　D. 火区内空气二氧化碳浓度

E. 火区的出水温度

4. 采空区着火条件下如何安全封闭？

5. 如何判断火区状态的变化和危险性？

6. 本案例中，何时封闭采空区才能确保不发生伤亡事故？为什么？

7. 本案例中，何时撤人才能确保不发生伤亡事故？为什么？

参考答案

1. B

2. ACD

3. ABCE

4. 正确分析火区状态变化，及时采取相应措施，例如：在地面或井下安全地点钻孔注材料，尽量隔离火区，封闭前和进行时惰化火区，在火区已惰化的前提下，实施封闭。

5. 实施系统监测和现场检测，并及时进行数据分析，以气体成分、浓度等信息，以及信息动态变化的趋势，来判断火区状态变化和爆炸等灾害的危险性。

6. 在采空区着火前封闭。着火前封闭、停产，肯定影响生产；而着火后封闭发生爆炸的可能性又很小，属于小概率事件。这就使人们愿意选择着火后封闭。但安全生产必须防止万一，因为涉及人的生命这条红线。

7. 处置采空区自燃前撤人。

处置采空区自燃时，发生爆炸的可能性很小，容易使人产生侥幸心理。但因为火区状态变化的复杂性，使人们对爆炸的危险性可能出现误判。因此，宁可十次撤人都未发生爆炸，也绝不能有一次发生爆炸而未撤人。

案例 7　某煤矿透水事故

某年某月 19 日 18 时 50 分，某煤矿 8 号煤层 A 采煤工作面发生透水事故，造成 21 人死亡。

事故调查组认定，事故的直接原因是：A 采煤工作面自开切眼向前推进 42m 后，老顶来压，顶板垮落，与上部采空区积水导通，涌入采煤工作面和相邻的两个掘进工作面。

10 日夜班，A 采煤工作面涌水量突然增大。针对这个情况，煤矿在 A 回采面顺槽掘进时采取了物探、钻探措施，探明并放掉了部分采空区积水。但没有对探放水效果进行验证。

19 日 18 时 15 分，A 采煤工作面突发透水征兆，带班的班组长向值班调度人员做了汇报，值班调度人员指示：密切注意事态，严重时告诉他，他会向矿长汇报，请示撤离。

该煤矿上部 7 号煤层 20 世纪 90 年代小煤矿开采过，由于采用刀柱式、仓房式采煤方法，形成大量不连续的采空区，给 8 号煤层的开采留下了隐患。

请问：

1. 什么环节上的重大失误导致事故后果如此严重？

2. 事故发生前煤矿应该如何做，可以避免事故的发生？

参考答案

1. 下述环节上的重大失误导致事故后果如此严重：

（1）10 日夜班 A 采煤工作面涌水量突然增大，煤矿没有停产；采取了物探、钻探措施，并放掉了部分采空区积水的措施后，没有对效果进行验证。

（2）19 日 18 时 15 分 A 采煤工作面突发透水征兆时，班组长没有立即决定停电撤人，值班调度人员没有果断及时发出撤人指令。

2. 事故发生前煤矿领导采取如下措施，可以避免事故的发生：

（1）在矿区内水害情况不清的情况下，立即停产，采取综合手段进行补充勘探，彻底查清并治理后恢复生产。

（2）在采取了物探、钻探措施，放掉了部分采空区积水之后，对探放水效果进行验证。

（3）在采掘工作面涌水量发生较大变化的关键时段，煤矿领导要现场督导，安全生产管理人员现场监督。

（4）明确赋予值班调度人员和班组长在紧急情况下独立行使停产撤人的权利。

（5）加强培训和演练，井下所有人员要熟悉避灾逃生线路，发现有透水预兆，要立即撤出矿井。

案例 8　煤矿爆破事故

1. 某煤矿人工搬运爆破物品爆炸事故

见第四章第五节“二、民用爆炸物品事故案例分析”案例 1。

2. 煤矿爆破作业事故

见第四章第五节“二、民用爆炸物品事故案例分析”案例 3 中案例 C、D。

3. 某矿井井下爆破器材库与发放站的合规性

见第四章第五节“二、民用爆炸物品事故案例分析”案例 7。

第二章

金属非金属矿山安全技术

第一节 矿山通风技术

一、通风和降尘需求

通风和降尘的需求就是使井下空气满足下述指标。

（1）井下采掘工作面进风流中的空气成分（按体积计算）：氧气应不低于 20%，二氧化碳应不高于 0.5%。

（2）入风井巷和采掘工作面的风源含尘量不超过 0.5mg/m^3。

（3）井下作业地点的空气中，有害物质的接触限值应不超过 GB Z 2 的规定。

（4）矿井所需风量，按下列要求分别计算，并取其中最大值：

1）按井下同时工作的最多人数计算，供风量应不少于每人 4m^3/min。

2）按排尘风速计算，硐室型采场最低风速应不小于 0.15m/s，巷道型采场和掘进巷道应不小于 0.25m/s；电耙道和二次破碎巷道应不小于 0.5m/s；箕斗硐室、破碎硐室等作业地点，可根据具体条件，在保证作业地点空气中有害物质的接触限值符合 GB Z 2 规定的前提下，分别采用计算风量的排尘风速。

3）有柴油设备运行的矿井，按同时作业机台数每千瓦每分钟供风量 4m^3 计算。

（5）井巷断面平均最高风速，见表 2–1。

表 2–1　　井巷断面平均最高风速规定

井 巷 名 称	最高风速/（m/s）
专用风井，专用总进、回风道	15
专用物料提升井	12
风桥	10
提升人员和物料的井筒，中段主要进、回风道，修理中的井筒，主要斜坡道	8
运输巷道，采区进风道	6
采场	4

（6）含铀、钍等放射性元素的矿山，井下空气中氡及其子体的浓度应符合 GB 4792 的规定。

二、通风系统

矿井应建立机械通风系统。对于自然风压较大的矿井，当风量、风速和作业场所空气质量能够达到“一”的规定时，允许暂时用自然通风替代机械通风。

采场形成通风系统之前，不应进行回采作业。

1. 全矿通风系统图

应根据生产变化，及时调整矿井通风系统，并绘制全矿通风系统图。通风系统图应标明风流的方向和风量、与通风系统分离的区域、所有风机和通风构筑物的位置等。

2. 有效风量率

矿井通风系统的有效风量率，应不低于 60%。

3. 风流质量保证和通风方式

进入矿井的空气，不应受到有害物质的污染。放射性矿山出风井与入风井的间距，应大于 300m。从矿井排出的污风，不应对矿区环境造成危害。

矿井主要进风风流，不得通过采空区和塌陷区；需要通过时，应砌筑严密的通风假巷引流。

主要进风巷和回风巷，应经常维护，保持清洁和风流畅通，不应堆放材料和设备。

混合井作进风井时，应采取有效的净化措施，以保证风源质量。

各采掘工作面之间，不应采用不符合“一”要求的风流进行串联通风。

井下破碎硐室、主溜井等处的污风，应引入回风道。

充电硐室空气中氢气的含量，应不超过 0.5%（按体积计算）。

井下所有机电硐室，都应供给新鲜风流。

采场、二次破碎巷道和电耙巷道，应利用贯穿风流通风或机械通风。电耙司机应位于风流的上风侧。

4. 通风构筑物

通风构筑物（风门、风桥、风窗、挡风墙等）应由专人负责检查、维修，保持完好严密状态。

主要运输巷道应设两道风门，其间距应大于一列车的长度。手动风门应与风流方向成 80°～85° 的夹角，并逆风开启。

风桥的构造和使用，应符合下列规定：

（1）风量超过 $20m^3/s$ 时，应设绕道式风桥；风量为 10～$20m^3$ 时，可用砖、石、混凝土砌筑；风量小于 $10m^3/s$ 时，可用铁风筒；

（2）木制风桥只准临时使用；

（3）风桥与巷道的连接处应做成弧形。

5. 某些结构要求

箕斗井不应兼作进风井。

主要回风井巷，不应用作人行道。

井下炸药库，应有独立的回风道。

6. 采空区

采空区应及时密闭。采场开采结束后，应封闭所有与采空区相通的影响正常通风的巷道。

7. 硐室爆破

井下采用硐室爆破时，应专门编制通风设计和安全措施，并经主管矿长批准执行。

三、主扇

1. 运转与停机

正常生产情况下，主扇应连续运转。当井下无污染作业时，主扇可适当减少风量运转；当井下完全无人作业时，允许暂时停止机械通风。

当主扇发生故障或需要停机检查时，应立即向调度室和主管矿长报告，并通知所有井下作业人员。

2. 电动机

每台主扇应具有相同型号和规格的备用电动机，并有能迅速调换电动机的设施。

3. 反风

主扇应有使矿井风流在 10min 内反向的措施。当利用轴流式风机反转反风时，其反风量应达到正常运转时风量的 60%以上。

每年至少进行一次反风试验，并测定主要风路反风后的风量。

采用多级机站通风系统的矿山，主通风系统的每一台通风机都应满足反风要求，以保证整个系统可以反风。

主扇或通风系统反风，执行相关事故应急预案。

4. 测量和检查

主扇风机房，应设有测量风压、风量、电流、电压和轴承温度等的仪表。每班都应对扇风机运转情况进行检查，并填写运转记录。有自动监控及测试的主扇，每两周应进行一次自控系统的检查。

四、局部通风

掘进工作面和通风不良的采场，应安装局部通风设备。

1. 局扇应有完善的保护装置

2. 局部通风的风筒口与工作面的距离

压入式通风应不超过 10m；抽出式通风应不超过 5m；混合式通风，压入风筒的出口应不超过 10m，抽出风筒的入口应滞后压入风筒的出口 5m 以上。

3. 风筒

风筒应吊挂平直、牢固，接头严密，避免车碰和炮崩，并应经常维护，以减少漏风，降低阻力。

4. 独头工作面通风

人员进入独头工作面之前，应开动局部通风设备通风，确保空气质量满足作业要求。独头工作面有人作业时，局扇应连续运转。

5. 无风流的采场、独头上山或较长的独头巷道

停止作业并已撤除通风设备而又无贯穿风流通风的采场、独头上山或较长的独头巷道，应设栅栏和警示标志，防止人员进入。若需要重新进入，应进行通风和分析空气成分，确认安全方准进入。

五、防尘措施

1. 湿式作业

凿岩应采取湿式作业。湿式凿岩时，凿岩机的最小供水量，应满足凿岩除尘的要求。

缺水地区或湿式作业有困难的地点，应采取干式捕尘或其他有效防尘措施。

2. 喷雾洒水

爆破后和装卸矿（岩）时，应进行喷雾洒水。

3. 清洗

凿岩、出碴前，应清洗工作面10m内的巷壁。进风道、人行道及运输巷道的岩壁，应每季至少清洗一次。

4. 防尘用水

防尘用水应采用集中供水方式，水质应符合卫生标准要求，水中固体悬浮物应不大于150mg/L，pH值应为6.5～8.5。

贮水池容量，应不小于一个班的耗水量。

5. 防尘口罩

接尘作业人员应佩戴防尘口罩。防尘口罩的阻尘率应达到Ⅰ级标准要求（即对粒径不大于5μm的粉尘，阻尘率大于99%）。

六、通风系统优化

1. 降低矿井通风阻力的措施

（1）并联通风。找出通风系统网络的高阻力区段，新掘巷道或启封旧巷道，实现并联通风。

（2）缩短风路。当生产向边远采区或深水平的发展，或井田过大、通风线路不断加长时，在边远采区或新水平增掘新风井，缩短风路。

（3）调整生产布局和通风网路。生产矿井的通风系统与生产能力不匹配时，应合理调整生产布局，改变通风网路，合理调配风机负担、尽量发挥现有风机、巷道的潜力。

（4）适时增减风机。

（5）在高阻力区段，适当扩大巷道断面面积，并使井巷壁面光滑、巷道平直。

2. 主通风机工况优化

（1）降低主通风机能力的措施。

主通风机经过一段时间的运转，由于磨损、腐蚀等原因其整体性能会下降，甚至不能正常运转。随着采掘面的结束或矿井的收缩，主通风机能力过大浪费电能。

降低主通风机能力的措施有：利用前导器调风；降低风机转速；减小叶片安装角；拆除一段动轮；拆除部分动叶；换用小能力风机。

（2）增加主通风机能力的措施。

增大轴流式风机的叶片安装角；增加风机的转速；更换叶片；及时维修主通风，提高运行效率；改造扩散器，回收部分动压，转化为风机静压；更换为新型高效风机或更换机芯。

3. 矿井通风网络优化调节

矿井通风网络是矿井风流路线及有关参数组合的复杂系统，其中一条分支的风量可能通过在多条分支中安设调节设施而改变。调节方案既要满足通风需求和生产条件的限制，又能使矿井通风所需费用最小。

（1）控制型分风网络。根据已知的各分支的风阻和分支风量确定风机所需的最小风压，并采取使整个网络的风压损失平衡的调节方法。

（2）自然型分风网络。网络的风量根据各分支风阻大小自行分配而不加任何调节控制设施。

（3）一般型分风网络。网络中部分风量已知，部分风量待求。其部分分支风量要按生产需要进行分配，合理安设调节风窗和风机。

模拟试题及考点

1. 井下采掘工作面进风流中的氧气应不低于________%，二氧化碳应不高于________%（按体积计算）。

A. 18，0.7　　B. 18，0.6　　C. 20，0.5　　D. 20，0.4

【考点】“一、通风和降尘需求”。

2. 入风井巷和采掘工作面的风源含尘量，应不超过________mg/m^3。

A. 0.3　　B. 0.5　　C. 0.8　　D. 1.0

【考点】“一、通风和降尘需求”。

3. 按井下同时工作的最多人数计算，供风量应不少于每人________m^3/min。

A. 2　　B. 3　　C. 4　　D. 5

【考点】“一、通风和降尘需求”。

4. 按排尘风速计算，硐室型采场最低风速应不小于________m/s，巷道型采场和掘进巷道应不小于________m/s。

A. 0.15，0.25　　B. 0.25，0.35

C. 0.35，0.45　　D. 0.45，0.55

【考点】“一、通风和降尘需求”。

5. 采场井巷断面平均最高风速应为________m/s。

A. 2　　B. 3　　C. 4　　D. 5

【考点】“一、通风和降尘需求”。

6. 矿井通风系统的有效风量率，应不低于________%。

A. 70　　B. 60　　C. 50　　D. 40

【考点】“二、通风系统”。

7. 下述关于矿井通风系统风流的说法，________有误。

A. 矿井主要进风风流，可以通过采空区，但不得通过塌陷区

B. 主要进风巷和回风巷，应经常维护，保持清洁和风流畅通

C. 混合井作进风井时，应采取有效的净化措施，以保证风源质量

D. 井下破碎硐室、主溜井等处的污风，应引入回风道

E. 充电硐室空气中氢气的含量，应不超过0.5%（按体积计算）

【考点】“二、通风系统”。

8. 下述关于矿井通风系统的说法，________有误。

A. 采场形成通风系统之前，不应进行回采作业

B. 主要运输巷道应设两道风门，其间距应大于一列车的长度

C. 箕斗井不应兼作进风井

D. 当井下空气不完全满足GB 16423《金属非金属矿山安全》规定的指标时，各采掘工作面之间，不应采用该风流进行并联通风

E. 主要回风井巷，不应用作人行道

【考点】“二、通风系统”。

9. 下列关于主扇的说法中，正确的是________。

A. 当井下无污染作业时，允许暂时停止机械通风

B. 当井下完全无人作业时，允许停止机械通风

C. 每台主扇应具有相同型号和规格的备用电动机，并能迅速调换

D. 当主扇发生故障或需要停机检查时，应立即向区队长报告

【考点】“三、主扇”。

10. 主扇应有使矿井风流在________min内反向的措施。

A. 10　　B. 15　　C. 20　　D. 30

【考点】“三、主扇”。

11. 当利用轴流式风机反转反风时，其反风量应达到正常运转时风量的________%以上。

A. 40　　B. 50　　C. 60　　D. 70

【考点】“三、主扇”。

12. 某矿关于局部通风的下列状况，符合GB 16423要求的数量有________个。

① 局扇有完善的保护装置

② 压入式通风，局部通风的风筒口与工作面的距离为12m

③ 风筒吊挂，与垂直和水平方向的夹角均为15°

④ 独头工作面无污染作业时，局扇暂时停止运转

A. 1　　B. 2　　C. 3　　D. 4

【考点】“四、局部通风”。

13. 某矿在防尘方面的下列状况，符合 GB 16423 要求的数量有________个。

① 虽地处非缺水地区，但凿岩采取了干式捕尘

② 装卸矿（岩）时喷雾洒水

③ 出碴前，清洗工作面 6m 内的巷壁

④ 防尘用水，水中固体悬浮物 200mg/L，pH 值为 6.0

⑤ 接尘作业人员佩戴的防尘口罩，对粒径小于等于 5μm 的粉尘，阻尘率 97%

A. 1　　B. 2　　C. 3　　D. 4

【考点】“五、防尘措施”。

14. 降低矿井通风阻力的措施不包括________。

A. 串联通风

B. 井田过大时，缩短风路

C. 生产矿井的通风系统与生产能力不匹配时，合理调整生产布局，改变通风网路

D. 在高阻力区段，适当扩大巷道断面面积

【考点】“六、通风系统优化”。

15. 主通风机经过一段时间的运转，由于磨损、腐蚀等原因其整体性能会下降。随着采掘面的结束或矿井的收缩，应当采取________主通风机能力的措施。

A. 增加　　B. 降低　　C. 维持　　D. 提高

【考点】“六、通风系统优化”。

16. ________不是增加主通风机能力的措施。

A. 利用前导器调风

B. 增加风机转速

C. 增大轴流式风机的叶片安装角

D. 换用新型高效风机

【考点】“六、通风系统优化”。

第二节　矿山地压灾害防治技术

为预防冒顶片帮、空区垮塌、井巷变形与岩爆等地压灾害，在 GB 16423 的“矿山井巷”和“地下开采”部分，规定了安全技术措施。

一、井巷支护

1. 总要求

在不稳固的岩层中掘进井巷，应进行支护。

在松软或流砂岩层中掘进，永久性支护至掘进工作面之间，应架设临时支护或特殊支护。

需要支护的井巷，支护方法、支护与工作面间的距离，应在施工设计中规定；中途停止掘进时，支护应及时跟至工作面。

2. 架设木支架的规定

（1）不应使用腐朽、蛀孔、软杂木和劈裂的坑木。永久支护坑木，应进行防腐处理。

（2）支架架设后，应在接榫附近用木楔将梁、柱与顶、帮之间楔紧。顶、两帮的空隙应塞紧，梁、柱接榫处应用扒钉固定。

（3）斜井支架应有下撑和拉杆；坡度大于 30° 的斜井，永久性棚架之间应架设撑柱。

（4）柱窝应打在稳定的岩石上。

（5）爆破前，靠近工作面的支架，应加固。

（6）发现棚腿歪斜、压裂、顶梁折断或坑木腐烂等，应及时更换、修复。

3. 井巷砌碹支模的规定

（1）砌碹前拆除原有支架时，应及时清理顶、帮浮石，并采取临时护顶措施；砌碹后应将顶、帮空隙填实。

（2）木碹胎间距超过 1m、金属碹胎间距超过 2m，应进行中间加固。

（3）跨度大于 4m 的巷道架设碹胎，金属碹胎各节点应用螺栓连结，木碹胎的各节点应牢固可靠。

（4）碹胎的强度，应具有不小于 3 倍支撑重量的安全系数。

（5）碹胎的下弦，不应支撑工作台。

4. 竖井砌碹的规定

（1）竖井的永久性支护与掘进工作面之间，应安设临时井圈，井圈及背板应用楔子塞紧；永久性支护架及临时井圈与掘进工作面的距离，应在施工组织设计中规定。

（2）用普通凿井法穿过表土层、松软岩层或流砂层时，临时井圈应紧靠工作面，并应加固；圈后背板要严密，并及时砌碹；砌碹前，每班要有专人检查地表和井圈后的表土、岩层、流砂的移动及流失情况，发现险兆，应立即停止作业，撤出人员，进行处理。

（3）竖井的砌碹，应保持碹壁平整、接口严密；岩帮与碹壁之间的空隙，应用碎石填满，并用砂浆灌实；碹外有涌水时应用导管引出，砌碹完毕，应进行封水。

5. 喷锚支护的规定

（1）锚杆、喷射混凝土支护的设计和施工，应遵守 GB 50086 的规定。

（2）采用锚杆、喷浆或喷射混凝土支护，应有专门设计；喷锚工作面与掘进工作面的距离，锚杆形式、角度，喷体厚度、强度等，应在设计中规定。

（3）砂浆锚杆的眼孔应清洗干净，灌满灌实。

（4）锚杆应做拉力试验，喷体应做厚度和强度检查；在井下进行锚固力试验，应有安全措施。

（5）锚杆的托板应紧贴巷壁，并用螺母拧紧。

（6）处理喷射管路堵塞时，应将喷枪口朝下，不应朝向人员。

（7）在松软破碎的岩层中进行喷锚作业，应打超前锚杆，进行预先护顶；在动压巷道，应采用喷锚与金属网联合支护方式；在有淋水的井巷中喷锚，应预先做好防水工作。

（8）喷锚作业，应佩戴个体防护用品和配备良好的照明。

6. 胶结充填体中的二次掘进

胶结充填体中的二次掘进，应待胶结充填体达到规定的养护期和强度后方准进行，同时应架设可靠的支护。

二、井巷维护和废旧井巷处置

1. 定期检查

对所有支护的井巷，均应进行定期检查。井下安全出口和升降人员的井筒，每月至少检查一次；地压较大的井巷和人员活动频繁的采矿巷道，应每班进行检查。检查发现的问题，应及时处理，并作好记录。

2. 安全技术措施须经批准的维修项目

维修主要提升井筒、运输大巷和大型硐室，应有经主管矿长批准的安全技术措施。

3. 维修斜井和平巷的规定

（1）平巷修理或扩大断面，应首先加固工作地点附近的支架，然后拆除工作地点的支架，并做好临时支护工作的准备。

（2）每次拆除的支架数应根据具体情况确定，密集支架的拆除，一次应不超过两架。

（3）撤换松软地点的支架，或维修巷道交叉处、严重冒顶片帮区，应在支架之间加拉杆支撑或架设临时支架。

（4）清理浮石时，应在安全地点操纵工具。

（5）维修斜井时，应停止车辆运行，并设警戒和明显标志。

（6）撤换独头巷道支架时，里边不应有人。

4. 维修竖井的规定

（1）应编制施工组织设计。

（2）应在坚固的平台上作业，平台上应有保护设施和联络信号，工作平台与中段平巷之间应有可靠的通信联络方式。

（3）作业人员应系好安全带。

（4）作业前，应将各中段马头门及井框上的浮石清理干净。

（5）各中段的马头门应设专人看管。

5. 废竖井和倾角 30° 以上的废斜井的支护材料

支护材料不应回收，如必须回收，应有经主管矿长批准的安全技术措施。倾角 30° 以下的废斜井或废平巷的支护材料回收，应由里向外进行。

6. 修复废旧井巷

应首先了解井巷本身的稳定情况及周围构筑物、井巷、采空区等的分布情况，废旧井巷内的空气成分，确认安全方可施工。

7. 修复被水淹没的井巷

修复被水淹没的井巷时，对陆续露出的部分，应及时检查支护，并采取措施防止有害气体和积水突然涌出。

三、地下开采的相关规定

1. 矿柱回采的管理规定

矿柱回采和采空区处理方案，应在回采设计中同时提出。中段矿房回采结束，应及时回采矿柱，矿柱回采速度应与矿房回采速度相适应；矿柱回采应采取后退式回采方式，并制定专门的安全措施。

2. 矿柱的稳性

应严格保持矿柱（含顶柱、底柱和间柱等）的尺寸、形状和直立度，应有专人检查和管理，以保证其在整个利用期间的稳性。

3. 悬拱或立槽

采场放矿作业出现悬拱或立槽时，人员不应进入悬拱、立槽下方危险区进行处理。

4. 支护措施

围岩松软不稳固的回采工作面、采准和切割巷道，应采取支护措施；因爆破或其他原因而受破坏的支护，应及时修复，确认安全后方准作业。

5. 回采作业

回采作业，应事先处理顶板和两帮的浮石，确认安全方准进行。

不应在同一采场同时凿岩和处理浮石。

作业中发现冒顶预兆应停止作业进行处理；面临冒顶危险征兆，应立即通知作业人员撤离现场，并及时上报。

在井下处理浮石时，应停止其他妨碍处理浮石的作业。

井下潜在或已发生的危险状态，而当班作业结束前来不及消除时，应由当班负责人作好书面记录。下一班负责人在作业前，应确认上一班的记载内容，并对可能受其影响的作业人员予以提醒。

6. 顶板分级管理制度

应建立顶板分级管理制度。对顶板不稳固的采场，应有监控手段和处理措施。

7. 工程地质复杂、有严重地压活动的矿山的特殊规定

（1）设立专门机构或专职人员负责地压管理，及时进行现场监测，做好预测、预报工作。

（2）发现大面积地压活动预兆，应立即停止作业，将人员撤至安全地点。

（3）地表塌陷区应设明显标志和栅栏，通往塌陷区的井巷应封闭，人员不应进人塌陷区和采空区。

8. 及时处理采空区

采用留矿法、空场法采矿的矿山，应采取充填、隔离或强制崩落围岩的措施，及时处理采空区；较小、较薄和孤立的采空区，是否需要及时处理，由主管矿长决定。

四、采矿方法

1. 采用全面采矿法、房柱采矿法采矿

回采过程中应认真检查顶板，处理浮石，并根据顶板稳定情况，留出合适的矿柱。

2. 采用横撑支柱法采矿

横撑支护材料应有足够的强度，一端应紧紧插入底板柱窝；搭好平台方准进行凿岩；人员不应在横撑上行走；采幅宽度应不超过 3m。

3. 采用分段法采矿

除作为回采、运输、充填和通风的巷道外，不得在采场碉柱内开掘其他巷道；

上下中段的矿房和矿柱宜相对应，规格也宜相同。

4. 采用壁式崩落法回采

（1）顶、控顶、放顶距离和放顶的安全措施，应在设计中规定；

（2）放顶前应进行全面检查，以确保出口畅通、照明良好和设备安全。

（3）放顶时，人员不应在放顶区附近的巷道中停留。

（4）在密集支柱中，每隔 3～5m 应有一个宽度不小于 0.8m 的安全出口，密集支柱受压过大时，应及时采取加固措施。

（5）放顶若未达到预期效果，应作出周密设计，方可进行二次放顶。

（6）放顶后，应及时封闭落顶区，禁止人员入内。

（7）多层矿体分层回采时，应待上层顶板岩石崩落并稳定后，才准回采下部矿层。

（8）相邻两个中段同时回采时，上中段回采工作面应比下中段工作面超前一个工作面斜长的距离，且应不小于 20m。

（9）撤柱后不能自行冒落的顶板，应在密集支柱外 0.5m 处，向放顶区重新凿岩爆破，强制崩落。

（10）机械撤柱及人工撤柱，应自下而上、由远而近进行；矿体倾角小于 10°的，撤柱顺序不限。

5. 采用有底柱分段崩落法和阶段崩落法回采

采场顶部应有厚度不小于崩落层高度的覆盖岩层，若采场顶板不能自行冒落，应及时强制崩落，或用充填料予以充填。

6. 采用无底柱分段崩落法回采

（1）回采工作面的上方，应有大于分段高度的覆盖岩层，以保证回采工作的安全；若上盘不能自行冒落或冒落的岩石量达不到所规定的厚度，应及时进行强制放顶，使覆盖岩层厚度达到分段高度的二倍左右。

（2）上下两个分段同时回采时，上分段应超前于下分段，超前距离应使上分段位于下分段回采工作面的错动范围之外，且应不小于 20m。

7. 采用分层崩落法回采

（1）每个分层进路宽度应不超过 3m，分层高度应不超过 3.5m。

（2）上下分层同时回采时，应保持上分层（在水平方向上）超前相邻下分层 15m 以上。

（3）崩落假顶时，人员不应在相邻的进路内停留。

（4）假顶降落受阻时，不应继续开采分层；顶板降落产生空硐时，不应在相邻进路或下部分层巷道内作业。

（5）崩落顶板时，不得用砍伐法撤出支柱；开采第一分层时，不得撤出支柱。

（6）顶板不能及时自然崩落的缓倾斜矿体，应进行强制放顶。

（7）凿岩、装药、出矿等作业，应在支护区域内进行。

8. 采用充填法回采

每一分层回采完毕后应及时充填，上向充填法最后一个分层回采完毕后应严密接顶；下向充填法每一分层均应接顶密实；

采用人工间柱上向分层充填法采矿，相邻采场应超前一定距离；

矿柱回采应与矿房回采同时设计。

9. 回采矿柱

（1）回采顶柱和间柱，应预先检查运输巷道的稳定情况，必要时应采取加固措施。

（2）采用胶结充填采矿法时，应待胶结充填体达到要求强度，方可进行矿柱回采。

（3）回采未充填的相邻两个矿房的间柱时，不得在矿柱内开凿巷道。

（4）所有顶柱和间柱的回采准备工作，应在矿房回采结束前做好（嗣后胶结充填采空区除外）。

模拟试题及考点

1. 关于井巷支护，________的叙述有误。

A. 应在施工设计中规定需要支护的井巷、支护方法、支护与工作面间的距离

B. 在石灰岩岩层中掘进井巷，应进行支护

C. 在松软或流砂岩层中掘进，永久性支护至掘进工作面之间，应架设临时支护或特殊支护

D. 在需要支护的井巷，中途停止掘进时，支护应及时跟至工作面

【考点】“一、井巷支护”。

2. 关于架设木支架，下列说法中________有误。

A. 可以使用软杂木的坑木，但不应使用腐朽、蛀孔的坑木

B. 永久支护坑木，应进行防腐处理

C. 斜井支架应有下撑和拉杆

D. 柱窝应打在稳定的岩石上

【考点】“一、井巷支护”。

3. 井巷砌碹支模，碹胎的强度应具有不小于________倍支撑重量的安全系数。

A. 1　　B. 2　　C. 3　　D. 4

【考点】“一、井巷支护”。

4. 关于竖井砌碹，下列说法中________有误。

A. 竖井的永久性支护与掘进工作面之间，应安设临时井圈

B. 应保持碹壁平整、接口严密

C. 岩帮与碹壁之间的空隙，应用碎石填满，并用砂浆灌实

D. 砌碹工作开始后，要有专人检查地表和井圈后的表土、岩层、流砂的移动及流失情况，发现险兆应停止作业

【考点】“一、井巷支护”。

5. 采用锚杆、喷浆或喷射混凝土支护，应有专门设计。________不是专门设计中的必要内容。

A. 喷锚工作面与掘进工作面的距离

B. 处理喷射管路堵塞时喷枪口的方向

C. 锚杆形式、角度

D. 喷体厚度、强度

【考点】“一、井巷支护”。

6. 关于喷锚支护，下列说法中________不确切。

A. 锚杆应做强度检查

B. 砂浆锚杆的眼孔应清洗干净，灌满灌实

C. 锚杆的托板应紧贴巷壁，并用螺母拧紧

D. 在动压巷道，应采用喷锚与金属网联合支护方式

E. 在松软破碎的岩层中进行喷锚作业，应打超前锚杆，进行预先护顶

【考点】“一、井巷支护”。

7. 对所有支护的井巷，均应进行定期检查。地压较大的井巷和人员活动频繁的采矿巷道，应每________进行检查。

A. 班　　B. 日　　C. 周　　D. 月

【考点】“二、井巷维护和废旧井巷处置”。

8. 下列关于维修斜井和平巷的说法中，正确的是________。

A. 平巷修理或扩大断面，拆除工作地点的支架后，要加固工作地点附近的支架

B. 密集支架的拆除，一次应不超过三架

C. 撤换松软地点的支架，应在支架之间加拉杆支撑或架设临时支架

D. 维修平巷时，必须停止车辆运行，并设警戒和明显标志

【考点】“二、井巷维护和废旧井巷处置”。

9. 下列关于矿柱回采的说法中，错误的是________。

A. 矿柱回采和采空区处理方案，应在回采设计中同时提出

B. 中段矿房回采结束，应及时回采矿柱

C. 矿柱回采应采取前进式回采方式

D. 矿柱回采应制定专门的安全措施

【考点】“三、地下开采的相关规定”。

10. 地下开采中，为保证矿柱（含顶柱、底柱和间柱等）在整个利用期间的稳性，应严格保持矿柱的特征。特征不包括________。

A. 尺寸　　B. 形状　　C. 光洁度　　D. 直立度

【考点】“三、地下开采的相关规定”。

11. 关于回采作业，________的叙述不正确。

A. 应事先处理顶板和两帮的浮石

B. 不应在同一采场同时凿岩和处理浮石

C. 在井下处理浮石时，应停止其他妨碍处理浮石的作业

D. 作业中面临冒顶危险征兆，应立即进行处理

【考点】“三、地下开采的相关规定”。

12. 对于工程地质复杂、有严重地压活动的矿山，下述中________不正确。

A. 设立专门机构或专职人员负责地压管理

B. 及时进行现场监测，做好预测、预报工作

C. 封闭通往塌陷区的井巷

D. 发现大面积地压活动预兆，应立即组织人员进行处理

【考点】“三、地下开采的相关规定”。

13. 对于采用留矿法、空场法采矿的矿山，及时处理采空区的措施不包括________。

A. 支护　　B. 充填

C. 隔离　　D. 强制崩落围岩

【考点】“三、地下开采的相关规定”。

14. 下列关于不同采矿方法预防地压灾害的措施或条件中，不正确的是________。

A. 采用全面采矿法、房柱采矿法采矿：回采过程中应认真检查顶板，处理浮石，并根据顶板稳定情况，留出合适的矿柱

B. 采用横撑支柱法采矿：横撑支护材料应有足够的强度

C. 采用分段法采矿：除作为回采、运输、充填和通风的巷道外，不得在采场碉柱内开掘其他巷道

D. 采用有底柱分段崩落法和阶段崩落法回采：采场顶部应有厚度不小于崩落层高度的覆盖岩层

E. 采用无底柱分段崩落法回采：上下两个分段同时回采时，下分段应超前于上分段

【考点】“四、采矿方法”。

15. 下述关于采用壁式崩落法回采时预防地压灾害的安全措施中，________不适宜。

A. 放顶时，人员不应在放顶区附近的巷道中停留

B. 在密集支柱中，密集支柱受压过大时，应及时采取加固措施

C. 放顶后，应在进入落顶区处设置警示标识

D. 多层矿体分层回采时，应待上层顶板岩石崩落并稳定后，才准回采下部矿层

E. 撤柱后不能自行冒落的顶板，应强制崩落

【考点】“四、采矿方法”。

16. 下述关于采用分层崩落法回采时预防地压灾害的安全措施中，不正确的是________。

A. 上下分层同时回采时，应保持下分层超前相邻上分层（在水平方向上）

B. 崩落假顶时，人员不应在相邻的进路内停留

C. 假顶降落受阻时，不应继续开采分层

D. 崩落顶板时，不得用砍伐法撤出支柱

E. 凿岩、装药、出矿等作业，应在支护区域内进行

【考点】“四、采矿方法”。

第三节　矿山水灾防治技术

为预防洪水淹井、井下透水、矿井突泥等灾害，GB 16423 规定了防排水的安全技术措施。

一、露天矿山防排水

1. 机构、人员、档案

露天矿山应设置防、排水机构。大、中型露天矿应设专职水文地质人员，建立水文地质资料档案。每年应制定防排水措施，并定期检查措施执行情况。

2. 防洪措施

露天采场的总出入沟口、平硐口、排水井口和工业场地，均应采取妥善的防洪措施。

3. 排水系统

矿山应按设计要求建立排水系统。上方应设截水沟；有滑坡可能的矿山，应加强防排水措施；应防止地表、地下水渗漏到采场。

4. 排水设备

露天矿应按设计要求设置排水泵站。遇超过设计防洪频率的洪水时，允许最低一个台阶临时淹没，淹没前应撤出一切人员和重要设备。

各排水设备，应保持良好的工作状态。

矿山所有排水设施及其机电设备的保护装置，未经主管部门批准，不应任意拆除。

5. 几种措施

矿床疏干过程中出现陷坑、裂缝以及可能出现的地表陷落范围，应及时圈定、设立标志，并采取必要的安全措施。

邻近采场境界外堆卸废石，应避免排土场蓄水软化边坡岩体。

应采取措施防止地表水渗入边坡岩体的软弱结构面或直接冲刷边坡。边坡岩体存在含水层并影响边坡稳定时，应采取疏干降水措施。

6. 露天开采转为地下开采的防、排水设计

应考虑地下最大涌水量和因集中降雨引起的短历时最大径流量。

7. 排土场

有条件的排土场，底部应排放易透水的大块岩石，控制排土场正常渗流。

水力排土场应有足够的调、蓄洪能力，并设置防汛设施，备足防汛器材；较大容量的水力排土场，应设值班室，配置通信设施和必要的水位观测、坝体沉降与位移观测、坝体浸润线观测等设施，并有专人负责，按要求整理。

二、地下矿山防排水一般规定

存在水害的矿山企业，建设前应进行专门的勘察和防治水设计。勘察和设计应由具有相应资质的单位完成。防治水设计应为矿山总体设计的一部分，与矿山总体设计同时进行。

水害严重的矿山企业，应成立防治水专门机构，在基建、生产过程中持续开展有关防治水方面的调查、监测和预测预报工作。

三、地下矿山地面防水

1. 调查

应查清矿区及其附近地表水流系统和汇水面积、河流沟渠汇水情况、疏水能力、积水区和水利工程的现状和规划情况，以及当地日最大降雨量、历年最高洪水位，并结合矿区特点建立和健全防水、排水系统。

2. 雨季前防水计划

每年雨季前，应由主管矿长组织一次防水检查，并编制防水计划。其工程应在雨季前竣工。

3. 标高

矿井（竖井、斜井、平硐等）井口的标高，应高于当地历史最高洪水位 1m 以上。工业场地的地面标高，应高于当地历史最高洪水位。特殊情况下达不到要求的，应以历史最高洪水位为防护标准修筑防洪堤，井口应筑人工岛，使井口高于最高洪水位 1m 以上。

4. 井下疏干放水有可能导致地表塌陷时的处置

事前将塌陷区的居民迁走、公路和河流改道，才能进行疏放水。

5. 矿区及其附近的积水或雨水有可能侵入井下时的措施

（1）容易积水的地点，应修筑泄水沟；泄水沟应避开矿层露头、裂缝和透水岩层；不能修筑沟渠时，可用泥土填平压实；范围太大无法填平时，可安装水泵排水。

（2）矿区受河流、洪水威胁时，应修筑防水堤坝；河流穿过矿区的，应采用留保安矿柱或充填法采矿的方法保护河床不塌陷，或将河流改道至开采影响范围以外。

（3）漏水的沟渠和河流，应及时防水、堵水或改道。

（4）排到地面的井下水及地表集中排水，应引出矿区。

（5）雨季应设专人检查矿区防洪情况。

（6）地面塌陷、裂缝区的周围，应设截水沟或挡水围堤。

（7）不应往塌陷区引水。

（8）有用的钻孔，应妥善封盖。报废的竖井、斜井、探矿井、钻孔和平硐等，应封闭，并在周围挖掘排水沟，防止地表水进入地下采区。

（9）影响矿区安全的落水洞、岩溶漏斗、溶洞等，均应严密封闭。

6. 废石、矿石和其他堆积物

应避开山洪方向，以免淤塞沟渠和河道。

四、井下防水

1. 调查

矿山企业应调查核实矿区范围内的小矿井、老井、老采空区，现有生产井中的积水区、含水层、岩溶带、地质构造等详细情况，并填绘矿区水文地质图。

应查明矿坑水的来源，掌握矿区水的运动规律，摸清矿井水与地下水、地表水和大气降雨的水力关系，判断矿井突然涌水的可能性。

2. 防水矿（岩）柱

对积水的旧井巷、老采区、流砂层、各类地表水体、沼泽、强含水层、强岩溶带等不安全地带，应留设防水矿（岩）柱。防水矿（岩）柱的尺寸由设计确定，在设计规定的保留期内不应开采或破坏。在上述区域附近开采时，应事先制定预防突然涌水的安全措施。

3. 防水门

一般矿山的主要泵房，进口应装设防水门。

水文地质条件复杂的矿山，应在关键巷道内设置防水门，防止泵房、中央变电所和竖井等井下关键设施被淹。防水门的位置、设防水头高度等应在矿山设计中总体考虑。

同一矿区的水文条件复杂程度明显不同的，在通往强含水带、积水区和有大量突然涌水可能区域的巷道，以及专用的截水、放水巷道，也应设置防水门。

防水门应设置在岩石稳固的地点，由专人管理，定期维修，确保其经常处于良好的工作状态。

4. 探放水

（1）探水设计。

对接近水体的地带或可能与水体有联系的地段，应坚持“有疑必探，先探后掘＂的原则，编制探水设计。探水孔的位置、方向、数目、孔径、每次钻进的深度和超前距离，应根据水头高低、岩石结构与硬度等条件在设计中规定。

（2）探水前的准备工作。

1）检查钻孔附近坑道的稳定性。

2）清理巷道、准备水沟或其他水路。

3）在工作地点或附近安装电话。

4）巷道及其出口，应有良好照明和畅通的人行道；巷道的一侧悬挂绳子（或利用管道）作扶手。

5）对断面大、岩石不稳、水头高的巷道进行探水，应有经主管矿长批准的安全措施计划。

（3）停止凿岩的情况。

钻凿探水孔时，若发现岩石变软，或沿钻杆向外流水超过正常凿岩供水量等现象，应停止凿岩。此时，不应移动钻杆，除派人监视水情外，应立即报告主管矿长采取安全措施。

在可能出现大水的地层中探水时，探水孔应设孔口管及闸阀，以便控制水量。

（4）放水量控制。

放水量应按照排水能力和水仓容积进行控制。放水钻孔应安装孔口管和闸阀，紧急情况下可关闭。

（5）探放水作业预防有害气体逸出的措施。

对老采空区、硫化矿床氧化带的溶洞、与深大断裂有关的含水构造进行探水，以及被淹井巷排水和放水作业时，为预防被水封住的、或水中溶解的有害气体逸出造成危害，应事先采取通风安全措施，并使用防爆照明灯具。发现有害气体、易燃气体泄出，应及时采取处置措施。

5. 隔离安全矿柱

相邻的井巷或采区，如果其中之一有涌水危险，则应在井巷或采区间留出隔离安全矿柱，矿柱尺寸由设计确定。

6. 透水预兆

掘进工作面或其他地点发现透水预兆，如出现工作面“出汗”、顶板淋水加大、空气变冷、产生雾气、挂红、水叫、底板涌水或其他异常现象时，应立即停止工作，并报告主管矿长，采取措施。如果情况紧急，应立即发出警报，撤出所有可能受水威胁地点的人员。

7. 矿床疏干

受地下水威胁的矿山企业，应考虑矿床疏干问题。直接揭露含水体的放水疏干工程，施工前应先建好水仓、水泵房等排水设施。地下水位降到安全水位之前，不应开始采矿。

8. 气象观测

裸露型岩溶充水矿区、地面塌陷发育的矿区，应做好气象观测，做好降雨、洪水预报；封堵可能影响生产安全的、井下揭露的主要岩溶进水通道，应对已采区构建挡水墙隔离；雨季应加密地下水的动态观测，并进行矿井涌水峰值的预报。

9. 井筒掘进时的预注浆

井筒掘进时，预测裸露段涌水量大于 $20m^3/h$，宜采用预注浆堵水。巷道穿越强含水层或高压含水断裂破碎带之前，宜先进行工作面预注浆，进行堵水与加固后再掘进。

五、井下排水设施

1. 井下主要排水设备

井下主要排水设备，至少应由同类型的三台泵组成。工作水泵应能在 20h 内排出一昼夜的正常涌水量；除检修泵外，其他水泵应能在 20h 内排出一昼夜的最大涌水量。井筒内应装设两条相同的排水管，其中一条工作，一条备用。

2. 井底主要泵房的出口

井底主要泵房的出口应不少于两个，其中一个通往井底车场，其出口应装设防水门；另一个用斜巷与井筒连通，斜巷上口应高出泵房地面标高 7m 以上。泵房地面标高，应高出其人口处巷道底板标高 0.5m（潜没式泵房除外）。

3. 水仓

水仓应由两个独立的巷道系统组成。涌水量较大的矿井，每个水仓的容积，应能容纳2～4h的井下正常涌水量。一般矿井主要水仓总容积，应能容纳6～8h的正常涌水量。水仓进水口应有箅子。采用水砂充填和水力采矿的矿井，水进入水仓之前，应先经过沉淀池。水沟、沉淀池和水仓中的淤泥，应定期清理。

模拟试题及考点

1. 下列关于露天矿山防排水的叙述，________不正确。

A. 露天采场的总出入沟口、平硐口、排水井口和工业场地，均应采取防洪措施

B. 露天矿山下方应设截水沟

C. 应防止地表、地下水渗漏到采场

D. 邻近采场境界外堆卸废石，应避免排土场蓄水软化边坡岩体

E. 边坡岩体存在含水层并影响边坡稳定时，应采取疏干降水措施

【考点】“一、露天矿山防排水”。

2. 露天矿应按设计要求设置排水泵站。遇超过设计防洪频率的洪水时，允许________台阶临时淹没，淹没前应撤出一切人员和重要设备。

A. 最低一个　　B. 最低两个　　C. 底部　　D. 较低

【考点】“一、露天矿山防排水”。

3. 存在水害的地下矿山企业，建设前应请具有相应资质的单位进行专门的勘察和防治水________。

A. 论证　　B. 评价　　C. 设计　　D. 鉴定

【考点】“二、地下矿山防排水一般规定”。

4. 矿井（竖井、斜井、平硐等）井口的标高，应高于当地历史最高洪水位________m以上。工业场地的地面标高，应高于________。

A. 0.5，当地历史最高洪水位　　B. 0.5，当地历史最低洪水位

C. 1，当地历史最高洪水位　　D. 1，当地历史最低洪水位

【考点】“三、地下矿山地面防水”。

5. 矿区及其附近的积水或雨水有可能侵入井下时，应针对不同情况采取相应措施。下述中，对应关系正确的是________。

A. 容易积水的地点——修筑防水堤坝

B. 矿区受河流、洪水威胁时——修筑泄水沟

C. 漏水的沟渠和河流——防水、堵水或改道

D. 地面塌陷、裂缝区——封闭，并在周围挖掘排水沟

E. 报废的竖井、斜井——周围设截水沟或挡水围堤

【考点】“三、地下矿山地面防水”。

6. 对于地下矿山，要查明矿井水与充水水源的水力关系，判断矿井突然涌水的可能性。充水水源包括________

A. 地下水　　B. 地下水和地表水

C. 地下水和大气降水　　D. 地下水、地表水和大气降水

【考点】“四、井下防水”。

7. 下述井下防水措施，________不妥。

A. 对积水的旧井巷、老采区、流砂层等，留设防水矿（岩）柱

B. 水文地质条件复杂的矿山，应在关键巷道内设置防水门，防止泵房、竖井等关键设施被淹

C. 相邻的井巷或采区，如果其中之一有涌水危险，则应在其间留出隔离安全矿柱

D. 受地表水威胁的矿山，应考虑矿床疏干

E. 雨季应加密地下水的动态观测，并进行矿井涌水峰值的预报

【考点】“四、井下防水”。

8. 下列关于探水的叙述，________不妥。

A. 对接近水体的地带或可能与水体有联系的地段，编制探水设计

B. 探水前检查钻孔附近坑道的稳定性

C. 对断面大、岩石不稳、水头高的巷道探水，应有经主管矿长批准的安全措施计划

D. 钻凿探水孔时发现透水预兆，且情况紧急，应立即报告主管矿长，采取措施

【考点】“四、井下防水”。

9. 钻凿探水孔时，若发现岩石变软，或沿钻杆向外流水超过正常凿岩供水量等现象，不应________。

A. 停止凿岩　　B. 移动钻杆

C. 派人监视水情　　D. 立即报告主管矿长采取安全措施

【考点】“四、井下防水”。

10. 井筒掘进时，预测裸露段涌水量大于________m^3/h，宜采用预注浆堵水。

A. 10　　B. 20　　C. 30　　D. 40

【考点】“四、井下防水”。

11. 井下主要排水设备，至少应由同类型的三台泵组成。工作水泵应能在 20h 内排出一昼夜的________涌水量；除检修泵外，其他水泵应能在 20h 内排出一昼夜的________涌水量。

A. 正常，最大　　B. 最大，正常

C. 正常，正常　　D. 最大，最大

【考点】“五、井下排水设施”。

12. 地下矿山一般矿井主要水仓总容积，应能容纳________h 的正常涌水量。

A. 2～4　　B. 4～6　　C. 6～8　　D. 8～10

【考点】“五、井下排水设施”。

第四节 爆破危害防治技术

一、爆破作业单位和爆破从业人员

1. 爆破作业单位

爆破作业单位应向有关公安机关申请领取《爆破作业单位许可证》后，方可从事爆破作业活动。

非营业性爆破作业单位不得从事本单位以外爆破项目的设计施工，不得从事超越本单位爆破工程技术人员资质和作业范围的爆破项目的设计和施工。

2. 爆破从业人员

爆破作业单位的爆破技术负责人、爆破工程项目负责人和工程项目爆破技术负责人应由爆破工程技术人员担任，爆破工程技术人员持证上岗。

爆破作业人员应参加专门培训，经考核取得安全作业证后，方可从事爆破作业。培训发证工作应由公安部门或其委托的爆破行业协会进行。

爆破员、安全员和保管员应符合以下条件：年满 18 周岁，身体健康，无妨碍从事爆破作业的生理缺陷和疾病；工作认真负责，无不良嗜好和劣迹；具有初中以上文化程度；持有相应的安全作业证。

初次取得爆破作业证的新爆破员，应在有经验的爆破员指导下实习 3 个月，方准独立进行爆破作业。在高温、有瓦斯或粉尘爆炸危险场所的爆破作业，应由经验丰富的爆破员承担。

爆破器材押运由爆破员或安全员担任。

爆破器材库主任应由爆破工程技术人员或经验丰富的爆破员担任。

二、引用内容

1. 爆破作业的基本规定

参见第四章第二节“三、爆破作业的基本规定”的相关内容，其中包括：爆破作业环境，爆破工程施工准备，爆破器材现场检测、加工和起爆方法，起爆网路，装药，填塞，爆破警戒和信号，爆后检查，盲炮处理，爆破效应监测。

2. 安全允许距离与对环境影响的控制

参见第四章第二节“六、安全允许距离与对环境影响的控制”的相关内容，涉及爆破震动、爆破飞石、爆破空气冲击波、瓦斯爆炸、有害气体中毒、粉尘爆炸、噪声、振动液化等危害的预防和控制。

3. 爆破器材的运输

参见第四章第二节“七、爆破器材的运输”的相关内容。

4. 爆破器材的贮存

参见第四章第二节“八、爆破器材的贮存”的相关内容。

三、露天爆破

1. 一般规定

参见第四章第二节“四、露天爆破”的相关内容。

2. 陡帮开采中的爆破

陡帮开采应遵守的规定，见 GB 16423—2006《金属非金属矿山安全规程》条款 5.2.7.2。

3. 饰面石材开采

石材矿山开采荒料，不宜使用硐室等各种大型爆破、烈性炸药爆破。必须使用烈性炸药爆破的，应在设计中进行专门论证。

四、地下爆破

1. 一般规定

参见第四章第二节“五、地下爆破”的相关内容。

2. 井巷掘进爆破

（1）通则。

1）用爆破法贯通巷道，两工作面相距 15m 时，只准从一个工作面向前掘进，并应在双方通向工作面的安全地点设置警戒，待双方作业人员全部撤至安全地点后，方可起爆。天井掘进到上部贯通处附近时，不宜采取从上向下的坐炮贯通法；如果最后一炮在下面钻孔爆破不安全，需在上面坐炮处理时，应采取可靠的安全措施。

2）间距小于 20m 的两个平行巷道中的一个巷道工作面需进行爆破时，应通知相邻巷道工作面的作业人员撤到安全地点。

3）独头巷道掘进工作面爆破时，应保持工作面与新鲜风流巷道之间畅通；爆破后，作业人员进入工作面之前，应进行充分通风。

4）天井掘进采用大直径深孔分段装药爆破时，装药前应在通往天井底部出入通道的安全地点设置警戒，确认底部无人时，方准起爆。

5）竖井、盲竖井、斜井、盲斜井或天井的掘进爆破，起爆时井筒内不应有人；井筒内的施工提升悬吊设备，应提升到施工组织设计规定的爆破安全范围之外。

6）在井筒内运送起爆药包，应把起爆药包放在专用木箱或提包内；不应使用底卸式吊桶；不应同时运送起爆药包与炸药。

7）往井筒掘进工作面运送爆破器材时，应遵守在竖井、斜井运输爆破器材的规定［第四章第二节“七、3（1）］，还应做到：除爆破员和信号工外，任何人不应留在井筒内；工作盘和稳绳盘上除押运爆破器材的爆破员外，不应有其他人员；装药时，不应在吊盘上从事其他作业。

8）井筒掘进使用电力起爆时，应使用绝缘良好的柔性电线或电缆作爆破导线；电爆网路的所有接头都应用绝缘胶布严密包裹并高出水面。

9）井筒掘进起爆时，应打开所有的井盖门；与爆破作业无关的人员应撤离井口。

（2）几种爆破的安全措施。

用钻井法开凿竖井井筒时，破锅底和开马头门的爆破作业应制定安全技术措施，并报单位爆破技术负责人批准。

用冻结法施工竖井井筒，冻结段的爆破作业应制定安全技术措施，并报单位爆破技术负责人批准。

人工冻土爆破应采取下列措施确保冻结管安全：

1）爆破前书面通知冻结站停止盐水循环。

2）爆破后与冻结站人员一起下井检查，确认冻结管无损坏时，方可恢复盐水循环。

3）在后续出渣和钻孔过程中，要认真观察井帮，发现有出水或出现黄色水迹，应立即通知冻结站，关闭有关冻结管并检查。

用反井法掘进时，爆破作业应遵守下列规定：

1）反井应及时采用木垛盘支护；爆破前最后一道小垛盘距离工作面不应超过 1.6m。

2）爆破前应将人行格和材料格盖严；爆破后，首先充分通风，待有害气体吹散，方可进入检查；检查人员不应少于 2 人；经检查确认安全，方可进行作业。

3）用吊罐法施工时，爆破前应摘下吊罐，并放置在水平巷道的安全地点；爆破后，应指定专人检查提升钢丝绳和吊具有无损坏。

桩井爆破应遵守下列规定：

1）桩井掘进爆破，应遵守井巷掘进爆破的有关规定。

2）桩井爆破作业应有专人负责指挥。

3）井深不足 10m 时，井口应做重点覆盖防护。

4）应控制爆破振动的影响，确保邻井井壁和桩体的安全。

5）爆后应修整井壁并及时清渣。

3. 溜井（含矿仓）堵塞处理

参见 GB 6722—2014《爆破安全规程》条款 8.5 的规定。

4. 有瓦斯爆炸危险的地下工程爆破

参见 GB 6722—2014《爆破安全规程》条款 8.6（煤矿井下爆破）的规定。

5. 地下采场爆破

参见 GB 6722—2014《爆破安全规程》条款 8.4 的规定。

6. 地下大跨度硐群开挖爆破

参见 GB 6722—2014《爆破安全规程》条款 8.3 的规定。

模拟试题及考点

1. 下列中，________可以由爆破工程技术人员或经验丰富的爆破员担任，其余必须由爆破工程技术人员担任。

A. 爆破作业单位爆破技术负责人　　B. 工程项目爆破技术负责人

C. 爆破工程项目负责人　　D. 爆破器材库主任

【考点】“一、爆破作业单位和爆破从业人员”。

2. 下述中无误的是________。

A. 爆破作业单位应向安全生产监督管理部门申请领取《爆破作业单位许可证》

B. 爆破器材押运可由爆破员或保管员担任

C. 爆破作业人员应参加由公安部门或其委托的爆破行业协会组织的专门培训，经考核取得安全作业证

D. 初次取得爆破作业证的新爆破员在有经验的爆破员指导下实习 3 个月后，可在有瓦斯或粉尘爆炸危险场所独立进行爆破作业

【考点】“一、爆破作业单位和爆破从业人员”。

3. 下述中无误的是________。

A. 井巷掘进爆破中，间距小于 10m 的两个平行巷道中的一个巷道工作面需进行爆破时，应通知相邻巷道工作面的作业人员撤到安全地点

B. 在井筒内运送起爆药包，应把起爆药包放在专用木箱或提包内

C. 竖井、斜井掘进爆破，起爆时井筒内人员要与爆破工作面保持足够距离

D. 独头巷道掘进工作面爆破时，可不与新鲜风流巷道之间相通，但爆破后作业人员进入工作面之前，要充分通风

E. 井筒掘进使用电力起爆时，应使用绝缘良好的刚性电线作爆破导线

【考点】“四、地下爆破”。

4. 下述中错误的是________。

A. 井筒掘进起爆时，应盖好所有的井盖门

B. 人工冻土爆破，应采取措施确保冻结管安全

C. 反井法掘进，进行爆破作业，应及时用木垛盘支护反井

D. 桩井爆破，井深不足 10m 时，井口应做重点覆盖防护

【考点】“四、地下爆破”。

注：本节引用的第四章第二节的相关内容，在该节都有相关的模拟试题。

第五节 矿井火灾防治技术

一、露天矿山防灭火

1. 重要采掘设备防火

（1）应配备灭火器材。

（2）设备加注燃油时，不应吸烟或采用明火照明。

（3）不应在采掘设备上存放汽油和其他易燃易爆材料，不应用汽油擦洗设备。

（4）易燃易爆器材，不应放在电缆接头、轨道接头或接地极附近。

（5）废弃的油、棉纱、布头、纸和油毡等易燃品，应妥善管理。

2. 地面消防水管系统

应结合生活供水管设计地面消防水管系统，水池容积和管道规格应考虑两者的需要。

3. 火灾信号

应规定专门的火灾信号，并应做到发生火灾时，能通知作业地点的所有人员及时撤离危险区。安装在人员集中地点的信号，应声光兼备。

4. 火灾报告

任何人员发现火灾，应立即报告调度室组织灭火，并迅速采取一切可能的方法直接扑灭初期火灾。

5. 重要场所

木材场、防护用品仓库、炸药库、氢和乙炔瓶库、石油液化气站和油库等场所，应建立防火制度，采取防火措施，备足消防器材。

6. 消防通道

消防通道上不应堆放杂物。

二、井下防灭火一般规定

1. 设施要求

（1）井下消防水管系统。

应结合湿式作业供水管道，设计井下消防水管系统。

井下消防供水水池容积应不小于 $200m^3$。管道规格应考虑生产用水和消防用水的需要。用木材支护的竖井、斜井及其井架和井口房、主要运输巷道、井底车场硐室，应设置消防水管。生产供水管兼作消防水管时，应每隔 50～100m 设支管和供水接头。

（2）木材场、有自燃发火危险的排土堆、炉渣场的布置。

应布置在距离进风口常年最小频率风向上风侧 80m 以外。

（3）非可燃性材料。

主要进风巷道、进风井筒及其井架和井口建筑物，主要扇风机房和压入式辅助扇风机房，风硐及暖风道，井下电机室、机修室、变压器室、变电所、电机车库、炸药库和油库等，均应用非可燃性材料建筑，室内应有醒目的防火标志和防火注意事项，并配备相应的灭火器材。

2. 油类存放

井下各种油类，应单独存放于安全地点。装油的铁桶应有严密的封盖。应采用输油泵或唧管输油，尽量减少漏油。储存动力油的硐室应有独立回风道，其储油量应不超过三昼夜的需用量。

井下柴油设备或油压设备，出现漏油应及时处理。

3. 明火禁忌

不得用火炉或明火直接加热井下空气，或用明火烘烤井口冻结的管道。

井下不得使用电炉和灯泡防潮、烘烤和采暖。

4. 防止漏电或短路

井下输电线路和直接回馈线路通过木制井框、井架和易燃材料的部位，应采取有效的防止漏电或短路的措施。

5. 动火作业

在井下进行动火作业，应制定经主管矿长批准的防火措施。在井筒内进行焊接时，应派专人监护，焊接完毕应严格检查清理。在木结构井筒内焊接时，应在作业部位的下方设置收集火星、焊渣的设施，并派专人喷水淋湿和及时扑灭火星。

6. 矿井发生火灾时主扇是否继续运转或反风的决定

根据矿井火灾应急预案和当时的具体情况，由主管矿长决定。

三、井下防自燃发火

1. 监测

有自燃发火危险的矿井，至少应每月对井下空气成分、温度、湿度和水的 pH 值测定一次，以掌握内因火灾的特点和发火规律。

有自燃发火危险的大中型矿山企业，宜装备现代化的坑内环境监测系统，实行连续自动监测与报警。

有沼气渗出的矿山企业，应加强沼气的监测，下井人员应携带自救器。

2. 开采有自燃发火危险的矿床应采取的防火措施

（1）主要运输巷道和总回风道，应布置在无自然发火危险的围岩中，并采取预防性灌浆或者其他有效的防止自燃发火的措施。

（2）正确选择采矿方法，合理划分矿块，并采用后退式回采顺序。根据采取防火措施后矿床最短的发火期，确定采区开采期限。充填法采矿时，应采用惰性充填材料。采用其他采矿方法时，应确保在矿岩发火之前完成回采与放矿工作，以免矿岩自燃。

（3）采用黄泥灌浆灭火时，钻孔网度、泥浆浓度和灌浆系数（指浆中固体体积占采空区体积的百分比），应在设计中规定。

（4）尽可能提高矿石回收率，坑内不留或少留碎块矿石，工作面不应留存坑木等易燃物。

（5）及时充填需要充填的采空区。

（6）严密封闭采空区的所有透气部位。

（7）防止上部中段的水泄漏到采矿场，并防止水管在采场漏水。

四、井下灭火

1. 起火处置

发现井下起火，应立即采取一切可能的方法直接扑灭，并迅速报告矿调度室；区、队、班、组长，应按照矿井火灾应急预案，首先将人员撤离危险地区，并组织人员，利用现场的一切工具和器材及时灭火。

火源无法扑灭时，应封闭火区。

电气设备着火时，应首先切断电源。在电源切断之前，只准用不导电的灭火器材灭火。

主管矿长接到火灾报告后，应立即组织有关人员，查明火源及发火地点的情况，根据矿井火灾应急预案，拟订具体的灭火和抢救行动计划。同时，应有防止风流自然反向和有害气体蔓延的措施。

2. 封闭

需要封闭的发火地点，可先采取临时封闭措施，然后再砌筑永久性防火墙。进行封闭工作之前，应由佩戴隔绝式呼吸器的救护队员检查回风流的成分和温度。在有害气体中封闭火区，应由救护队员佩戴隔绝式呼吸器进行。在新鲜风流中封闭火区，应准备隔绝式呼吸器。如发现有爆炸危险，应暂停工作，撤出人员，并采取措施，加以清除。

防火墙应符合的要求：

严密坚实；

在墙的上、中、下部，各安装一根直径35～100mm的铁管，以便取样、测温、放水和充填，铁管露头要用带螺纹的塞子封闭；

设人行孔，封闭工作结束，应立即封闭人行孔。

五、火区管理

1. 资料和检测

对已封闭的火区，应建立火区检查记录档案，绘制火区位置关系图。这些资料应永久保存。永久性防火墙应编号，并标记在火区位置关系图和通风系统图上。

矿山企业应定期或不定期测定火区内的空气成分、温度、湿度和水的pH值，检测、分析结果应记录存档。若发现封闭不严或有其他缺陷以及火区内有异常变化，应及时处理和报告。

2. 启封

封闭火区的启封和恢复开采，应根据测定结果确认封闭火区内的火已熄灭，并制定安全措施，报主管矿长批准，方可进行。火区面积不大时，可采用一次性启封，先打开回风侧，无异常现象再打开进风侧；火区面积较大时，应设多道调节门，分段启封，逐步推进。

启封火区的风流，应直接引入回风流，回风流经过的巷道中的人员应事先撤出。恢复火区通风时，应监测回风流中有害气体的浓度，发现有复燃征兆，应立即停止通风，重新封闭。

火区启封后三天内，应由矿山救护队每班进行检查测定气体成分、温度、湿度和水的pH值，证明一切情况良好，方可转入生产。

3. 恢复开采

在活动性火区附近（下部和同一中段）进行回采时，应留防火矿柱，其设计和安全措施，应经主管矿长批准。

模拟试题及考点

1. 下列关于露天矿山重要采掘设备防火的叙述，________不正确。

A. 易燃易爆器材，不放在电缆接头、轨道接头或接地极附近

B. 设备加注燃油时，不采用明火照明

C. 只有在通风良好的情况下，才可用汽油擦洗设备

D. 妥善管理废弃的油、棉纱等易燃品

E. 配备灭火器材

【考点】“一、露天矿山防灭火”。

2. 下列关于露天矿山防灭火的叙述中，不妥的是________。

A. 规定的火灾信号，应能在发生火灾时，通知到作业地点的所有人员及时撤离危险区

B. 作业人员发现火灾应立即报告班组长，并逐级报告至主管矿长

C. 木材场、炸药库等场所，应建立防火制度、备足消防器材

D. 消防通道上不应堆放杂物

【考点】“一、露天矿山防灭火”。

3. 下列关于井下消防水管系统的叙述，________不正确。

A. 应结合湿式作业供水管道，设计井下消防水管系统

B. 管道规格应考虑生产用水和消防用水的需要

C. 除井口房外，其他用木材支护的竖井、斜井及其井架、主要运输巷道等，应设置消防水管

D. 井下消防供水水池容积应不小于200m^3

【考点】“二、井下防灭火一般规定”。

4. 木材场、有自燃发火危险的排土堆、炉渣场，应布置在距离进风口________以外。

A. 常年最大频率风向下风侧60m

B. 常年最大频率风向上风侧80m

C. 常年最小频率风向下风侧60m

D. 常年最小频率风向上风侧80m

【考点】“二、井下防灭火一般规定”。

5. 下述中，________不符合GB 16423《金属非金属矿山安全规程》的要求。

A. 主要进风巷道、进风井筒及其井架和井口建筑物，应用难燃材料建筑

B. 井下各种油类，应单独存放于安全地点

C. 井下不得使用电炉和灯泡防潮、烘烤和采暖

D. 井下输电线路和直接回馈线路通过木制井框、井架和易燃材料的部位，应采取防止漏电或短路的措施

【考点】“二、井下防灭火一般规定”。

6. 关于在井下进行动火作业，下述中________不对。

A. 应制定防火措施

B. 防火措施应经企业安全部门批准

C. 在井筒内进行焊接时，应派专人监护

D. 在木结构井筒内焊接时，应在作业部位的下方设置收集火星、焊渣的设施，并派专人喷水淋湿

【考点】“二、井下防灭火一般规定”。

7. 有自燃发火危险的矿井，至少应每月对相关参数测定一次，以掌握内因火灾的特点和

发火规律。相关参数不包括________。

A. 粉尘中二氧化硅的含量

B. 温度、湿度

C. 水的 pH 值

D. 井下空气成分

【考点】“三、井下防自燃发火”。

8. 开采有自燃发火危险的矿床应采取的防火措施，下述中正确的是________。

A. 主要运输巷道和总回风道，应布置在自然发火危险性小的围岩中

B. 采用前进式回采顺序

C. 充填法采矿时，不宜采用惰性充填材料

D. 严密封闭采空区的所有透气部位

【考点】“三、井下防自燃发火”。

9. 发现井下起火，下列处置方式中正确的有________种。

① 利用现场的一切工具和器材争取直接扑灭

② 电气设备着火，应首先切断电源；在电源切断之前，可用二氧化碳灭火器灭火

③ 迅速报告矿调度室

④ 将人员撤离危险地区

⑤ 火源无法扑灭时，封闭火区

A. 5　　B. 4　　C. 3　　D. 2

【考点】“四、井下灭火”。

10. 关于封闭火区，下述中错误的是________。

A. 砌筑永久性防火墙之前，可先采取临时封闭措施

B. 在有害气体中封闭火区，应由有一定工龄的工人佩戴过滤式防毒面具进行

C. 如发现有爆炸危险，应暂停工作，撤出人员，并采取措施加以清除

D. 防火墙设人行孔，封闭工作结束，应立即封闭人行孔

【考点】“四、井下灭火”。

11. 矿山企业应定期或不定期测定已封闭的火区内的相关参数，以确认是否有异常变化。火区启封后三天内，由矿山救护队每班检测这些参数，以确认可否转入生产。这些参数不包括________。

A. 气体成分　　B. 温度、湿度　　C. 粉尘浓度　　D. 水的 pH 值

【考点】“五、火区管理”。

12. 关于封闭火区的启封和恢复开采，下述中________不正确。

A. 封闭火区的启封和恢复开采，应报企业消防主管部门批准

B. 火区面积较大时，分段启封

C. 启封火区的风流，应直接引入回风流，回风流经过的巷道中的人员应事先撤出

D. 在活动性火区附近（下部和同一中段）进行回采时，应留防火矿柱

【考点】“五、火区管理”。

第六节 提升与运输危害防治技术

一、竖井提升的安全技术措施

垂直深度超过 50m 的竖井用作人员出入口时，应采用罐笼或电梯升降人员。无隔离设施的混合井，在升降人员的时间内，箕斗提升系统应中止运行。不应用普通箕斗升降人员。遇特殊情况需要使用普通箕斗或急救罐升降人员时，应采取经主管矿长批准的安全措施。

1. 罐笼

用于升降人员和物料的罐笼，应符合 GB l6542 的规定。

罐笼的最大载重量和最大载人数量，应在井口公布，不应超载运行。

建井期间临时升降人员的罐笼，若无防坠器，应制定切实可行的安全措施，并报主管矿长批准。

同一层罐笼不应同时升降人员和物料。升降爆破器材时，负责运输的爆破作业人员应通知中段（水平）信号工和提升机司机，并跟罐监护。

2. 竖井提升系统

（1）竖井提升的规定。

1）提升容器和平衡锤，应沿罐道运行。

2）提升容器的罐道，应采用木罐道、型钢罐道或钢丝绳罐道。

3）竖井内用带平衡锤的单罐笼升降人员或物料时，平衡垂的质量应符合设计要求，平衡锤和罐笼用的钢丝绳规格应相同，并应做同样的检查和试验。

（2）提升容器的导向槽（器）与罐道之间的间隙，导向槽（器）和罐道之间磨损达到何种程度应予以更换，竖井内提升容器之间、提升容器与井壁或罐道梁之间的最小间隙，凿井时两个提升容器的钢丝绳罐道之间的间隙等，应符合安全 GB 16423 的相关规定。

（3）采用钢丝绳罐道的罐笼提升系统，中间各中段应设稳罐装置。采用钢丝绳罐道的单绳提升系统，两根主提升钢丝绳应采用不旋转钢丝绳。

3. 罐道钢丝绳

（1）罐道钢丝绳的直径应不小于 28mm；防撞钢丝绳的直径应不小于 40mm。

（2）钢丝绳罐道，应优先选用密封式钢丝绳。每根罐道绳的最小刚性系数应不小于 500N/m。各罐道绳张紧力应相差 5%～10%，内侧张紧力大，外侧张紧力小。

（3）井底应设罐道钢丝绳的定位装置。拉紧重锤的最低位置到井底水窝最高水面的距离，应不小于 1.5m。

（4）罐道钢丝绳应有 20～30m 备用长度。罐道的固定装置和拉紧装置应定期检查，及时串动和转动罐道钢丝绳。

4. 多绳摩擦提升机

参见 GB 16423 条款 6.3.3.11、6.3.3.14、6.3.3.15 的相关规定。

5. 过卷保护装置

（1）过卷高度。

竖井提升系统应设过卷保护装置，过卷高度应符合下列规定：

1）提升速度低于 3m/s 时，不小于 4m。

2）提升速度为 3～6m/s 时，不小于 6m。

3）提升速度高于 6m/s、低于或等于 10m/s 时，不小于最高提升速度下运行 1s 的提升高度。

4）提升速度高于 10m/s 时，不小于 10m。

5）凿井期间用吊桶提升时，不小于 4m。

（2）过卷挡梁和楔形罐道。

1）提升井架（塔）内应设置过卷挡梁和楔形罐道。楔形罐道的楔形部分的斜度为 1%，其长度（包括较宽部分的直线段）应不小于过卷高度的 2/3，楔形罐道顶部需设封头挡梁。

2）多绳摩擦提升时，井底楔形罐道的安装位置，应使下行容器比上提容器提前接触楔形罐道，提前距离应不小于 1m。

3）单绳缠绕式提升时，井底应设简易缓冲式防过卷装置，有条件的可设楔形罐道。

6. 信号系统

井口和井下各中段马头门车场、罐笼提升系统、箕斗提升系统、事故紧急停车和用箕斗提升矿石或废石，均应设信号装置。竖井罐笼提升信号系统，应符合 GB 16541 的规定。

7. 布告牌

所有升降人员的井口及提升机室，均应悬挂下列布告牌：每班上下井时间表；信号标志；每层罐笼允许乘罐的人数；其他有关升降人员的注意事项。

8. 检查

提升系统的各部分，以及提升机的各部分，每天应由专职人员检查一次，每月应由矿机电部门组织有关人员检查一次；发现问题应立即处理，并将检查结果和处理情况记录存档。

钢筋混凝土井架、钢井架和多绳提升机井塔，每年应检查一次；木质井架，每半年应检查一次。检查结果应写成书面报告，发现问题应及时解决。

二、钢丝绳和连接装置

1. 检验

除用于倾角 30° 以下的斜井提升物料的钢丝绳外，其他提升钢丝绳和平衡钢丝绳，使用前均应进行检验。经过检验的钢丝绳，贮存期应不超过六个月。

检验周期：

（1）升降人员或升降人员和物料用的钢丝绳，自悬挂时起，每隔六个月检验一次；有腐蚀气体的矿山，每隔三个月检验一次；

（2）升降物料用的钢丝绳，自悬挂时起，第一次检验的间隔时间为一年，以后每隔六个月检验一次；

（3）悬挂吊盘用的钢丝绳，自悬挂时起，每隔一年检验一次。

2. 钢丝绳的安全系数

（1）提升钢丝绳悬挂时的安全系数。

单绳缠绕式提升钢丝绳：专作升降人员用的，不小于 9；升降人员和物料用的，升降人员时不小于 9，升降物料时不小于 7.5；专作升降物料用的，不小于 6.5。

多绳摩擦提升钢丝绳：升降人员用的，不小于 8；升降人员和物料用的，升降人员时不小于 8，升降物料时不小于 7.5；升降物料用的，不小于 7；作罐道或防撞绳用的，不小于 6。

（2）使用中的钢丝绳，定期检验时安全系数为下列数值的，应更换：专作升降人员用的，小于 7；升降人员和物料用的，升降人员时小于 7，升降物料时小于 6；专作升降物料和悬挂吊盘用的，小于 5。

（3）凿井用的钢丝绳：悬挂吊盘、水泵、排水管用的钢丝绳，不小于 6；悬挂风筒、压缩空气管、混凝土浇注管、电缆及拉紧装置用的钢丝绳，不小于 5。

3. 试验

新钢丝绳悬挂前，应对每根钢丝做拉断、弯曲和扭转 3 种试验，并以公称直径为准对试验结果进行计算和判定：不合格钢丝的断面积与钢丝总断面积之比达到 6%，不应用于升降人员；达到 10%，不应用于升降物料；以合格钢丝拉断力总和为准算出的安全系数，如小于“2（1）”的规定时，不应使用该钢丝绳。

使用中的钢丝绳，可只做每根钢丝的拉断和弯曲 2 种试验。试验结果，仍以公称直径为准进行计算和判定：不合格钢丝的断面积与钢丝总断面积之比达到 25%时，应更换；以合格钢丝拉断力总和为准算出的安全系数，如小于“2（2）”的规定时，应更换。

4. 检查

对提升钢丝绳，除每日进行检查外，应每周进行一次详细检查，每月进行一次全面检查；人工检查时的速度应不高于 0.3m/s，采用仪器检查时的速度应符合仪器的要求。对平衡绳（尾绳）和罐道绳，每月进行一次详细检查。所有检查结果，均应记录存档。

5. 更换

（1）断丝断面积。

钢丝绳一个捻距内的断丝断面积与钢丝总断面积之比，达到下列数值时，应更换：提升钢丝绳，5%；平衡钢丝绳、防坠器的制动钢丝绳（包括缓冲绳），10%；罐道钢丝绳，15%；倾角 30° 以下的斜井提升钢丝绳，10%。

（2）直径减小量。

以钢丝绳标称直径为准计算的直径减小量达到下列数值时，应更换：提升钢丝绳或制动钢丝绳，10%；罐道钢丝绳，15%；使用密封钢丝绳外层钢丝厚度磨损量达到 50%时，应更换。

（3）运行中遭受到卡罐或突然停车等猛烈拉力。

立即停止运转，进行检查，发现下列情况之一者，应将受力段切除或更换全绳：钢丝绳产生严重扭曲或变形；断丝或直径减小量超过上述（1）、（2）的规定；受到猛烈拉力的一段的长度伸长 0.5%以上。

（4）钢丝绳使用期间断丝数突然增加或伸长突然加快，应立即更换。

（5）钢丝绳锈蚀严重，或点蚀麻坑形成沟纹，或外层钢丝松动时，不论断丝数多少或绳径是否变化，应立即更换。

（6）多绳摩擦提升机的首绳，使用中有一根不合格的，应全部更换。

6. 何时不应用于升降人员

钢丝绳的钢丝有变黑、锈皮、点蚀麻坑等损伤时，不应用于升降人员。

7. 防坠器、断绳保险器的试验

新安装或大修后的防坠器、断绳保险器，应进行脱钩试验，合格后方可使用。

在用竖井罐笼的防坠器，每半年应进行一次清洗和不脱钩试验，每年进行一次脱钩试验。

在用斜井人车的断绳保险器，每日进行一次手动落闸试验，每月进行一次静止松绳落闸试验，每年进行一次重载全速脱钩试验。

防坠器或断绳保险器的各个连接和传动部件，应经常处于灵活状态。

8. 连接装置的安全系数

升降人员或升降人员和物料的连接装置和其他有关部分，不小于 13；升降物料的连接装置和其他有关部分，不小于 10；无极绳运输的连接装置，不小于 8；矿车的连接钩、环和连接杆，不小于 6。

凿井用的连接装置：悬挂吊盘、安全梯、水泵、抓岩机的连接装置（钩、环、链、螺栓等），不小于 10；悬挂风管、水管、风筒、注浆管的连接装置，不小于 8；吊桶提梁和连接装置的安全系数不小于 13。

9. 井口悬挂吊盘

井口悬挂吊盘应平稳牢固，吊盘周边至少应均匀布置 4 个悬挂点。井筒深度超过 100m 时，悬挂吊盘用的钢丝绳不应兼作导向绳使用。

三、斜井运输安全技术措施

1. 专用人车

（1）供人员上、下的斜井，垂直深度超过 50m 的，应设专用人车运送人员。斜井用矿车组提升时，不应人货混合串车提升。

（2）专用人车应有顶棚，并装有可靠的断绳保险器。列车每节车厢的断绳保险器应相互连结，并能在断绳时起作用。断绳保险器应既能自动，也能手动。

（3）运送人员的列车，应有随车安全员。随车安全员应坐在装有断绳保险器操纵杆的第一节车内。

（4）运送人员的专用列车的各节车厢之间，除连接装置外，还应附挂保险链。连接装置和保险链，应经常检查，定期更换。

2. 斜井的信号、轨道防滑和防跑车装置

采用专用人车运送人员的斜井，应装设符合下列规定的声、光信号装置：每节车厢均能在行车途中向提升司机发出紧急停车信号；多水平运送时，各水平发出的信号应有区别，以便提升司机辨认；所有收发信号的地点，均应悬挂明显的信号牌。

倾角大于 10° 的斜井，应设置轨道防滑装置，轨枕下面的道碴厚度应不小于 50mm。

提升矿车的斜井，应设常闭式防跑车装置，并经常保持完好。斜井上部和中间车场，应设阻车器或挡车栏。阻车器或挡车栏在车辆通过时打开，车辆通过后关闭。斜井下部车场应设躲避硐室。

3. 斜井运输管理

（1）人员管理。

斜井运输，应有专人负责管理。乘车人员应听从随车安全员指挥，按指定地点上下车，上车后应关好车门，挂好车链。斜井运输时，不应蹬钩；人员不应在运输道上行走。

（2）斜井运输的最高速度。

斜井运输的最高速度，不应超过下列规定：

1）运输人员或用矿车运输物料，斜井长度不大于 300m 时，3.5m/s；斜井长度大于 300m 时，5m/s。

2）用箕斗运输物料，斜井长度不大于 300m 时，5m/s；斜井长度大于 300m 时，7m/s。

3）斜井运输人员的加速度或减速度，应不超过 $0.5m/s^2$。

四、带式输送机运输安全技术措施

1. 露天和地下的共同要求

（1）带式输送机运送物料的最大坡度，向上应不大于 15°，向下应不大于 12°。

（2）带式输送机的胶带安全系数，按静载荷计算应不小于 8，按启动和制动时的动载荷计算应不小于 3；钢绳芯带式输送机的静载荷安全系数应不小于 5。

（3）钢绳芯带式输送机的卷筒直径，应不小于钢丝绳直径的 150 倍，不小于钢丝直径的 1000 倍，且最小直径不应小于 400mm。

（4）各装、卸料点，应设有与输送机联锁的空仓、满仓等保护装置，并设有声光信号。

（5）带式输送机应设有防止胶带跑偏、撕裂、断带的装置，并有可靠的制动、胶带和卷筒清扫以及过速保护、过载保护、防大块冲击等装置；线路上应有信号、电气联锁和紧急停车装置；上行的输送机，应设防逆转装置。

（6）任何人员均不应乘坐非乘人带式输送机。

（7）不应运送规定物料以外的其他物料及设备和过长的材料。

（8）物料的最大块度应不大于 350mm。

（9）输送机运转时，不应注油、检查和修理。

2. 露天的要求

（1）带式输送机两侧应设人行道，经常行人侧的人行道宽度应不小于 1.0m；另一侧应不小于 0.6m。人行道的坡度大于 7° 时，应设踏步。

（2）必需跨越输送机的地点，应设置有栏杆的跨线桥。

（3）机头、减速器及其他旋转部分，应设防护罩。

（4）堆料宽度，应比胶带宽度至少小 200mm。

（5）应及时停车清除输送带、传动轮和改向轮上的杂物，不应在运行的输送带下清矿。

（6）更换拦板、刮泥板、托辊时应停车，切断电源，并有专人监护。

（7）胶带启动不了或打滑时，不应用脚蹬踩、手推拉或压杠子等办法处理。

3. 地下的要求

（1）带式输送机最高点与顶板的距离，应不小于 0.6m。

（2）输送带的最小宽度，应不小于物料最大尺寸的 2 倍加 200mm。

（3）在倾斜巷道中采用带式输送机运输，输送机的一侧应平行敷设一条检修道，需要利用检修道作辅助提升时，带式输送机最突出部分与提升容器的间距应不小于 300mm，且辅助提升速度不应超过 1.5m/s。

五、其他运输安全技术措施

1. 铁路运输

（1）设施要求。

1）矿山铁路，应按规定设置避让线和安全线；在适当地点设置制动检查所，对列车进行检查试验；设置甩挂、停放制动失灵的车辆所需的站线和设备。

2）设在曲线上的牵出线，应有保证调车安全的良好瞭望条件。

3）按 GB 16423 条款 5.3.1.3 的规定在某些地段设双侧护轮轨，在曲线内侧设单侧护轮轨。

4）人流和车流的密度较大的铁路与道路的交叉口，应立体交叉。平交道口应设在瞭望条件良好、满足规定的机车与汽车司机通视距离的线路上，站内不宜设平交道口。瞭望条件较差或人（车）流密度较大的平交道口，应设自动道口信号装置或设专人看守。

5）电气化铁路，应在道口处铁路两侧设置限界架；在大桥及跨线桥跨越铁路电网的相应部位，应设安全栅网；跨线桥两侧，应设防止矿车落石的防护网。

6）繁忙道口、有人看守的较大的桥隧建构筑物和可能危及行车安全的塌方、落石地点，宜安设遮断信号机。

7）装（卸）车线的设置应符合 GB 16423 条款 5.3.1.7 的要求。

8）铁路线尽头应设安全车挡与警示标志。

9）自溜运输，沿线应按需要设减速器或阻车器等安全装置。

10）发生故障的线路，应在故障区域两端设停车信号，独头线路发生故障时，应在进车端设停车信号；故障排除和停车信号撤除之前，列车不应在故障线路区域运行。

（2）运行要求。

1）列车运行速度，由矿山具体确定，但应保证能在准轨铁路 300m、窄轨铁路 150m 的制动距离内停车。

2）同一调车线路，不应两端同时进行调车。采取溜放方式调车时，应有相应的安全制动措施。在运行区间内不准甩车。在站线坡度大于 0.25%（滚动轴承车辆大于 0.15%，窄轨大于 0.3%）的坡道上进行甩车作业时，应采取防溜措施。

3）列车通过电气化铁路、高压输电网路或跨线桥时，人员不应攀登机车、煤水车或装载敞车的顶部。电机车升起受电弓后，人员不应登上车顶或进入侧走台工作。

4）铁路吊车作业时，应根据设备性能和线路坡度的需要，采取止轮或机车（列车）连挂等安全措施。

5）窄轨人力推车时，应遵守 GB 16423 条款 5.3.1.12 的规定。

6）窄轨自溜运输，车辆的滑行速度应遵守 GB 16423 条款 5.3.1.13 的规定。

7）陡坡铁路运输应遵守 GB 16423 条款 5.3.1.15 的规定。

2. 露天矿道路运输

（1）设施要求。

1）深凹露天矿运输矿（岩）石的汽车，应采取尾气净化措施。

2）双车道的路面宽度，应保证会车安全。陡长坡道的尽端弯道，不宜采用最小平曲线半径。弯道处的会车视距若不能满足要求，则应分设车道。急弯、陡坡、危险地段应有警示标志。

3）山坡填方的弯道、坡度较大的填方地段以及高堤路基路段，外侧应设置护栏、挡车墙等。

4）对主要运输道路及联络道的长大坡道，应根据运行安全需要，设置汽车避让道。

5）道路与铁路交叉的道口，宜采用正交形式，如受地形限制应斜交时，其交角应不小于45°。道口应设置警示牌。

6）卸矿平台（包括溜井口、栈桥卸矿口等处）应有足够的调车宽度。卸矿地点应设置牢固可靠的挡车设施，并设专人指挥。挡车设施的高度应不小于该卸矿点各种运输车辆最大轮胎直径的2/5。

7）露天矿场汽车加油站，应设置在安全地点。不应在有明火或其他不安全因素的地点加油。

8）夜间装卸车地点，应有良好照明。

（2）运行要求。

1）不应用自卸汽车运载易燃、易爆物品。

2）驾驶室外平台、脚踏板及车斗不应载人。

3）不应在运行中升降车斗。

4）雾天或烟尘弥漫影响能见度时，应开亮车前黄灯与标志灯，并靠右侧减速行驶，前后车间距应不小于 30m。视距不足 20m 时，应靠右暂停行驶，并不应熄灭车前、车后的警示灯。

5）冰雪或多雨季节道路较滑时，应有防滑措施并减速行驶；前后车距应不小于 40m；拖挂其他车辆时，应采取有效的安全措施，并有专人指挥。

6）正常作业条件下，同类车不应超车，前后车距离应保持适当。生产干线、坡道上不应无故停车。

7）自卸汽车进入工作面装车，应停在挖掘机尾部回转范围 0.5m 以外，防止挖掘机回转撞坏车辆。汽车在靠近边坡或危险路面行驶时，应谨慎通过，防止崩塌事故发生。

8）车辆通过道口之前，驾驶员应减速瞭望，确认安全方可通过。

9）装车时，不应检查、维护车辆；驾驶员不应离开驾驶室，不应将头和手臂伸出驾驶室外。

10）拆卸车轮和轮胎充气之前，应先检查车轮压条和钢圈完好情况，如有缺损，应先放气后拆卸。在举升的车斗下检修时，应采取可靠的安全措施。

11）不应采用溜车方式发动车辆，下坡行驶不应空挡滑行。在坡道上停车时，司机不应离开；应使用停车制动，并采取安全措施。

3. 水平巷道运输

（1）专用人车。

采用电机车运输的矿井，由井底车场或平硐口到作业地点所经平巷长度超过1500m时，应设专用人车运送人员。

专用人车应有金属顶棚，从顶棚到车厢和车架应作好电气连接，确保通过钢轨接地。

专用人车运送人员，应遵守下列规定：

1）每班发车前，应有专人检查车辆结构、连接装置、轮轴和车闸，确认合格方可运送人员；

2）人员上下车的地点，应有良好的照明和发车电铃；如有两个以上的开往地点，应设列车去向灯光指示牌；架线式电机车的滑触线应设分段开关，人员上下车时，应切断电源；

3）调车场应设区间闭锁装置；人员上下车时，其他车辆不应进入乘车线；

4）列车行驶速度应不超过3m/s；

5）不应同时运送爆炸性、易燃性和腐蚀性物品或附挂处理事故以外的材料车。

乘车人员应严格遵守下列规定：

1）服从司机指挥；

2）携带的工具和零件，不应露出车外；

3）列车行驶时和停稳前，不应上下车或将头部和身体探出车外；

4）不应超员乘车，列车行驶时应挂好安全门链；

5）不应扒车、跳车和坐在车辆连接处或机车头部平台上；

6）不应搭乘除人车、抢救伤员和处理事故的车辆以外的其他车辆。

列车运输时，矿车应采用不能自行脱钩的连接装置。不能自动摘挂钩的车辆，其两端的碰头或缓冲器的伸出长度，应不小于100mm。

停放在能自动滑行的坡道上的车辆，应用制动装置或木楔可靠地稳住。

（2）人力推车的规定。

1）推车人员应携带矿灯；

2）在照明不良的区段，不应人力推车；

3）每人只允许推一辆车；

4）同方向行驶的车辆，轨道坡度不大于0.5%的，车辆间距不小于10m，坡度大于0.5%的，不小于30m；坡度大于1%的，不应采用人力推车；

5）在能够自动滑行的线路上运行，应有可靠的制动装置；行车速度应不超过3m/s；推车人员不应骑跨车辆滑行或放飞车；

6）矿车通过道岔、巷道口、风门、弯道和坡度较大的区段，以及出现两车相遇、前面有人或障碍物、脱轨、停车等情况时，推车人应及时发出警号。

（3）在运输巷道内和调车场内的人员。

在运输巷道内，人员应沿人行道行走。双轨巷道有列车错车时，人员不应在两轨道之间停留。在调车场内，人员不应横跨列车。

（4）轨道。

永久性轨道应及时敷设。永久性轨道路基应铺以碎石或砾石道碴，轨枕下面的道碴厚度应不小于 90mm，轨枕埋入道碴的深度应不小于轨枕厚度的 2/3。

轨道的曲线半径，应符合 GB 16423 条款 6.3.1.8 的规定。

曲线段轨道加宽和外轨超高，应符合运输技术条件的要求。直线段轨道的轨距误差、平面误差、钢轨接头间隙应符合 GB 16423 条款 6.3.1.9 的规定。

（5）使用电机车运输的规定。

1）有爆炸性气体的回风巷道，不应使用架线式电机车；

2）高硫和有自燃发火危险的矿井，应使用防爆型蓄电池电机车；

3）每班应检查电机车的闸、灯、警铃、连接器和过电流保护装置，任何一项不正常，均不应使用；

4）电机车司机不应擅离工作岗位；司机离开机车时，应切断电动机电源，拉下控制器把手，取下车钥匙，扳紧车闸将机车刹住。

维修线路时，应在工作地点前后不少于 80m 处设置临时信号，维修结束应予撤除。

架线式电机车运输的滑触线悬挂高度（由轨面算起），应符合 GB 16423 条款 6.3.1.13 的规定。电机车运输的滑触线架设，应符合 GB 16423 条款 6.3.1.14 的规定。电机车运输的滑触线应设分段开关，分段距离应不超过 500m。每一条支线也应设分段开关。上下班时间，距井筒 50m 以内的滑触线应切断电源。

（6）电机车运行的规定。

1）司机不应将头或身体探出车外；

2）列车制动距离：运送人员应不超过 20m，运送物料应不超过 40m；14t 以上的大型机车（或双机）牵引运输，应根据运输条件予以确定，但应不超过 80m；

3）采用电机车运输的主要运输道上，非机动车辆应经调度人员同意方可行驶；

4）单机牵引列车正常行车时，机车应在列车的前端牵引（调车或处理事故时不在此限）；

5）双机牵引列车允许 1 台机车在前端牵引，1 台机车在后端推动；

6）列车通过风门、巷道口、弯道、道岔和坡度较大的区段，以及前方有车辆或视线有障碍时，应减速并发出警告信号；

7）在列车运行前方，任何人发现有碍列车行进的情况时，应以矿灯、声响或其他方式向司机发出紧急停车信号；司机发现运行前方有异常情况或信号时，应立即停车检查，排除故障；

8）电机车停稳之前，不应摘挂钩；

9）不应无连接装置顶车和长距离顶车倒退行驶；若需短距离倒行，应减速慢行，且有专人在倒行前方观察监护。

10）架线式电机车运输工作中断时间超过一个班时，非工作地区内的电机车线路电源应切断。修整电机车线路，应先切断电源，并将线路接地，接地点应设在工作地段的可见部位。

（7）井下使用无轨运输设备的规定。

应符合 GB 16423 条款 6.3.1.17 的规定。

4. 溜槽、平硐溜井运输

溜槽、平硐溜井运输的安全技术措施，执行 GB 16423 条款 5.3.3 的规定。

5. 架空索道运输

架空索道运输的安全技术措施，执行 GB 16423 条款 5.3.5 的规定。

6. 斜坡卷扬运输

斜坡卷扬运输的安全技术措施，执行 GB 16423 条款 5.3.6 的规定。

六、提升装置

矿山地下提升装置的安全技术要求，见 GB 16423 条款 6.3.5 的规定。

七、矿山井巷运输中的人行道、躲避硐室和间隙

1. 人行道、躲避硐室

（1）运输斜井。

1）行人的运输斜井设人行道，有效宽度不小于 1.0m，有效净高不小于 1.9m；

2）斜井坡度为 10°～15° 时，设人行踏步；15°～35° 时，设踏步及扶手；大于 35° 时，设梯子；

3）有轨运输的斜井，车道与人行道之间宜设坚固的隔离设施；未设隔离设施的，提升时不应有人员通行。

（2）行人的水平运输巷道。

设人行道，有效净高应不小于 1.9m，有效宽度：人力运输的巷道，不小于 0.7m；机车运输的巷道，不小于 0.8m；带式输送机运输的巷道，不小于 1.0m。

（3）无轨运输。

1）行人的无轨运输水平巷道设人行道，有效净高应不小于 1.9m，有效宽度不小于 1.2m。

2）无轨运输的斜坡道，应设人行道或躲避硐室。

3）躲避硐室的间距在曲线段不超过 15m，在直线段不超过 30m。躲避硐室的高度不小于 1.9m，深度和宽度均不小于 1.0m。躲避硐室应有明显的标志，并保持干净、无障碍物。

2. 间隙

在水平巷道和斜井中，有轨运输设备之间以及运输设备与支护之间的间隙，应不小于 0.3m；带式输送机与其他设备突出部分之间的间隙，应不小于 0.4m；无轨运输设备与支护之间的间隙，应不小于 0.6m。

模拟试题及考点

1. 垂直深度超过________m 的竖井用作人员出入口时，应采用罐笼或电梯升降人员，不应用普通箕斗升降人员。

A. 25　　B. 50　　C. 75　　D. 100

【考点】“一、竖井提升的安全技术措施”。

2. 对用于竖井提升的罐笼和罐道钢丝绳的下述要求中，________不正确。

A. 罐笼的最大载重量和最大载人数量，应在井口公布

B. 同一层罐笼不应同时升降人员和物料

C. 罐道钢丝绳的直径应不小于 18mm

D. 每根罐道绳的最小刚性系数应不小于 500N/m

【考点】“一、竖井提升的安全技术措施”。

3. 竖井提升系统应设过卷保护装置，当最高提升速度为 7m/s 时，过卷高度应不小于________m。

A. 4　　B. 6　　C. 7　　D. 10

【考点】“一、竖井提升的安全技术措施”。

4. 对于竖井提升系统，下述中不符合要求的是________。

A. 提升井架（塔）内应设置过卷挡梁和楔形罐道

B. 罐笼提升系统、箕斗提升系统均应设信号装置

C. 升降人员的井口应悬挂布告牌，说明每层罐笼允许乘罐的人数及有关注意事项

D. 提升系统的各部分，以及提升机的各部分，每月由专职人员检查一次

【考点】“一、竖井提升的安全技术措施”。

5. 升降人员或升降人员和物料用的钢丝绳，自悬挂时起，每隔________个月检验一次。用于升降人员的单绳缠绕式提升钢丝绳，悬挂时的安全系数应不小于________。

A. 3，10　　B. 6，9　　C. 9，8　　D. 12，7

【考点】“二、钢丝绳和连接装置”。

6. 使用中的提升钢丝绳，________情况下不必更换。

A. 直径减小量达到 8%

B. 不合格钢丝的断面积与钢丝总断面积之比达到 25%

C. 一个捻距内的断丝断面积与钢丝总断面积之比，达到 5%

D. 专作升降人员用的钢丝绳，定期检验时安全系数小于 7

E. 锈蚀严重，但断丝数少、绳径变化少

【考点】“二、钢丝绳和连接装置”。

7. 钢丝绳的钢丝有变黑、锈皮、点蚀麻坑等损伤时，________。

A. 应予更换　　B. 应予报废

C. 不应用于升降人员　　D. 不应用于升降人员和物料

【考点】“二、钢丝绳和连接装置”。

8. 在用竖井罐笼的防坠器，每________进行一次脱钩试验。在用斜井人车的断绳保险器，每________进行一次手动落闸试验。

A. 半年，周　　B. 年，日　　C. 半年，月　　D. 年，年

【考点】“二、钢丝绳和连接装置”。

9. 供人员上、下的斜井，垂直深度超过________m 的，应设专用人车运送人员。

A. 25　　B. 50　　C. 75　　D. 100

【考点】“三、斜井运输安全技术措施”。

10. 关于斜井运输的设施要求，________的叙述有误。

A. 专用人车应有顶棚，并装有可靠的断绳保险器

B. 运送人员的专用列车的各节车厢之间，除连接装置外，还应附挂保险链

C. 倾角大于15°的斜井，应设置轨道防滑装置

D. 提升矿车的斜井，应设常闭式防跑车装置

【考点】“三、斜井运输安全技术措施”。

11. 斜井中运输人员或用矿车运输物料，当斜井长度为 350m 时，最高速度不应超过________m/s。

A. 6　　B. 5　　C. 4.5　　D. 3.5

【考点】“三、斜井运输安全技术措施”。

12. 关于带式输送机运送物料的设施要求，下述中错误的数量是________。

① 运送物料的最大坡度，向上应不大于12°，向下应不大于15°

② 钢绳芯带式输送机的卷筒最小直径不应小于300mm

③ 各装、卸料点，应设有与输送机联锁的空仓、满仓等保护装置

④ 带式输送机应设有防止胶带跑偏的装置和过速、过载保护装置

⑤ 下行的输送机应设防逆转装置

A. 1　　B. 2　　C. 3　　D. 4

【考点】“四、带式输送机运输安全技术措施”。

13. 带式输送机运送物料的最大块度，应不大于________mm。

A. 500　　B. 450　　C. 400　　D. 350

【考点】“四、带式输送机运输安全技术措施”。

14. 关于铁路运输的设施要求，下述中正确的数量是________。

① 矿山铁路应按规定设置避让线和安全线

② 按安全 GB 16423 的规定，在某些地段设双侧护轮轨，在曲线内侧设单侧护轮轨

③ 人流和车流的密度较大的铁路与道路的交叉口，应立体交叉

④ 铁路线尽头应设安全车挡与警示标志

⑤ 自溜运输，沿线应按需要设减速器或阻车器

A. 5　　B. 4　　C. 3　　D. 2

【考点】“五、其他运输安全技术措施”。

15. 关于铁路运输的运行要求，下述中错误的是________。

A. 列车运行速度，应保证能在准轨铁路300m、窄轨铁路150m的制动距离内停车

B. 同一调车线路，不应两端同时进行调车

C. 采取溜放方式调车时，应有相应的安全制动措施

D. 在运行区间内进行甩车作业时，应有人指挥

E. 在站线坡度大于0.25%的坡道上进行甩车作业时，应采取防溜措施

【考点】“五、其他运输安全技术措施”。

16. 关于露天道路运输的设施要求，下述中错误的是________。

A. 双车道的路面宽度，应保证会车安全

B. 山坡填方的弯道、坡度较大的填方地段，内侧应设置护栏、挡车墙

C. 道路与铁路交叉的道口，如受地形限制不能采用正交时，其交角应不小于45°

D. 卸矿平台应有足够的调车宽度

E. 卸矿地点应设置牢固可靠的挡车设施，并设专人指挥

【考点】“五、其他运输安全技术措施”。

17. 关于露天道路运输的运行要求，下述中________有误。

A. 不应用自卸汽车运载易燃、易爆物品

B. 不应在运行中升降车斗

C. 雾天或烟尘弥漫影响能见度时，应开亮车前黄灯与标志灯，前后车间距应不小于30m

D. 冰雪或多雨季节道路较滑时，前后车距应不小于30m

E. 自卸汽车进入工作面装车，应停在挖掘机尾部回转范围0.5m以外

【考点】“五、其他运输安全技术措施”。

18. 关于水平巷道运输的专用人车，下述中________有误。

A. 采用电机车运输的矿井，由井底车场或平硐口到作业地点所经平巷长度超过1500m时，应设专用人车运送人员

B. 专用人车应有金属顶棚，从顶棚到车厢和车架应作好电气连接，确保通过钢轨接地

C. 专用人车列车行驶速度应不超过5m/s

D. 不应同时运送爆炸性、易燃性和腐蚀性物品或附挂处理事故以外的材料车

E. 不应超员乘车

【考点】“五、其他运输安全技术措施”。

19. 关于水平巷道运输的人力推车，下述中________有误。

A. 坡度大于1.5%的，不应采用人力推车

B. 推车人员应携带矿灯

C. 每人只允许推一辆车

D. 在能够自动滑行的线路上运行，应有可靠的制动装置

E. 同方向行驶的车辆，保持GB 16423规定的车辆间距

【考点】“五、其他运输安全技术措施”。

20. 关于水平巷道中使用电机车运输的下列说法中，错误的是________。

A. 有爆炸性气体的回风巷道，应使用架线式电机车

B. 高硫和有自燃发火危险的矿井，应使用防爆型蓄电池电机车

C. 运送人员列车的制动距离应不超过 20m

D. 单机牵引列车正常行车时，机车应在列车的前端牵引

E. 列车通过风门、巷道口、弯道、道岔和坡度较大的区段，应减速并发出警告信号

【考点】“五、其他运输安全技术措施”。

21. 矿山井巷运输中的人行道的有效净高，应不小于________m。

A. 1.5　　B. 1.7　　C. 1.9　　D. 2.1

【考点】“七、矿山井巷运输中的人行道、躲避硐室和间隙”。

22. 矿山井巷运输中的人行道的有效宽度，最大的是________。

A. 行人的无轨运输水平巷道的人行道

B. 行人的运输斜井的人行道

C. 行人的水平运输巷道的人行道

【考点】“七、矿山井巷运输中的人行道、躲避硐室和间隙”。

23. 在水平巷道和斜井中，有轨运输设备与支护之间的间隙，应不小于________m；无轨运输设备与支护之间的间隙，应不小于________m。。

A. 0.2，0.4　　B. 0.3，0.6　　C. 0.4，0.8　　D. 0.5，1.0

【考点】“七、矿山井巷运输中的人行道、躲避硐室和间隙”。

24. 在水平巷道和斜井中，带式输送机与其他设备突出部分之间的间隙，应不小于________m。

A. 0.2　　B. 0.3　　C. 0.4　　D. 0.5

【考点】“七、矿山井巷运输中的人行道、躲避硐室和间隙”。

第七节　露天矿山边坡灾害防治技术

露天矿山开采过程中，要预防边坡滑坡、滚石、泥石流等危害。

一、事先安全措施

遇有下列情况之一时，应事先采取有效的安全措施进行处理：

岩层内倾于采场，且设计边坡角大于岩层倾角；

有多组节理、裂隙空间组合结构面内倾采场；

有较大软弱结构面切割边坡、构成不稳定的潜在滑坡体的边坡。

二、生产安全

1. 上、下台阶之间的超前距离

露天采场各作业水平上、下台阶之间的超前距离，应在设计中明确规定。不应从下部不

分台阶掏采。采剥工作面不应形成伞檐、空洞等。

2. 边坡浮石清除完毕之前

其下方不应生产；人员和设备不应在边坡底部停留。

3. 在境界外邻近地区堆卸废石

应遵守设计规定，保证边坡的稳固，防止滚石、滑塌的危害。废石场不应成为作用于边坡的附加荷载。

4. 邻近最终边坡作业

应采用控制爆破减震；

应按设计确定的宽度预留安全平台、清扫平台、运输平台；

应保持台阶的安全坡面角，不应超挖坡底；

局部边坡发生坍塌时，应及时报告矿有关主管部门，并采取有效的处理措施；

每个台阶采掘结束，均应及时清理平台上的疏松岩土和坡面上的浮石，并组织矿有关部门验收。

三、监测、检查

1. 监测

边坡监测系统设计，应根据最终边坡的稳定类型、分区特点确定各区监测级别。

对边坡应进行定点定期观测，包括坡体表面和内部位移观测、地下水位动态观测、爆破震动观测等。技术管理部门应及时整理边坡观测资料，据以指导采场安全生产。

对存在不稳定因素的最终边坡应长期监测，发现问题及时处理。

2. 大、中型矿山或边坡潜在危害性大的矿山的检测

除应建立健全边坡管理和检查制度，对边坡重点部位和有潜在滑坡危险的地段采取有效的防治措施外，还应每 5 年由有资质的中介机构进行一次检测和稳定性分析。

3. 工作帮检查

对采场工作帮应每季度检查一次，高陡边帮应每月检查一次，不稳定区段在暴雨过后应及时检查，发现异常应立即处理。

对运输和行人的非工作帮，应定期进行安全稳定性检查（雨季应加强），发现坍塌或滑落征兆，应立即停止采剥作业，撤出人员和设备，查明原因，及时采取安全措施，并报告矿有关主管部门。

四、开采中的安全要求

1. 总则

露天开采应遵循自上而下的开采顺序，分台阶开采。

露天开采，非工作台阶最终坡面角，应在设计中规定。

露天与地下同时开采时，受地下开采影响地段的露天边坡角，应根据影响程度适当减小。

2. 水力开采

冲采致密岩土并进行底部掏槽时，台阶高度应不超过 10m，超过 10m 时，应分段逆向冲采。复用尾矿时，其开采台阶高度应不超过 5m。

3. 挖掘船开采

采场边坡高度不应大于10m，边坡角水上部分应控制在40°以下，水下部分应控制在30°以下。应定期对边坡进行安全检查，发现有潜在滑坡危险地段，应自上而下放缓边坡。

过采区应按设计要求进行回填及治理，防止滑坡、塌方和泥石流等灾害发生。

4. 饰面石材开采

台阶参数应符合下列规定：

（1）台阶、分台阶高度，根据所选定的开拓系统确定，采用直进式道路开拓时，台阶高度不大于20m，分台阶高度不大于6m；采用桅杆式等起重设备作业时，台阶高度由设计确定。

（2）台阶、分台阶坡面角，应根据矿层产状和节理裂隙倾角确定，工作台阶坡面角应小于80°，台阶最终坡面角应小于70°，分台阶坡面角应不超过90°或与节理裂隙倾角一致。

（3）采场最终边坡角应满足安全生产的要求，宜小于60°或由设计确定。

模拟试题及考点

1. 除情况________之外，事先应采取有效的安全措施进行处理。

A. 岩层内倾于采场，且设计边坡角大于岩层倾角

B. 岩层不内倾于采场，但设计边坡角大于岩层倾角

C. 有多组节理、裂隙空间组合结构面内倾采场

D. 有较大软弱结构面切割边坡、构成不稳定的潜在滑坡体的边坡

【考点】“一、事先安全措施”。

2. ________不是保证生产安全的措施。

A. 露天采场各作业水平上、下台阶之间的超前距离，应在设计中明确规定

B. 从下部不分台阶掏采，须经主管矿长批准

C. 边坡浮石清除完毕之前，其下方不应生产

D. 在境界外邻近地区堆卸废石，应确保废石场不成为作用于边坡的附加荷载

【考点】“二、生产安全”。

3. 下述的邻近最终边坡作业的安全保证措施，________不严谨。

A. 采用控制爆破减震

B. 按设计确定的宽度预留安全平台、清扫平台、运输平台

C. 保持台阶的较小坡面角

D. 每个台阶采掘结束，及时清理平台上的疏松岩土和坡面上的浮石，并组织矿有关部门验收

【考点】“二、生产安全”。

4. 对边坡进行的定点定期观测不包括________观测。

A. 坡体周围风力　　　　B. 坡体表面和内部位移

C. 地下水位动态　　　　D. 爆破震动

【考点】“三、监测、检查”。

5. 大、中型矿山或边坡潜在危害性大的矿山，每5年由有资质的中介机构进行一次边坡检测和________分析。

A. 安全性　　B. 危险性　　C. 变异性　　D. 稳定性

【考点】“三、监测、检查”。

6. 对采场工作帮应每________检查一次，高陡边帮应每________检查一次，不稳定区段在________应及时检查，发现异常应立即处理。

A. 年，季度，暴雨过后　　B. 季度，月，暴雨过后

C. 年，季度，出现坍塌或滑落之后　　D. 季度，月，出现坍塌或滑落之后

【考点】“三、监测、检查”。

7. 发现运输和行人的非工作帮出现坍塌或滑落征兆，下述的处置措施中，________不正确。

A. 根据征兆显示的危险程度，决定是否停止采剥作业

B. 撤出人员和设备

C. 查明原因，及时采取安全措施

D. 报告矿有关主管部门

【考点】“三、监测、检查”。

8. 关于露天开采，下述中错误的是________。

A. 遵循自上而下的开采顺序，分台阶开采

B. 非工作台阶最终坡面角，应在设计中规定

C. 露天与地下同时开采时，受地下开采影响地段的露天边坡角，应根据影响程度适当增加

D. GB 16423 对水力开采中的台阶高度做出了规定

【考点】“四、开采中的安全要求”。

第八节　排土场（废石场）灾害防治技术

排土场（废石场）应预防滚石、滑坡、坍塌、泥石流等灾害。

一、排土场选址和设计

1. 排土场（包括水力排土场）选址

保证排弃土岩时不致因滚石、滑坡、塌方等威胁采矿场、工业场地（厂区）、居民点、铁路、道路、输电网线和通讯干线、耕种区、水域、隧道涵洞、旅游景区、固定标志及永久性建筑等的安全。（其安全距离在设计中规定）

依据的工程地质资料可靠。不宜设在工程地质或水文地质条件不良的地带；若因地基不良而影响安全，应采取有效措施。

依山而建的排土场，坡度大于 1:5 且山坡有植被或第四系软弱层时，最终境界 100m 内的植被或第四系软弱层应全部清除，将地基削成阶梯状。

避免排土场成为矿山泥石流重大危险源，必要时，采取有效控制措施。

排土场位置要符合相应的环保要求。排土场场址不应设在居民区或工业建筑主导风向的上风侧和生活水源的上游，含有污染物的废石要按照 GB 18599 要求进行堆放、处置。

排土场位置选定后，应进行专门的地质勘探工作。

2. 排土场设计

（1）土岩流失量。

排土场设计，应进行排土场土岩流失量估算，设计拦挡设施。

（2）内部排土场。

不应影响矿山正常开采和边坡稳定，排土场坡脚与开采作业点之间应有一定的安全距离。必要时应设置滚石或泥石流拦挡设施。

（3）重要参数。

排土场排土工艺、排土顺序、排土场的阶段高度、总堆置高度、安全平台宽度、总边坡角、废石滚落可能的最大距离，及相邻阶段同时作业的超前堆置距离等参数，均应在设计中明确规定。

（4）铁路移动线路的卸车地段。

路基面、线路、线路尽头前的上升坡度、卸车线钢轨轨顶外侧至台阶坡顶线的距离、牵引网路，应遵守 GB 16423—2006 条款 5.7.11 的规定。

矿山排土场应由有资质的中介机构进行设计。

二、危险预控

1. 危险区

排土场进行排弃作业时，应圈定危险范围，并设立警戒标志，无关人员不应进入危险范围内。

任何人均不应在排土场作业区或排土场危险区内从事捡矿石、捡石材和其他活动。

未经设计或技术论证，任何单位不应在排土场内回采低品位矿石和石材。

2. 排弃大块岩石的范围

排土场最终境界 20m 内，应排弃大块岩石。

3. 高台阶排土场

应有专人负责观测和管理；发现危险征兆，应采取有效措施，及时处理。

4. 矿山建设过程中的废石

修建道路和工业场地的废石，应选择适当地点集中排放，不应排弃在道路边和工业场地边，以避免形成泥石流。

三、卸排作业

1. 道路运输的卸排作业

（1）汽车排土作业时，应专人指挥；非作业人员不应进入排土作业区。进入作业区内的工作人员、车辆、工程机械，应服从指挥人员的指挥。

（2）排土场平台平整；排土线整体均衡推进，坡顶线呈直线形或弧形，排土工作面向坡顶线方向有2%～5%的反坡。

（3）排土卸载平台边缘，有固定的挡车设施，其高度不小于轮胎直径的1/2，车挡顶宽和底宽分别不小于轮胎直径的1/4和3/4；设置移动车挡设施的，对不同类型移动车挡制定相应的安全作业要求，并按要求作业。

（4）按规定顺序排弃土岩；在同一地段进行卸车和推土作业时，设备之间保持足够的安全距离。

（5）卸土时，汽车垂直于排土工作线；汽车倒车速度小于5km/h，不应高速倒车，以免冲撞安全车挡。

（6）在排土场边缘，推土机不应沿平行坡顶线方向推土。

（7）排土安全车挡或反坡不符合规定、坡顶线内侧30m范围内有大面积裂缝（缝宽0.1～0.25m）或不正常下沉（0.1～0.2m）时，汽车不应进入该危险作业区，应查明原因及时处理，方可恢复排土作业。

（8）排土场作业区内烟雾、粉尘、照明等因素导致驾驶员视距小于30m，或遇暴雨、大雪、大风等恶劣天气时，停止排土作业。

（9）汽车进入排土场内应限速行驶，距排土工作面50～200m时速度低于16km/h，50m范围内低于8km/h；排土作业区设置一定数量的限速牌等安全标志牌。

（10）排土作业区照明系统完好，照明角度符合要求，夜间无照明不应排土；灯塔与排土车挡距离应大于等于车辆视觉盲区距离再加10m。

（11）排土作业区配备质量合格、适合相应载重汽车突发事故救援使用的钢丝绳（多于4根）、大卸扣（多于4个）等应急工具。

（12）排土作业区，应配备指挥工作间和通信工具。

2. 列车在卸车线上运行和卸载

（1）列车进入排土线后，由排土人员指挥列车运行。

（2）机械排土线的列车运行速度，准轨不超过10km/h；窄轨不超过8km/h；接近路端时不超过5km/h。

（3）运行中不应卸载（曲轨侧卸式和底卸式除外）。

（4）卸车顺序从尾部向机车方向依次进行；必要时，机车以推送方式进入。

（5）列车推送时，有调车员在前引导指挥。

（6）列车在新移设的线路上首次运行时，不应牵引进入。

（7）翻车时由两人操作，且操作人员不应位于卸载侧。

（8）清扫自卸车宜采用机械化作业；人工清扫时应有安全措施。

（9）卸车完毕，排土人员发出出车信号后，列车方可驶出排土线。

3. 排土作业

（1）采用排土机排土，应在设计中进行不均匀沉降计算，并提出反坡坡度。排土机排土时，排土机距眉线应留安全距离，安全距离应在设计中明确规定。

（2）排土犁推排作业，推排作业线上、排土犁犁板和支出机构上，不应站人；排土犁推排岩土的行走速度，不超过 5km/h。

（3）单斗挖掘机排土时，受土坑的坡面角不应大于 60°，不应超挖卸车线路基。

（4）人工排土时，人员不应站在车架上卸载或在卸载侧处理粘车。

4. 排土机卸排作业

（1）排土机在稳定的平盘上作业，外侧履带与台阶坡顶线之间保持一定的安全距离；

（2）工作场地和行走道路的坡度，应符合排土机的技术要求；

（3）排土机长距离行走时，受料臂、排料臂应与行走方向成一直线，并将其吊起、固定；配重小车靠近回转中心的前端，到位后用销子固定；上坡不应转弯。

四、排土场监测

（1）矿山企业应建立排土场监测系统，定期进行排土场监测。排土场发生滑坡时，应加强监测工作。

（2）发生泥石流的矿山，应建立泥石流观测站和专门的气象站。泥石流沟谷应定期进行剖面测量，统计泥沙淤积量，为排土场泥石流防治提供资料。

（3）排土参数检查，应遵守下列规定：

（4）测量排土场台阶高度、排土线长度；

（5）测量排土场的反坡坡度，每 100m 不少于 2 条剖面；

（6）测量道路运输排土场安全车挡的底宽、顶宽和高度；

（7）测量铁路运输排土场线路坡度和曲率半径；

（8）测量排土机排土外侧履带与台阶坡顶线之间的距离，测量误差不大于 10mm；

（9）排土场出现不均匀沉降、裂缝时，应查明沉降量和裂缝的长度、宽度、走向等，并判断危害程度；

（10）排土场地面出现隆起、裂缝时，应查明范围和隆起高度等，判断危害程度。

五、排土场安全度

分为危险级、病级和正常级三级。

1. 危险级（有下列现象之一）

（1）在坡度大于 1:5 的地基上顺坡排土，或在软地基上排土，未采取安全措施，经常发生滑坡的。

（2）易发生泥石流的山坡排土场，下游有采矿场、工业场地（厂区）、居民点、铁路、道路、输电网线和通讯干线、耕种区、水域、隧道涵洞、旅游景区、固定标志及永久性建筑等设施，未采取切实有效的防治措施的。

（3）排土场存在重大危险源（如道路运输排土场未建安全车挡，铁路运输排土场铁路线顺坡和曲率半径小于规程最小值等），极易发生车毁人亡事故的。

（4）山坡汇水面积大而未修筑排水沟或排水沟被严重堵塞的。

（5）经验算，用余推力法计算的安全系数小于 1.0 的。

2. 病级（有下列现象之一）

（1）排土场地基条件不好，对排土场的安全影响不大的。

（2）易发生泥石流的山坡排土场，下游有山地、沙漠或农田，未采取切实有效的防治措施的。

（3）未按排土场作业管理要求的参数或规定进行施工的。

（4）经验算，用余推力法计算的安全系数大于 1.0 而小于设计规范规定值的。

3. 正常级

同时满足下列条件的为正常级：

（1）排土场基础较好或不良地基经过有效处理的。

（2）排土场各项参数符合设计要求和排土场作业管理要求，用余推力法计算的安全系数大于 1.15，生产正常的。

（3）排水沟及泥石流拦挡设施符合设计要求的。

4. 措施

危险级排土场，应停产整治，并采取以下措施：

（1）处理不良地基或调整排土参数。

（2）采取措施防止泥石流发生，建立泥石流拦挡设施。

（3）处理排土场重大危险源。

（4）疏通、加固或修复排水沟。

病级排土场，应采取以下措施限期消除隐患：

（1）采取措施控制不良地基的影响。

（2）将各排土参数修复到排土场作业管理要求的参数或规定的范围内。

5. 检测和稳定性分析

排土场应由有资质条件的中介机构，每 5 年进行一次检测和稳定性分析。

六、排土场防洪防震

1. 排土场防洪

（1）山坡排土场周围，修筑可靠的截洪和排水设施拦截山坡汇水。

（2）排土场内平台设置 2%～5%的反坡，并在排土场平台上修筑排水沟，以拦截平台表面及坡面汇水。

（3）当排土场范围内有出水点时，应在排土之前采取措施将水疏出；排土场底层排弃大块岩石，以便形成渗流通道。

（4）汛期前，疏浚排土场内外截洪沟，详细检查排洪系统的安全情况，备足抗洪抢险所需物资，落实应急救援措施。

（5）汛期及时了解和掌握水情和气象预报情况，并对排土场，下游泥石流拦挡坝，通讯、供电及照明线路进行巡视，发现问题应及时修复。

（6）洪水过后，对坝体和排洪构筑物进行全面认真的检查与清理。

2. 排土场防震

（1）处于地震烈度高于 6 度地区的排土场，应制定相应的防震和抗震的应急预案。

（2）排土场泥石流拦挡坝，按现行抗震标准进行校核，低于现行标准时，进行加固处理。

（3）地震后，对排土场及下游泥石流拦挡坝进行巡查和检测，及时修复和加固破坏部分，确保排土场及其设施的运行安全。

七、排土场关闭和复垦

1. 排土场关闭

（1）矿山企业在排土场服务年限结束时，整理排土场资料、编制排土场关闭报告。

（2）排土场资料包括：排土场设计资料、排土场最终平面图、排土场工程地质与水文地质资料、排土场安全稳定性评价资料及排土场复垦规划资料等。

（3）排土场关闭报告包括：结束时的排土场平面图、结束时的排土场安全稳定性评价报告、结束时的排土场周围状况及排土场复垦规划等。

（4）排土场关闭前，由中介服务机构进行安全稳定性评价；不符合安全条件的，评价单位应提出治理措施；企业应按措施要求进行治理，并报省级以上安全生产监督管理部门审查。

（5）排土场关闭后，安全管理工作由原企业负责；破产企业关闭后的排土场，由当地政府落实负责管理的单位或企业。

（6）关闭后的排土场重新启用或改作他用时，应经过可行性设计论证，并报安全生产监督管理部门审查批准。

2. 排土场复垦

（1）制定切实可行的复垦规划，达到最终境界的台阶先行复垦。

（2）复垦规划包括场地的整平、表土的采集与铺垫、覆土厚度、适宜生长植物的选择等。

（3）关闭后的排土场未完全复垦或未复垦的，矿山企业应留有足够的复垦资金。

模拟试题及考点

1. 下列关于排土场（包括水力排土场）选址原则的叙述中，________不是 GB 16423《金属非金属矿山安全规程》 的规定。

A. 保证排弃土岩时不致因滚石、滑坡、塌方等威胁采矿场、工业场地（厂区）、居民点、水域等的安全

B. 不宜设在工程地质或水文地质条件不良的地带

C. 避免排土场成为矿山洪水重大危险源

D. 场址不应设在居民区或工业建筑主导风向的上风侧和生活水源的上游

【考点】“一、排土场选址和设计”。

2. 下列关于排土场设计的叙述中，________有误。

A. 应进行排土场土岩流失量估算，设计拦挡设施

B. 内部排土场坡脚与开采作业点之间应有一定距离

C. 排土工艺、排土顺序、总堆置高度等重要参数，应在设计中明确规定

D. 铁路移动线路卸车地段的路基面、线路等，应遵守 GB 16423 的规定

【考点】“一、排土场选址和设计”。

3. 关于排土场的下列叙述中，正确的是________。

A. 排土场进行排弃作业时，应圈定危险范围，并设立警戒标志，无关人员不应入内

B. 排弃大块岩石应在排土场最终境界 20m 外

C. 高台阶排土场应有兼职人员负责观测和管理，发现危险征兆逐级报告

D. 修建工业场地的废石，可排弃在工业场地边

【考点】“二、危险预控”。

4. 关于道路运输的卸排作业的下列叙述中，________有误。

A. 排土卸载平台边缘，应有固定的挡车设施

B. 在同一地段进行卸车和推土作业时，设备之间保持足够的安全距离

C. 汽车距排土工作面 50m 范围内车速低于 8km/h，卸土时汽车倒车速度小于 5km/h

D. 在排土场边缘，推土机不应沿平行坡顶线方向推土

E. 排土场作业区内烟雾、粉尘、照明等因素导致驾驶员视距小于 20m 时，停止推土作业

【考点】“三、卸排作业”。

5. 关于列车在卸车线上运行和卸载的下列叙述中，错误的是________。

A. 机械排土线的列车运行速度，准轨不超过 10km/h，窄轨不超过 8km/h

B. 运行中不应卸载（曲轨侧卸式和底卸式除外）

C. 卸车顺序从机车向尾部方向依次进行

D. 翻车时由两人操作，且操作人员不应位于卸载侧

【考点】“三、卸排作业”。

6. 关于排土作业的下列叙述中，________不妥。

A. 排土机排土，应保持设计中明确规定的排土机距眉线的安全距离

B. 排土犁推排作业，当推排作业线上有人员站立时，应注意避免碰撞人员

C. 单斗挖掘机排土时，受土坑的坡面角不应大于 60°

D. 人工排土时，人员不应站在车架上卸载或在卸载侧处理粘车

【考点】“三、卸排作业”。

7. 需要测量或查明的排土参数，下述中共有________项。

① 排土场台阶高度、排土线长度

② 排土场的反坡坡度

③ 道路运输排土场安全车挡的底宽、顶宽和高度

④ 铁路运输排土场线路坡度和曲率半径

⑤ 排土机排土外侧履带与台阶坡顶线之间的距离

⑥ 排土场出现不均匀沉降、裂缝时，沉降量和裂缝的长度、宽度、走向

⑦ 排土场地面出现隆起、裂缝时，范围和隆起高度

A. 4　　B. 5　　C. 6　　D. 7

【考点】“四、排土场监测”。

8. 下述中，有状况________时，排土场的安全度属于病级。

A. 在坡度大于 1:5 的地基上顺坡排土，未采取安全措施，经常发生滑坡

B. 易发生泥石流的山坡排土场，下游有农田，未采取切实有效的防治措施

C. 道路运输排土场未建安全车挡，极易发生车毁人亡事故

D. 山坡汇水面积大而排水沟被严重堵塞

E. 排土场不良地基经过有效处理

【考点】"五、排土场安全度"。

9. 对危险级排土场，应________；对病级排土场，应________。

A. 停产整治，采取措施限期消除隐患

B. 停产整治，制定整改计划

C. 采取措施限期消除隐患，停产整治

D. 采取措施限期消除隐患，加强监测

【考点】"五、排土场安全度"。

10. 对危险级排土场应采取的措施不包括________。

A. 控制不良地基的影响

B. 采取措施防止泥石流发生，建立泥石流拦挡设施

C. 处理排土场重大危险源

D. 疏通、加固或修复排水沟

【考点】"五、排土场安全度"。

11. ________不是排土场防洪措施。

A. 山坡排土场周围，修筑可靠的截洪和排水设施拦截山坡汇水

B. 排土场内平台设置反坡，并在排土场平台上修筑排水沟

C. 当排土场范围内有出水点时，在排土之前采取措施将水疏出

D. 排土场底层不排弃大块岩石

【考点】"六、排土场防洪防震"。

12. 下列关于排土场防震、抗震措施的叙述，________有误。

A. 按现行抗震标准校核排土场泥石流拦挡坝，若低于现行标准，予以加固

B. 处于地震烈度高于 7 度地区的排土场，应制定防震、抗震应急预案

C. 地震后，对排土场进行巡查和检测，及时修复和加固破坏部分

D. 地震后，对下游泥石流拦挡坝进行巡查和检测，及时修复和加固破坏部分

【考点】"六、排土场防洪防震"。

13. 排土场关闭前，由中介服务机构进行________评价；不符合安全条件的，评价单位应提出治理措施，企业应按措施要求进行治理，并报________以上安全生产监督管理部门审查。

A. 安全性，省级　　　　B. 稳定性，设区的市级

C. 安全稳定性，省级　　　　　　D. 安全合规性，县级

【考点】“七、排土场关闭和复垦”。

第九节 尾矿库灾害防治技术

尾矿库是指筑坝拦截谷口或围地构成的用以贮存金属非金属矿山进行矿石选别后排出尾矿的场所。

本节的内容来源于 AQ 2006—2005《尾矿库安全技术规程》和《尾矿库安全监督管理规定》。

一、尾矿库等别及构筑物级别

1. 等别

尾矿库各使用期的设计等别应根据该期的全库容和坝高分别按表 2–2 确定。当两者的等差为一等时，以高者为准；当等差大于一等时，按高者降低一等。尾矿库失事将使下游重要城镇、工矿企业或铁路干线遭受严重灾害者，其设计等别可提高一等。

表 2–2　　　　尾 矿 库 等 别

等 别	全库容 V/万 m^3	坝高 H/m
一	二等库具备提高等别条件者	
二	$V \geqslant 10\,000$	$H \geqslant 100$
三	$1000 \leqslant V < 10\,000$	$60 \leqslant H < 100$
四	$100 \leqslant V < 1000$	$30 \leqslant H < 60$
五	$V < 100$	$H < 30$

2. 构筑物的级别

尾矿库构筑物的级别根据尾矿库等别及构筑物的重要性（主要、次要、临时）确定。主要构筑物指尾矿坝、库内排水构筑物等实施后难以修复的构筑物。主要构筑物的级别与其等别相同。

二、设计

1. 尾矿库设计

（1）库址选择。

库址选择，应避开地质构造复杂、不良地质现象严重区域；汇水面积小，有足够的库容和初、终期库长；尾矿输送距离短，能自流或扬程小；并符合 AQ 2006—2005 条款 5.2.1 的其他原则。

（2）不良地质条件治理措施。

设计应对不良地质条件采取可靠的治理措施。

（3）停采的露天采矿场改作尾矿库。

此种情况下，应对其稳定性进行专门论证；若尾矿库下部仍进行采矿作业的，应保证地下采矿安全。

（4）生产运行安全控制参数。

施工设计文件应给出生产运行安全控制参数，主要是：尾矿库设计最终堆积高程、最终坝体高度、总库容；尾矿坝堆积坡比；尾矿坝不同堆积标高时，库内控制的正常水位、调洪高度、安全超高及干滩长度等；尾矿坝浸润线控制。

（5）安全专篇。

尾矿库设计应列安全专篇。安全专篇需论证尾矿库位置是否存在安全隐患，如库区汇水面积、排洪能力、最大暴雨及洪水频率，地形地貌特点，下游的居民区（位置）可能受到的危害程度分析；尾矿库初期坝和堆积坝的稳定性分析；尾矿库的安全管理及尾矿坝动态监测和通信设备配置的可靠性分析等。

2. 尾矿坝设计

（1）初期坝。

1）尾矿坝宜以滤水坝为初期坝，利用尾矿筑坝。

2）初期坝高度的确定除满足初期堆存尾矿、澄清尾矿水、尾矿库回水和冬季放矿要求外，还应满足初期调蓄洪水要求。

3）坝基处理应满足渗流控制和静、动力稳定要求。

（2）尾矿筑坝的方式。

对于设计地震烈度为7度以下地区宜采用上游式筑坝，设计地震烈度为8～9度地区宜采用下游式或中线式筑坝。AQ2006规定了上游式筑坝和下游式或中线式尾矿筑坝的要求。

（3）最小安全超高和最小滩长。

上游式尾矿坝，沉积滩顶至最高洪水位的高差不得小于表2–3的最小安全超高值，同时，滩顶至最高洪水位边线距离不得小于表2–3的最小滩长值。

表2–3　上游式尾矿坝的最小安全超高与最小滩长

坝的级别	1	2	3	4	5
最小安全超高/m	1.5	1.0	0.7	0.5	0.4
最小滩长/m	150	100	70	50	40

下游式和中线式尾矿坝，坝顶外缘至最高洪水位水边线的距离不宜小于表2–4的最小滩长值。

表2–4　下游式及中线式尾矿坝的最小滩长

坝的级别	1	2	3	4	5
最小滩长/m	100	70	50	35	25

尾矿库挡水坝在最高洪水位时安全超高不得小于表2–3的最小安全超高值、最大风涌水

面高度和最大风浪爬高三者之和。

（4）其他设计内容。

包括：渗流计算，上游式尾矿堆积坝的初期透水堆石坝坝高与总坝高之比值，尾矿初期坝与堆积坝坝坡的抗滑稳定性，尾矿坝坝体材料及坝基土的抗剪强度，透水堆石坝堆石体上游坡坡比，截水沟设置，坝体位移和坝体浸润线观测设施设置（4 级以上尾矿坝）等。

3. 排洪设计

（1）排洪系统。

尾矿库宜采用排水井（斜槽）—排水管（隧洞）排洪系统。有条件时也可采用溢洪道或截洪沟等排洪设施。

（2）防洪标准。

尾矿库的防洪标准应根据各使用期库的等别，综合考虑库容、坝高、使用年限及对下游可能造成的危害等因素，按表 2–5 确定。

表 2–5　　尾矿库防洪标准

尾矿库等别		一	二	三	四	五
洪水重现期/年	初期		100～200	50～100	30～50	20～30
	中、后期	1000～2000	500～1000	200～500	100～200	50～100

注：初期指尾矿库启用后的头 3～5 年。

（3）设计中的洪水计算。

1）尾矿库洪水计算应符合 AQ 2006—2005 条款 5.4.4 的要求。

2）设计洪水的降雨历时应采用 24h 计算，经论证也可采用短历时计算。

3）洪水排出时间：当一日洪水总量小于调洪库容时，不宜超过 72h。

（4）排水构筑物设计。

1）规定排水构筑物的型式和尺寸。

2）排洪构筑物宜控制常年洪水（多年平均值）不产生无压与有压流交替的工作状态。排水管或隧洞中最大流速应不大于管（洞）壁材料的容许流速。

3）排水构筑物的基础应避免设置在工程地质条件不良或需要填方的地段。

4）排水构筑物的设计应按《水工混凝土结构设计规范》和《水工隧洞设计规范》进行。

5）规定终止使用时在井座和支洞末端进行封堵的措施。

6）设置水位标尺。

三、尾矿库生产运行

1. 尾矿排放与筑坝

（1）筑坝。

1）尾矿坝滩顶高程必须满足生产、防汛、冬季冰下放矿和回水要求。尾矿坝堆积坡比不得陡于设计规定。

2）每一期堆积坝充填作业之前必须进行岸坡处理。

3）岸坡清理应作隐蔽工程记录，经主管技术人员检查合格。

（2）放矿。

1）上游式筑坝法，应于坝前均匀放矿，维持坝体均匀上升，不得在库后或一侧岸坡放矿（修子坝或移放矿管时除外）。

2）坝体较长时分段交替作业，使坝体均匀上升，避免滩面出现侧坡、扇形坡或细粒尾矿大量集中沉积于某端或某侧。

3）放矿口的间距、位置、同时开放的数量、放矿时间以及水力旋流器使用台数、移动周期与距离，应按设计要求和作业计划进行操作。

4）为保护初期坝上游坡及反滤层免受尾矿浆冲刷，应采用多管小流量的放矿方式，以利尽快形成滩面，并采用导流槽或软管将矿浆引至远离坝顶处排放。

5）冰冻期、事故期或由某种原因确需长期集中放矿时，不得出现影响后续堆积坝体稳定的不利因素。

6）若同一座尾矿库内，建有两座以上尾矿堆积坝时，不得将细粒尾矿排至尾矿堆积坝前，以免影响尾矿堆积坝的稳定性。

7）岩溶发育地区的尾矿库，可周边放矿，形成防渗垫层，减少渗漏和落水洞事故。

8）尾矿滩面及下游坡面上不得有积水坑。

（3）坝体维护。

1）坝外坡面维护工作应按设计要求进行，或视具体情况选用以下维护措施：坡面修筑人字沟或网状排水沟；坡面植草或灌木类植物；采用碎石、废石或山坡土覆盖坝坡。

2）每期子坝堆筑完毕，应进行质量检查。

3）当坝坡出现冲沟时，应以土石及时分层夯实填平，并增设排水沟。

4）坝体出现裂缝，应通过表面观测和挖深坑、槽探，查明裂缝的部位、宽度、长度、深度、错距、走向等，分析裂缝的深度，采取相应的处理措施。

5）坝体出现滑坡采取的处理措施：下游坡压后戗加固坝体，后戗宜采用堆石料堆筑；放缓坝坡；降低坝体浸润线。

6）坝体出现塌坑，应及时查明其成因，进行处理。对于沉陷塌坑，应进行回填夯实处理；对于管涌塌坑，应首先处理管涌后再进行回填。

2. 尾矿库水位控制与防汛

（1）控制尾矿库内水位应遵循的原则。

1）在满足回水水质和水量要求前提下，尽量降低库内水位。

2）在汛期必须满足设计对库内水位控制的要求。

3）当尾矿库实际情况与设计不符时，应在汛前进行调洪演算，保证在最高洪水位时滩长与超高都满足设计要求。

4）当回水与坝体安全对滩长和超高的要求有矛盾时，必须保证坝体安全。

5）水边线应与坝轴线基本保持平行。

（2）防汛。

1）建立健全防汛责任制，实施24h监测监控和值班值守。

2）汛期前应对排洪设施进行检查、维修和疏浚，确保排洪设施畅通。根据确定的排洪底坎高程，将排洪底坎以上 1.5 倍调洪高度内的挡板全部打开，清除排洪口前水面漂浮物；库内设清晰醒目的水位观测标尺，标明正常运行水位和警戒水位。

3）排出库内蓄水或大幅度降低库内水位时，应注意控制流量，非紧急情况不宜骤降。

4）岩溶或裂隙发育地区的尾矿库，应控制库内水深，防止落水洞漏水事故。

5）非紧急情况，未经技术论证，不得用常规子坝挡水。

6）不得在尾矿滩面或坝肩设置泄洪口，有地形条件的尾矿库，可设置非常排洪通道。

7）洪水过后应对坝体和排洪构筑物进行全面认真的检查与清理，发现问题及时修复，同时，采取措施降低库水位，防止连续降雨后发生垮坝事故。

8）尾矿库排水构筑物停用后，必须严格按设计要求及时封堵，并确保施工质量。一般情况下，必须在井内井座顶部或在隧洞支洞处封堵，严禁在排水井井筒上部封堵。

3. 渗流控制

观测坝体浸润线埋深及其出逸点的变化情况和分布状态，严格按设计要求控制。

如坝体浸润线超过控制线，应经技术论证和安全部门批准增设或更新排渗设施。

上游式尾矿堆积坝可采取的控制渗流措施：尾矿筑坝地基设置排渗褥垫、水平排渗管（沟）及排渗井等；尾矿堆积体内设置水平排渗管（沟）或垂直排渗井等；与山坡接触的尾矿堆积坡脚处设置贴坡排渗或排渗管（沟）等；适当降低库内水位，增大沉积滩长；坝前均匀放矿。

当坝面或坝肩出现集中渗流、流土、管涌、大面积沼泽化、渗水量增大或渗水变浑等异常现象时，在渗漏水部位铺设土工布或天然反滤料，其上再以堆石料压坡；或增设排渗设施，降低浸润线。

4. 尾矿库防震与抗震

尾矿库原设计抗震标准低于现行标准时，必须进行加固处理。

提高尾矿坝抗震稳定性可采取的措施：

（1）在下游坡坡脚增设土石料压坡；

（2）对堆积坡进行削坡；

（3）对坝体进行加密处理；

（4）降低库内水位或增设排渗设施，降低坝体浸润线。

震前应注意库区岸坡的稳定性，防止滑坡破坏尾矿设施。尾矿坝 50m 内若存在活动断层，尾矿坝的防震按照同等类别提高 1 度。

震后应进行检查，对被破坏的设施及时修复。

5. 库区及周边条件规定

尾矿库下游不宜建设居住、生产等设施。

严禁在库区和尾矿坝上进行乱采、滥挖、爆破等非法作业。

6. 人员要求

生产经营单位主要负责人和安全管理人员应当依照有关规定经培训考核合格并取得安全资格证书。直接从事尾矿库放矿、筑坝、巡坝、排洪和排渗设施操作的作业人员必须取得特种作业操作证书，方可上岗作业。

7. 应急救援预案

尾矿库出现下列重大险情之一，生产经营单位应当立即报告当地县级安全生产监督管理部门和人民政府，并启动应急预案，进行抢险：

（1）坝体出现严重的管涌、流土等现象；

（2）坝体出现严重裂缝、坍塌和滑动迹象；

（3）库内水位超过限制的最高洪水位；

（4）在用排水井倒塌或者排水管（洞）坍塌堵塞；

（5）其他危及尾矿库安全的重大险情。

四、尾矿库闭库和闭库后再利用

1. 闭库

（1）闭库整治设计。

对停用的尾矿库应按正常库标准，进行闭库整治设计，确保尾矿库防洪能力和尾矿坝稳定性系数满足 GB 2006—2005 的要求，维持尾矿库闭库后长期安全稳定。

（2）尾矿坝整治内容。

对坝体稳定性不足的，应采取削坡、压坡、降低浸润线等措施；

完善坝面排水沟和土石覆盖、坝肩截水沟、观测设施等。

（3）排洪系统整治内容。

根据防洪标准复核尾矿库防洪能力，当能力不足时，采取扩大调洪库容或增加排洪能力等措施；必要时，可增设永久溢洪道。

当原排洪设施结构强度不能满足要求或受损严重时，应进行加固处理；必要时，可新建永久性排洪设施。

（4）施工及验收。

闭库工程施工及验收执行《尾矿设施施工及验收规程》和其他有关规程。

（5）闭库后的维护。

闭库后的尾矿库，必须做好坝体及排洪设施的维护。未经论证和批准，不得储水蓄洪。严禁在尾矿坝和库内进行乱采、滥挖、违章建筑和违章作业。

2. 闭库后再利用

经批准闭库的尾矿库重新启用或移作他用时，必须按照 AQ 2006—2005 尾矿库建设的规定进行技术论证、工程设计、安全评价，并经安全部门批准。

在闭库后尾矿库再利用生产运行过程中，必须按本节“三”的规定确保尾矿库安全。

对尾矿库进行回采再利用的，必须严格按照批准的设计规划在库内进行回采、排沙和排水，不得影响尾矿坝和原排洪设施的安全。严禁在尾矿坝区域和排洪设施附近直接挖沙取土。

尾矿库再利用生产完成后，应按规定进行闭库。

五、尾矿库安全检查

1. 防洪安全检查

（1）对防洪标准的符合性。

检查内容：尾矿库水位、滩顶高程、干滩长度、沉积滩干滩的平均坡度等。

根据检查结果，计算尾矿库水位上升不同高程时的调洪库容；根据设计洪水、排洪系统泄水能力和调洪库容，进行调洪演算，确定尾矿库最高洪水位；根据确定的最高洪水位、滩顶标高、沉积干滩平均坡度，检查尾矿库在最高洪水时坝的安全超高和干滩长度是否满足表 2–3、表 2–4 规定的要求。

（2）排洪构筑物：有无变形、位移、损毁、淤堵，排水能力是否满足要求等。

2. 尾矿坝安全检查

检查内容：坝的外坡坡比，坝体位移，坝体有无纵、横向裂缝，滑坡的位置、范围和形态及动态趋势，坝体渗漏情况及坝体排渗设施状况，坝面保护设施情况。

尾矿坝的位移监测每年不少于 3 次，位移异常变化时应增加监测次数；尾矿坝的水位监测包括洪水位监测和地下水浸润线监测；地下水监测每季度不少于 1 次，暴雨期间和水位异常波动时应增加监测次数。

3. 尾矿库库区安全检查

周边山体滑坡、塌方和泥石流等情况：详细观察周边山体有无异常和急变，并根据工程地质勘察报告，分析周边山体发生滑坡可能性。

库区范围内危及尾矿库安全的情况：违章爆破、采石和建筑，违章进行尾矿回采、取水，外来尾矿、废石、废水和废弃物排入，放牧和开垦等。

六、尾矿库安全评价

尾矿库安全评价属专项安全评价，包括建设期间的安全预评价和验收安全评价、生产运行期的安全现状综合评价及闭库时的安全评价。

安全现状综合评价应每 3 年至少进行一次；闭库安全评价应在闭库前一年完成。

上游式尾矿坝堆积至 1/2～2/3 最终设计坝高时，应当对坝体进行一次全面勘察，并进行稳定性专项评价。

四等以上尾矿库安全评价报告须经安全生产监督管理部门指定单位评审合格后，报送安全监督管理部门备案。

七、尾矿库安全度

尾矿库安全度主要根据尾矿库防洪能力和尾矿坝坝体稳定性确定，分为危库、险库、病库、正常库四级。

1. 危库

尾矿库有下列工况之一的为危库：

（1）尾矿库调洪库容不足，在最高洪水位时不能同时满足设计规定的安全超高和最小干滩长度的要求，不能保证尾矿库的防洪安全；

（2）排洪系统严重堵塞或坍塌，不能排水或排水能力急剧降低；

（3）排水井显著倾斜，有倒塌的迹象；

（4）坝体出现深层滑动迹象；

（5）经验算，坝体抗滑稳定最小安全系数小于规定值（AQ2006—2005 条款 5.3.17）的 0.95；

（6）其他危及尾矿库安全运行的情况。

2. 险库

尾矿库有下列工况之一的为险库：

（1）尾矿库调洪库容不足，在最高洪水位时不能同时满足设计规定的安全超高和最小干滩长度的要求，但平时对坝体的安全影响不大。

（2）排洪系统部分堵塞或坍塌，排水能力有所降低，达不到设计要求。

（3）排水井有所倾斜。

（4）坝体出现浅层滑动迹象。

（5）经验算，坝体抗滑稳定最小安全系数小于规定值的0.98。

（6）坝体出现贯穿性横向裂缝，且出现较大管涌，水质混浊，挟带泥沙或坝体渗流在堆积坝坡有较大范围逸出，且出现流土变形。

（7）其他影响尾矿库安全运行的情况。

3. 病库

尾矿库有下列工况之一的为病库：

（1）尾矿库调洪库容不足，在最高洪水位时不能同时满足设计规定的安全超高和最小干滩长度的要求。

（2）排洪系统出现裂缝、变形、腐蚀或磨损，排水管接头漏砂。

（3）堆积坝的整体外坡坡比陡于设计规定值，但对坝体稳定影响较小，或虽符合设计规定，但部分高程上堆积边坡过陡，可能出现局部失稳。

（4）经验算，坝体抗滑稳定最小安全系数小于规定值。

（5）浸润线位置过高，渗透水自高位出逸，坝面出现沼泽化。

（6）坝面出现较多的局部纵向或横向裂缝。

（7）坝体出现小的管涌并挟带少量泥沙。

（8）堆积坝外坡冲蚀严重，形成较多或较大的冲沟。

（9）坝端无截水沟，山坡雨水冲刷坝肩。

（10）其他不正常现象。

4. 正常库

尾矿库同时满足下列工况的为正常库：

（1）尾矿库在最高洪水位时能同时满足设计规定的安全超高和最小干滩长度的要求。

（2）排水系统各构筑物符合设计要求，工况正常。

（3）尾矿坝的轮廓尺寸符合设计要求，稳定安全系数及坝体渗流控制满足要求，工况正常。

（4）尾矿库安全生产管理机构和规章制度健全。

5. 措施

尾矿库经安全现状评价或者专家论证被确定为危库、险库和病库的，生产经营单位应当分别采取下列措施：

（1）确定为危库的，应当立即停产，进行抢险，并向尾矿库所在地县级人民政府、安全生产监督管理部门和上级主管单位报告。

（2）确定为险库的，应当立即停产，在限定的时间内消除险情，并向尾矿库所在地县级人民政府、安全生产监督管理部门和上级主管单位报告。

（3）确定为病库的，应当在限定的时间内按照正常库标准进行整治，消除事故隐患。

模拟试题及考点

1. 某使用期的尾矿库，按该期的全库容应为二等，按该期的坝高应为四等，则该尾矿库的设计等别应为________等。

A. 二　　B. 三　　C. 四　　D. 五

【考点】“一、尾矿库等别及构筑物级别”。

2. 关于尾矿库设计，下述中________有误。

A. 库址选择，应避开地质构造复杂区域

B. 设计应对不良地质条件提出可靠的治理措施

C. 停采的露天采矿场改作尾矿库，应对其稳定性进行充分讨论

D. 施工设计文件应给出生产运行安全控制参数

【考点】“二、设计”。

3. 尾矿库设计应列安全专篇。安全专篇需论证的内容不包括________。

A. 尾矿库位置是否存在安全隐患

B. 尾矿库初期坝和堆积坝的稳定性分析

C. 尾矿坝动态监测和通信设备配置的可靠性分析

D. 尾矿库安全管理的必要性分析

【考点】“二、设计”。

4. 尾矿筑坝的方式，对于设计地震烈度为6度地区宜采用________筑坝。

A. 上游式　　B. 下游式

C. 中线式　　D. 下游式或中线式

【考点】“二、设计”。

5. 设计等别高的尾矿库的最小安全超高值和最小滩长值，________设计等别低的尾矿库。

A. 大于　　B. 小于　　C. 等于　　D. 大于或等于

【考点】“二、设计”。

6. 上游式尾矿坝，沉积滩顶至最高洪水位的高差和滩顶至最高洪水位边线距离，都应分别________AQ 2006《尾矿库安全技术规程》规定的最小安全超高值和最小滩长值。

A. 大于　　B. 大于或等于　　C. 小于　　D. 小于或等于

【考点】“二、设计”。

7. 尾矿库排洪设计中的洪水计算，当一日洪水总量小于调洪库容时，洪水排出时间不宜超过________h。

A. 48　　B. 72　　C. 96　　D. 120

【考点】“二、设计”。

8. 下列关于尾矿筑坝的叙述中，________不正确。

A. 尾矿坝滩顶高程必须满足生产、防汛、冬季冰下放矿和回水要求

B. 尾矿坝堆积坡比不得陡于设计规定

C. 每一期堆积坝充填作业之后必须进行岸坡处理

D. 岸坡清理应作隐蔽工程记录，经主管技术人员检查合格

【考点】“三、尾矿库生产运行”。

9. 下列关于尾矿放矿的叙述中，________有误。

A. 上游式筑坝法，可于坝前、库后或一侧岸坡放矿

B. 坝体较长时分段交替作业，使坝体均匀上升

C. 放矿口的间距、位置、放矿时间等，应按设计要求和作业计划进行操作

D. 采用多管小流量的放矿方式，以尽快形成滩面，保护初期坝上游坡及反滤层免受尾矿浆冲刷

【考点】“三、尾矿库生产运行”。

10. 下述中除________之外，应采取针对性的处理措施，以维护坝体。

A. 坝体出现裂缝或塌坑

B. 坝外坡面出现灌木类植物

C. 坝坡出现冲沟

D. 坝体出现滑坡

【考点】“三、尾矿库生产运行”。

11. 控制尾矿库内水位应遵循的原则，下述中错误的是________。

A. 在满足回水水质和水量要求前提下，尽量降低库内水位

B. 当尾矿库实际情况与设计不符时，应在汛前进行调洪演算，保证在最高洪水位时滩长与超高都满足设计要求

C. 当回水与坝体安全对滩长和超高的要求有矛盾时，必须保证回水的要求

D. 水边线应与坝轴线基本保持平行

【考点】“三、尾矿库生产运行”。

12. 下述关于防汛的说法，错误的是________。

A. 汛期前应对排洪设施进行检查、维修和疏浚，确保排洪设施畅通

B. 排出库内蓄水或大幅度降低库内水位时，应控制流量，非紧急情况不宜骤降

C. 岩溶或裂隙发育地区的尾矿库，应控制库内水深，防止落水洞漏水事故

D. 一般情况下，可用常规子坝挡水

E. 不得在尾矿滩面或坝肩设置泄洪口

【考点】“三、尾矿库生产运行”。

13. 尾矿库运行期间，如坝体浸润线________控制线，应经技术论证和安全部门批准增设或更新排渗设施。

A. 低于　　B. 逼近　　C. 持平　　D. 超过

【考点】“三、尾矿库生产运行”。

14. 下述中________不是提高尾矿坝抗震稳定性的措施。

A. 在上游坡坡脚增设土石料压坡

B. 对堆积坡进行削坡

C. 对坝体进行加密处理

D. 降低库内水位或增设排渗设施

【考点】“三、尾矿库生产运行”。

15. 尾矿库单位，不必取得特种作业操作证书的是从事________的人员。

A. 放矿、筑坝　　B. 安全管理

C. 排洪和排渗设施操作　　D. 巡坝

【考点】“三、尾矿库生产运行”。

16. 尾矿库出现的下述情况中，除________之外，生产经营单位应当立即报告当地县级安全生产监督管理部门和人民政府，并启动应急预案。

A. 坝体出现严重的管涌现象　　B. 坝体出现滑动迹象

C. 库内水位接近限制的最高洪水位　　D. 在用排水管（洞）坍塌堵塞

【考点】“三、尾矿库生产运行”。

17. 下列关于尾矿库闭库的要求中，________的叙述有误。

A. 坝体稳定性不足时，应采取削坡、压坡、降低浸润线等措施

B. 防洪能力不足时，可扩大调洪库容

C. 闭库后的尾矿库，可用于储水蓄洪

D. 对闭库后的尾矿库进行回采再利用时，不得在尾矿坝区域和排洪设施附近直接挖沙取土

【考点】“四、尾矿库闭库和闭库后再利用”。

18. 对防洪标准符合性的检查的顺序是________。

① 确定在最高洪水时尾矿坝的安全超高和干滩长度是否符合《尾矿库安全技术规程》的规定

② 计算尾矿库水位上升不同高程时的调洪库容

③ 检查或检测尾矿库水位、滩顶高程、干滩长度、沉积滩干滩的平均坡度等参数

④ 进行调洪演算，确定尾矿库最高洪水位

A. ①②③④　　B. ③②④①　　C. ④③②①　　D. ②④①③

【考点】“五、尾矿库安全检查”。

19. 尾矿库安全检查的内容通常不包括________。

A. 排洪构筑物完好情况及排水能力

B. 尾矿坝的外坡坡比、坝体位移、裂缝、滑坡、渗漏情况

C. 坝面保护设施情况

D. 库区周边山体植被情况

E. 库区范围内违章爆破、采砂等危及尾矿库安全的情况

【考点】“五、尾矿库安全检查”。

20. 尾矿坝的位移监测每年不少于________次。

A. 1　　B. 2　　C. 3　　D. 4

【考点】“五、尾矿库安全检查”。

21. 尾矿库安全评价不包括________。

A. 建设项目安全预评价

B. 建设项目安全风险控制效果评价

C. 生产运行期的安全现状评价

D. 闭库安全评价

【考点】“六、尾矿库安全评价”。

22. 安全现状综合评价应每________年至少进行一次；闭库安全评价应在闭库前________年完成。

A. 5，2　　B. 4，1　　C. 3，1　　D. 2，半

【考点】“六、尾矿库安全评价”。

23. 根据尾矿库防洪能力和尾矿坝坝体稳定性，尾矿库安全度分为四级，其中不包括________。

A. 危库　　B. 险库　　C. 病库

D. 良库　　E. 正常库

【考点】“七、尾矿库安全度”。

24. 尾矿库有工况________的为险库。

A. 排水井有所倾斜

B. 尾矿库调洪库容不足，在最高洪水位时不能同时满足设计规定的安全超高和最小干滩长度的要求，不能保证尾矿库的防洪安全

C. 坝体出现深层滑动迹象

D. 经验算，坝体抗滑稳定最小安全系数等于规定值的 0.99

E. 排洪系统出现腐蚀或磨损，排水管接头漏砂

【考点】“七、尾矿库安全度”。

25. 尾矿库经安全现状评价或者专家论证被确定为险库，生产经营单位应当采取的措施不包括________。

A. 立即停产

B. 进行抢险

C. 在限定的时间内消除险情

D. 向尾矿库所在地县级人民政府、安全生产监督管理部门和上级主管单位报告

【考点】“七、尾矿库安全度”。

第十节 矿山机械、电气、高处坠落伤害和地下空区危害防治技术

一、露天机械安全

1. 呼唤应答

采掘、运输、排土或其他设备，其主开关送电、停电或启动设备时，应由操作人员呼唤应答，确认无误方可进行操作。

2. 使用采掘、运输、排土和其他机械设备应遵守的规定

设备运转时，不应对其转动部分进行检修、注油和清扫；

设备移动时，不应上下人员；

在可能危及人员安全的地点，不应有人停留或通行；

终止作业时，应切断动力电源，关闭水、气阀门。

3. 设备检修

应在关闭启动装置、切断动力电源和设备完全停止运转的情况下进行，并应对紧靠设备的运动部件和带电器件设置护栏。在切断电源处，电源开关应加锁或设专人监护，并应悬挂“有人作业，不准送电”的警示牌。

二、露天电气安全

1. 一般规定

（1）电气工作人员，应按规定考核合格方准上岗，上岗应穿戴和使用防护用品、用具进行操作。维修电气设备和线路，应由电气工作人员进行。电气工作人员应熟练掌握触电急救方法。

（2）在输电线路上带电作业，应采取可靠的安全措施，并经主管矿长批准。

（3）电气设备可能被人触及的裸露带电部分，应设置保护罩或遮栏及警示标志。

（4）供电设备和线路的停电和送电，应严格执行工作票制度。

（5）在电源线路上断电作业时，该线路的电源开关把手，应加锁或设专人看护，并悬挂“有人作业，不准送电”的警示牌。

（6）两个以上单位共同使用和检修输电网路时，应共同制定安全措施，指定专人负责，统一指挥。

（7）在带电的导线、设备、变压器、油开关附近，不应有任何易燃易爆物品。

（8）在带电设备周围，不应使用钢卷尺和带金属丝的线尺。

（9）熔断器、熔丝、熔片、热继电器等保险装置，使用前应进行核对，不应任意更换或代用。

（10）采场的每台设备，应设有专用的受电开关；停电或送电应有工作牌。

（11）矿山电气设备、线路，应设有可靠的防雷、接地装置，并定期进行全面检查和监测，不合格的应及时更换或修复。

2. 线路

（1）采掘设备的供电电缆，应绝缘良好，不与金属管（线）和导电材料接触，横过道路、铁路时，采取防护措施。

（2）移动式电气设备，应使用矿用橡套电缆。绝缘损坏的橡套电缆，应经修理、试验合格，方准使用。在长度150m范围内，橡套电缆接头应不超过10个，否则应予以报废。

（3）在停电线路上工作时，应先采取验电和挂接地线等安全措施。工作完毕，应及时将地线拆除后再通电。

（4）在同杆共架的多回路线中，只有部分线路停电检修时，操作人员及其所携带的工具、材料与带电体之间的安全距离：10kV及以下，不应小于1.0m；35（20～44）kV，不应小于2.5m。

（5）从变电所至采场边界以及采场内爆破安全地带的供电线路，应使用固定线路。

（6）采掘、运输等设备从架空电力线路下方通过时，其顶端与架空电力线路的距离，3kV以下，应不小于1.5m；3kV～10kV，应不小于2.0m；高于10kV，应不小于3.0m。

3. 变电所

（1）变电所应有独立的防雷系统和防火、防潮及防止小动物窜入带电部位的措施。

（2）变电所的门应向外开，窗户应有金属网栅，四周应有围墙或栅栏，并应有通往变电所的道路。

（3）倒闸应该一人操作、一人监护，发现异常情况，应向值班调度报告，查明情况再进行操作。

（4）线路跳闸后，不应强行送电，应立即报告调度，并与用户联系，查明原因，排除故障后，方可送电。

（5）联系和办理停送电时，应执行使用录音电话和工作票制度。

（6）停电作业时，应进行验电、挂接地线、加锁和挂警示牌，并将工作牌交给作业人员。

（7）送电时，工作票应经矿山调度签字，并用录音电话与调度联系。作业人员交还工作牌后，方可送电。

4. 照明

（1）夜间工作时，所有作业点及危险点，均应有足够的照明。

（2）露天矿照明使用电压，应为220V。行灯或移动式电灯的电压，应不高于36V。在金属容器和潮湿地点作业，安全电压应不超过12V。

（3）12V、36V、120V和220V的插座，应有区别标志。

（4）380/220V的照明网络，熔断器或开关应安装在火线上，不应装在中性线上。

5. 保护接地

（1）电气设备和装置的金属框架或外壳、电缆和金属包皮、互感器的二次绕组，应按有关规定进行保护接地。

（2）接地线应采用并联方式，不应将各电气设备的接地线串联接地。

（3）接地电阻应每年测定一次，测定工作宜在该地区地下水位最低，最干燥的季节进行。

6. 绝缘工具和器材

电力驱动的钻机、挖掘机和机车内，应备有完好的绝缘手套、绝缘靴、绝缘工具和器材等。停电、送电和移动电缆时，应按规定使用绝缘防护用品和工具。

7. 露天矿供配电安全

执行 GB 16423—2006《金属非金属矿山安全规程》条款 5.8.6 的规定。

三、地下采矿机械

1. 采用电耙绞车出矿应遵守的规定

（1）应有良好照明。

（2）绞车前部应有防断绳回甩的防护设施。

（3）电耙运行时，耙道内或尾部不应有人。

（4）绞车开动前，司机应发出信号。

（5）电耙运行时，人员不应跨越钢丝绳。

（6）电耙停止运行时，应使钢丝绳处于松弛状态。

2. 采用无轨装运设备应遵守的规定

（1）出矿巷道中运行的车辆遇到人员，应停车让人通过。

（2）运输巷道的底板应平整、无大块，巷道的坡度应小于设备的爬坡能力，弯道的曲线半径应符合设备的要求。

（3）不应用铲斗或站在铲斗内处理浮石，不得用铲斗破大块。

（4）人员不应从升举的铲斗下方通过或停留。

（5）溜矿井应设安全车挡。

（6）车厢装载不应过满，作业人员操作位置上方应设防护网或板。

（7）每台设备应配备灭火装置。

四、地下电气设施

1. 供电

（1）井下各级配电标称电压。

1）高压网络的配电电压，应不超过 10kV。

2）低压网络的配电电压，应不超过 1140V。

3）照明电压，运输巷道、井底车场应不超过 220V；采掘工作面、出矿巷道、天井和天井至回采工作面之间，应不超过 36V；行灯电压应不超过 36V。

4）手持式电气设备电压，应不超过 127V。

5）电机车牵引网络电压，采用交流电源时应不超过 380V；采用直流电源时，应不超过

550V。

（2）电源电缆线路。

由地面到井下中央变电所或主排水泵房的电源电缆，至少应敷设两条独立线路，并应引自地面主变电所的不同母线段。其中任何一条线路停止供电时，其余线路的供电能力应能担负全部负荷。无淹没危险的小型矿山，可不受此限。

（3）接零接地。

井下电气设备不应接零。井下应采用矿用变压器，若用普通变压器，其中性点不应直接接地，变压器二次侧的中性点不应引出载流中性线（N 线）。地面中性点直接接地的变压器或发电机，不应用于向井下供电。

（4）若干规定。

1）向井下供电的断路器和井下中央变配电所各回路断路器，不应装设自动重合闸装置。

2）引至采掘工作面的电源线，应装设具有明显断开点的隔离电器。从采掘工作面的人工工作点至装设隔离电器处，同一水平上的距离不宜大于 50m。

3）有自燃发火倾向及可燃物多、火灾危险较大的地下矿山，不应采用在发生接地故障后仍带电继续运行的工作方式，而应迅速切断故障回路。

4）矿山企业应备有地面、井下供（配）电系统图，井下变电所、电气设备布置图，电力、电话、信号、电机车等线路平面图。有关供（配）电系统、电气设备的变动，应由矿山企业电气工程技术人员在图中作出相应的改变。

2. 电气线路

（1）水平巷道或倾角 45° 以下的巷道，应使用钢带铠装电缆。竖井或倾角大于 45° 的巷道，应使用钢丝铠装电缆。移动式电力线路，应采用井下矿用橡套电缆。井下信号和控制用线路，应使用铠装电缆。井下固定敷设明照明电缆，如有机械损伤可能，应采用钢带铠装电缆。

（2）电缆敷设应符合 GB 16423—2006《金属非金属矿山安全规程》条款 6.5.2.2～6.5.2.6 的规定。

（3）电缆通过防火墙、防水墙或硐室部分，每条应分别用金属管或混凝土管保护。管孔应根据实际需要予以密闭。

（4）巷道内的电缆每隔一定距离和在分路点上，应悬挂注明编号、用途、电压、型号、规格、起止地点等的标志牌。

（5）高温矿床或有自燃发火危险的采区，宜选用矿用阻燃电缆。

3. 电气及保护

（1）井下电力网的短路电流，应不超过井下装设的矿用高压断路器的额定开断电流。非矿用高压油断路器用于井下时，其使用的开断电流值应不超过其额定开断电流值的一半。

（2）从井下中央变电所或采区配电所引出的低压馈出线，应装设带有过电流保护的断路器。

（3）经由地面架空线引入井下的供电电缆，在架空线与电缆连接处、井下变电所一次配电母线侧及与一次母线相接且电缆线路较长的旋转电机的机旁机柜内部，均应装设避雷装置。

（4）井下变（配）电所，高压馈出线应装设单相接地保护装置，低压馈出线应装设漏电保护装置。有爆炸危险的矿井，保护装置应能实现有选择性的切断故障线路并能实现漏电检测且动作于信号；无爆炸危险的矿井，保护装置宜有选择性的切断故障线路或能实现漏电检测并动作于信号。

（5）漏电保护装置应灵敏可靠，值班人员每天应对其运行情况进行一次检查，不应任意取消。

4. 变（配）电所硐室

（1）井下永久性中央变（配）电所硐室，应砌碹。采区变电所弱硐室，应用非可燃性材料支护。硐室的顶板和墙壁应无渗水，电缆沟应无积水。

（2）长度超过 6m 的变配电硐室，应在两端各设一个出口；当硐室长度大于 30m 时，应在中间增设一个出口；各出口均应装有向外开的铁栅栏门。有淹没、火灾、爆炸危险的矿井，机电硐室都应设置防火门或防水门。

（3）硐室内各电气设备之间应留有宽度不小于 0.8m 的通道，设备与墙壁之间的距离应不小于 0.5m。

（4）硐室内各种电气设备的控制装置，应注明编号和用途，并有停送电标志。硐室入口应悬挂“非工作人员禁止入内”的标志牌，高压电气设备应悬挂“高压危险”的标志牌，并应有照明。没有安排专人值班的硐室，应关门加锁。

5. 照明、通信和信号

（1）照明。

1）井下所有作业地点、安全通道和通往作业地点的人行道，都应有照明。

2）采掘工作面可采用移动式电气照明。有爆炸危险的井巷和采掘工作面，应采用携带式蓄电池矿灯。炸药库照明应按国家现行有关标准、规范执行。

3）从采区变电所到照明用变压器的 380V/220V 供电线路，应为专用线，不应与动力线共用。照明电源应从采区变电所的变压器低压出线侧的断路器之前引出。

（2）通信系统。

1）地表调度室至井下各中段采区、马头门、装卸矿点、井下车场、主要机电硐室、井下变电所、主要泵房和主扇风机房等，应设有可靠的通讯系统。

2）井下无线通信系统，应覆盖有人员流动的竖井、斜井、运输巷道、生产巷道和主要开采工作面。

3）井下通讯终端设备，应具有防水、防腐、防尘功能。

4）井下装卸矿点、提升人员的井口及各中段马头门等处，宜设电视监控系统。

（3）信号。

大、中型矿山的井底车场和主要运输水平，应根据井下铁路的运输特点、运输繁忙程度和运输需要，设计铁路信号。

6. 保护接地

井下所有电气设备的金属外壳及电缆的配件、金属外皮等，均应接地。巷道中接近电缆线路的金属构筑物等也应接地。

下列地点，应设置局部接地极：装有固定电气设备的硐室和单独的高压配电装置；采区变电所和工作面配电点；铠装电缆每隔 100m 左右应接地一次，接线盒的金属外壳也应接地。

矿井电气设备保护接地系统应形成接地网。

接地极应符合 GB 16423—2006《金属非金属矿山安全规程》条款 6.5.6.6 的规定。

接地装置所用的钢材，应镀锌或镀锡。接地装置的连接线应采取防腐措施。

当任一主接地极断开时，在其余主接地极连成的接地网上任一点测得的总接地电阻，不应大于 2Ω。

每台移动式或手持式电气设备与接地网之间的保护接地线，其电阻值应不大于 1Ω。

7. 检查和维修

（1）检查项目和检查时间。

以下项目每季度一次：井下自动保护装置检查，主要电气设备绝缘电阻测定，井下全部接地网和总接地网电阻测定，高压电缆耐压试验、橡套电缆检查。

新安装和长期没运行的电气设备，投入运行合闸前应测量绝缘和接地电阻。

（2）绝缘油。

变压器等电气设备使用的绝缘油，应每年进行一次理化性能及耐压试验；操作频繁的电气设备使用的绝缘油，应每半年进行一次耐压试验。理化性能试验或耐压试验不合格的，应更换。补充到电气设备中的绝缘油，应与原用油的性质相同，并事先经过耐压试验。应定期检查油浸泡电气设备的绝缘油量，并保持规定的油量。

（3）矿井电气工作人员应遵守的规定。

1）对重要线路和重要工作场所的停电和送电，以及对 700V 以上的电气设备的检修，应持有主管电气工程技术人员签发的工作票，方准进行作业。

2）不应带电检修或搬动任何带电设备（包括电缆和电线）；检修或搬动时，应先切断电源，并将导体完全放电和接地。

3）停电检修时，所有已切断的开关把手均应加锁，应验电、放电和将线路接地，并且悬挂“有人作业，禁止送电”的警示牌。只有执行这项工作的人员，才有权取下警示牌并送电。

4）不应单人作业。

五、矿山防坠

1. 防坠通则

（1）固定式平台。

需离地面 2m 以上操作设备或阀门时，应设置固定式平台。

（2）护栏、扶手、梯。

有跌落危险的平台、通道、走梯、走台等设置护栏或扶手，并有足够的照明。

通道、斜梯的宽度不宜小于 0.8m，直梯宽度不宜小于 0.6m。常用的斜梯，倾角应小于 45°；不常用的斜梯，倾角应小于 60°。

（3）防滑。

天桥、通道、斜梯踏板和平台，应采取防滑措施，或用防滑钢板、格栅板制作。

（4）盖或栅栏。

作业场所有坠入危险的钻孔、井巷、溶洞、陷坑、泥浆池和水仓等，均应加盖或设栅栏，并设置明显的标志和照明。行人和车辆通行的沟、坑、池的盖板，应固定可靠，并满足承载要求。

（5）作业防护。

高处作业时，应佩戴安全带或设置安全网、护栏等防护设施。

高处作业时，不应抛掷物件，不应上下垂直方向双层作业。

遇有六级以上强风时，不应在露天进行高处作业。

2. 井巷防坠

（1）设施。

竖井与各中段的连接处，应有足够的照明和设置高度不小于 1.5m 的栅栏或金属网，并应设置阻车器，进出口设栅栏门。栅栏门只准在通过人员或车辆时打开。井筒与水平大巷连接处，应设绕道，人员不得通过提升间。

天井、溜井、地井和漏斗口，应设有标志、照明、护栏或格筛、盖板。

（2）作业防护。

在竖井、天井、溜井和漏斗口上方作业，以及在相对于坠落基准面 2m 及以上的其他地点作业，作业人员应系安全带，或者在作业点下方设防坠保护平台或安全网。作业时，应设专人监护。

竖井掘进中的下列作业或情况，作业人员应佩戴安全带，安全带的一端正确拴在牢固的构件上：拆除保护岩柱或保护台；在井筒内或井架上安装、维修或拆除设备；在井筒内处理悬吊设备、管、缆，或在吊盘上进行作业；乘坐吊桶；爆破后到井圈上清理浮石；井筒施工时的吊泵作业；在暂告结束的中段井口进行支护、锁口作业。

六、地下空区危害预防

1. 露天采场塌陷的预防

开采境界内和最终边坡邻近地段的废弃巷道、采空区和溶洞，应及时标在矿山平面图上，并随着采掘作业的进行，及时设置明显的警示标志。

开采境界内的废弃巷道、采空区和溶洞，应至少超前一个台阶进行处理。处理前应编制施工方案，并报主管矿长审批。

2. 地下开采中塌陷区和采空区处理

工程地质复杂、有严重地压活动的矿山，在地表塌陷区设明显标志和栅栏，通往塌陷区的井巷应封闭，人员不应进入塌陷区和采空区。

采用留矿法、空场法采矿的矿山，应采取充填、隔离或强制崩落围岩的措施，及时处理采空区；较小、较薄和孤立的采空区，是否需要及时处理，由主管矿长决定。

3. 新建矿山企业选址

新建矿山企业的办公区、工业场地、生活区等地面建筑，应选在塌陷危险区之外。

模拟试题及考点

1. 下述关于使用采掘、运输、排土和其他机械设备应遵守的要求，不对的是________。

A. 主开关送电、停电或启动设备操作前，操作人员应呼唤应答，确认无误

B. 设备运转时，不对其转动部分进行检修、注油和清扫
C. 设备移动时，不上下人员
D. 在可能危及人员安全的地点，有人停留或通行必须戴安全帽
E. 终止作业时，切断动力电源，关闭水、气阀门
【考点】"一、露天机械安全"。

2. 设备检修开始之前的状态，尚不符合要求的是________。
A. 启动装置关闭
B. 动力电源切断，电源开关加锁并悬挂警示牌
C. 检修人员确认了紧靠设备的运动部件和带电器件及其位置
D. 设备完全停止运转
【考点】"一、露天机械安全"。

3. 下列关于露天矿山电气安全的叙述，________无误。
A. 在输电线路上带电作业的安全措施，经矿山调度批准
B. 电气设备可能被人触及的裸露带电部分，如未设置保护罩或遮栏，则需设置警示标志
C. 供电设备和线路，除停电外，送电和检修应严格执行工作票制度
D. 在电源线路上断电作业时，该线路的电源开关把手，应加锁或设专人看护，并悬挂"有人作业，不准送电"的警示牌
E. 对矿山电气设备、线路的防雷、接地装置，应不定期地进行抽查
【考点】"二、露天电气安全"。

4. 露天矿山采掘、运输等设备从10kV的架空电力线路下方通过时，其顶端与架空电力线路的距离，应不小于________m。
A. 1.5　　B. 2.0
C. 3.0　　D. 4.0
【考点】"二、露天电气安全"。

5. 与露天矿山变电所相关的安全要求，下述中________有误。
A. 倒闸应该两人操作
B. 门应向外开
C. 有独立的防雷系统和防止小动物窜入带电部位的措施
D. 停电作业时，应进行验电、挂接地线、加锁和挂警示牌
E. 送电时，工作票应经矿山调度签字
【考点】"二、露天电气安全"。

6. 关于矿山照明的安全要求，下述中正确的是________。
A. 露天矿使用的行灯或移动式电灯的电压，应不高于12V
B. 露天矿在金属容器和潮湿地点作业，安全电压应不超过36V
C. 矿山井下有爆炸危险的井巷和采掘工作面，应采用携带式蓄电池矿灯

D. 地下矿山从采区变电所到照明用变压器的380V/220V供电线路，应与动力线共用

【考点】“二、露天电气安全”和“四、地下电气设施”。

7. 某露天矿山将电气装置的金属框架的接地线与电缆和金属包皮的接地线并联，再与互感器的二次绕组的接地线串联之后接地，这种方式________。

A. 正确　　B. 错误

C. 可允许　　D. 仅在某些情况下可允许

【考点】“二、露天电气安全”。

8. 关于露天矿采用电耙绞车出矿的下列说法，正确的是________。

A. 绞车后部应有防断绳回甩的防护设施

B. 电耙运行时，耙道内或尾部的人员应处于安全位置

C. 电耙运行时，人员不应跨越钢丝绳

D. 电耙停止运行时，司机应发出信号

【考点】“三、地下采矿机械”。

9. 关于露天矿采用无轨装运设备的下列说法，________有误。

A. 巷道的坡度应小于设备的爬坡能力

B. 可以用铲斗处理浮石，但不得用铲斗破大块

C. 溜矿井应设安全车挡

D. 作业人员操作位置上方应设防护网或板

【考点】“三、地下采矿机械”。

10. 井下电气设备不应________。井下应采用矿用变压器，若用普通变压器，其中性点不应直接________。

A. 接零，接地　　B. 接地，接零

C. 接零，接零　　D. 接地，接地

【考点】“四、地下电气设施”。

11. 竖井或倾角大于45°的巷道，应使用________电缆。移动式电力线路，应采用井下矿用________电缆。有自燃发火危险的采区，宜选用矿用________电缆。

A. 钢丝铠装，橡套，阻燃　　B. 钢带铠装，橡套，不燃

C. 钢丝铠装，铠装，阻燃　　D. 钢带铠装，铠装，不燃

【考点】“四、地下电气设施”。

12. 下列关于地下电气保护的说法，正确的是________。

A. 从采区配电所引出的高压馈出线，应装设带有过电流保护的断路器

B. 经由地面架空线引入井下的供电电缆，在架空线与电缆连接处应装设避雷装置

C. 井下变（配）电所，低压馈出线应装设单相接地保护装置

D. 井下变（配）电所，高压馈出线应装设漏电保护装置

【考点】“四、地下电气设施”。

13. 井下变（配）电所低压馈出线应装设漏电保护装置。有爆炸危险的矿井，保护装置________实现有选择性的切断故障线路________实现漏电检测且动作于信号。

A. 应能，但不能　　B. 应能，或能

C. 不能，但能　　D. 应能，并能

【考点】“四、地下电气设施”。

14. 矿山井下下列之物或之处，应当接地的共有________项。

① 电气设备的金属外壳

② 铠装电缆

③ 电缆的配件、金属外皮

④ 单独的高压配电装置

⑤ 采区变电所和工作面配电点

A. 2　　B. 3　　C. 4　　D. 5

【考点】“四、地下电气设施”。

15. 矿井电气设备保护接地系统应形成接地网。当任一主接地极断开时，在其余主接地极连成的接地网上任一点测得的总接地电阻，不应大于________Ω。每台移动式或手持式电气设备与接地网之间的保护接地线，其电阻值应不大于________Ω。

A. 1，1　　B. 2，1　　C. 3，2　　D. 4，2

【考点】“四、地下电气设施”。

16. 矿山井下对________V 以上的电气设备的检修，应持有主管电气工程技术人员签发的工作票。

A. 900　　B. 800　　C. 700　　D. 600

【考点】“四、地下电气设施”。

17. 矿山井下电气设备检修之前应确保的事项中，________的叙述有误。

A. 切断电源

B. 将导体完全放电和接地

C. 已切断的重要开关把手应加锁

D. 悬挂“有人作业，禁止送电”的警示牌

【考点】“四、地下电气设施”。

18. 矿山防坠的设施要求，________的叙述有误。

A. 离地面 3m 以上操作设备或阀门时，应设置固定式平台

B. 有跌落危险的平台、通道、走梯、走台等，设置护栏或扶手

C. 天桥、通道、斜梯踏板和平台，应采取防滑措施

D. 作业场所有坠入危险的钻孔、井巷、溶洞等，加盖或设栅栏

E. 有足够的照明

【考点】“五、矿山防坠”。

19. 通道、斜梯的宽度不宜小于________m，常用的斜梯，倾角应小于________。

A. 0.6，45° B. 0.8，60° C. 0.8，45° D. 0.6，60°

【考点】“五、矿山防坠”。

20. 关于竖井与各中段的连接处的防坠措施，________的叙述有误。

A. 有足够的照明

B. 设置高度不小于 1.0m 的栅栏或金属网

C. 设置阻车器

D. 进出口设栅栏门，只准在通过人员或车辆时打开

【考点】“五、矿山防坠”。

21. 在天井、溜井和漏斗口处，以及在其上方作业，下述防坠措施中________的叙述有误。

A. 设有标志、照明

B. 设有护栏或格筛、盖板

C. 作业人员系安全带，或在作业点下方设防坠保护平台或安全网

D. 当不具备“C”的措施时，作业时设专人监护

【考点】“五、矿山防坠”。

22. 对开采境界内的废弃巷道、采空区和溶洞，下述中________有误。

A. 及时标在矿山平面图上

B. 随着采掘作业的进行，及时设置明显的警示标志

C. 至少超前一个台阶进行处理

D. 处理前编制的施工方案，需经矿技术部门审批

【考点】“六、地下空区危害防治”。

23. 工程地质复杂、有严重地压活动的地下矿山，开采中对地表塌陷区应采取的措施，________的叙述有误。

A. 封闭通往塌陷区的井巷

B. 人员不准独自进入塌陷区和采空区

C. 设置栅栏

D. 设明显标志

【考点】“六、地下空区危害防治”。

第十一节 矿山自然与地质灾害防治技术

一、暴雨与洪水

气象部门规定，24h 降水量达 50～100mm（含 50mm）及以上为暴雨。

地震可诱发滑坡堵塞河流或震垮堤坝造成洪水灾害。

1. 危害

水位陡涨，堤坝决口，洪水泛滥，致使矿区、房舍、人员、设施及道路等淹没，低地积水难排，减产或停产。

2. 安全技术措施

（1）汛期来临前。

1）及时收集和记录天气预报。

2）检查。

检查采场、采坑、险要地段、重点设施，检查排水设施，采区水仓、水泵、水沟、排水管路，发现问题及时处置。

3）在副平硐备足草袋和沙石料，一旦发现洪水要立即进行封堵。

（2）汛期。

派专人 24h 巡视和检查防洪设施、雨情及洪水上涨情况，重点检查防洪沟和边坡，发现问题及时处置或上报。

因暴雨造成矿区积水，致使采坑受威胁时，及时采取措施。

（3）汛期后。

及时清除场区及运输道路路面上的积水，保证车辆行驶安全。

洪水过后，要做好卫生防疫工作。

二、泥石流

1. 危害

淹没矿井、采场、居民生活设施，冲垮公路、铁路，毁坏水电工程。

2. 安全技术措施

（1）场址选在地形平缓、四周汇水面积不大、无较大的河沟流经坡底的地方建筑房屋和堆积废石。

（2）及时疏通排水设施，组织汛期巡查，防止堵塞、汇集而导致边坡失稳。

（3）永久性的排渣场、房屋等，要构筑拦渣坝、挡墙等。

三、地震

1. 危害

建（构）筑物的破坏；地面破坏，如地面裂缝、塌陷，涌水；山体等自然物的破坏，如滑坡、泥石流；井下巷道垮落、各个系统瘫痪。

震后次生灾害：火源失控引起的火灾；水池裂口、管路、排水渠损坏引起的水灾；瓦斯泄漏、毒气蔓延引起的中毒、爆炸；生存环境的破坏引起的瘟疫。

2. 安全技术措施

（1）地震前后检查监测：滑坡；岩石的位移；矿山坡体下面的地下水活动（用水压计）；地震震动和爆破震动的影响（用测震仪）；通风系统运行情况；井下巷道峒室和采掘工作面的有害气体含量（合格后方可顺序送电，超标时采取措施）；电气设备防爆性能（防止失爆）。

（2）震后修复：损毁的通风系统、支护巷道、轨道、架线、排水设施及巷道。

四、台风

1. 危害

（1）摧毁地面建筑物、构筑物、设备设施、造成人员伤亡；

（2）伴有暴雨，引发洪水；

（3）引发山体滑坡、泥石流；

（4）风暴潮可冲毁海塘堤防、涵闸、码头、护岸等设施，造成海堤决口、海水倒灌，摧毁地面设施，冲走人员。

2. 安全技术措施

（1）台风到来前。

收集和记录天气预报，关注台风动态；检查用电线路、临时电源、设备、潜水泵、排涝设施；露天工作的大型机械设备，应停留在固定位置，增设缆风绳；露天堆放的物料应加固且堆放高度不超高；临建房屋的屋顶应设置纵、横方向压条，压条与地面锚点联结；宣传牌、标识牌、警告牌应可靠固定；确保应急通信网络运转正常，通信设备电量充足；贵重物品、设备及危险品转移到安全场所；储备粮食、水及必备生活用品，准备急救药品和器械。

（2）台风前后。

要害地点（煤气站、加油站等）安排昼夜值班；疏散职工和居民，撤离危险建筑物。

五、海啸

1. 危害

滨海区域的海水陡涨，骤然形成向岸行进的“水墙”，伴有隆隆巨响，瞬时侵入滨海陆地，吞没城镇、村庄、矿井、采场，然后海水骤然退去，或先退后涨，有时反复多次，造成生命、财产的巨大损失。

2. 安全技术措施

（1）及时收集和记录海啸信息。

（2）贵重物品、设备及危险品存放在安全场所。

（3）储备粮食、水及必备生活用品，准备急救药品和器械。

（4）确保通信设备电量充足，信息传递及时准确。

（5）停产停业，撤离人员。

六、暴风雪

暴风雪是−5℃以下大降水量天气的统称，大而急，且伴有强烈的冷空气气流。

1. 危害

（1）降雪或降雨后遇低温形成的积雪、结冰，使大型提升设备不能正常运行。

（2）供电线路积雪冰冻、杆塔损毁、户外电气设备损坏导致停电，供水、供气管路冻结导致供水、供气中断。

（3）厂房坍塌，引发人身伤害。

（4）路面湿滑，造成交通受阻或交通事故。

2. 安全技术措施

（1）及时收集和记录暴风雪的天气预报，了解可能危及矿井安全的灾害信息。

（2）定期检查防寒防冻设备设施，保证完好有效。

（3）储备生活物资和急救药品。

（4）配备暴风雪、冰冻灾害时保障交通运输的专业设备。

七、雷电

1. 危害

雷电流幅值大、雷电流陡度大、冲击性强、冲击过电压高，有电性质、热性质和机械性质三方面的破坏作用。

2. 安全技术措施

（1）防雷设施：防雷设备本身、设施的设计和施工要符合相关标准的要求并定期检测；接地装置不得与电气设备的专用接地网连接；定期检查防雷设施引下线与接地网的连接是否牢固、接触是否良好、有无锈蚀。

（2）雷雨、雷电天气不得进行以下作业：检修电气线路和变配电室的设备，在高层建筑物上，在空旷处、危险物品存放处，在井口、井架、井下的导轨或水管处。

八、山体崩塌

一般发生在暴雨及较长时间连续降雨过程中或稍后一段时间；强烈地震过程中；开挖坡脚过程中或稍后一段时间；水库蓄水初期及河流洪峰期；强烈的机械振动及大爆破之后。

针对暴雨及较长时间连续降雨的安全技术措施：

（1）雨季来临之前，细致检查周边及地表裂缝；

（2）在副平硐备足草袋和沙石料，一旦发现洪水立即封堵；

（3）汛期之前，清掏排洪沟、渠，修复损坏的防洪设施，清理河道垃圾，拆除河道内的违章建筑。

九、滑坡

1. 前兆

泉水复活；土体上隆；岩石开裂或被剪切挤压的音响；坍塌和松弛；变形发生突变；裂缝急剧扩张；动物异常惊恐、植物正常生长发生变化。

2. 条件

斜坡岩、土被各种构造面切割分离成不连续状态。

3. 滑坡与崩塌的关系

滑坡和崩塌常常相伴而生，在一定条件下可互相诱发、互相转化，有相同的次生灾害和相似的发生前兆。

4. 滑坡、崩塌与泥石流的关系

易发生滑坡、崩塌的区域也易发生泥石流，只不过泥石流的暴发多了一项水源条件。崩塌和滑坡的物质是泥石流的重要固体物质来源，泥石流是滑坡和崩塌的次生灾害。

5. 危害

损毁建筑、江河水体、森林生态和人类生命财产。发生在矿区的滑坡，摧毁矿山设施，职工伤亡，使矿山停工停产。

6. 安全技术措施

（1）排水：雨季之前，露天矿山要清理排水沟，检查维修供电、排水等机电设备设施，确保备用水泵和检修水泵完好；设置排水网络，防止地表水流入矿坑冲刷边坡，润滑层理。

（2）露天开采：先剥离后开采，严禁掏底部、放上部，确定合适的坡面角并规定出最小工作平台宽度。

（3）深凹露天矿要在坑外周围设置防山洪、防泥石流的阻挡或疏导设施。

（4）防止山体滑坡的加固方法：

1）抗滑工程：抗滑挡墙、加筋挡墙、锚定板挡墙、预应力锚索挡墙、锚杆挡墙、桩基挡墙、椅式挡墙。

2）抗滑桩：大截面积排式抗滑单桩、抗滑链、钢管桩、承台式抗滑桩、抗洪桩、排架式抗滑桩、抗滑钢架桩、板桩抗滑桩和锚固桩。

（5）土质改良：注浆、微型桩。

十、滚石

1. 原因

处理浮石、“伞檐”不及时；爆破时边帮受震动，引起浮石下滑；安全平台宽度不够，不能充分缓冲和阻截滑落的岩石；未按操作规程正确处理浮石。

2. 危害

浮石滚动造成设备损坏、人员伤亡。

3. 安全技术措施

（1）及时修理边坡，消除“伞檐”。

（2）清除有可能滑动、滚落的矿(岩)石，清扫上段工作平台碎石。

（3）安全平台宽度要符合要求，起到缓冲和阻截滑落岩石的作用。

十一、应急预案

矿山企业根据自身可能遇到的自然与地质灾害，制订应急预案，建立应急救援体系，配备应急资源，完善救援组织，设置警报系统，设置避难场所，以预防和减少灾害损失。

第十二节 金属非金属矿山事故案例分析

案例 1 某石材厂边坡坍塌事故

某日，某石材厂采矿场南部第二台阶，凿岩工甲、乙清理采场坡面的浮石，另有两名职工分别进行清理运输道和操作潜孔钻机打眼作业。丙驾驶挖掘机在第三台阶台面进行矿石铲装作业。第二台阶与第三台阶之间的边坡突然坍塌（坍塌的矿石约 4800m^3），坍塌的矿岩冲断第三台阶（宽度 15m，远小于矿管部门审批的宽度 30m）和第四级台阶，将甲、乙、丙及丙驾驶的挖掘机一同埋在矿石中。

石材厂采矿场的南部，矿岩节理比较发育，小的断层较多。发生坍塌的梯段坡面因接近地表，风化作用强，在断层面上沉积的泥质填塞物，因潮湿而减小了断层面的黏着力。坍塌岩体断层面的坡角为 35°，而岩层的倾角为 20°；坍塌岩体在横断面上的重心与其在台阶坡面上支撑点间的坡角约 50°，远大于岩石的自然安息角（37°～38°）。

请回答下列问题。

★1.《金属非金属矿山安全规程》规定，遇有情况________时，开采之前应采取有效的安全措施进行处理。

A. 岩层内倾于采场，且设计边坡角大于岩层倾角

B. 岩层外倾于采场，且设计边坡角小于岩层倾角

C. 有多组节理、裂隙空间组合结构面的内倾采场

D. 有较大软弱结构面切割边坡、构成不稳定的潜在滑坡体

2. 面对采矿场南部矿岩的情况，石材厂应当怎么办？为什么？

3. 边坡坍塌事故的原因是什么？

参考答案

1. ACD

2. 面对石材厂采矿场南部矿岩的情况，石材厂应当事先采取有效的安全措施进行处理，否则不应进行开采活动。因为岩层边坡角大于岩层倾角，且断层面上沉积的泥质填塞物，因潮湿而减小了断层面的黏着力，已构成不稳定的潜在滑坡体。

3. 边坡坍塌事故的原因

（1）岩层本身是不稳定的潜在滑坡体，产生自然下滑的作用力，当该力大于断层面上的黏着力时，使矿岩产生顺层滑动。

（2）在险情存在的情况下，仍继续开采，将发育的矿岩小的断层揭露出来，破坏了岩体的支撑，振动加速了不稳定的矿岩的顺层滑动。

案例 2　某采石场坍塌事故

某年 10 月 28 日，某建材公司在采石场右北角中下部放炮掏采，形成伞檐岩体。11 月 21 日下午，又在此伞檐岩体的右下方再次放炮掏采，使伞檐失去支撑。11 月 22 日上午 8 时许，生产技术负责人安排甲（带班班长）等 5 名工人作业，要求先将 21 日放炮后上面松动的石头排除后再开始作业。甲未听从安排，就开始在底部作业，生产技术负责人也未加以干涉。9 时多，在伞檐岩体下面石料堆上放炮，对本身存在构造裂隙的伞檐岩体造成振动，使其坍塌。

请回答下列问题。

1. 事故的直接原因是什么？

2. 为预防边坡坍塌，在开采方式方面应该怎样？不应该怎样？

3. 发现边坡上部岩石松动怎么办？

4. 处置坡面上的浮石和境界外部邻近地区矿（废）石，应当注意哪些事项？

参考答案

1. 事故的直接原因是违规掏采，形成伞檐岩体，又使其失去支撑，最后使其与基岩脱离而坍塌。

2. 为预防边坡坍塌，在开采方式方面：

实行自上而下，分台阶（层）开采，禁止采用一面坡的开采方式，禁止"掏采"。按要求设置台阶高度、台阶坡面角，按设计确定的宽度预留安全平台、清扫平台、运输平台，保证边坡角符合设计要求。

3. 发现边坡上部岩石松动，立即撤出人员和设备，组织有经验的人员进行处理，处理时采取可靠的安全措施。

4. 及时清除坡面上的浮石，清除完毕之前其下方不得生产，人员和设备不得在边坡底部停留。不应在开采境界外部邻近地区堆卸矿（废）石，增加边坡荷载。

案例 3　采空区垮塌引起的透水事故

某矿业公司在 –193mⅣ号矿体采空区垮塌后，未予以封闭充填。事故发生前强降雨时，发现该处渗水，但未制定监测监控措施。

–135m 以下开拓工程未进行设计审查和竣工验收，未编制施工组织设计，就开始采矿生产。

某日，3 名员工到 –135m 处提矿，11 名员工到 –345m 处运矿石。–135m 处员工放到第三车矿石时，听到一声巨响，井下蹿出一股强大冷风，看到下面不断有水向上翻腾，当即叫卷扬工放下吊桶到 –345m 准备救人。当放到约 –260m 时，水位已升至该水平。随即，提升机失灵，井下断电。事故造成 11 人死亡。

请回答下列问题。

1. 采用留矿法、空场法采矿的矿山，处理采空区的措施不包括________。

A. 禁入　　B. 隔离　　C. 充填　　D. 强制崩落围岩

2. 透水的原因是什么？

3. 透水前采取什么措施，可以避免人员伤亡？

参考答案

1. A

2. 透水的原因：在 –193m Ⅳ号矿体采空区垮塌后，未封闭充填，造成采空区护壁（或顶板）抗压力减弱；事故发生前强降雨，地下承压水动水水压增大，穿透采空区。

3. 透水前采取以下措施，可以避免人员伤亡：

（1）封闭充填 –193m Ⅳ号矿体采空区。

（2）在未进行设计审查和竣工验收、未编制施工组织设计之前，不实施 –135m 以下开拓工程。

（3）发现渗水问题，进行监测监控。

（4）制订应急预案并演练，发现透水险情，及时撤出作业人员。

案例 4　某铁矿透水事故

某矿业公司铁矿主井西南侧开采区上方有历史形成的露天坑。因此，设计要求井下开采施工时 0m 水平以上不得采矿，露天坑底部必须保留 8～10m 的保安矿柱，且露天坑不能存水。但该公司没有按设计要求组织生产，违规开采露天坑底部保安矿柱，使保安矿柱遭到严重破坏，最薄处仅为 3～4m。

进入 6 月份以后，几次连续降雨，露天坑水位不断上升。

此外，相邻的采场有采矿行为，不断放炮震动，致使采空区顶部与露天坑底部保安矿柱垮塌，形成溃水通道。7 月 10 日，采空区顶部（露天坑底部）垮塌，采空区上部露天坑内的大量积水和泥沙迅速泻入井下，23 人死亡。

请回答下列问题。

★1. 当________时，应当留设防水矿柱。

A. 地面或地下的各种水源，可以堵塞或疏干

B. 矿体直接位于地表水体和含水层之下，而水源又无法疏干

C. 在被淹没的井巷之下或之上进行采掘，而被淹没的井巷中的积水可以排出

D. 相邻矿井开采同一个矿体

2. 关于防水矿柱，《金属非金属矿山安全规程》有什么规定？

3. 与上述发生透水的采场相邻的采场，应当采取什么措施？

4. 一般来说，矿区及其附近容易积水的地点，应修筑泄水沟，泄水沟可不避开________。

A. 矿层露头　　B. 矿层裂缝　　C. 不透水岩层　　D. 透水岩层

参考答案

1. BD

2.《金属非金属矿山安全规程》规定：防水矿柱的尺寸由设计确定；在设计规定的保留期内不应开采或破坏；在上述区域附近开采时，应事先制定预防突然涌水的安全措施。

3. 与上述发生透水的采场相邻的采场，应当在井巷或采区间留出隔离安全矿柱。

4. C

案例 5　某矿业公司中毒窒息事故

某年 6 月 28 日某矿业公司发生一氧化碳中毒，2 人当场死亡，现场人员盲目施救又造成 3 人死亡。

1613 坑为平硐开拓，开拓深度达 2.5km，通风方式以自然通风为主，辅助局部通风扇局部通风。在 1613 坑 15 川，长 38m、坡度 65°、规格 1.2m×1.2m 的斜井上方，距坑口 2.4km 处，有一约 8m 长的平巷，独头掘进。

6 月 12 日检查中发现 1613 坑 15 川探矿工程处通风不良，但未及时跟踪整改。

6 月 27 日 18 时，1613 坑 15 川 38m 斜井上方平巷进行了爆破作业，炸药使用量约 13.7kg。6 月 28 日早 8 时，马某和甲、乙等到达 15 川准备再次进行爆破作业。此时，虽在 15 川处设有局部通风扇，但设置位置不当，且风带未能跟进到作业面，仅靠打眼用 $3.5m^3$ 的高压风向作业面吹风约 1.5h 左右。甲、乙顺着梯子先行爬上斜井，随后，马某也爬上斜井。当马某看

见前面两人坐在厢木上不会动后，退到了斜井脚，要另一名工人跑出坑叫人来救。当班安全管理员丙得知情况后带领丁等6人进坑，丙撕烂一件衣裳浸水后，每人发一条蒙住口鼻向斜井里爬。结果造成丙、丁先后中毒，另一人当场摔落斜井井底。10时，当班主要管理人员戍与马医生带着急救箱赶到事故发生地，戍不听马医生劝告，也用撕碎的衣裳条浸湿后蒙着鼻子拿着氧气袋，再次爬上斜井，又中毒死亡。随后赶来的救援人员被马医生劝阻，没有贸然施救。

请回答下列问题。

1. 对15川38米斜井上方平巷，局部通风应符合什么要求？

2. 在人员进入1613坑15川38m斜井上方平巷作业之前，矿业公司应当做什么？

3. 在应急救援方面，矿业公司应怎么做？

参考答案

1. 对15川38m斜井上方平巷，局部通风应符合的要求：

局部通风扇设置在正确的位置，风带能跟进到作业面；

风量、风质应符合要求；

进入15川38m斜井上方平巷之前，用局部风扇对作业地点进行通风，通风时间不少于30min。

2. 在人员进入1613坑15川38m斜井上方平巷作业之前，矿业公司应当：

（1）检测上方平巷有毒有害气体的浓度，达标方可准许作业人员进入；

（2）给作业人员配备自救器。

3. 在应急救援方面，矿业公司应当：

（1）对员工进行基本应急知识和应急技能的培训，如防一氧化碳、硫化氢及防止窒息等，使员工熟悉基本救生逃生方法、常见事故处理措施和所在作业场所的逃生线路等。

（2）配置应急救援装备、物资、技术。

（3）编制具有可操作性的事故应急预案，并演练。

案例6　三个冒顶事故

事故A　某铜钼矿冒顶事故

某日，按照惯例，矿方安全员、项目部安全员及排险工甲于7时40分提前下井，首先到–125m中段201二采场进行例行顶板安全检查和排险。采场左边矿岩交接带附近顶板处，有一向下凸出的“吊包”状矿岩，厚度较大，周边裂隙细微，排险时撬杠无处着力，经甲等从多个方向对其撬拨都未能将其撬排下来。矿方安全员、项目部安全员见该处无明显冒落征兆，就停止了对“吊包”处的排险工作。随后安排乙先在“吊包”处打排险炮眼，并签发安全确认票。

采矿班班长于10时、技术副矿长于10时30分巡查到201二采场时，见到了已离开该采场的矿方安全员签发的安全确认票。检查采场顶板时，也未见“吊包”周边有明显裂隙，就交代乙先在其他有裂纹处排险，然后再打浅眼爆破“吊包”，交代完后离开该采场。

11时10分，乙打完“吊包”处两个排险炮眼，但没有立即对其进行装药爆破排除，而是继续在采场其他位置向顶板上方打正常爆破炮眼。

丙因工作事宜于17时45分来到-125m中段201二采场，见采场左帮顶板“吊包”下方矿石堆表面有一根钻杆尚未收走，即上前拿取，当其正弯腰拿钻杆时，其站立处上方的大场顶板矿岩突然冒落将其砸压。

事故B　某金矿冒顶事故

某金矿作业面北侧顶板节理面明显，下方为构造破碎带岩体。随着巷道掘进，该处岩体暴露后，支撑力削弱，形成下向自重力，使节理面下方一块岩体沿节理面脱离。工人甲在北侧装渣作业中未随时观察作业环境的变化，被冒落的一块六七百斤的毛石砸中、死亡。

事故C　某铜矿公司冒顶事故

某铜矿公司采用平硐开拓，某年10月13日起，开始掘进+3560m中段采区19号穿越凿岩。掘进需穿越断层，进入断层破碎带后，巷道分别于11月1日、16日两次出现冒落，现场作业人员停止施工并上报公司。

公司随后与施工、监理单位研究确定，对冒落地段采用混凝土支护。11月24日，在组织混凝土支护浇灌时，巷道再次发生冒落。三方随后对支护方案进行了修订，决定采用工字钢搭建安全棚，圆木回填后再进行混凝土支护。11月25日，工人运送支护材料并开始在19号穿脉内进行支护作业。作业过程中，顶板岩石不断开裂，但由于噪声过大，作业人员并未察觉。由于工字钢间距过大，安全棚不能承受顶板压力，11月28日凌晨3时30分，顶板岩石大面积冒落，冒落的岩石和支护材料直接掩埋现场7名作业人员，6名工人当场死亡。

请回答下列问题。

1. 说明事故A的管理责任。

2. 针对事故B，请问：冒顶的危险本应在何时被发现并排除？

3. 针对事故C

（1）支护方法应在何时规定？

（2）对施工组织设计编写负责人有什么要求？

★（3）关于喷锚支护，下列说法中＿＿＿＿有误。

A. 喷锚工作面与掘进工作面的距离，锚杆形式、角度，喷体厚度、强度等，应由建设单位、施工单位、监理单位商定

B. 砂浆锚杆的眼孔应清洗干净，灌满灌实

C. 喷体应做拉力试验，锚杆应做强度检查

D. 锚杆的托板应紧贴巷壁，并用螺母拧紧

E. 在松软破碎的岩层中进行喷锚作业，应打超前锚杆，进行预先护顶

参考答案

1. 事故A的管理责任：

（1）对“吊包”可能随时冒落的危险性认识不足，未能及时、果断采取措施。矿方安全员、采矿班班长、技术副矿长看到“吊包”后都没有立即安排打排险炮眼并装药爆破排除。乙从11时10分打完“吊包”处两个排险炮眼到发生事故的17时45分也没有装药爆破排除。

（2）在危险状态下，没有采取打临时支柱支护的措施（该矿的《平撬工安全规程》也有相关规定）。

（3）在危险状态下，矿方安全员签发安全确认票，而采矿班班长、技术副矿长予以默认。

2. 针对事故 B，冒顶的危险本应在“敲帮问顶”排查过程中发现，在作业前排除。

3. （1）支护方法、支护与工作面间的距离，应在施工设计中规定。

（2）施工组织设计编写负责人所持爆破工程技术人员安全作业证的等级和作业范围应与施工工程相符合。

（3）AC

案例 7　两个尾矿库事故

事故 A　某矿业公司铁矿尾矿库溃坝事故

某矿业公司拥有日处理矿石 1 万 t 的铁矿选厂和配套的尾矿库，选矿采用磁选工艺，年产 50 万 t 铁精粉。

该公司尾矿库分两期建设。二期工程包括 2～5 号库，于某年 7 月完成设计，10 月 16 日竣工，11 月 6 日取得安全生产许可证。尾矿坝为一次性建筑土石坝，等别为 5 等库，设计服务年限 5 年。其中 5 号库设计库容为 36.78 万 m^3。

然而，其后，该公司对 5 号库，擅自加高坝体，由设计的 14m 增加至 22m；改变坡比，由设计的 1:2.0 增加至 1:1.75；实际库容约 80 万 m^3，达到设计库容的 2.17 倍。坝体超高，边坡过陡，使 5 号库南坝体最大坝高处失稳。

11 月 25 日，5 号库发生深层滑坡溃坝。约 54 万 m^3 尾矿下泄，造成该库下游约 2km 处的村庄部分房屋被冲毁，13 人死亡，3 人失踪，39 人受伤。

注：某验收评价机构曾在没有施工记录、竣工报告、竣工图和监理报告的情况下，做出了该尾矿库是正常库、具备安全生产条件的评价结论。

事故 B　某矿业公司尾矿库泄漏事故

某日，某矿业公司尾矿库一号排水井封堵井盖断裂，约 6000m^3 尾矿泄漏，导致约 2km 长的山涧沟河受污染。

据调查，尾矿泄漏的主要原因：一是排水井筒采用砖砌，未按设计要求使用混凝土浇筑，强度不够；二是一号排水井本应封堵于排水井底部，却封堵于井筒顶部。加之封堵厚度不够，随着尾砂堆存和坝体的升高，使封堵断裂、井筒上部破坏，发生尾砂流失和泄漏。

请回答下列问题。

1. 坝体出现深层滑动的尾矿库属于________。

A. 危库　　B. 险库　　C. 病库　　D. 正常库

2. 排水井筒强度不够、封堵位置不对、封堵厚度不够而断裂、井筒破坏，这样的尾矿库属于________。

A. 危库　　B. 险库　　C. 病库　　D. 正常库

3. 如果一个尾矿库被确定为险库，应当________。

A. 立即停产，进行抢险，并向所在地政府、安全生产监督管理部门和上级主管单位报告

B. 立即停产，在限定的时间内消除险情，并向所在地政府、安全生产监督管理部门和上级主管单位报告

C. 在限定的时间内按照正常库标准进行整治，消除事故隐患

D. 维持现状

4. 如果尾矿库坝体抗剪强度低，边坡过陡，抗滑稳定性不足，应当采取什么措施？

5. 简述防范因排洪设施损坏造成尾矿库事故的措施。

参考答案

1. A　2.A　3.B

4. 针对尾矿库坝体抗剪强度低、边坡过陡、抗滑稳定性不足采取的措施：

（1）上部削坡，下部压坡，放缓坡比。

（2）压坡加固。

（3）碎石桩、振冲等加固处理，提高坝体密度和抗剪强度。

5. 防范因排洪设施损坏造成尾矿库事故的措施

（1）对因地基问题引起排洪设施倾斜、沉陷断裂和裂缝的，应及时进行加固处理。必要时，可新建排洪设施。对地基情况不明的，禁止盲目设计。

（2）对因施工质量问题或运行中各种不利因素引起排洪设施损坏（如混凝土剥落、裂缝漏沙、沙石磨蚀、钢筋外露等）应及时进行修补、加固等处理。

（3）对排洪设施加强检查，发现堵塞，及时疏通。

（4）对停用的排水井，应按设计要求进行严格封堵。

案例 8　爆破事故

1. 几起矿山装药事故

参见本书第四章第五节“二、民用爆炸物品事故案例分析”案例 2。

2. 几起爆破作业事故

参见本书第四章第五节“二、民用爆炸物品事故案例分析”案例 3 中案例 A、B、E。

3. 某矿井井下爆破器材库与发放站的合规性

参见本书第四章第五节“二、民用爆炸物品事故案例分析”案例 7。

第三章

金属冶炼安全技术

第一节　冶金和有色金属行业主要生产工艺和安全生产特点

一、烧结生产工艺、主要危险源及事故类别

1. 生产工艺

烧结是把含铁废弃物与精矿粉烧结成块用作炼铁的原料。其工艺过程是按炼铁的要求，将细粒含铁原料与熔剂和燃料进行配料，经造球、点火、燃烧，所得成品在经过破碎、筛分、冷却、整粒后运往炼铁厂。

2. 主要危险源

高温危害、粉尘危害、高速机械转动伤害、有毒有害气体及物质流危害、高处作业危险、作业环境复杂等。

3. 主要事故类别

机械伤害、高处坠落、物体打击、起重伤害、灼烫、触电、中毒以及尘肺病等职业病。

二、焦化生产工艺、主要危险源及事故类别

1. 生产工艺

焦化厂一般由备煤、炼焦、回收、精苯、焦油、其他化学精制、化验和修理等车间组成。其中化验和修理车间为辅助生产车间。

备煤车间是为炼焦车间及时供应合乎质量要求的配合煤。炼焦车间的生产流程是：装煤车从贮煤塔取煤后，运送到已推空的碳化室上部将煤装入碳化室，煤经高温干馏变成焦炭，并放出荒煤气由管道输往。回收车间：用推焦机将焦炭从碳化室推出，经过拦焦车后落入熄焦车内送往熄焦塔熄焦；之后，从熄焦车卸入晾焦台，蒸发掉多余的水分和进一步降温，再经输送带送往筛焦炉分成各级焦炭。回收车间负责抽吸、冷却及吸收回收炼焦炉发生的荒煤气中的各种初级产品。

2. 主要危险源

粉尘危害、有毒有害及易燃易爆气体和物质流伤害、火灾爆炸伤害、高温和噪声危害等。

3. 主要事故类别

火灾、爆炸、机械伤害、中毒、灼烫事故等。

三、炼铁生产工艺、主要危险源及事故类别

1. 生产工艺

炼铁是将铁矿石或烧结球团矿、锰矿石、石灰石和焦炭按一定比例予以混匀送至料仓，然后再送至高炉，从高炉下部吹入1000℃左右的热风，使焦炭燃烧产生大量的高温还原气体煤气，从而加热炉料并使其发生化学反应。在1100℃左右铁矿石开始软化，1400℃熔化形成铁水与液体渣，分层存于炉缸。之后，进行出铁、出渣作业。

2. 主要危险源

（1）在矿石与焦炭运输、装卸，破碎与筛分，烧结矿整粒与筛分过程中，都会产生大量的粉尘。

（2）在高炉炉前出铁场，设备、设施、管道布置密集，作业种类多，人员较集中，危险有害因素最为集中，如炉前作业的高温辐射，出铁、出渣会产生大量的烟尘，铁水、熔渣遇水会发生爆炸。

（3）炼铁厂煤气泄漏可致人中毒，高炉煤气与空气混合可发生爆炸，喷吹烟煤粉可发生粉尘爆炸。

（4）开铁口机、起重机会造成伤害。

（5）炼铁区的噪声，以及机具、车辆的伤害等。

3. 主要事故类别

根据历年事故数据统计，炼铁生产中的主要事故类别按事故发生的次数排序分别为：灼烫、车辆伤害、物体打击、煤气中毒和各类爆炸等事故。此外，触电、高处坠落事故以及尘肺病、慢性一氧化碳中毒等职业病也经常发生。

四、炼钢生产工艺、主要危险源及事故类别

1. 生产工艺

铁水中含有 C、S、P 等杂质，影响铁的强度和脆性等，需要对铁水进行再冶炼，以去除上述杂质，并加入 Si、Mn 等，调整其成分。对铁水进行重新冶炼以调整其成分的过程叫作炼钢。

炼钢的主要原料是含炭较高的铁水或生铁以及废钢铁。为了去除铁水中的杂质，还需要向铁水中加入氧化剂、脱氧剂和造渣材料，以及铁合金等材料，以调整钢的成分。含炭较高的铁水或生铁加入炼钢炉以后，经过供氧吹炼、加去杂质的辅料、脱炭等工序，将铁水中的杂质氧化除去，最后加入合金，进行合金化，便得到钢水。炼钢炉有平炉、转炉和电炉 3 种，平炉炼钢法因能耗高、作业环境差已逐步淘汰。转炉和平炉炼钢是先将铁水装入混铁炉预热，将废钢加入转炉或平炉内，然后将混铁炉内的高温铁水用混铁车兑入转炉或平炉，进行融化与提温，当温度合适后，进入氧化期。电炉炼钢是在电炉炉钢内全部加入冷废钢，经过长时间的熔化与提温，再进入氧化期。

（1）融化过程。

铁水及废钢中含有 C、Mn、Si、P、S 等杂质，在低温融化过程中，C、Si、P、S 被氧化，即使单质态的杂质变为化合态的杂质，以利于后期进一步去除杂质。氧来源于炉料中的铁锈（成分为 $Fe_2O_3 \cdot 2H_2O$）、氧化铁皮、加入的铁矿石以及空气中的氧和吹氧。各种杂质的氧化过程是在炉渣与钢液的界面之间进行的。

（2）氧化过程。

氧化过程是在高温下进行的脱炭、去磷、去气、去杂质反应。

（3）脱氧、脱硫与出钢。

氧化末期，钢中含有大量过剩的氧，通过向钢液中加入块状或粉状铁合金或多元素合金来去除钢液中过剩的氧，产生的有害气体 CO 随炉气排出，产生的炉渣可进一步脱硫，即在最后的出钢过程中，渣、钢强烈混合冲洗，增加脱硫反应。

（4）炉外精炼。

从炼钢炉中冶炼出来的钢水含有少量的气体及杂质，一般是将钢水注入精炼包中，进行吹氩、脱气、钢包精炼等工序，得到较纯净的钢质。

（5）浇注。

从炼钢炉或精炼炉中出来的纯净的钢水，当其温度合适、化学成分调整合适以后，即可出钢。钢水经过钢水包注入钢锭模或连续铸钢机内，即得到钢锭或连铸坯。

浇注分为模铸和连铸两种方式。模铸又分为上铸法和下铸法两种。上铸法是将钢水从钢水包通过铸模的上口直接注入模内形成钢锭。下注法是将钢水包中的钢水浇入中注管、流钢砖，钢水从钢锭模的下口进入模内。钢水在模内凝固即得到钢锭。钢锭经过脱保温帽送入轧钢厂的均热炉内加热，然后将钢锭模等运回炼钢厂进行整模工作。

连铸是将钢水从钢水包浇入中间包，然后再浇入洁净器中。钢液通过激冷后由拉坯机按一定速度拉出结晶器，经过二次冷却及强迫冷却，待全部冷却后，切割成一定尺寸的连铸坯，最后送往轧钢车间。

炼钢生产中高温作业线长，设备和作业种类多，起重作业和运输作业频繁。

2. 主要危险源

高温辐射、钢水和熔渣喷溅与爆炸、氧枪回火燃烧爆炸、煤气中毒、车辆伤害、起重伤害、机具伤害、高处坠落伤害等。

3. 主要事故类别

氧气回火、钢水和熔渣喷溅等引起的灼烫和爆炸，起重伤害，车辆伤害，机具伤害，物体打击，高处坠落，以及触电和煤气中毒事故。

五、轧钢生产工艺、主要危险源及事故类别

1. 生产工艺

轧钢是将炼钢厂生产的钢锭或连铸钢坯轧制成钢材的生产过程，主要由加热、轧制和精整三个主要工序组成。用轧制方法生产的钢材，根据其断面形状，可大致分为型材、线材、板带、钢管、特殊钢材类。

轧钢的方法，按轧制温度的不同可分为热轧与冷轧；按轧制时轧件与轧辊的相对运动关系可分为纵轧、横轧；按轧制产品的成型特点可分为一般轧制和特殊轧制。旋压轧制、弯曲

成型的都属于特殊轧制，轧制同其他加工一样，是使金属产生塑性变形，不同的是，轧钢工作是在旋转的轧辘间进行的。轧钢机为两大类，轧机主要设备或轧机主列、辅机和辅助设备。凡用以使金属在旋转的轧辊中变形的设备，通常称为主要设备。主机设备排列成的作业线称为轧钢机主机列。主机列由主电机、轧机和传动机械三部分组成。

轧机按用途分类有：初轧机和开坯机，型钢轧机（大、中、小和线材），板带机，钢管轧机和其他特殊用途的轧机。轧机的开坯机和型钢轧机是以轧棍的直径标称的，板带轧机是以轧辊辊身长度标称的，钢管轧机是以能轧制的钢管的最大外径标称的。

2. 主要危险源

高温加热设备，高温物流，高速运转的机械设备，煤气氧气等易燃易爆和有毒有害气体，有毒有害化学制剂，电气和液压设施，能源、起重运输设备，以及高温、噪声和烟雾影响等。

3. 主要事故类别

根据冶金行业综合统计，轧钢生产过程中的生产安全事故的发生率高于全行业的平均水平，事故的主要类别为：机械伤害、物体打击、起重伤害、灼烫、高处坠落、触电和爆炸等。

六、与冶金煤气、氧气有关的主要危险源及事故类别

1. 煤气

煤气作为气体燃料，具有输送方便，操作简单，燃烧均匀，温度、用量易于调节等优点，是工业生产的主要能源之一。在冶金企业里，煤气是高炉炼铁、焦炉炼焦、转炉炼钢的副产品，又是冶金炉窑加热的主体热料。

冶金生产中大量产生和使用的煤气有：高炉煤气，焦炉煤气，转炉煤气，发生炉煤气和铁合金煤气。各种煤气的组成成分及所占百分比各不相同，主要成分是一氧化碳、氢、甲烷等可燃气体，其中一氧化碳有毒。煤气中还含有少量不可燃气体，如氮、二氧化碳等。

因此，煤气事故分为三类：急性中毒和窒息事故，燃烧引起的火灾和灼烫事故，爆炸形成的爆炸伤害和破坏。

2. 氧气

冶金生产过程中大量使用氧气。氧气助燃，并与其他可燃气体按一定的比例混合后极易发生爆炸，其主要危险是易燃烧和易爆炸。氧气燃烧时通常温度很高，火势很猛，灾害严重，氧气燃烧导致的灼烫和烧伤事故往往烧伤面积大、深度深，难以治愈。氧气爆炸时通常强度很大、很猛烈，冲击性、破坏性和毁灭性极强。

冶金生产过程中的氧气事故主要是氧气燃烧或助燃造成的火灾、烧伤事故和氧气爆炸事故。

七、有色金属压力加工工艺、生产特点及主要事故类别

1. 工艺和生产特点

金属压力加工是利用金属在外力作用下所产生的塑性变形，来获得具有一定形状、尺寸和力学性能的原材料、毛坯或零件的生产方法。

（1）加工方式分类。

1）锻造：主要包括两种基本方式，用于制造各种零件或型材毛坯。

自由锻造（简称自由锻）：使已加热的金属坯料在上下砧之间承受冲击力（自由锻锤）或压力（压力机）而变形的过程，用于制造各种形状比较简单的零件毛坯。

模型锻造（简称模锻）：使已加热的金属坯料在已经预先制好型腔的锻模间承受冲击力（自由锻锤）或压力（压力机）而变形，成为与型腔形状一致的零件毛坯，用于制造各种形状比较复杂的零件。

2）轧制：使金属坯料通过一对回转轧辊之间的空隙而受到压延的过程，包括冷轧（金属坯料不加热）和热轧（金属坯料加热），用于制造如板材、棒材、型材、管材等。

3）挤压：把放置在模具容腔内的金属坯料从模孔中挤出来成形为零件的过程，包括冷挤压和热挤压，多用于壁厚较薄的零件以及制造无缝管材等。

4）冲压：使金属板坯在冲模内受到冲击力或压力而成形的过程，也分冷冲压与热冲压。

5）拉拔：将金属坯料拉过模孔以缩小其横截面的过程，用于制造如丝材、小直径薄壁管材等，也分为冷拉拔和热拉拔。

（2）主要特点。

1）金属铸锭的显微组织一般都很粗大，经过压力加工后，能细化显微组织，提高材料组织的致密性，从而提高了金属的机械性能，能比铸件承受更复杂、更苛刻的工作条件，例如承受更高载荷等，因此许多重要的承力零件都采用锻件来制造。

2）由于压力加工能直接使金属坯料成为所需形状和尺寸的零件，大大减少了后续的加工量，提高了生产效率，同时也因为强度、塑性等机械性能的提高而可以相对减少零件的截面尺寸和重量，从而节省了金属材料，提高了材料的利用率。

3）有些零件形状很复杂，往往难以采用一般的机械加工手段制成，但是可以通过模锻来实现（特别是精密模锻）。

2. 主要危险源及事故类别

事故的主要类别为：机械伤害、物体打击、起重伤害、灼烫、高处坠落、触电和爆炸等。

八、铝冶炼生产工艺及主要事故类别

1. 工艺和生产特点

铝的生产是由铝土矿开采、氧化铝生产、铝的电解等生产环节所构成。

生产氧化铝目前主要有拜耳法、碱石灰烧结法和拜尔–烧结联合法三种。通常高品位铝土矿采用拜耳法生产，中低品位铝土矿采用联合法或烧结法生产。拜尔法由于其流程简单，能耗低，已成为了当前氧化铝生产中应用最为主要的一种方法，产量约占全球氧化铝生产总量的95%左右。

铝电解生产可分为侧插阳极棒自焙槽、上插阳极棒自焙槽和预焙阳极槽三大类。目前世界上大部分国家及生产企业都在使用大型预焙槽，槽的电流强度达到了350kA以上，不仅自动化程度高，能耗低，单槽产量高，而且满足环保要求。

现代铝工业生产采用冰晶石—氧化铝融盐电解法。熔融冰晶石是溶剂，氧化铝作为溶质，以碳素体作为阳极，铝液作为阴极，通入强大的直流电后，在950～970℃下，在电解槽内的两极上进行电化学反应。阳极产物主要是二氧化碳和一氧化碳气体，其中含有一定量的氟化氢等有害气体和固体粉尘。为保护环境和人类健康需对阳极气体进行净化处理，除去有害气体和粉尘后排入大气。阴极产物是铝液，铝液通过真空抬包从槽内抽出，送往铸造车间，在保温炉内经净化澄清后，浇铸成铝锭或直接加工成线坯、型材等。

2. 主要事故类别

主要事故类别有灼烫、触电、铝水爆炸、机械伤害、起重伤害、高处坠落、物体打击事故等。

九、有色金属冶炼方法、特点和主要事故类别

1. 有色金属冶炼的方法和特点

有色金属的冶炼根据矿物原料的不同和各金属本身的特性，可以采用多种方法进行冶炼，包括火法冶金、湿法冶金以及电化冶金。从目前的产量及金属种类来说，以火法冶金为主。有色金属的冶炼方法基本上可分为三大类，第一类是硫化矿物原料的选硫熔炼，属于这一类的金属有铜、镍；第二类是硫化矿物原料先经熔烧或烧结后，进行炭热还原生产金属，属于这一类的金属有锌、铅、锑；第三类是熔烧后的硫化矿或氧化矿用硫酸等溶剂浸出，然后用电积法从溶液中提取金属，属于这类冶炼方法的金属主要有锌、镍、镉、钴、铝。铜、铅冶炼厂生产金、银处理阳极泥仍使用火法流程，一般阳极泥处理包括脱铜硒、贵铅的还原熔炼和精炼，银电解、金电解等工序。铅阳极泥则用直接熔炼、电解的方法或与脱铜脱晒后的铜阳极泥混合处理。

我国主要大型有色冶炼厂以火法冶炼作为骨干流程，生产多在高温、高压、有毒、腐蚀等环境下进行。有色金属冶炼也是污染最严重的行业。

2. 主要事故类别

主要事故类别：高温作业伤害，火灾和爆炸，机械伤害，触电。

此外，有色金属冶炼还会引起职业病、环境污染及冶金设备腐蚀等。

模拟试题及考点

1. ________生产过程最容易出现尘肺病。

A. 烧结　　B. 铝冶炼　　C. 炼钢　　D. 轧钢

【考点】“一、烧结生产工艺、主要危险源及事故类别”。

2. ________不是焦化生产过程中常见的事故类别。

A. 火灾　　B. 机械伤害　　C. 灼烫事故　　D. 锅炉爆炸

【考点】“二、焦化生产工艺、主要危险源及事故类别”。

3. 高温辐射是________生产过程中存在的主要危险源。

A. 炼钢　　B. 炼铁　　C. 轧钢　　D. a 和 b

【考点】“三、炼铁生产工艺、主要危险源及事故类别”和“四、炼钢生产工艺、主要危险源及事故类别”。

4. ________不是冶金煤气中的可燃气体成分。

A. 氢气　　B. 甲烷　　C. 二氧化碳　　D. 一氧化碳

【考点】“六、与冶金煤气、氧气有关的主要危险源及事故类别”。

5. 使金属坯料通过一对回转轧辊之间的空隙而受到压延的过程称为________。

A. 轧制　　B. 锻造　　C. 挤压　　D. 拉拔

【考点】“七、有色金属压力加工工艺、生产特点及主要事故类别”。

6. 电解铝过程中电解槽的温度应控制在________℃。

A. 800～820　　B. 850～870　　C. 900～920　　D. 950～970

【考点】“八、铝冶炼生产工艺及主要事故类别”。

7. ________不属于有色金属冶炼方法。

A. 火法冶金　　B. 干法冶金　　C. 湿法冶金　　D. 电化冶金

【考点】“九、有色金属冶炼方法、特点和主要事故类别”。

8. 铁、钢渣液的温度很高，热辐射很强，又易于喷溅，加上设备及环境的温度很高，极易发生________。

A. 爆炸事故　　B. 高处坠落事故　　C. 灼烫事故　　D. 中毒事故

【考点】“三、炼铁生产工艺、主要危险源及事故类别”和“四、炼钢生产工艺、主要危险源及事故类别”。

第二节　烧结球团安全技术

一、与原料有关的安全要求

铁精矿是烧结生产的主要原料，在选矿厂生产过程中，常夹杂着大块和其他杂物，在胶带运输中经常发生堵塞、撕裂皮带，甚至进入配料圆盘使排料口堵塞。胶带机的各种安全设施要齐全、灵活、可靠，并应实现自动化控制。

1. 原料场所安全装置

应设置工作照明和事故照明，防扬尘设施，停机或遇大风紧急情况时使用的夹轨装置，车辆运行的警示标志，升降、回转、行走的限位装置和清轨器。行走机械的主电源采用滑线供电时，应设接地良好的裸线防护网，并悬挂明显的警示牌或信号灯，原料场设备设施应设置防电击、雷击装置。

2. 原料场检修安全规定

（1）设施要求。

1）检修作业区域设明显的标志和灯光信号。

2）检修作业区上空有高压线路时，应架设防护网。

3）堆取料机的走行轨道，两端应设有极限开关和安全装置，两车在同一轨道、同一方向运行时，相距不应小于 5m。

4）气力输送系统中的贮气包、吹灰机或罐车，均应设有安全阀、减压阀和压力表。

5）气力输送或罐车送达的终点矿槽应予密闭，其上部应设置余压消除装置和除尘设施。

（2）操作要求。

1）运转中的破碎、筛分设备，不应打开检修门或孔。

2）检修或处理故障，应停机并切断电源和事故开关，挂“禁止启动”标志牌。

3）检修吹灰机和罐车的罐体，以及打开罐体装料孔，应预先打开卸压阀。

4）料仓捅料时，应尽可能采取机械疏通。如确需人员进入料仓捅料时，应系安全带（其长度不应超过 50cm），在作业平面铺设垫板，并有专人监护。

3. 生石灰的处理

生石灰进场时，不应含水，一般采用密闭式运输。否则，遇水局部消化，以致喷出伤人，在配水时也不能加水过多。

4. 燃料破碎

要求来料不得夹有大块，设专人在给料胶带上挑大块，并设有吸铁器，挑出废钢铁。当输送物料为焦炭时，衬板应为不燃材料或难燃材料。

二、配料、混合安全要求

（1）配料矿槽上部移动式漏矿车的走行区域，不应有人员行走，其安全设施应保持完整。

（2）粉料、湿料矿槽倾角不应小于 65°，块矿矿槽不应小于 50°。

（3）配料圆盘应与配料皮带输送机联锁。

（4）人员进入料仓捅料时，应系安全带（其长度不应超过 50cm），在作业平面铺设垫板，并应有专人监护，不应单独作业。应尽可能采取机械疏通。

（5）进入圆筒混合机检修和清理，应事先切断电源，采取防止筒体转动的措施，并设专人监护。

（6）不应有湿料和生料进入热返槽。

（7）禁止与生产无关人员进入生产操作现场。应划出非岗位操作人员行走的安全路线，其宽度一般不小于 1.5m。

三、烧结安全要求

1. 点火器

安全规定：设置空气、煤气比例调节装置和煤气低压自动切断装置；烧嘴的空气支管应采取防爆措施。

操作要求：烧结机点火之前，应进行煤气爆发试验；在烧结机点火器的烧嘴前面，应安装煤气紧急事故切断阀；点火时，不应有明火，防止发生火灾。

定期对煤气管道进行检查，防止煤气泄漏，在煤气区域作业或检查时，应带好便携式煤气报警仪，且应有两人以上协助作业：一人作业，一人监护。

检修安全规定：

（1）事先切断煤气，打开放散阀，用蒸汽或氮气吹扫残余煤气。

（2）取空气试样作一氧化碳和挥发物分析，一氧化碳最高容许浓度与容许作业时间应符合 GB 6222 的规定（一氧化碳含量不超过 30mg/m³ 时，可较长时间工作；一氧化碳含量不超过 50mg/m³ 时，入内连续工作时间不应超过 1h；不超过 100mg/m³ 时，入内连续工作时间不应超过 0.5h；在不超过 200mg/m³ 时，入内连续工作时间不应超过 15～20min，工作人员每次进入设施内部工作的时间间隔至少在 2h 以上。

（3）检修人员不应少于两人，并指定一人监护。

（4）检修人员与外部应有联系信号。

2. 烧结机

烧结平台上不应乱堆乱放杂物和备品备件；每个烧结厂房烧结平台上存放的备用台车，在建筑物承重范围内准许 5～10 块台车存放；载人电梯不应用作检修起重工具；不应有易燃和爆炸物品。

烧结机台车轨道外侧安装防护网。检修时，热返矿未倒空前不应打水。

在台车运转过程中，不应进入弯道和机架内检查。检查进入前应索取操作牌，停机、切断电源，挂上“禁止启动”标志牌，并设专人监护。

更换台车应采用专用吊具，并有指挥；更换栏板，添补炉篦条等作业，应停机、停电进行。

3. 大烟道

进入大烟道作业时，不应同时从事烧结机台车、添补炉箅条等作业。应切断点火器的煤气，关闭各风箱调节阀，断开抽风机的电源并执行挂牌制度。

进入大烟道检查或检修时，先用 CO 检测仪检测废气浓度，符合标准后方可进入，并在人孔处设专人监护。作业结束，确认无人后，方可封闭人孔。

4. 主抽风机

主抽风机室高压带电体的周围应设围栏，地面应敷设绝缘垫板。

主抽风机操作室应与风机房隔离，并采取隔音和调温措施；风机及管道接头处应保持严密，防止漏气。

5. 单辊破碎机、热筛、带冷机和环冷机

进入单辊破碎机、热筛、带冷机和环冷机作业，应采取可靠的安全措施，并设专人监护。

6. 破碎、筛分设备

运转时，不应打开检修门或孔；检修或处理故障，应停机并切断电源和事故开关，挂“禁止启动”标志牌。

7. 烧结工艺中的燃料加工系统

其除尘设施不应使用电除尘，应使用布袋式除尘器；机头电除尘器应设有防火防爆装置。

四、球团安全要求

1. 煤粉制备与输送

（1）设施要求。

1）所有设备均采用防爆型的，磨煤室周围应留有消防车通道。

2）煤粉罐及输送煤粉的管道，应有供应压缩空气的旁路设施，并应有泄爆孔。泄爆孔的朝向，应考虑泄瀑时不致危及人员和设备。

3）当控制喷吹煤粉的阀门或仪表失灵时，应能自动停止向球团焙烧炉内喷吹煤粉并报警。

4）煤粉燃烧器和煤粉输送管道之间，应设有逆止阀和自动切断阀。

5）煤粉仓应设温度计、CO 监测仪表。

6）煤粉仓罐应设充惰气设施；针对煤粉仓罐煤粉自燃及着火，应设专门的灭火设施。

（2）操作要求。

1）贮煤罐停止吹煤时，煤在罐内贮存的时间：烟煤不超过 5h，其他煤种不超过 8h，罐体结构应能保证煤粉从罐内完全自动流出。

2）煤粉管道停止喷吹煤粉时，应用压缩空气吹扫管道；停止喷吹烟煤时，应用氮气吹扫。

3）磨煤机出口的煤粉温度应低于 80℃，贮煤罐、布袋除尘器中的煤尘，温度应低于 70℃，并应有温度记录和超温、超压警报装置。

4）检查煤粉喷吹设备时，应使用铜质工具。

5）进原煤仓罐及煤粉仓罐作业时，应保证通风良好，有害气体浓度不超标准。

2. 磨机

1）进入磨机检修时，应确定磨机上方是否有粘料，防止垮塌伤人，并与上下岗位联系好，停电并挂上“禁止启动”的标志牌，设专人监护。

2）清理球盘积料时，应保证球盘传动部分无人施工，防止因物料在盘内偏重带动球盘，造成传动部分突然动作而伤人。

3）更换造球机刮刀前，应先将跳板搭好、扎牢。拆卸或安装刮刀棒时，应由两人以上相互配合作业，应保证站位牢靠，同时应防止工具、刮刀棒掉落伤人。

3. 竖炉

竖炉应设有双安全通道，通道倾斜度不应超过 45°。

在炉口捅料时，应穿戴好防护用品，防止烫伤；捅料时用力应适度，以免损坏三角炉箅和炉箅条。

竖炉点火时，炉料应在喷火口下缘，不应突然送入高压煤气，煤气点火前应保证煤气质量合格，并保证竖炉引风机已开启，风门打开。

进入竖炉炉内作业应遵循以下准则：

（1）待竖炉排空，冷却 4h 后，方可进入炉内作业。

（2）检修时进入炉内作业应搭好跳板、挂梯，系好安全带，穿好隔热服，戴好防护眼镜，以防止坠落摔伤或烫伤。

（3）从上部进入炉内作业应系好安全带（安全带的挂绳应附装钢绳）。

（4）进入炉内前，应检查附在炉壁、导风墙上的残渣是否掉落，如没有，应清理干净后，方可在竖炉下部工作。

（5）在炉内下方作业应先将齿辊及油泵停下并挂检修牌，关好上部炉门，并设专人监护，然后再进入炉内，搭设好防护设施后方可作业。

进入烘干设备作业，应预先切断煤气，并赶净设备内残存的煤气。

回转窑一旦出现裂缝、红窑，应立即停火。在回转窑全部冷却之前，应继续保持慢转。停炉时，应将结圈和窑皮烧掉。拆除回转窑内的耐火砖和清除窑皮时，应采取防窑倒转的安全措施，并设专人监护。

竖炉停炉或对煤气管道及相关设备进行检修时，应通知煤气加压站切断煤气，打开支管的两个放散阀，并通入氮气或蒸汽，4h以后方可检修，并用CO测试仪检查。

五、主体设备存在的不安全因素及防护措施

1. 抽风机

抽风机存在的不安全因素是转子不平衡运动中发生振动的问题。针对这一问题，在更换新的叶轮前应当对其作平衡试验；提高除尘效率，改善风机工作条件；适当加长、加粗集气管，使废气及粉尘在管中流速减慢，增大灰尘沉降的比率。同时，加强二次除尘器的检修和维护。

2. 带式烧结机

带式烧结机存在的不安全因素是烧结机的机体又大、又长，生产与检修工人会因联系失误而造成事故。随着烧结机长度的增加，台车跑偏现象也很严重；受高温的变化，易产生过热"塌腰"现象。所以应当为烧结机的开、停，设置必要的联系信号，并设保护装置。

3. 翻车机

由于翻车机联络工和司机联系失误，车皮未能对正站台车即行翻车，会发生站台车及旋转骨架碰撞事故；工人处理事故易发生挤手、砸脚事故。

六、除尘与噪声防治

1. 烧结防尘

烧结过程中，产生大量的粉尘、废气、废水，含有硫、铝、锌、氟、钒、铁、一氧化碳、二氧化硅等有害成分，严重地污染工作环境。因此应抽风除尘，所有产尘设备和尘源点，应严格密闭。烧结机抽风一般采用两级除尘：第一级集尘管集尘和第二级除尘器除尘。大型烧结厂多用多管式，而中小型烧结厂除了用多管式外还常用旋风式除尘器。除尘设施的开停，应与工艺设备联锁；收集的粉尘应采用密闭运输方式，避免二次扬尘。

2. 烧结噪声防治

烧结厂的噪声主要来源于高速运转的设备。这些设备主要有主风机、冷风机、通风除尘机、振动筛、锤式破碎机、四辊破碎机等。对噪声的防治，应当采用改善和控制设备本身产生噪声的做法，即采用合乎声学要求的吸、隔声与抗震结构的最佳设备设计，选用优质的材料，提高制造质量，对于超过单机噪声允许标准的设备则需要进行综合治理。工作场所操作人员每天连续接触噪声、接触碰撞和冲击等的脉冲噪声，应积极采取防止噪声的措施。达不到噪声标准的作业场所，作业人员应佩戴防护用具。

模拟试题及考点

1. 通常情况下进入设备内作业、检修或处理故障，不必________。

A. 停机　　　　B. 切断电源

C. 设专人监护　　　　D.携带灭火器

E. 挂“禁止启动”标志牌

【考点】共性要求。

2. 下述与原料有关的装置设置要求，错误的是________。

A. 遇大风紧急情况时使用的清轨器

B. 堆取料机走行轨道两端的极限开关

C. 气力输送系统中贮气包的安全阀

D. 给料胶带上的吸铁器

【考点】“一、与原料有关的安全要求”。

3. 料仓捅料，应尽可能采取机械疏通。如确需人员进入料仓捅料时，必须采取的措施不包括________。

A. 系安全带　　B. 双人同时作业

C. 在作业平面铺设垫板　　D. 专人监护

【考点】“一、与原料有关的安全要求”和“二、配料、混合安全要求”。

4. 点火器本身应当具有的安全装置或措施，不包括________。

A. 空气、煤气比例调节装置

B. 煤气低压自动切断装置

C. 便携式煤气报警仪

D. 烧嘴的空气支管的防爆措施

E. 烧嘴前面安装的煤气紧急事故切断阀

【考点】“三、烧结安全要求”。

5. 在煤气区域作业或检查时，不应________。

A. 携带便携式煤气报警仪　　B. 夜间作业

C. 有人监护　　D. 单人作业

【考点】“三、烧结安全要求”。

6. 下述关于备料、配料、混合、烧结中的几点操作要求，错误的是________。

A. 运转中的破碎、筛分设备，不应打开检修门或孔

B. 检修吹灰机和罐车的罐体，不应打开卸压阀

C. 不应有湿料和生料进入热返槽

D. 烧结机添补炉篦条作业，应停机、停电进行

【考点】“一、与原料有关的安全要求”和“二、配料、混合安全要求”和“三、烧结安全要求”。

7. 下述关于备料、配料、混合、烧结中的几点装置要求，错误的是________。

A. 当输送物料为焦炭时，衬板应为不燃或难燃材料

B. 配料圆盘应与配料皮带输送机联锁

C. 烧结机台车轨道内侧安装防护网

D. 主抽风机室高压带电体的周围应设围栏，地面应敷设绝缘垫板

【考点】“一、与原料有关的安全要求”“二、配料、混合安全要求”和“三、烧结安全要求”。

8. 关于对烧结点火器、球团竖炉煤气管道及相关设备进行检修时的要求，下列叙述错误的是________。

A. 事先切断煤气　　B. 打开放散阀，通入压缩空气

C. 检测一氧化碳　　D. 有人监护

【考点】“三、烧结安全要求”和“四、球团安全要求”。

9. 下述关于球团相关设备的要求，错误的是________。

A. 所有煤粉制备设备均采用防爆型的

B. 当控制喷吹煤粉的阀门或仪表失灵时，应能自动停止向球团焙烧炉内喷吹煤粉并报警

C. 磨煤机出口的煤粉温度应低于70℃，并应有温度记录和超温警报装置

D. 煤粉仓罐应设充惰气设施

E. 竖炉应设有双安全通道，通道倾斜度不应超过45°

【考点】“四、球团安全要求”。

10. 煤粉管道停止喷吹煤粉时，应用吹扫管道；停止喷吹烟煤时，应用________吹扫。

A. 压缩空气，氮气　　B. 氮气，压缩空气

C. 蒸汽，氮气　　D. 压缩空气，蒸汽

【考点】“四、球团安全要求”。

11. 贮煤罐停止吹煤时，煤在罐内贮存的时间：烟煤不应超过________h，其它煤种不应超过8h，罐体结构应能保证煤粉从罐内完全自动流出。

A. 3　　B. 4　　C. 5　　D. 6

【考点】“四、球团安全要求”。

12. 下述进入竖炉炉内作业应遵循的要求中，错误的是________。

A. 待竖炉排空，冷却2h后，方可进入炉内作业

B. 从上部进入炉内作业应系好安全带

C. 进入炉内前，应将附在炉壁、导风墙上的残渣清理干净

D. 炉内检修作业应穿好隔热服，戴好防护眼镜

【考点】“四、球团安全要求”。

13. 烧结过程中，所有产尘设备和尘源点，应________、抽风除尘。

A. 洒水降尘　　B. 予以隔离

C. 严密封盖　　D. 严格密闭

【考点】“六、除尘与噪声防治”。

第三节 焦化安全技术

一、备煤安全要求

1. 开机前

对皮带机所属部件和油位进行检查，检查传动部分是否有障碍物卡住，齿轮罩和皮带轮罩的防护装置是否齐全，电器设备接地是否良好，发现问题及时处理。

听到开车信号后，待上一岗位启动后再启动本岗位；待皮带上无料时方可停车；捅溜槽、换托辊必须和上一岗取得联系，并有专人监护。

2. 开机后

要经常观察轴承、减速机运转是否正常，特别要注意皮带跑偏，负载量大小，防止皮带破裂，运行中禁止穿越皮带。

3. 运行中

没有特殊情况不允许重复停车。

在运行中，禁止清理滚筒，禁止清理或更换托辊、机头、机尾、滚筒、机架，不允许加油，不准站在机架上铲煤。

清理托辊、机头、机尾、滚筒时必须切断电源，开关打到零位并挂停电牌。

皮带被物料挤住时，必须停止皮带机清理，禁止在运行中取出。

皮带两侧不允许堆放障碍物和易燃物。

输送机上严禁站人、乘人或者躺着休息。

4. 配煤罐和煤塔清扫作业

（1）煤罐和煤塔应制定清扫计划（当溜槽堵塞、挂煤棚料或改变煤种时也要清扫）；

（2）制定煤罐、煤塔清扫作业方案，履行有限空间作业手续；

（3）清扫工作应在白天进行；清扫中的煤塔煤槽必须停止送煤，并切断电源；设专人在煤塔上下与煤车联系，漏煤的排眼不准清扫，清扫的排眼不准漏煤；下塔槽的人员必须穿戴好劳动保护用具；下煤槽煤塔者，必须系好安全带，活动范围不可超过 1.5m，以防煤层塌陷时被埋；上下煤塔禁止随手携带工具材料，必须由绳索传递；清扫作业，必须从上而下进行，不准由下而上挖捅以免挂煤坍塌被埋入；清扫所需临时照明，应用 12V 的安全灯，作业中严禁烟火。

5. 螺旋卸煤机作业

操作螺旋卸煤机时，严禁在车厢撞挂时上下车。卸煤机械离开车厢之前，禁止清扫人员进入车厢工作。

二、炼焦安全要求

1. 安全注意事项

（1）焦炉地下室、机焦两侧烟道走廊、交换机室、煤气预热器室和室内煤气主管周围，严禁吸烟。

（2）机焦两侧烟道走廊外有电气滑触线，烟道走廊窗口应用铁丝网防护。

（3）地下室应有效通风；建立进出入登记制度，非正常工作人员不得随意进入。

（4）不应在烟道走廊和地下室带煤气抽、堵盲板。

（5）从下喷管往上观看煤气道时，应佩戴防护眼镜。

（6）确保焦炉地下室水封保持完好状态。

2. 湿法熄焦安全要求

粉焦沉淀池周围设置防护栏杆，水沟应设置盖板；晾焦台应设置水管；不应使用未经二级（生物）处理的酚水熄焦；粉焦抓斗司机室设在旁侧或采用遥控操作方式。

3. 干法熄焦安全要求

（1）设施要求。

干熄焦装置系统在投产前和大修后均应进行气密性实验；干熄焦锅炉及其附件的设计、制造、施工、验收、检测及检修均应符合相关要求；干熄焦排出装置区域应通风良好；干熄焦装置的最高处，应设置风向仪和风速计；干熄焦气体循环系统的锅炉出口和二次除尘器上部，应设置防爆装置；应保证干熄焦所有连锁装置处于正常工作状态。

（2）操作要求。

进入干熄炉、排出装置和循环系统内检查或作业前，应关闭放射线源快门，进行系统内气体置换和放射源浓度、气体成分检测，进入人员应携带一氧化碳和氧气浓度检测仪器及与外部联络的通信工具。

运行中检修排出装置时，应佩戴防毒面具或空气呼吸器。不应在防爆孔和循环气体放散口附近停留。

三、化学精制安全要求

1. 设施要求

（1）油品装车流量不宜小于 $30m^3/h$，但装卸车流速不得大于 4.5m/s。

（2）酸、碱、酚和易燃液体的输送，应采用密封性能可靠的泵。

（3）管式炉点火前，应确保炉内无爆炸性气体。

2. 操作要求

（1）管式炉出现下列情况之一，应立即停止煤气供应：

1）煤气主管压力降到 500Pa 以下，或主管压力波动危及安全加热。

2）炉内火焰突然熄灭。

3）烟筒（道）吸力下降，不能保证安全加热。

4）炉管漏油、漏气。

5）煤气管道泄漏。

（2）进入煤气设备内部工作时，所用照明电压不得超过 12V。

（3）进入化工区禁止吸烟、禁止携带火种，动火作业时必须办理动火证及相关手续。

（4）化工风机房、油库、粗苯等区域应执行进出入登记制度，进入人员应佩戴便携式煤气报警仪、防毒口罩等防护措施。

（5）化工油库区域应符合下列规定：

1）油库区域的作业人员不应穿着易产生静电的服装。

2）在油库区域作业，不应使用易产生火花的工具。

3）不应使用轻油、洗油、苯类等易散发可燃蒸汽的液体或有毒液体擦洗设备、用具、衣物及地面。

4）汽车装卸站等机动车辆频繁进出的设施，应布置在车间边缘或厂区边缘的安全地带。可燃液体的罐组与周围消防车道之间，不宜种植绿篱或茂密的灌木丛。

5）汽车罐车、铁路罐车和装卸站台、铁路钢轨，应设专用接地线。进出苯类储槽的管道，其法兰应作静电跨接。

6）油罐汽车在装卸过程中应采用专用的接地导线，夹子和接地端子将罐车与装卸设备相互联接起来。

7）在贮存罐、罐车等大型容器内，可燃性液体的表面，不允许存在不接地的导电性漂浮物。

四、煤气净化安全要求

1. 冷凝鼓风

（1）鼓风机。

1）鼓风机室应设置可燃气体检测装置。

2）鼓风机煤气吸入口的冷凝液出口与水封满流口中心高度差，不应小于 2.5m；初冷器冷凝液出口与水封槽液面高度差不应小于 2m。水封压力不应小于鼓风机的最大吸力。

3）蒸汽透平鼓风机应设置自动危急遮断器，蒸汽入口应有过滤器，紧靠入口的阀门前应安装蒸汽放散管，并有疏水器和放散阀，蒸汽调节阀应设旁通管，蒸汽冷凝器出入口的阀门不应关闭。清扫鼓风机前煤气管道时，同一时间内只准打开一个塞堵。

（2）电捕焦油器。

1）电瓷瓶周围宜用氮气保护，绝缘箱保温应采用自动控制。绝缘箱温度设自动报警并与电捕焦油器联锁停机。

2）应设连续式自动氧含量分析仪，并与电捕焦油器电源联锁。煤气含氧量超过 1.0%时报警，超过 2.0%自动断电。电捕焦油器位于鼓风机后时，应设泄爆装置。

3）变压器等电气设备，应有可靠的屏护。

4）因故敞开人孔或器内清理油渣时，应及时采取水冷却降温等安全措施，防止氧化剧烈情况下的硫化亚铁自燃。

5）当电捕焦油器遇到下列情况之一，自动断电装置失灵时，应立即手动断电：

① 煤气含氧量大于 2.0%；

② 绝缘箱温度低于 70℃（无氮气保护为 90℃）；

③ 煤气系统发生事故时。

2. 硫铵、粗轻吡啶及黄血盐生产

（1）硫铵。

1）硫酸高置槽应设液位的高位报警、联锁及满流管，满流管满流能力应大于进料能力；

槽下方应设置防漏围堰。

2）半直接法硫铵饱和器母液满流槽的液封高度，应大于鼓风机的全压。

3）半直接法饱和器生产时，不应用压缩气体往饱和器内加酸或从饱和器抽取母液。

4）间接法硫铵生产中，送酸气前，应检查确认饱和器酸气出口阀门处于开启状态。满流槽、回流槽、稠化器等产生尾气设施的装置应盖严，防止酸气外逸，引起中毒。

5）饱和器开工前，要先保证饱和器及其满流槽附水封槽液位达到满流。

6）除酸器排液管、饱和器满流管、硫酸高置槽满流管，应保持畅通。

7）硫铵系统的废气排风机和换气风机应在硫铵开工前 10min 投入正常运行，停工后 10min 停止运行，废气排风机、换气风机不能运行时不应开工生产。

8）浓硫酸输送应采用泵送或自流方式，不应使用压缩气体输送；不应使用蒸汽吹扫浓硫酸设备及管道。用浓硫酸配硫铵母液时，应缓慢调节流量，防止集中放热造成母液飞溅。

9）从满流槽捞酸焦油时，操作人员不应站在满流槽上，非操作人员不应靠近满流槽和酸焦油槽。

10）螺旋输送机应设盖板，设备运转时，不应开盖。

11）在酸、碱泵及其他介质易外泄的生产设施附近选择相对安全、方便的位置设置洗手盆、淋洗器、洗眼器。

（2）吡啶。

1）进入吡啶设备的管道，应设高度不小于 lm 的液封装置。

2）吡啶的生产、计量及储存装置应密闭，其放散管应导入鼓风机前的吸气管道，以保证吡啶装置处于负压状态；放散管应设置吹扫蒸汽管。

3）吡啶装桶处应设有通风装置和围堰，其地面应坡向集水坑。

4）吡啶产品的保管、运输和装卸，应防止阳光直射和局部加热，并应防止冲击和倾倒。

（3）黄血盐。

黄血盐吸收塔尾气通过冷凝器和气液分离器后，应导入鼓风机前负压管道，吸收塔进口管道上应装设防爆膜。需要开盖或长期停塔时，应采用降温或隔绝空气等措施以防止塔内硫化亚铁自燃。

3. 粗苯回收

粗苯区域应设明显的警告标志，中间槽应设液位计，并宜设高位报警装置，防止溢流。粗苯储槽应密封，并装设呼吸阀和阻火器，或采用其他排气控制措施。人孔盖和脚踏孔应有防冲击火花的措施。粗苯储槽阻火器、呼吸阀、人孔、放散管等金属附件应保持等电位连接，粗苯储槽应设在地上，不宜有地坑。

管式炉点火作业时，应双人配合作业，先用蒸汽吹扫，然后遵循“先送富油后点火，先点引火后送煤气”的原则。

4. 脱硫脱氰

（1）干法脱硫。

1）脱硫箱应设煤气安全泄压装置。

2）脱硫箱宜采用高架式，装卸脱硫剂应采用机械设备。

3）废脱硫剂应在当天运到安全场所妥善处理。

4）停用的脱硫箱拔去安全防爆塞后，当天不应打开脱硫剂排出孔。

5）未经严格清洗和测定，严禁在脱硫箱内动火。

（2）改良蒽醌二磺酸钠法脱硫。

1）应设溶液事故槽，其容积应大于脱硫塔和再生塔的溶液体积之和。

2）脱硫塔、再生塔和溶液槽等设备的内壁应进行防腐处理。

3）进再生塔的压缩空气管和溶液管，均应高于再生塔液面，且溶液管上应设防虹吸管或采取其他防虹吸措施。

4）再生塔与脱硫塔间的溶液管，应设U形管，其液面高度应大于煤气计算压力（以 mmH_2O 计）加500mm。

5）除沫器排水器的冷凝液排放管，应采用不锈钢制作，且无焊缝。

6）熔硫釜排放硫膏时，其周围严禁明火。

（3）T–H法脱硫。

1）进氧化塔的空气管液封应高于氧化塔的液面，防止溶液进入压缩空气机。

2）进氧化塔的溶液管液封应高于氧化塔的液面，并设防虹吸管。

3）吸收塔底部必须设溶液满流管。

（4）H.P.F法脱硫。

1）应设溶液事故槽，其容积应大于脱硫塔和再生塔的溶液体积之和。

2）脱硫塔、再生塔和反应槽等设备，宜采用不锈钢材质。

3）进再生塔的压缩空气管应高于再生塔液面。

4）再生塔与脱硫塔间的溶液管，应设U形管，其液面高度应大于煤气计算压力（以 mmH_20 计）加500mm。

5）生产过程中应控制压缩空气流量及压力，防止再生塔溢塔，泡沫槽溢流。

6）当采用压滤机生产硫膏时，压滤机的滤板不应随意拆卸，防止压滤机伸长杆伸长量超过最大值而伤人；当采用熔硫釜生产熔融硫时，其周围严禁明火。

7）添加催化剂应缓慢，防止溅出伤人。

8）压缩空气流量计检修时，先要泄压，防止颗粒喷出伤人。

（5）氨水（A–S）法脱硫。

1）脱酸蒸氨泵房应配备固定式或手持式有毒气体检测仪。

2）脱酸塔液相正常循环时，脱酸塔顶温度大于 40℃时，不宜打开其放散管，特殊情况下需要开关放散管时，应站在上风侧操作，防止中毒；脱酸塔不应形成负压。

5. 克劳斯法硫磺（含氮分解）及湿接触法硫酸

（1）克劳斯炉、氨分解炉点火前，应检查确认无泄漏，系统吹扫检测合格后方可点火，若点火失败，系统应再次吹扫并确认合格后方可再次点火。

（2）氨分解炉、克劳斯炉系统不应超温超压操作。加热用煤气和空气应设低压报警和自动停机联锁保护。废热锅炉内软水设定液位≥100mm。

（3）克劳斯炉装置停产时，应用加热气体吹扫，防止设备急剧冷却。硫封、硫槽等液硫设施周围不应有明火，切片机、硫管检修时，应确认管内无液硫，夹套管蒸汽放空。

（4）不应穿、戴易产生静电的衣物及带铁钉的鞋子进入成品室。

（5）焚烧炉突然灭火时，应立即打开酸气去荒煤气管道阀门，关闭入焚烧炉阀门，不应排放未经焚烧的气体。

（6）进入棒式过滤器作业，应采取可靠的安全措施，防止中毒或灼伤；吹扫过滤棒时，给汽应由小到大，身体避开易外漏部位，防止烫伤。

五、苯加氢安全要求

（1）莱托尔反应器的主要高温法兰，应设消防蒸汽喷射环，反应器器壁应涂变色漆，以便发现局部过热。主要设备及高温高压重要部位，应设有固定式可燃性气体检测仪。

（2）制氢还原态催化剂，不应接触空气及氧气，停工时应处于氮封状态。

（3）取样时应装好静电消除器，加热炉和改质炉烟道废气取样，应用防爆的真空泵。

（4）二硫化碳泵与其电气开关的距离，应大于15m。

（5）各系统应用氮气置换，经氮气保压气密性试验合格，其含氧量小于0.5%，方可开工。

（6）装置内火炬的高度，应使火焰的辐射热不致影响人身及设备的安全；火炬的顶部，应设长明灯或其他可靠的点火设施；距火炬筒30m范围内，严禁可燃气体放空；液体、低热值可燃气体、空气、惰性气、酸性气及其他腐蚀性气体，不应排入火炬系统；可燃气体放空管道在接入火炬前，应设置气液分离和阻火等设备，严禁可燃气体夹带可燃液体进入火炬燃烧；可燃气体放空管道内的凝结液，应密闭回收，不应随地排放。

六、煤焦油加工安全要求

1. 焦油蒸馏

（1）蒸馏釜旁的地板和平台，应用耐热材料制作，并应坡向燃烧室对面。

（2）管式炉二段泵出口，应设压力表和压力上限报警装置。

（3）焦油蒸馏应设事故放空槽，并经常保持空槽状态。

（4）洗涤厂房、泵房和冷凝室的地板、墙裙，以及蒸馏厂房地板，宜砌瓷砖或采取其他防腐措施。

2. 沥青冷却及加工

（1）不应采用直接在大气中冷却液态沥青的工艺。中温沥青冷却到200℃以下（改质沥青冷却到230℃以下），方可放入水池。

（2）沥青系统的蒸汽管道，应在进入系统的阀门前设疏水器。沥青高置槽有水时，禁止放入高温沥青。沥青高置槽下应设防止沥青流失的围堰。

（3）凡可能散发沥青烟气的地方，均应设烟气捕集净化装置，净化装置不能正常运行时，应停止沥青生产。

（4）不宜采用人工包装沥青，特殊情况下需要人工包装，应在夜间进行，并应采取防护措施。

3. 工业萘、精萘及萘酐生产

（1）萘的结晶制片包装及输送宜实现机械化，包装制品封口时宜有除尘装置。

（2）萘转鼓结晶机传动系统，螺旋给料器的传动皮带和皮带翻斗提升机，均应采取防静电积累的措施；若系皮带传动，应采用导电橡胶皮带。萘转鼓结晶机的刮刀应采用不发生火花的材料制作。

（3）萘蒸馏塔（釜）应设液面指示器和安全保护装置。

（4）热油泵室地面和墙裙应铺瓷砖，泵四周应砌围堰，堰内经常保持一定的水层。

（5）苊汽化器出口温度应按要求缓慢升温。苊汽化器、氧化器和薄壁冷凝冷却器，应设防爆膜。薄壁冷凝冷却器出口应设尾气净化装置。禁止氧化器熔盐泄漏。

（6）输送液体萘的管道，应有蒸汽夹套或蒸汽伴随管以及吹扫用的连接管，应采用氮气或蒸汽吹扫。

4. 粗酚、轻吡啶、重吡啶生产与加工

（1）分解酚盐时，加酸不应过快，若分解器内温度达 90℃，应立即停止加酸。

（2）粗酚、轻吡啶、重吡啶的蒸馏釜，应设有安全阀、压力表（或真空表）和温度计。

（3）轻吡啶的装釜操作，应在常温下进行。

（4）吡啶产品装桶的极限装满度，不应大于桶容积的 90%。酚、吡啶产品装桶处应设抽风装置。

（5）分解器和中和器应设放散管。

（6）酸槽应集中布置并设置防酸外溢和防泄漏的围堤。

5. 粗蒽、精蒽及蒽醌生产

蒽的结晶及输送宜实现机械化，并加以密闭。粗蒽生产中，严禁敞开溶解釜人孔加热。二蒽油配渣，应远离配渣槽进行；水分过大时，不应配渣。蒸发器运行时，严禁打开预热人孔盖。蒽醌生产中，热风温度不应超过 395℃，汇合温度不应高于热风温度。

6. 酚盐的二氧化碳分解和苛化生产

对二氧化碳分解装置中各设备的含酚排气，应设有专用排气洗净装置。酚精制装置生产现场应设有喷淋设备。

进入苛化反应槽的碳酸钠和生石灰输送设备，应设有紧急停止联锁装置。苛化装置中各粉尘物料输入装置，应设有过滤设备。

7. 洗油加工生产

进入容器内清渣，本体应与其他装置可靠切断并有防护措施及专人监护。接触酸物料的设备、管道及隔断阀类配件，应采用耐腐蚀材料制作。

七、检修作业安全要求

1. 易燃易爆区动火

易燃易爆区不宜动火，设备需要动火检修时，应尽量移动到动火区进行。

存在易燃易爆气体的设备、管道和容器动火，必须先办动火证。动火前，应与其他设备、管道可靠隔断，清除置换合格。合格标准（体积百分浓度）：爆炸下限大于 4%的易燃易爆气体，含量小于 0.5%；爆炸下限小于或等于 4%者，其含量小于 0.2%。

2. 在煤气、粗苯、焦油的设备、管道和容器内检修

（1）必须可靠地切断物料进出口，有毒物质的浓度必须小于允许值，同时含氧量应在 19.5%～23%（体积百分浓度）范围内。监护人不得少于 2 人。应备好防毒面具和防护用品，检修人员必须熟悉防毒面具的性能和使用方法。

（2）安全分析取样时间不得早于工作前半小时，工作中应每两小时重新分析一次，工作中断半小时以上也应重新分析。

(3）焦炉煤气设备和管道拆开之前，应用蒸汽、氮气或烟气进行吹扫和置换；拆开后应用水润湿并清除可燃渣。

(4）用蒸汽清扫可能积存有硫化物的塔器后，必须冷却到常温方可开启；打开塔底人孔之前，必须关闭塔顶油汽管和放散管。

3. 检修由鼓风机负压系统保持负压的设备

必须预先把通向鼓风机的管线堵上盲板。

4. 检修操作温度等于或高于物料自燃点的密闭设备

不得在停止生产后立即打开大盖或人孔盖。

5. 转动设备的清扫、加油、检修和内部检查

均必须停止设备运转，切断电源并挂上检修牌，方可进行。

6. 不得进行多层检修作业

特殊情况时，必须采取层间隔离措施。

7. 高处作业

必须系好安全带，作业点下部应采取措施，禁止人员通行和逗留。六级以上大风时，禁止高处作业。

8. 高处动火

应采取防止火花飞溅措施。

9. 夜间检修

必须有足够的照明。

10. 停产不用的塔器、容器、管线等

应清扫干净，并应打开放散管和隔断对外连接；报废不用的设备和管线，清扫干净后应立即拆除。

八、焦化生产事故预防措施

1. 防火防爆

一切防火防爆措施都是为了防止产生可燃（爆炸）性混合物或防止产生和隔离足够强度的活化能，以避免激发可燃性混合物发生燃烧、爆炸。为此，必须弄清可燃（爆炸）性混合物和活化能是如何产生的，以及防止其产生和互相接近的措施。

有些可燃（爆炸）性混合物的形成是难以避免的，如易燃液体贮槽上部空间就存在可燃（爆炸）性混合物。因此，在充装物料前，往贮槽内先充惰性气体（如氮），排出蒸气后才可避免上述现象发生。

2. 泄漏

泄漏是常见的产生可燃（爆炸）性混合物的原因。可燃气体、易燃液体和温度超过闪点的液体的泄漏，都会在漏出的区域或漏出的液面上产生可燃（爆炸）性混合物。造成泄漏的原因主要有两个：

一是设备、容器和管道本身存在漏洞或裂缝。有的是设备制造质量差，有的是长期失修、腐蚀造成的。所以，凡是加工、处理、生产或贮存可燃气体、易燃液体或温度超过闪点的可燃液体的设备、贮槽及管道，在投入使用之前必须经过验收合格。在使用过程中要定期检查其严密性和腐蚀情况。焦化厂的许多物料因含有腐蚀性介质，应特别注意设备的防腐处理，或采用防腐蚀的材料制造。

二是操作不当。由于疏忽或操作错误造成跑油、跑气事故很多。要预防这类事故的发生，除要求严格按标准化作业外，还必须采取防溢流措施。《焦化安全规程》规定，易燃、可燃液体贮槽区应设防火堤，防火堤内的容积不得小于贮槽地上部分总贮量的一半，且不得小于最大贮槽的地上部分的贮量。防火堤内的下水道通过防火堤处应设闸门。此闸门只有在放水时才打开，放完水即应关闭。

对可能泄漏或产生含油废水的生产装置周围应设围堰。

化产车间下水道应设水封井、隔油池等。

3. 放散

焦化厂许多设备都设有放散管，放散管放散的气（汽）体有的本身就是可燃（爆炸）性混合物，或放出后与空气混合成为可燃（爆炸）性混合物。各放散管应按所放散的气体、蒸汽种类分别集中净化处理后方可放散。放散有毒、可燃气体的放散管出口应高出本设备及邻近建筑物 4m 以上。可燃气体排出口应设阻火器。

4. 防尘与防毒

煤尘主要产生在煤的装卸、运输以及破碎粉碎等过程中，主要产尘点为煤场、翻车机、受煤坑、输送带、转运站以及破碎、粉碎机等处。一般煤场采用喷洒覆盖剂或在装运过程中采取喷水等措施来降低粉尘的浓度。输送带及转运站主要依靠安设输送带通廊、局部或整体密闭防尘罩等来隔离和捕集煤尘。

破碎及粉碎设备等产尘点应加强密闭吸风，设置布袋除尘、湿式除尘、通风集尘等装置来降低煤尘浓度。

在焦化厂，一氧化碳存在于煤气中，特别是焦炉加热用的高炉煤气中的一氧化碳含量在30%左右。焦炉的地下室、烟道通廊煤气设备多，阀门启闭频繁，极易泄漏煤气。所以，必须对煤气设备定期进行检查，及时维护，烟道通廊的贫煤气阀应保证其处于负压状态。

为了防止硫化氢、氰化氢中毒，应当设置脱硫、脱氰工艺设施。蒸氨系统的放散管应设在有人操作的下风侧。

模拟试题及考点

1. 在皮带机运行中可以做的事，下述中共有________件。

① 清理滚筒

② 更换机尾

③ 加油

④ 站在机架上铲煤

⑤ 取出挤住皮带的物料

A. 0　　B. 1　　C. 2　　D. 4

【考点】“一、备煤安全要求”。

2. 下述关于清扫煤塔的说法，正确的是________。

A. 清扫所需临时照明，应用16V的安全灯具

B. 下煤塔者，必须系好安全带，活动范围不可超过2m

C. 设专人在煤塔上下与煤车联系

D. 漏煤的排眼也要清扫

E. 清扫作业，应当由下而上进行

【考点】“一、备煤安全要求”。

3. 下述关于炼焦安全的要求中，不必要的是________。

A. 机焦两侧烟道走廊和室内煤气主管周围等处，严禁吸烟

B. 地下室应有效通风

C. 不应在烟道走廊和地下室带煤气抽、堵盲板

D. 从下喷管往下观看煤气道时，应佩戴防护眼镜

【考点】“二、炼焦安全要求”。

4. 下述关于干熄焦装置的设施和场所的要求中，________的叙述有误。

A. 系统在投产前和大修后均应进行气密性实验

B. 干熄焦装置的最低处，应设置风向仪和风速计

C. 干熄焦排出装置区域应通风良好

D. 干熄焦气体循环系统的锅炉出口，应设置防爆装置

【考点】“二、炼焦安全要求”。

5. 进入干熄炉、排出装置和循环系统内检查或作业前，应关闭放射线源快门，然后________。

① 人员携带一氧化碳和氧气浓度检测仪器及与外部联络的通信工具进入

② 检测放射源浓度、气体成分

③ 进行系统内气体置换

A. ②③①　　B. ②①③　　C. ③②①　　D. ①②③

【考点】“二、炼焦安全要求”。

6. 运行中检修干熄炉排出装置时，应佩戴________。

A. 防静电服和鞋　　B. 防酸碱腐蚀服装

C. 防辐射服　　D. 防毒面具或空气呼吸器

【考点】“二、炼焦安全要求”。

7. 关于化学精制的安全要求，下述中错误的是________。

A. 装卸车流速不得大于4.5m/s

B. 管式炉点火前，应确保炉内无爆炸性气体

C. 如管式炉炉内火焰突然熄灭，应增加煤气供应量

D. 油库区域的作业人员不应穿着易产生静电的服装

E. 在油库区域作业，不应使用易产生火花的工具

【考点】“三、化学精制安全要求”。

8. 冷凝鼓风电捕焦油器不允许在煤气含氧量超过________%时运行。

A. 1.5　　B. 2.0　　C. 2.5　　D. 3.0

【考点】“四、煤气净化安全要求”。

9. 硫铵系统的废气排风机和换气风机应在硫铵开工前________min 投入正常运行，停工后________min 停止运行。

A. 10，10　　B. 8，8

C. 6，6　　D. 5，5

【考点】“四、煤气净化安全要求”。

10. 粗苯回收管式炉点火作业的步骤是________。

A. 用蒸汽吹扫，送富油，点火，送煤气

B. 送富油，用蒸汽吹扫，点火，送煤气

C. 用蒸汽吹扫，送煤气，点火，送富油

D. 送煤气，送富油，用蒸汽吹扫，点火

【考点】“四、煤气净化安全要求”。

11. 改良蒽醌二磺酸钠法脱硫和 H.P.F 法脱硫，再生塔与脱硫塔间的溶液管，应设 U 形管，其液面高度应大于煤气计算压力（以 mmH_2O 计）加________mm。

A. 300　　B. 400　　C. 500　　D. 600

【考点】“四、煤气净化安全要求”。

12. 苯加氢各系统应用氮气置换，经氮气保压气密性试验合格，其含氧量小于________%，方可开工。

A. 0.3　　B. 0.5　　C. 0.8　　D. 1.0

【考点】“五、苯加氢安全要求”。

13. 距苯加氢系统的火炬筒________m 范围内，严禁可燃气体放空。

A. 10　　B. 20　　C. 30　　D. 40

【考点】“五、苯加氢安全要求”。

14. 中温沥青冷却到________℃以下（改质沥青冷却到 230℃以下），方可放入水池。

A. 240　　B. 220　　C. 210　　D. 200

【考点】“六、煤焦油加工安全要求”。

15. 下述关于煤焦油加工的说法，错误的是________。

A. 凡可能散发沥青烟气的地方，均应设烟气捕集净化装置

B. 输送液体萘的管道，可采用压缩空气吹扫

C. 与粗酚、吡啶生产有关的酸槽应设置防酸外溢和防泄漏的围堤

D. 蒽的输送宜实现机械化，并加以密闭

【考点】“六、煤焦油加工安全要求”。

16. 在易燃易爆气体的设备、管道和容器动火前，应清除置换合格。合格标准（体积百分浓度）是：爆炸下限大于4%的易燃易爆气体，含量小于________%；爆炸下限小于或等于4%者，其含量小于________%。

A. 0.8，0.5　　B. 0.7，0.4

C. 0.6，0.3　　D. 0.5，0.2

【考点】“七、检修作业安全要求”。

17. 在煤气、粗苯、焦油的设备、管道和容器内检修的安全要求十分严格，下述________中尚不符合要求。

A. 可靠地切断物料进出口

B. 有毒物质的浓度和含氧量在允许范围内

C. 至少设一名监护人

D. 戴好防毒面具

【考点】“七、检修作业安全要求”。

18. 在煤气、粗苯、焦油的设备、管道和容器内检修，安全分析取样时间不得早于工作前________min，工作中应每________h重新分析一次，工作中断________min以上也应重新分析。

A. 20，1.0，20　　B. 30，2.0，30

C. 40，2.0，30　　D. 30，3.0，40

【考点】“七、检修作业安全要求”。

19. 检修作业，在焦炉煤气设备和管道拆开之前，不应用________进行吹扫和置换。

A. 压缩空气　　B. 蒸汽　　C. 氮气　　D. 烟气

【考点】“七、检修作业安全要求”。

20. 《焦化安全规程》规定，易燃、可燃液体贮槽区应设防火堤，防火堤内的容积不得小于________，且不得小于最大贮槽的地上部分的贮量。

A. 贮槽总贮量　　B. 贮槽地上部分总贮量

C. 贮槽地下部分总贮量的1/2　　D. 贮槽地上部分总贮量的1/2

【考点】“八、焦化生产事故预防措施”。

21. 焦化生产中，放散有毒、可燃气体的放散管出口应高出本设备及邻近建筑物________m以上。

A. 2　　B. 3　　C. 4　　D. 5

【考点】“八、焦化生产事故预防措施”。

第四节 炼铁安全技术

一、高炉装料系统安全要求

1. 运入、储存与放料系统

储矿槽的结构应是永久性的、十分坚固的。各个槽的形状应该做到自动顺利下料，槽的倾角不应该小于 50°，以消除人工捅料的现象。金属矿槽应安装振动器。钢筋混凝土结构，内壁应铺设耐磨衬板；存放热烧结矿的内衬板应是耐热的。矿槽上必须设置隔栅，周围设栏杆，并保持完好。料槽应设料位指示器，卸料口应选用开关灵活的阀门，最好采用液压闸门。对于放料系统应采用完全封闭的除尘设施。

2. 原料输送系统

大多数高炉采用料车斜桥上料法，料车必须设有两个相对方向的出入口，并设有防水防尘措施。一侧应设有符合要求的通往炉顶的人行梯。卸料口卸料方向必须与胶带机的运转方向一致，机上应设有防跑偏、打滑装置。胶带机必须在停机后，方可进行检修、加油和清扫。

3. 顶炉装料系统

通常采用钟式向高炉装料。钟式装料以大钟为中心，有大钟、料斗、大小钟开闭驱动设备、探尺、旋转布料等装置组成。

采用高压操作必须设置均压排压装置。做好各装置之间的密封，特别是高压操作时，密封不良不仅使装置的部件受到煤气冲刷，缩短使用寿命，甚至会出现大钟掉到炉内的事故。料钟的开闭必须遵守安全程序。有关设备之间必须连锁，以防止人为的失误。

二、供水与供电安全要求

高炉是连续生产的高温冶炼炉，不允许发生中途停水、停电事故。

1. 供水系统安全技术

供水系统设有一定数量的备用泵；所有泵站均设有两路电源；设置供水的水塔，以保证柴油泵启动时供水；设置回水槽，保证在没有外部供水情况下维持循环供水；在炉体、风口供水管上设连续式过滤器；供、排水采用钢管以防破裂。

2. 供电安全技术

设置万一发生停电时的保安应急措施。

设置专用、备用的柴油机发电组。

计算机、仪表电源、事故电源和通讯信号均为保安负荷，各电器室和运转室应配紧急照明用的带铬电池荧光灯。

三、煤粉喷吹系统安全要求

高炉煤粉喷吹系统最大的危险是可能发生爆炸和火灾。

为了保证煤粉能吹进高炉又不致使热风倒吹入喷吹系统，应视高炉风口压力确定喷吹罐压力。混合器与煤粉输送管线之间应设置逆止阀和自动切断阀。喷煤风口的支管上应安装逆止阀。停止喷吹后，喷吹罐内、储煤罐内的储煤时间不能超过 8～12h。煤粉流速必须大于18m/s。罐体内壁应圆滑，曲线过渡，管道应避免有直角弯。

喷吹罐、储煤罐应有泄爆孔。

喷吹时，由于炉况不好或其他原因使风口结焦，或由于煤枪与风管接触处漏风使煤枪烧坏，这两种现象都能导致风管烧坏。因此，操作时应该经常检视，及早发现和处理。

四、高炉安全操作要求

1. 开炉操作

开炉前应做好如下工作：进行设备检查，并联合检查；做好原料和燃料的准备；制定烘炉曲线，并严格执行；保证准确计算和配料。

2. 停炉操作

停炉过程中，煤气的一氧化碳浓度和温度逐渐增高，再加上停炉时喷入炉内水分的分解，使煤气中氢浓度增加。为防止煤气爆炸，应：

（1）处理煤气系统，以保证该系统蒸气畅通。

（2）严防向炉内漏水。

（3）在停炉前，切断已损坏的冷却设备的供水，更换损坏的风渣口。

（4）利用打水控制炉顶温度在 400°～500°之间。

（5）停炉过程中要保证炉况正常，严禁休风。

（6）大水喷头必须设在大钟下；设在大钟上时，严禁开关大钟。

五、富氧鼓风安全要求

1. 一般规定

（1）氧气管道及设备的设计、施工、生产、维护，应符合 GB 16912《氧气及相关气体安全技术规程》的规定。

（2）连接富氧鼓风处，应有逆止阀和快速自动切断阀。

（3）吹氧系统及吹氧量应能远距离控制。

（4）氧气阀门应隔离，吹氧设备、管道以及工作人员使用的工具、防护用品，均不应有油污；使用的工具还应镀铜、脱脂。富氧房及院墙内不应堆放油脂和与生产无关的物品，吹氧设备周围不应动火。

2. 富氧

（1）高炉送氧、停氧，应事先通知富氧操作岗位，若遇烧穿事故，应果断处理，先停氧后减风。鼓风中含氧浓度超过 25%时，如发生热风炉漏风、高炉坐料及风口灌渣（焦炭），应停止送氧。

（2）正常送氧时，氧气压力应比冷风压力大 0.1MPa；否则，应通知制氧、输氧单位，立即停止供氧。

（3）在氧气管道中，干、湿氧气不应混送，也不应交替输送。

3. 富氧设施检修

（1）穿戴静电防护用品，不应穿化纤服装。

（2）检修吹氧设备动火前，应认真检查氧气阀门，确保不泄漏，应用干燥的氮气或无油的干燥空气置换，经取样化验合格（氧浓度不大于 23%），并经主管部门同意，方可施工。

（3）对氧气管道进行动火作业，应事先制定动火方案，办理动火手续，并经有关部门审批后，严格按方案实施。

（4）进入充装氧气的设备、管道、容器内检修，应先切断气源、堵好盲板，进行空气置换后经检测氧含量在 19.5%～23%范围内，方可进行。

（5）检修后和长期停用的氧气管道，应经彻底检查、清扫，确认管内干净、无油脂，方可重新启用。

六、荒煤气安全要求

煤气管道应维持正压，煤气闸板不应泄漏煤气。高炉煤气管道的最高处，应设煤气放散管及阀门，阀门的开关应能在地面或有关的操作室控制。

除尘器和高炉煤气管道，如有泄漏，应及时处理，必要时应减风常压或休风处理。除尘器的下部和上部，应至少各有一个直径不小于 0.6m 的人孔，并应设置两个出入口相对的清灰平台，其中一个出入口应能通往高炉中控室或高炉炉台。

除尘器应设带旋塞的蒸汽或氮气管头，其蒸汽管或氮气管应与炉台蒸汽包相联接，且不应堵塞或冻结。用氮气赶煤气后，应采取强制通风措施，直到除尘器内残余氮气符合要求，方可进入除尘器内作业。

高炉重力除尘器，其荒煤气入口的切断装置，应采用远距离操作。

除尘器的清灰，应采用湿式螺旋清灰机或管道输送。除尘器应及时清灰，清灰应经工长同意。

七、出铁、出渣安全要求

炉前工在进行高炉出铁、出渣工作时，应按时、按量除铁、除渣。

（1）砂口用以分离渣、铁，保证罐渣或水冲渣不进入铁水。

（2）在高炉工长的指挥下，按时、按进度出渣、出铁。

（3）掌握休风的要领，慎重操作。

（4）为了防止冲渣沟堵塞，渣沟坡度应大于 3.5%，不设直角弯，且沟不宜过长。

八、高炉煤气安全要求

（1）设计煤气管道时，必须考虑炉顶压力、温度和荒煤气对设备的磨损。

（2）为了降低煤气上升阻力，减少炉尘吹出，在炉管和下降管之间要有足够的高度。

（3）除尘器、洗涤塔、高炉炉顶设置的入口，要上下配置，以便打开入口后，使空气进行对流，减少煤气爆炸的危险。

（4）为防止煤气泄漏，高炉与热风炉砌耐火砖，炉体结构要严密，防止变形开裂。

（5）为防止煤气中毒与爆炸：

1）在一、二类煤气作业前必须通知煤气防护站的人员，并要求至少有2人以上进行作业。在一类煤气作业前还须进行空气中一氧化碳含量的检测，并佩带氧气呼吸器。

2）在煤气管道上动火时，须先取得动火票，并做好防范措施。

3）进入容器作业时，应首先检查空气中一氧化碳的浓度。作业时，除要求通风良好外，还要求容器外有专人进行监护。

九、高炉检修安全要求

高炉生产是连续进行的，任何非计划休风都属于事故。因此，应加强设备的检修工作，尽量缩短休风时间。

检修热风炉临时架设的脚手架，检修完毕应立即全部拆除。在炉子、管道、贮气罐、磨机、除尘器或料仓等的内部检修，应严格执行有限空间作业票据管理，检测空气的质量是否符合要求，以防煤气中毒和窒息。并应派专人核查进出人数，如果出入人数不相符，应立即查找、核实。

1. 炉体检修

大修时，炉体砌筑应按设计要求进行。采用爆破法拆除炉墙砖衬、炉瘤和死铁层，应遵守爆破安全有关规定。应清除炉内残物。拆除炉衬时，不应同时进行炉内扒料和炉顶浇水。入炉扒料之前，应测试炉内空气中一氧化碳的浓度是否符合作业的要求，并采取措施防止落物伤人。

2. 炉顶设备检修

检修料斗应计划休风，应事先切断煤气，保持通风良好。工作环境中一氧化碳浓度超过50×10^{-6}时，工作人员应佩戴防护用具，还应连续检测CO含量。休风进入炉内作业或不休风在炉顶检修时，应有煤气防护人员在现场监护。更换炉喉砖衬时，应卸下送风吹管，堵严风口。

串罐式无料钟炉顶设备的检修：进罐检修设备和更换炉顶布料溜槽等，应可靠切断煤气、氮气源，采用安全电压照明，检测CO、O_2的浓度，并制定可靠的安全措施。检修人员应事先与高炉及岗位操作人员取得联系，经同意并办理相关手续方可进行检修。检修人员应佩戴安全带和防毒面具。检修时，应用煤气报警测试仪检测CO浓度是否在安全范围内；检修的全过程，罐外均应有专人监护。

3. 热风炉检修

检修热风炉时，应用盲板或其他可靠的切断装置防止煤气从邻近煤气管道窜入，并严格执行操作牌制度；煤气防护人员应在现场监护。

进行热风炉内部检修、清理时，煤气管道应用盲板隔绝，除烟道阀门外的所有阀门应关死，并切断阀门电源。炉内应通风良好，一氧化碳浓度应在24×10^{-6}以下，含氧量应在19.5%～23%（体积浓度）之间，每2h应分析一次气体成分。

修补热风炉隔墙时，应用钢材支撑好隔棚，防止上部砖脱落。热风管内部检修时，应打开人孔，严防煤气热风窜入；应严格执行作业票、操作牌制度；煤气防护人员应在现场监护。

4. 除尘器检修

检修除尘器时，应处理煤气并执行操作牌制度，至少由2人进行；应有煤气防护人员在现场监护。应防止邻近管道的煤气窜入除尘器，并排尽除尘器内灰尘，保持通风良好。固定好检修平台和吊盘。清灰作业应自上而下进行，不应掏洞。检修清灰阀时，应用盲板堵死灰口，切断电源，并有煤气防护人员在场监护。清灰阀关不严时，应减风后处理，必要时休风。

5. 摆动溜嘴检修

检修作业负责人应与岗位操作工取得联系，索取操作牌，悬挂停电牌，停电并经确认后方可进行检修。检修中不应盲目乱割、乱卸；吊装溜嘴应有专人指挥，并明确规定指挥信号；指挥人员不应站在被吊物上指挥。在摆动支座上作业，应佩戴安全带。钢丝绳受力时，应检查卸扣受力方向是否正确。

6. 铁水罐检修

检修铁水罐，应在专用场地或铁路专线一端进行，检修地点应有起重机械。修罐时，电源线应采用软电缆。修罐地点以外 15m 应设置围栏和标志。两罐间距离应不小于 2m。重罐不应进入修罐场地和修罐专用线。修罐坑（台）应设围栏。罐坑（台）与罐之间的空隙，应用坚固的垫板覆盖。罐坑内不应有积水。待修罐的内部温度，不应超过 40℃。砖衬应从上往下拆除，可喷水以减少灰尘。修罐时，罐内应通风良好，冬季应有防冻措施。距罐底 1.5m 以上的罐内作业，应有台架及平台，采用钩梯上下罐。罐砌好并烘干，方可交付使用。

十、炼铁生产事故预防措施

预防煤气中毒的主要措施是提高设备的完好率，尽量减少煤气泄漏；在易发生煤气泄漏的场所安装煤气报警器；进行煤气作业时，煤气作业人员佩带便携式煤气报警器，并派专人监护。

预防炉前烫伤事故的措施：提高装备水平，作业人员要穿戴防护服。

原料场、炉前要采取防止车辆伤害和机具伤害的措施。

烟煤粉尘制备、喷吹系统，当烟煤的挥发分超过 10%时，可发生粉尘爆炸事故。为了预防粉尘爆炸，采用喷吹混合煤的方法来降低挥发分的含量，采取控制磨煤机的温度、控制磨煤机和收粉器中空气的氧含量等措施。

模拟试题及考点

1. 进入与煤气有关的设备、容器内部检修需要做好的几件事中，________的叙述有误。

A. 切断煤气，或用盲板隔绝

B. 进行气体置换

C. 检测气体成分，一氧化碳浓度应在 30×10^{-6} 以下，含氧量应在 18%～22%

D. 确保通风良好，一氧化碳浓度较高时人员佩戴防毒面具

E. 煤气防护人员应在现场监护

【考点】炼铁安全要求。

2. 下列对高炉装料、供水、供电系统的要求，________的叙述有误。

A. 顶炉装料系统高压操作时，各装置之间应密封良好

B. 考虑到可能的人为失误，顶炉装料系统有关设备之间应当隔绝

C. 设置供水的水塔和回水槽，避免中途停水

D. 设置专用、备用的柴油机发电组

【考点】“一、高炉装料系统安全要求”和“二、供水与供电安全要求”。

3. 高炉煤粉喷吹系统最大的危险是可能发生________事故。

A. 起重伤害　　B. 灼伤　　C. 高处坠落　　D. 爆炸与火灾

【考点】“三、煤粉喷吹系统安全要求”

4. 高炉煤粉喷吹系统的________应设有泄爆孔。

A. 喷吹罐　　B. 混合器　　C. 煤粉输送管线　　D. 能源介质管线

【考点】“三、煤粉喷吹系统安全要求”。

5. 关于对高炉煤粉喷吹系统的安全要求，________的叙述有误。

A. 为了保证煤粉能吹进高炉又不致使热风倒吹入喷吹系统，应视高炉风口压力确定喷吹罐压力

B. 煤粉流速必须大于10m/s

C. 罐体内壁应圆滑，曲线过渡，管道应避免有直角弯

D. 储煤罐应有泄爆孔

【考点】“三、煤粉喷吹系统安全要求”。

6. 为防止停炉过程中煤气爆炸，不应________。

A. 保证煤气系统蒸气畅通

B. 严防向炉内漏水

C. 在停炉前，切断已损坏的冷却设备的供水

D. 通过打水控制炉顶温度在400°～500°之间

E. 停炉过程中适时休风

【考点】“四、高炉安全操作要求”。

7. 连接富氧鼓风处，应设有________和快速自动切断阀。

A. 闸阀　　B. 逆止阀　　C. 球阀　　D. 蝶阀

【考点】“五、富氧鼓风安全要求”

8. 富氧过程中，________情况下不必停止供氧。

A. 遇烧穿事故

B. 鼓风中含氧浓度为20%时，发生热风炉漏风

C. 鼓风中含氧浓度超过25%时，发生风口灌渣（焦炭）

D. 正常送氧时，氧气压力比冷风压力大0.2MPa

【考点】“五、富氧鼓风安全要求”。

9. 检修富氧鼓风的吹氧设备动火前应做的事中，下述________有误。

A. 认真检查氧气阀门，确保不泄漏

B. 用干燥的氮气或无油的干燥空气置换

C. 取样化验，氧浓度不大于30%

D. 依规办理《动火安全作业证》

【考点】“五、富氧鼓风安全要求”。

10. 关于荒煤气的安全要求，下述________有误。

A. 煤气管道应维持负压

B. 煤气闸板不应泄漏

C. 高炉煤气管道的最高处，应设煤气放散管

D. 如除尘器或高炉煤气管道有泄漏，必要时可减风常压或休风

【考点】“六、荒煤气安全要求”。

11. 关于出铁、出渣的安全要求，下述________有误。

A. 用砂口分离渣、铁，保证罐渣或水冲渣不进入铁水

B. 在高炉工长的指挥下，按时、按进度出渣、出铁

C. 渣沟坡度应小于3.5%

D. 渣沟不设直角弯

【考点】“七、出铁、出渣安全要求”。

12. 炼铁生产中属于一类煤气作业的是________。

A. 炉顶清灰　　B. 煤气取样　　C. 原料矿仓清料　　D. 出渣作业

【考点】“八、高炉煤气安全要求”

13. 从事一类煤气作业的安全要求，不包括________。

A. 作业前通知煤气防护站的人员　　B. 作业前检测空气中二氧化碳含量

C. 至少有2人以上进行作业　　D. 佩带氧气呼吸器

【考点】“八、高炉煤气安全要求”。

14. 检修炉顶料斗，当工作环境中一氧化碳浓度超过________$\times10^{-6}$时，工作人员应佩戴防护用具。

A. 40　　B. 50　　C. 60　　D. 70

【考点】“九、高炉检修安全要求”。

15. 烟煤粉尘喷吹系统常采用喷吹混合煤的方法，目的是将烟煤的挥发分的含量降低到________%以下。

A. 5　　B. 10　　C. 15　　D. 20

【考点】“十、炼铁生产事故预防措施”。

第五节 炼钢安全技术

一、与原材料有关的安全要求

1. 散状材料

入炉物料应保持干燥；具有爆炸和自燃危险的物料，如镁粉、煤粉、直接还原铁（DRI）等应贮存于密闭贮仓内，必要时用氮气保护；存放设施应按防爆要求设计，并禁火、禁水；地下料仓的受料口，应设置格栅板。

采用 CaC_2 与镁粉作脱硫剂时，泄压时排出的粉尘应回收；该区域应防水、防火。CaC_2 仓附近区域，应设乙炔检测和报警装置。

CaC_2 与镁粉着火时，应采用干碾磨氮化物熔剂、石棉毡、干镁砂粉等灭火，不应使用水、四氯化碳、泡沫灭火器及河沙等灭火。

采用 Na_2CO_3 作脱硫粉剂时，应做好设备的防护，其粉尘中的 Na_2CO_3，应回收利用。

2. 废钢及其配料间与废钢堆场

（1）废钢。

可能存在放射性危害的废钢，不应进厂；进厂的社会废钢，应进行分选，拣出有色金属件、易燃易爆及有毒等物品；对密闭容器应进行切割处理；废钢应按来源、形态、成分等分类、分堆存放；人工堆料时，地面以上料堆高度不应超过 1.5m。

（2）废钢配料间与废钢堆场。

废钢配料作业直接在废钢堆场进行的，废钢堆场应部分带有房盖，以供雨、雪天配料。混有冰雪与积水的废钢，不应入炉。

废钢配料间或废钢堆场进料火车线与横向废钢运输渡车线相交时，火车线入口应设允许进车的信号装置，当渡车在废钢区运行时，火车不应进入。

废钢装卸作业时，电磁盘或液压抓斗下不应有人。

3. 铁水

铁水运输应用专线，不应与其他交通工具混行。

向混铁炉兑铁水时，铁水罐口至混铁炉受铁口（槽），应保持一定距离；混铁炉不应超装，当铁水面距烧嘴达 0.4m 时，不应兑入铁水；混铁炉出铁时，应发出声响讯号；混铁炉在维修或炉顶有人或受铁水罐车未停到位时，不应倾动；当冷却水漏入混铁炉时，应待水蒸发完毕方可倾炉。

混铁车倒罐站倒罐时，应确保混铁车与受铁坑内铁水罐车准确对位；混铁车出铁至要求的量并倾回零位后，铁水罐车方可开往吊包工位。

混铁炉与倒罐站作业区地坪及受铁坑内，不应有水。

二、氧气转炉炼钢安全要求

1. 设备设施要求

（1）转炉。

150t 以下的转炉，最大出钢量应不超过公称容量的 120%，转炉氧枪与副枪升降装置，应配备钢绳张力测定、钢绳断裂防坠、事故驱动等安全装置。各枪位停靠点，应与转炉倾动、氧气开闭、冷却水流量和温度等联锁。转炉氧枪供水，应设置电动或气动快速切断阀。氧气阀门站至氧枪软管接头的氧气管，应采用不锈钢管，并应在软管接头前设置长 1.5m 以上的铜管。

（2）与煤气有关的设施。

转炉炉子跨炉口以上的各层平台，宜设煤气检测与报警装置；煤气的回收与放散，应采用自动切换阀，若煤气不能回收而向大气排放，烟囱上部应设点火装置；转炉煤气回收系统，应合理设置泄爆、放散、吹扫等设施。

（3）起重设备。

铁水罐、钢水罐龙门钩的横梁、耳轴销和吊钩、钢丝绳及其端头固定零件，应定期进行检查，发现问题及时处理。定期对吊钩本体作超声波探伤检查。

吊运重罐铁水、钢水或液渣，应使用带有固定龙门钩的铸造起重机，铸造起重机额定能力应符合 GB 50439—2015 的规定。

2. 生产操作安全要求

（1）基本要求。

1）炉前、炉后平台不应堆放障碍物。转炉炉帽、炉壳、溜渣板和炉下挡渣板、基础墙上的粘渣，应经常清理，确保其厚度不超过 0.1m。

2）废钢配料，应防止带入爆炸物、有毒物或密闭容器。废钢料高不应超过料槽上口。转炉留渣操作时，应采取措施防止喷渣。

3）起重机吊运重罐铁水之前应验证制动器是否可靠，应确认挂钩挂牢；起吊时，人员应站在安全位置，并尽量远离起吊地点。不应在兑铁水作业开始之前先挂上倾翻铁水罐的小钩。兑铁水时炉口不应上倾。

4）重铁水罐不能挂在空中长时间等待，在炼钢平台等待时，罐要落至距平台面 0.5m 处。很多钢厂要求吊运等待的铁水包不得上冶炼平台。

5）转炉炉子跨炉口以上的各层平台，人员不应长时间停留，以防煤气中毒。

6）新炉、停炉进行维修后开炉及停吹 8h 后的转炉，开始生产前均应按新炉开炉的要求进行准备。

（2）操作要求。

1）倾动转炉时，操作人员应检查确认各相关系统与设备无误；测温取样倒炉时，不应快速摇炉；倾动机械出现故障时，不应强行摇炉。

2）倒炉测温取样和出钢时，人员应避免正对炉口。

3）采用氧气烧出钢口时，手不应握在胶管接口处。火源不应接近氧气阀门站。人员进入氧气阀门站不应穿钉鞋。油污或其他易燃物不应接触氧气阀及管道。

4）转炉吹氧期间发生以下情况，应及时提枪停吹：氧枪冷却水流量、氧压低于规定值，出水温度高于规定值，氧枪漏水，水冷炉口、烟罩和加料溜槽口等水冷件漏水。吹炼期间发现冷却水漏入炉内，应立即停吹，并切断漏水件的水源；转炉应停在原始位置不动，待确认漏入的冷却水完全蒸发，方可动炉。

5）转炉留渣操作时，应采取措施防止喷渣。

6）转炉生产期间需到炉下区域作业时，应通知转炉控制室停止吹炼，并不得倾动转炉。无关人员不应在炉下通行或停留。炉下钢水罐车及渣车轨道区域（包括漏钢坑），不应有水和堆积物。

三、转炉煤气回收与净化的安全要求

转炉煤气活动烟罩或固定烟罩应采用水冷却，罩口内外压差保持稳定的微正压。烟罩上的加料孔、氧枪、副枪插入孔和料仓等应密封充氮，保持正压。

转炉煤气回收设施应设充氮装置及微氧量和一氧化碳含量的连续测定装置。当煤气含氧量超过2%或煤气柜位高度达到上限时应停止回收。

转炉煤气抽气机应一炉一机，放散管应一炉一个，并应间断充氮，不回收时应点燃放散。

采用干法净化的系统，排灰装置必须保持严密。

煤气回收净化系统应采用两路电源供电。

转炉煤气电除尘器入口、出口管道应设可靠的隔断装置；电除尘器应设有当转炉煤气含氧量达到1%时，能自动切断电源的装置、放散管及泄爆装置。

四、电炉炼钢安全要求

1. 设备设施要求

（1）30t及其以上的电炉，均应采用高架式布置，并采用钢水罐车出钢。

（2）氧气阀门站至氧燃烧咀和碳氧喷枪的氧气管线，应采用不锈钢制作，并应在软管接头前焊接长1.5m以上的铜管。

（3）采用煤气烧咀时，应设置煤气低压报警及与之联锁的快速切断阀等防回火设施，还应设置煤气吹扫与放散设施。

（4）直流电弧炉水冷钢棒式底电极，应有温度检测装置；应采用喷淋冷却方式，避免采用有压排水方式。炉底冷却水管，应悬挂设置，不应采用落地管线，以防漏钢时酿成爆炸事故。

（5）电炉炉顶维护平台应设安全门，人员进入时，安全门开启，电极电流断开，电炉不会倾动，炉盖不会旋转。

（6）采用铁水热装工艺的电炉，应能正确控制兑铁水小车的停车位和铁水罐倾动的速度与位置，防止造成跑铁事故。

（7）电极连接站，应设置可靠的防护设施，以防红热电极灼伤人员或损坏周围设施。

（8）电炉车间吊运废钢料篮的加料吊车，应采用双制动系统。

2. 生产操作安全要求

（1）电炉开炉前应认真检查，确保各机械设备及联锁装置处于正常的待机状态，各种介质处于设计要求的参数范围，各水冷元件供排水无异常现象，供电系统与电控正常，工作平台整洁有序无杂物。

（2）电极通电应建立联系确认制度，先发信号，然后送电；引弧应采用自动控制，防止短路送电。

（3）电炉吹氧喷碳粉作业，应加强监控。当泡沫渣升至规定高度时，应停止喷碳粉。水冷氧枪应设置极限位，以确保氧枪与钢液面间的安全距离。氧燃烧咀开启时应先供燃料，点火后再供氧；关闭时应先停止供氧，再停止供燃料。

（4）炉前热泼渣操作，应防止洒水过多，避免积水。

（5）电炉通电冶炼或出钢期间，人员应处于安全位置，不应登上炉顶维护平台，不应在短网下和炉下区域通行。电炉冶炼期间发生冷却水漏入熔池时，应断电、升起电极，停止冶炼、炉底搅拌和吹氧，关闭烧嘴，并立即处理漏水的水冷件，不应动炉，直至漏入炉内的水蒸发完毕，方可恢复冶炼。

（6）正常生产过程中，应经常清除炉前平台流渣口和出钢区周围构筑物上的粘结物。粘结物厚度应不超过 0.1m，以防坠落伤人。

（7）设在密闭室内的氮、氩炉底搅拌阀站，应加强维护，发现泄漏及时处理；并应配备排风设施，人员进入前应排风，确认安全后方可入内，维修设备时应始终开启门窗与排风设施。

五、炉外精炼安全要求

1. 设备设施要求

（1）VOD 与 RH–KTB 等真空吹氧脱碳精炼装置、蒸汽喷射真空泵的水封池应密闭，并设风机与排气管，排气管应高出厂房 2～4m。所在区域应设置“警惕煤气中毒”、“不准停留”等警示牌。

（2）LF 与 RH 电加热的供电设施，电极与炉盖提升机械应有可靠接地装置；若 RH 与 RH–KTB 采用石墨电阻棒加热真空罐，真空罐应有可靠接地装置。RH 装置的钢水罐或真空罐升降液压系统，应设手动换向阀装置。

蒸汽喷射真空泵的喷射器，应包裹隔声层，废气排出口与蒸汽放散口应设消声器。

（3）喂丝线卷放置区，宜设置安全护栏；从线卷至喂丝机，凡线转向运动处，应设置必要的安全导向结构。

2. 生产操作安全要求

（1）应控制炼钢炉出钢量，防止溢钢。

（2）维护好精炼钢包上口，防止包口粘结物过多。

（3）氩气底吹搅拌装置应根据工艺要求调节搅拌强度，防止溢钢。

（4）精炼过程中发生漏水事故，应立即终止精炼；若冷却水漏入钢包，应立即切断漏水件的水源，钢包应静止不动，人员撤离危险区域，待钢液面上的水蒸发完毕方可动包。精炼期间，人员不得在钢包周围行走和停留。

（5）炉外精炼区域与钢水罐运行区域的地坪不得有水或潮湿物品。

（6）吊运满包钢水或红热电极，应有专人指挥；吊放钢包应检查确认挂钩、脱钩可靠，方可通知司机起吊。人工往精炼钢包投加合金与粉料时，应防止液渣飞溅或火焰外喷伤人。

（7）喷粉管道发生堵塞时，应立即关闭下料阀，并在保持引喷气流的情况下，逐段敲击管道，以消除堵塞。若需拆检，应先将系统泄压。

（8）向钢水喂丝时，线卷周围 5m 以内不应有人。

六、钢水浇注安全要求

1. 钢包准备

新砌或维修后的钢包，应经烘烤干燥方可使用。

热修包时，包底及包口粘结物应清理干净。更换氩气底塞砖与滑动水口滑板，应正确安装，并检查确认。新装滑动水口或更换滑板后，应经试验确认动作可靠方可交付使用。采用气力弹簧的滑板机构，应定期校验，及时调整其作用力。滑动水口引流砂应干燥。

2. 模铸

（1）浇注。

1）浇注前应详细检查滑动水口及液压油路系统。

2）开浇和烧氧时应预防钢水喷溅，水口烧开后，应迅速关闭氧气；浇注钢锭时，钢水罐不应在中心注管或钢锭模上方下落；使用凉铸模浇注或进行软钢浇注时，应时刻提防钢水喷溅伤人；出现钢锭模或中注管漏钢时，不应浇水或用湿砖堵钢。

3）正在浇注时，不应往钢水包内投料调温；指挥摆罐的手势应明确；大罐最低部位应高于漏斗砖 0.15m；浇注中移罐时，操作者应走在钢水罐后面；不应在有红锭的钢锭模沿上站立、行走和进行其他操作；取样时工具应干燥，人员站位应适当，样模钢水未凝固不应取样。

4）浇注后倒渣，人员应处于安全位置，倒渣区地面不得有水或潮湿物品，其周围应设防护板。

（2）整模。

应经常检查钢锭模、底盘、中心注管和保温帽，发现破损和裂纹，应修复达标后使用，或按报废标准报废。安放模子及其他物体时，应等起重机停稳、物体下落到离工作面不大于 0.3m，方可上前校正物体位置和放下物体。钢锭模应冷却至 200℃左右，方可处理。列模、列帽应放置整齐，并检查确认无脱缝现象。

3. 连铸

（1）设施要求。

1）大包回转台旋转时，包括钢包的运动设备与固定构筑物的净距，应大于 0.5m。大包回转台应配置安全制动与停电事故驱动装置。

2）对大包回转台传动机械、中间罐车传动机械、大包浇注平台，以及易受漏钢损伤的设备和构筑物，应采取防护措施。

3）连铸浇注区，应设事故钢水包、溢流槽、中间溢流罐。

4）新结晶器和检修后的结晶器，应进行水压试验，在安装合格的结晶器之前应暂时封堵进出水口。

5）采用煤气、乙炔和氧气切割铸坯时，应安装煤气、乙炔和氧气的快速切断阀；在氧气、乙炔和煤气阀站附近，不应吸烟和有明火，并应配备灭火器材。

（2）操作要求。

1）浇注之前，应检查确认设备处于良好待机状态，各介质参数符合要求。仔细检查结晶器，其内表面应干净并干燥。引锭杆头送入结晶器时，正面不应有人。仔细填塞引锭头与结晶器壁的缝隙，按规定放置冷却废钢等物料。浇注准备工作完毕，拉矫机正面不应有人，以防引锭杆滑下伤人。

2）发现使用中的结晶器及其上口有渗水现象，不应浇注。出现结晶器冷却水减少报警时，应立即停止浇注。

3）钢包或中间罐滑动水口开启时，滑动水口正面不应有人，以防滑板窜钢伤人。

4）浇注中发生漏、溢钢事故，应关闭该铸流。

5）输出尾坯时（注水封顶操作），人员不应面对结晶器。浇注完毕，待结晶器内钢液面凝固，方可拉下铸坯。

6）引锭杆脱坯时，应有专人监护，确认坯已脱离方可离开。切割机开动时，机上不应有人。修磨钢锭（坯）时，应戴好防护用具。

7）大包回转台（旋转台）回转过程中，旋转区域内不应有人。

8）二次冷却区不应有人。

七、修炉安全要求

1. 拆炉

拆炉前，全面清除炉口、炉体、汽化冷却装置、烟道口烟罩、溜料口、氧枪孔和挡渣板等周围的残钢和残渣。

采用拆炉机拆转炉期间，人员不应在炉下区域通行与停留。

采用风镐拆电炉时，作业人员应佩戴护目镜等防护装备，并注意站位，防止落砖伤人。

2. 修炉

修炉之前，应切断氧气，堵好盲板，移开氧枪；切断炉子倾动和氧枪横移电源；关闭汇总散状料仓并切断气源；炉口应支好安全保护棚；将炉体倾动制动器锁定；在作业的炉底车、修炉车两侧设置轨道铁，切断钢包车和渣车的电源。应认真执行停电、挂牌制度。

修炉时，砌炉地点周围不应有人。采用上修法时，活动烟道移开后，固定烟道下方应设置盲板。采用复吹工艺时，检修前应将底部气源切断，并采取隔离措施。

八、炼钢生产安全事故的预防措施

1. 化学反应引起喷溅与爆炸的预防

（1）原因。

炼钢炉、钢水罐、钢绽模内的钢水因化学反应引起喷溅与爆炸的原因：冷料加热不好；精炼期的操作温度过低或过高；炉膛压力大或瞬时性烟道吸力低；碳化钙水解；钢液过氧化增碳；留渣操作引起大喷溅。

（2）安全对策。

增大热负荷，使炼钢炉的加热速度适应其加料速度；避免炉料冷冻和过烧（炉料基本熔化）；按标准 C–T 曲线操作，取钢样分析成分；采用先进的自动调节炉膛压力系统；安装自动报警装置；增大炼钢炉排除烟道烟气通风机的能力；禁止使用留渣操作法；用密闭容器储运电石粉。

2. 氧枪系统事故预防

（1）弯头或变径管燃爆事故及预防。

氧枪上部的氧管弯道或变径管由于流速大，局部阻力损失大，如管内有渣或脱脂不干净时，容易诱发高纯、高压、高速氧气燃爆。

应通过改善设计、防止急弯、减慢流速、定期吹管、清扫过滤器、完善脱脂等手段来避免事故的发生。

（2）回火燃爆事故及预防。

低压用氧引起氧管负压、氧枪喷孔堵塞，导致由高温熔池产生的燃气倒罐回火，发生燃爆事故。

多个炉子用氧时，不要抢着用氧。应严密监视氧压，一旦氧压降低要采取紧急措施，并立即上报；要及时检查，发现氧枪喷孔堵塞及时处理。

（3）汽阻爆炸事故及预防。

因操作失误会造成氧枪回水不通，枪内积水在熔池高温中汽化，阻止高压水进入。当氧枪内的蒸气压力高于枪壁强度极限时发生爆炸。如冷却水不能及时停水，冷却水可能进入熔池而引发更严重的爆炸。因此氧枪的冷却水回水系统要装设流量表，吹氧作业时要严密监视回水情况。

3. 钢、铁、渣灼伤事故预防

（1）灼伤发生的原因。

设备遗漏，如炼钢炉、钢水罐、铁水罐、混铁炉等满溢；铁、钢、渣液遇水发生物理化学爆炸及二次爆炸；过热蒸汽管线穿漏或裸露；改变平炉炉膛的火焰和废气方向时喷出热气或火焰；违反操作规程。

（2）安全对策。

定期检查、检修炼钢炉、钢水罐、铁水罐、混铁炉等设备；改善安全技术规程，并严格执行；搞好个人防护；容易漏气的法兰、阀门要定期更换。

4. 起重运输事故预防

（1）事故类型：起吊物坠落伤人，起吊物相互碰撞，铁水和钢水倾翻伤人，车辆撞人等。

（2）安全对策：厂房设计时考虑足够的空间；革新设备，加强维护；特种设备管理要符合相关法规的要求；提高工人的操作水平；严格遵守安全操作规程。

5. 熔融物遇水爆炸事故预防

钢水、铁水、钢渣以及炼钢炉炉底的熔渣都是高温熔融物，与水接触就会发生爆炸。炼钢厂因为熔融物遇水爆炸的情况主要有：转炉、平炉氧枪，转炉的烟罩，连铸机的结晶器的高、中压冷却水大漏，穿透熔融物而爆炸；炼钢炉、精炼炉、连铸结晶器的水冷件因为回水堵塞，造成继续受热而爆炸；炼钢炉、钢水罐、铁水罐、中间罐、渣罐漏钢、漏渣及倾翻时发生爆炸；往潮湿的钢水罐、铁水罐、中间罐、渣罐中盛装钢水、铁水、液渣时发生爆炸；向有潮湿废物及积水的罐坑、渣坑中放热罐、放渣、翻渣时引起爆炸；向炼钢炉内加入潮湿料时引起爆炸；铸钢系统漏钢与潮湿地面接触发生爆炸。

防止熔融物遇水爆炸的主要措施是，对冷却水系统要保证安全供水，水质要净化，不得泄漏；物料、容器、作业场所必须干燥。

模拟试题及考点

1. 具有爆炸和自燃危险的物料如镁粉、煤粉等的贮存，________尚不能满足要求。

A. 贮存于有遮雨的贮仓内　　B. 必要时用氮气保护

C. 存放设施应按防爆要求设计　　D. 禁火、禁水

【考点】“一、与原材料有关的安全要求”。

2. CaC_2与镁粉着火时，可采用________灭火。

A. 水　　B. 泡沫灭火器　　C. 石棉毡　　D. 河沙

【考点】“一、与原材料有关的安全要求”。

3. 关于对废钢的处置，________的叙述有误。

A. 可能存在放射性危害的废钢，不应进厂

B. 对进厂的废钢进行分选，拣出有色金属件、易燃易爆及有毒等物品

C. 对密闭容器应进行捣碎处理

D. 废钢应按来源、形态、成分等分类、分堆存放

E. 人工堆料时，地面以上料堆高度不应超过 1.5m

【考点】“一、与原材料有关的安全要求”。

4. 氧气转炉各枪位停靠点，应与除________之外的功能、状态或参数联锁。

A. 转炉倾动　　B. 氧气开闭

C. 冷却水流量和温度　　D. 煤气回收系统的泄爆

【考点】“二、氧气转炉炼钢安全要求”。

5. 转炉吹氧期间，________情况下不应提枪停吹。

A. 氧枪冷却水流量、氧压低于规定值

B. 出水温度低于规定值

C. 水冷炉口、烟罩和加料溜槽口等水冷件漏水

D. 氧枪漏水

【考点】“二、氧气转炉炼钢安全要求”。

6. 应定期对氧气转炉起重设备的吊钩本体作________。

A. 磁粉检测　　B. 超声波检测　　C. 渗透检测　　D. 涡流检测

【考点】“二、氧气转炉炼钢安全要求”。

7. 下述关于氧气转炉炼钢的几个“不应”，错误的是________。

A. 不应在兑铁水作业开始时才挂上倾翻铁水罐的小钩

B. 重铁水、钢水罐不应挂在空中长时间等待

C. 转炉炉子跨炉口以上的各层平台，人员不应长时间停留

D. 人员进入氧气阀门站不应穿钉鞋

【考点】“二、氧气转炉炼钢安全要求”。

8. 转炉煤气回收设施应设含氧量的连续测定装置。当煤气含氧量超过________%时应停止回收。

A. 5　　B. 4　　C. 3　　D. 2

【考点】“三、转炉煤气回收与净化的安全要求”。

9. 转炉煤气不能回收时，应________。

A. 自然放散　　B. 远距离放散　　C. 点燃放散　　D. 高处放散

【考点】“三、转炉煤气回收与净化的安全要求”。

10. 电炉炼钢采用煤气烧咀时，应设置的设施不包括________。

A. 防回火设施　　B. 煤气吹扫设施　　C. 煤气放散设施　　D. 煤气回收设施

【考点】“四、电炉炼钢安全要求”。

11. 电炉炉顶维护平台应设安全门，人员进入时，其功能不包括________。

A. 安全门开启　　B. 电极电流断开

C. 电炉仍可倾动　　D. 炉盖不会旋转

【考点】“四、电炉炼钢安全要求”。

12. 电炉炼钢氧燃烧咀开启时的操作顺序是________。

A. 供燃料，点火，供氧　　B. 供氧，点火，供燃料

C. 供氧，供燃料，点火　　D. 供燃料，供氧，点火

【考点】“四、电炉炼钢安全要求”。

13. 电炉冶炼期间发生冷却水漏入熔池时，不应________。

A. 断电、升起电极　　B. 关闭烧嘴

C. 停止冶炼　　D. 动炉

E. 立即处理漏水的水冷件

【考点】“四、电炉炼钢安全要求”。

14. 氧气阀门站至氧枪软管接头的氧气管，应采用不锈钢管，并应在软管接头前设置长________m 以上的铜管。

A. 1　　B. 1.2　　C. 1.5　　D. 2.0

【考点】“二、氧气转炉炼钢安全要求”和“四、电炉炼钢安全要求”。

15. 若精炼过程中冷却水漏入钢包，但尚不够漏水事故，此时不必________，待钢液面上的水蒸发完毕方可动包。

A. 立即切断漏水件的水源　　B. 立即终止精炼

C. 使钢包静止不动　　D. 人员撤离危险区域

【考点】“五、炉外精炼安全要求”。

16. 炉外精炼，向钢水喂丝时，线卷周围________m 以内不应有人。

A. 3　　B. 4　　C. 5　　D. 6

【考点】“五、炉外精炼安全要求”。

17. 连铸中，大包回转台旋转时，包括钢包的运动设备与固定构筑物的净距，应大于________m。

A. 0.3　　B. 0.4　　C. 0.5　　D. 0.6

【考点】“六、钢水浇注安全要求”。

18. 连铸中，下述与结晶器有关的要求，错误的是________。

A. 浇注之前检查结晶器，其内表面应干净并干燥

B. 发现使用中的结晶器及其上口有渗水现象，不应浇注

C. 出现结晶器冷却水减少报警时，应立即停止浇注

D. 输出尾坯时（注水封顶操作），人员应面对结晶器

E. 浇注完毕，待结晶器内钢液面凝固，方可拉下铸坯

【考点】“六、钢水浇注安全要求”。

19. 连铸中，下述“不应有人”的地点，不正确的是________。

A. 二次冷却区

B. 大包回转台回转过程中，旋转区域内

C. 浇注准备工作完毕后，拉矫机正面

D. 钢包或中间罐滑动水口开启时，滑动水口正面

E. 切割铸坯时，切割机正面

【考点】“六、钢水浇注安全要求”。

20. 关于修炉之前应做的事，________的叙述有误。

A. 切断氧气，移开氧枪　　B. 堵好盲板

C. 关闭汇总散状料仓并切断气源　　D. 确认炉体倾动制动器的灵敏性

E. 停电、挂牌

【考点】“七、修炉安全要求”。

21. 关于防止炼钢生产中喷溅与爆炸，________的方法错误。

A. 增大热负荷，使炼钢炉的加热速度适应其加料速度

B. 避免炉料冷冻和过烧

C. 按标准 C－T 曲线操作，取钢样分析成分

D. 采用先进的自动调节炉膛压力系统

E. 使用留渣操作法

【考点】“八、炼钢生产安全事故的预防措施”。

22. 下列关于氧枪的说法，错误的是________。

A. 改善设计、防止急弯、减慢流速，有利于防止弯头或变径管燃爆事故

B. 定期吹管、完善脱脂，有利于防止弯头或变径管燃爆事故

C. 避免低压用氧，有利于防止汽阻爆炸事故

D. 冷却水回水系统装设流量表，吹氧时严密监视回水情况，避免操作失误，有利于防止汽阻爆炸事故

【考点】“八、炼钢生产安全事故的预防措施”。

23. 下述情况或地点中，不应有水的情况有________个。

① 待入炉的废钢

② 混铁炉与倒罐站作业区地坪及受铁坑内

③ 炉下钢水罐车及渣车轨道区域

④ 钢水浇注倒渣区地面

⑤ 与熔融物有关的容器

⑥ 炉外精炼区域与钢水罐运行区域的地坪

A. 3　　B. 2　　C. 1　　D. 0

【考点】炼钢安全技术。

第六节 轧钢安全技术

一、与原料准备有关的安全要求

1. 仓库和露天堆放地

要设有足够的原料仓库、中间仓库、成品仓库和露天堆放地，安全堆放金属材料。

2. 磁盘吊和单钩吊卸车

挂吊人员在使用磁盘吊时，要检查磁盘是否牢固，以防脱落砸人。

使用单钩卸车前要检查钢坯在车上的放置状况，钢绳和车上的安全柱是否齐全、牢固，使用是否正常。卸车时要将钢绳穿在中间位置上，两根钢绳间的跨距应保持 lm 以上，使钢坯吊起后两端保持平衡，再上垛堆放。400℃以上的热钢坯不能用钢丝绳卸吊，以免烧断钢绳，造成钢坯掉落。

3. 钢坯堆垛

钢坯堆垛要放置平稳、整齐，垛与垛之间保持一定距离，便于工作人员行走，避免吊放钢坯时相互碰撞。垛的高度以不影响吊车正常作业为标准，吊卸钢坯作业线附近的垛高应不影响司机的视线。

工作人员不得在钢坯垛间休息或逗留。挂吊人员在上下垛时要仔细观察垛上钢坯是否处于平衡状态，防止在吊车起落时受到震动而滚动或登攀时踏翻，造成压伤或挤伤事故。

4. 用火焰清除表面缺陷

火焰清理主要用煤气和氧气的燃烧来进行，在工作前要仔细检查火焰枪、煤气和氧气胶管、阀门、接头等有无漏气，风阀、煤气阀是否灵活好用。

在工作中出现临时故障要立即排除。火焰枪发生回火，要立即拉下煤气胶管，迅速关闭风阀，以防回火爆炸伤人。

5. 中厚板的原料堆放和管理

堆放时，垛要平整、牢固，垛高不能超过 4.5m，要规范操作和安全使用火焰抢、切割器。

6. 冷轧原料的准备

冷轧原料钢卷均在 2t 以上，吊具要经常检查，发现磨损及时更换。

二、加热安全要求

1. 加热设备

（1）应设有可靠的隔热层，其外表面温度不得超过 100℃。

（2）应配置安全水源或设置高位水源。

（3）应设有各种安全回路的仪表装置和自动报警系统，以及使用低压燃油、燃气的防爆装置。

（4）所有密闭性水冷系统，均应按规定试压合格方可使用。水压不应低于 0.1MPa，出口水温不应高于 50℃。

（5）加热设备与风机之间应设安全联锁、逆止阀和泄爆装置，严防煤气倒灌爆炸。

（6）平行布置的加热炉之间的净空间距除满足设备要求外，还应留有足够的人员安全通道和检修空间。

2. 使用煤气安全要求

（1）煤气危险区域的划分见表 3–1。

表 3–1 煤气危险区域的划分

第一类	第二类	第三类
1）带煤气抽堵盲板、换流量孔板、处理开闭器 2）煤气设备漏煤气处理 3）煤气管道排水口、放水口 4）烟道内部	1）烟道、渣道检修 2）煤气阀等设备的修理 3）停、送煤气处理 4）加热炉、罩式炉、辊底式炉煤气开闭口 5）开关叶型插板 6）煤气仪表附近	1）加热炉、罩式炉、辊底式炉顶及其周围，加热设备机器室 2）均热炉看火口、出渣口，渣道洞口 3）加热炉、热处理炉烧嘴、煤气阀 4）其他煤气设备附近 5）煤气爆发试验

在一类危险区域作业，作业人员必须戴氧气呼吸器或通风口罩，并应有人在现场监护；在二类危险区域作业，应准备好氧气呼吸器或有人监护；在三类危险区域作业，可不用氧气呼吸器但要加强检测。

（2）在有煤气危险的区域作业，应两人以上进行，并携带便携式一氧化碳报警仪。

（3）炉子点火、停炉、煤气设备检修和动火，应按规定事先用氮气或蒸汽吹净管道内残余煤气或空气，并经检测合格。

3. 加热设备检修和清渣

（1）应严格执行有关设备操作和维护规程，防止烫伤。

（2）加热设备应防止炉温过高塌炉。

三、热轧安全要求

1. 设施安全要求

操纵室和操纵台，应设在便于观察操纵的设备而又安全的地点，并应进行坐势和视度检验，坐视标高取 1.2m，站视标高取 1.5m。

轧机的机架、轧辊和传动轴，应设有过载保护装置，以及防止其破坏时碎片飞散的措施。

轧机的润滑和液压系统，应设置相应的监测和保险装置。

剪机应设专门的控制台来控制。

喂送料、收集切头和切边，均应采用机械化作业或机械辅助作业。

轧辊应堆放在指定地点。除初轧辊外，宜使用辊架堆放。辊架的结构形式应与堆放的轧辊型式相匹配，堆放的高度应与堆放的轧辊型式和地点相匹配，以确保稳定堆放和便于调运。辊架间的安全通道宽度不小于 0.6m。

用磨床加工轧辊，操作台应设置在砂轮旋转面以外。不应使用不带罩的砂轮进行磨削。带冷却液体的磨床，应设防止液体飞溅的装置。

初轧机应设有防止过载、误操作或出现意外情况的安全装置。

在初轧机和前后推床的侧面，应有防止氧化铁皮飞溅和钢渣爆炸的挡板、索链或金属网。

火焰清理机应有煤气、氧气紧急切断阀，以及煤气火灾警报器、超敏度气体警报器。

2. 钢丝生产工艺和设施安全要求

（1）酸洗。

酸洗装置应有酸雾密闭或净化设施，使车间环境达到 GB Z 2 的要求；酸、碱洗槽宜采取地上式布置，并高出地面 0.6m；酸洗车间应有冲洗设施；间歇式酸洗机组的磷化槽、热水槽、硼砂槽，应设抽风装置；合金钢丝车间的（熔融）碱浸炉和淬火槽，应布置在单独的工作室内，或与其他设备隔开布置，并有通风装置。

（2）拉丝。

拉丝机应有盘条放线保护装置、乱线和断线自动停车装置、围栏开关、脚踏开关以及保护罩等安全设施；拉丝车间应设气窗；钢丝涂油间应有通风和防火设施。

（3）热处理。

1）在保证产品质量的前提下，钢丝热处理推荐采用无铅工艺。

2）使用铅进行热处理的车间，其操作环境的铅含量应达到 GB Z 2 的要求。

3）铅浴炉应加盖密封，或采用覆盖剂和抽风装置。

4）铅浴炉的铅液采用水冷装置降温时，水冷装置应有可靠的措施防止水进入铅液。

5）有铅浴炉的车间，应设冲洗设施。

6）钢丝的电加热炉，其操作电压超过 36V 时，带电设备和地坪应绝缘，工人应有绝缘保护。

7）预应力钢丝与钢绞线车间稳定化处理机组的感应加热炉，应有抽风设施。油回火（油淬火一回火）弹簧钢丝车间的油回火机组，在保证油回火钢丝品质的前提下，尽量选用非油类、无污染的水溶性淬火介质。

8）在机组的奥氏体化炉入口，应设废气抽风装置。

9）油淬火（介质）槽应有油烟抽风装置和防火设施。

10）铅回火炉应加盖密封和采用覆盖剂密闭或设抽风装置。

（4）热镀和电镀。

电解酸洗槽、电解碱洗槽等有腐蚀性气体或大量蒸汽的槽，均应设抽风装置。采用含油脂擦拭层的热镀锌炉，应设排油烟装置。黄铜电镀，应用热扩散工艺取代氰化电镀工艺。

（5）制绳。

1）管式捻股机，应有断线自动停车、工字轮锁紧、紧急事故停车和保护罩等安全设施。

2）细钢丝绳回火炉应与其他设备隔开布置，并应有抽油烟装置和防火措施。

3）麻芯和木轮等易燃品的加工间与仓库，宜布置在单独的建筑物内，并采取防火措施。

（6）磨模。

电解磨模机，应有局部抽风装置和防腐蚀措施。超声波清洗机宜单独布置，并应有吸声、隔声措施。

四、冷轧安全要求

冷轧生产的特点是加工温度低，产品表面无氧化铁皮等缺陷，光洁度高，轧制速度快。

酸洗是为了清除表面氧化铁皮，生产时应注意：保持防护装置完好，以防机械伤害；穿戴防护用品，以防酸液灼伤。

清洗轧辊时注意站位适当，磨辊须停车；处理事故须停车进行，切断总电源，手柄恢复零位。

采用 X 射线测厚时，要有可靠的防射线装置。

热处理的事故危险有火灾、中毒、倒炉和掉卷。防护措施：在煤气区操作要严格遵守《煤气安全操作规程》；保持良好通风；吊具磨损要及时更换。

五、轧钢检修作业事故预防措施

轧钢的大中修是多层作业，易发生高处坠落、物体打击、机械伤害等事故。

（1）检修前组织检修人员和安全管理人员做好准备，采取安全防范措施，并对检修人员进行安全教育。检修现场要设置围栏、安全网、屏障和安全标志牌。

（2）检修电气、煤气、氧气、高压气等动力设备和管线时，严格执行停送电制度，确认安全方可进行。

（3）更换煤气管道开闭器时，遵守《煤气安全操作规程》的相关规定。

（4）靠近易燃易爆设备、物料及要害部位时，采取防火措施。动火前需经检查确认安全。

（5）严格遵守起重设备安全操作规程，指挥须佩戴安全标志，吊物用的钢绳、钩环要认真检查。

（6）高处作业系安全带。

模拟试题及考点

1. 热钢坯温度________℃以上时不能用钢丝绳卸吊。

A. 300　　B. 400　　C. 500　　D. 600

【考点】"一、与原料准备有关的安全要求"。

2. 使用单钩吊卸车时，要将钢绳穿在钢坯中间位置上，两根钢绳间的跨距应保持________m以上，使钢坯吊起后两端保持平衡，再上垛堆放。

A. 0.5　　B. 0.8　　C. 1.0　　D. 1.5

【考点】"一、与原料准备有关的安全要求"。

3. 对于清除表面缺陷的火焰枪，要特别注意防止________事故。

A. 回火爆炸　　B. 火灾　　C. 煤气中毒　　D. 灼烫

【考点】"一、与原料准备有关的安全要求"。

4. 中厚板的堆放垛高不能超过________m。

A. 3.5　　B. 4　　C. 4.5　　D. 5

【考点】"一、与原料准备有关的安全要求"。

5. 加热设备应设有可靠的隔热层，其外表面温度不得超过________℃。

A. 100　　B. 150　　C. 200　　D. 250

【考点】"二、加热安全要求"。

6. 加热设备应设置的安全装置不包括________。

A. 与安全相关的重要回路的自动报警系统

B. 使用高压燃油、燃气的防爆装置

C. 加热设备与风机之间的安全联锁装置

D. 加热设备与风机之间的逆止阀和泄爆装置

【考点】"二、加热安全要求"。

7. 工业加热炉所有密闭性水冷系统，水压不应低于________MPa，出口水温不应高于________℃。

A. 0.1，40　　B. 0.1，50　　C. 0.2，40　　D. 0.2，50

【考点】"二、加热安全要求"。

8. ________属于第二类煤气危险作业。

A. 带煤气抽堵盲板　　B. 停、送煤气

C. 煤气爆发试验　　D. 加热炉点巡检

【考点】"二、加热安全要求"。

9. 停、送煤气作业，不必要求________。

A. 准备好氧气呼吸器或有人监护　　B. 戴上氧气呼吸器，并有人在现场监护
C. 携带便携式一氧化碳报警仪　　D. 两人以上进行
【考点】“二、加热安全要求”。

10. 带煤气抽堵盲板作业，下述要求中正确的是________。
A. 准备好氧气呼吸器或有人监护
B. 戴上氧气呼吸器，并有人在现场监护
C. 携带便携式二氧化碳检测仪
D. 1 人单独工作时，应有人定期巡视检查
【考点】“二、加热安全要求”。

11. ________之前，不必用氮气或蒸汽吹净管道内残余煤气或空气。
A. 加热炉点火　　B. 加热炉停炉
C. 煤气设备检修和动火　　D. 加热炉水冷系统出口水温测试
【考点】“二、加热安全要求”。

12. 轧机的机架、轧辊和传动轴，应设有________装置。
A. 过载保护　　B. 过流保护　　C. 过热保护　　D. 过压保护
【考点】“三、热轧安全要求”。

13. 钢丝生产中，应设抽风或抽油烟装置的设施或地点不包括________。
A. 间歇式酸洗机组的磷化槽、热水槽、硼砂槽
B. 油淬火（介质）槽
C. 电解酸洗槽、电解碱洗槽等有腐蚀性气体或大量蒸汽的槽
D. 磨模中的超声波清洗机
E. 细钢丝绳回火炉
【考点】“三、热轧安全要求”。

14. 钢丝生产的热处理中，钢丝的电加热炉的操作电压超过________V 时，带电设备和地坪应绝缘，工人应有绝缘保护。
A. 24　　B. 36　　C. 48　　D. 60
【考点】“三、热轧安全要求”。

15. 下列关于冷轧作业事故预防的说法，不适当的是________。
A. 酸洗时穿戴防静电的护品
B. 清洗轧辊时注意站位适当，磨辊须停车
C. 热处理中在煤气区要保持良好通风
D. 热处理生产中所用的吊具磨损，要及时更换
【考点】“四、冷轧安全要求”。

16. 不是轧钢的大中修常见的事故类别________。

A. 高处坠落　　B. 物体打击　　C. 坍塌　　D. 机械伤害

【考点】“五、轧钢检修作业事故预防措施”。

17. 轧钢检修电气、煤气、氧气等动力设备和管线时，应严格执行________制度。

A. “三同时”　　B. 作业证　　C. 职业病防护　　D. 停送电

【考点】“五、轧钢检修作业事故预防措施”。

第七节　有色金属压力加工安全技术

一、与原料准备有关的安全要求

1. 熔炼安全要求

（1）熔炼炉周边地面应干燥，周边不应有积水坑；铸造厂房内的地坑应进行防渗漏设计和施工，防止地下水渗入；熔炼炉上方不应设置存在滴、漏水隐患的设施。

（2）熔炼炉区域起重机的司机室，应有良好的通风、防尘设施，熔炼炉放流口应备有塞棒，每个眼备用 2 个，并定期检查。

（3）真空熔炼炉应设有泄爆阀等装置，真空自耗炉应设有泄爆洞并通室外；电子束炉应设有防辐射设施。

（4）加入炉中的原料、辅料干燥，不存在爆炸风险的夹带物。向金属液里人工加料时，应使用专用工具。

2. 铸锭安全要求

（1）铸造设备上方不应设置存在滴、漏水隐患的设施。铸造机升降平台或托架等，不得有储水空间。用水冷却的铸造机应设置应急冷却水源，铸井应涂刷防爆涂料，并定期检查防爆层是否完好。

（2）铸造开始前应将底座（引锭头）上表面残留水吹干，底座（引锭头）不应有金属液泄漏的通道。立式铸造的平台周围及地面应避免油污、保持清洁；清理竖井时应保持通风；在生产准备、吊运成品、清理竖井和通风等作业，应有防止人员坠落的措施。

（3）铸造倾翻炉应设置紧急复位操作系统，液位自动检测、控制系统等联锁保护装置。

（4）铸造浇铸生产流程中应设置金属液紧急排放和储存的设施；过滤除气装置放干放流口应备有该装置 1.5 倍以上金属液容量的放干箱。

（5）铸锭专用铣床刀盘、刀具应安装牢固，并安装防刀盘飞出和防止金属屑飞溅的设施。清擦铸锭下表面异物时，应配置专用料架，并安全可靠。

二、工业炉安全要求

1. 燃料与燃烧安全

气体燃料运输方便、点火容易、易达到完全燃烧，但某些气体燃料有毒，具有爆炸危险，使用时要严格遵守安全操作规程。

使用液体燃料时，应注意燃油的预热温度不宜过高，点火时进入喷嘴的重油量不得多于空气量。为防止油管的破裂、爆炸，要定期检验油罐和管路的腐蚀情况，储油罐和油管回路附近禁止烟火，并配有灭火装置。燃气的加热炉应安装燃气点火、熄火、泄漏报警装置，并定期检测；燃气炉的烧嘴应设防回火装置。

2. 工业炉

加强维护保养，检查各系统状况，及时发现隐患，迅速整改。

均热炉、加热炉、热处理炉的各种传动装置应设有安全电源。

确保氮气、煤气、空气和排水系统的管网、阀门、各种计量仪表系统，以及各种取样分析仪器和防火、防爆、防毒器材齐全、完好。

三、轧制安全要求

1. 轧制基本安全要求

高速轧机应设断带保护装置，防止断带时轧制油着火。带冷床的轧机视频监控应完好。全油轧机的自动灭火系统应与主电源系统、润滑系统、送排风系统设连锁装置。压力加工设备应设有压力、油温、油位、速度检测及显示系统，并定期检测。

2. 型钢、线材轧制

（1）设施要求。

1）型钢专用加工作业线上各设备之间，应有安全联锁装置。

2）预精轧机、精轧机、定径机、减径机的机架以及高速线材轧机，应设金属防护罩。

3）采用活套轧制的轧机，应设保护人员安全的防护装置，并应考虑便于检修。

4）小型轧机尾部机架的输出辊道，应有不低于 0.3m 的侧挡板。

5）卷线机操作台主令开关，应设在距卷线机 5m 以外的安全地点。

6）轧线上的切头尾飞剪处，应设安全护栏。

7）高速线材轧机的吐丝机，应设安全罩。

（2）操作要求。

弯曲的坯料，不应使用吊车喂入轧机。

轧机轧制时，不应进行在线检查和调整导卫板、夹料机、摆动式升降台和翻钢机，不应横越摆动台和进到摆动台下面。

3. 板、带轧制

（1）轧机除鳞装置，应设置防止铁鳞飞溅的安全护板和水帘。

（2）中厚板三辊轧机侧面，应安设可挪动的防护网。

（3）热带连轧机与卷取机之间的输送辊道，两侧应设有不低于 0.3m 的防护挡板。

（4）带钢轧机应能在带钢张力作用下安全停车。

（5）卷取机工作区周围，应设置安全防护网或板。地下式卷取机的上部，周围应设有防护栏杆，并有防止带钢冲出轧线的设施。冷轧卷取机还应设有安全罩。

（6）采用吊车运输的钢卷或立式运输的钢卷，应进行周向打捆或采取其他固定钢卷外圈的措施。

（7）板、带冷轧机，应有防止冷轧板、带断裂及头、尾、边飞裂的设施。

4. 钢管轧制

（1）穿孔机、轧管机、定径机、均整机和减径机等主要设备与相应的辅助设备之间，应设有可靠的电气安全联锁。

（2）采用油类调制石墨润滑芯棒，应设有抽风排烟装置，同时应采取防滑、防电气短路的措施。

（3）冷轧管机与冷拔管机，应有防止钢管断裂和管尾飞甩的措施。张力减径机后的辊道应设置盖板，出口速度较高的还应在辊道末端设置防止钢管冲出的收集套。

（4）轧管机在操作台上应设紧急停车按钮，并应定期对紧急停车装置进行试验。

（5）轧管机、矫直机在运行时，人员与出口处保持安全距离。

5. 卷材剪切加工

（1）板材剪切机列的圆盘剪剪切机等高危部位应有安全防护装置及清辊安全防护装置，并定期检查。

（2）轧机卷取捆卷应开启安全联锁装置；金属卷捆绑前应压住料头，捆绑牢固；堆放应采取防滚动的措施。金属带材开卷时应先压住料头，后剪捆绑带，不准许正对料头剪切捆绑带。

（3）在机列生产时，不准许用手触摸运行的板材或清除运行产品上的异物。矫直时调整工件应使用专用工具处理。机列头尾剪的料头无法通过时，应用专用工具引料。

（4）在检查和清除轧辊表面缺陷时，作业人员应在轧辊转动的反方向进行作业。

四、检维修作业安全要求

（1）按维护检修计划定期对设备设施进行检修；检修前，应对检修人员进行施工现场安全交底，对现场进行危险源辨识，制定控制措施，并进行监督检查。

（2）设备操作、检修、清理所使用的设备、工器具等应安全可靠；高处作业应系好安全带、绳，垂直交叉作业应设安全防护棚或围栏，并设置警示、提示标志。

（3）检修、清理中拆除的安全装置，检修、清理完毕应及时恢复。

（4）设备运行时，不准许人员从设备上方跨越或下方穿行，在特定的情况下需越过主体设备时应有相应的安全措施。

（5）设备发生故障时，应停机处理；处理锻造、挤压等带压设备故障时，应先泄压。

模拟试题及考点

1. 关于熔炼的相关安全要求，错误的是________。

A. 熔炼炉周边地面应干燥

B. 熔炼炉区域起重机的司机室，应有良好的通风、防尘设施

C. 熔炼炉上方不应设置存在滴、漏水隐患的设施

D. 熔炼炉放流口应备有塞棒，每个眼只需备用 1 个

【考点】“一、1. 熔炼安全要求”。

2. 铸造浇铸生产流程中，过滤除气装置放干放流口应备有该装置________倍以上金属液容量的放干箱。

A. 0.5　　B. 1　　C. 1.5　　D. 2

【考点】“一、2. 铸锭安全要求”。

3. 铸造倾翻炉应设置的连锁保护装置不包括________。

A. 紧急复位操作系统　　B. 声光报警系统

C. 液位自动控制系统　　D. 液位自动检测系统

【考点】“一、2. 铸锭安全要求”。

4. 关于工业炉，下列描述中错误的是________。

A. 使用液体燃料，燃油的预热温度不宜过高

B. 点火时进入喷嘴的重油量不得少于空气量

C. 定期检验油罐和管路的腐蚀情况

D. 储油罐和油管回路附近禁止烟火

【考点】“二、1. 燃料与燃烧安全”。

5. 全油轧机的自动灭火系统应与________系统连锁。

A. 监控显示系统　　B. 润滑系统　　C. 送排风系统　　D. 主电源系统

【考点】“三、1. 轧制基本安全要求”。

6. 关于型钢、线材轧制，下列描述中正确的是________。

A. 型钢专用加工作业线上各设备之间，无需设置安全联锁装置

B. 轧线上的切头尾飞剪处，应设安全报警装置

C. 高速线材轧机的吐丝机，应设安全罩

D. 精轧机的机架以及高速线材轧机，应设防护栏杆

【考点】“三、2. 型钢、线材轧制”。

7. 小型轧机尾部机架的输出辊道，应有不低于________m 的侧挡板，卷线机操作台主令开关，应设在距卷线机________m 以外的安全地点。

A. 0.3，4　　B. 0.3，5　　C. 0.4，4　　D. 0.4，5

【考点】“三、2. 型钢、线材轧制”。

8. 关于板带轧制，下列描述中错误的是________。

A. 中厚板三辊轧机侧面，应安设固定式防护网

B. 带钢轧机应能在带钢张力作用下安全停车

C. 板、带冷轧机，应有防止冷轧板、带断裂及头、尾、边飞裂的设施

D. 冷轧卷取机应设有安全罩

【考点】“三、3. 板、带轧制”。

9. 热带连轧机与卷取机之间的输送辊道，两侧应设有________m 的防护挡板。

A. 0.1　　B. 0.2　　C. 0.3　　D. 0.4

【考点】“三、3. 板、带轧制”。

10. 与相应的辅助设备之间，________可不设电气安全联锁。

A. 穿孔机　　B. 轧管机　　C. 均整机　　D. 抽风机

【考点】“三、4. 钢管轧制”。

11. 关于钢管轧制，下列描述中错误的是________。

A. 采用油类调制石墨润滑芯棒，应设有抽风排烟装置

B. 冷轧管机与冷拔管机，应有防止钢管断裂和管尾飞甩的措施

C. 张力减径机后的辊道应设置盖板

D. 轧管机在操作台上应设紧急报警按钮

【考点】“三、4. 钢管轧制”。

12. 关于卷材剪切加工轧制，下列描述中正确的是________。

A. 板材剪切机列的圆盘剪剪切机等高危部位可不设置安全防护装置

B. 金属卷捆绑前应压住料头，捆绑牢固

C. 金属带材开卷时应先剪捆绑带，后压住料头

D. 人员必须站在许正对料头位置剪切捆绑带

【考点】“三、5. 卷材剪切加工”。

第八节　煤气安全技术

一、煤气生产安全基本要求

（1）应建立的制度。

1）煤气设施技术档案管理制度，将设备图纸、技术文件、设备检验报告、竣工说明书、竣工图等完整资料归档保存。

2）煤气设施大修、中修及重大故障情况的记录档案管理制度。

3）煤气设施运行情况的记录档案管理制度。

4）煤气设施的日、季和年度检查制度，对于设备腐蚀情况、管道壁厚、支架标高等每年重点检查一次，并将检查情况记录备查。

（2）煤气危险区（如加压站附近）的一氧化碳浓度应定期测定，在关键部位应设置一氧化碳监测装置。作业环境一氧化碳最高允许浓度为30mg/m^3。

（3）煤气作业属于特种作业，对特种作业人员进行安全技术培训，经考试合格并取得特种作业操作资格证，并每两年进行一次复审。

（4）煤气作业人员应每隔一至两年进行一次职业健康体检，体检结果记入“职工健康监

护卡片”。不符合要求者，不能从事煤气作业。

（5）剩余煤气放散装置应设有点火装置及蒸汽（或氮气）灭火设施，需要放散时，一般应点燃。

（6）煤气设施的人孔、阀门、仪表等经常操作的部位，均应设置固定平台。

二、煤气管道

1. 架设

（1）煤气管道和附件的连接可采用法兰、螺纹，其他部位应尽量采用焊接。煤气管道的垂直焊缝距支座边端应不小于 300mm，水平焊缝应位于支座的上方。

（2）煤气管道应采取消除静电和防雷的措施。

（3）高炉煤气和转炉煤气等 CO 含量高的管道不应埋地敷设，架空敷设应：敷设在非燃烧体的支柱或栈桥上；不应在存放易燃易爆物品的堆场和仓库区内敷设；不应穿过不使用煤气的建筑物、办公室、进风道、配电室、变电所、碎煤室以及通风不良的地点等。如需要穿过不使用煤气的其他生活间，应设有套管。

（4）架空管道靠近高温热源敷设以及管道下面经常有装载炽热物件的车辆停留时，应采取隔热措施；在寒冷地区可能造成管道冻塞时，应采取防冻措施；在已敷设的煤气管道下面，不应修建与煤气管道无关的建筑物和存放易燃、易爆物品；通过企业内铁路调车场的煤气管道不应设管道附属装置。

（5）架空煤气管道与其他管道共架敷设的要求：与水管、热力管和不燃气体管在同一支柱或栈桥上敷设时，其上下敷设的垂直净距离不宜小于 0.25m；与氧气和乙炔气管道共架敷设时，水平距离不小于 0.5m，垂直距离不小于 0.25m；与煤气管道共架敷设的其他管道的操作装置应避开煤气管道法兰、闸阀、翻板等易泄漏煤气的部位；煤气管道和支架上不应敷设动力电缆、电线，但供煤气管道使用的电缆除外。

（6）厂房内的煤气管道应架空敷设。在地下室不应敷设煤气分配主管，如生产上必需敷设时，应采取可靠的防护措施；煤气分配主管上支管引接处应设置可靠的隔断装置；不同压力的煤气管道连通时，应设可靠的调压装置；不同压力的放散管应单独设置；管道应视具体情况，考虑是否设置排水器，如设置排水器，则排出的冷凝水应集中处理；地下管道排水器、阀门及转弯处，应在地面上设有明显的标志；地下管道法兰应设在阀门井内。

2. 架空管道防锈和埋地管道防腐

架空管道，钢管制造完毕后，内壁和外表面应涂刷防锈涂料。管道安装完毕试验合格后，全部管道外表应再涂刷防锈涂料。管道外表面每隔四至五年应重新涂刷一次防锈涂料。

埋地管道，钢管外表面应进行防腐处理。根据不同的土壤，宜采用相应的阴极保护措施。铸铁管道外表面可只浸涂沥青。

3. 附属装置

（1）隔断装置。

1）凡经常检修的部位应设可靠的隔断装置。焦炉煤气管道的隔断装置不应使用带铜质部件。寒冷地区的隔断装置，应根据当地的气温条件采取防冻措施。

2）插板是可靠的隔断装置。安设插板的管道底部离地面的净空距：金属密封面的插板不小于 8m，非金属密封面的插板不小于 6m，在煤气不易扩散地区须适当加高；封闭式插板的安设高度可适当降低。

3）水封装在其他隔断装置之后并用时，才是可靠的隔断装置。水封的有效高度为煤气计算压力至少加 500mm 并应定期检查。禁止将排水管、满流管直接插入水道。水封下部侧壁上应安设清扫孔和放水头。

4）眼镜阀和扇形阀不宜单独使用，应设在密封蝶阀或闸阀后面；敞开眼镜阀和扇形阀应安设在厂房外，如设在厂房内，应离炉子 10m 以上。

5）密封蝶阀只有和水封、插板、眼镜阀等并用时才是可靠的隔断装置，其公称压力应高于煤气总体气密性试验压力。单向流动的密封蝶阀，在安装时应注意使煤气的流动方向与阀体上的箭头方向一致，轴头上应有开、关程度的标志。

（2）放散管。

煤气设备和管道的最高处、煤气管道以及卧式设备的末端、煤气设备和管道隔断装置前应设置放散管。管道网隔断装置前后支管闸阀在煤气总管旁 0.5m 内，可不设放散管，但超过 0.5m 时，应设放气头。放散管口应高出煤气管道、设备和走台 4m，离地面不小于 10m；厂房内及距厂房 2m 以内的煤气管道和设备上的放散管，管口应高出房顶 4m。厂房很高，放散管又不经常使用，其管口高度可适当减低，但应高出煤气管道、设备和走台 4m。不应在厂房内或向厂房内放散煤气。放散管口应采取防雨、防堵塞措施，放散管的闸阀前应装有取样管。煤气设施的放散管不应共用。

（3）排水器。

排水器之间的距离一般为 200～250m，排水器水封的有效高度应为煤气计算压力至少加 500mm，高压高炉从剩余煤气放散管或减压阀组算起 300m 以内的厂区净煤气总管排水器水封的有效高度，应不小于 3000mm。煤气管道的排水管宜安装闸阀或旋塞，排水管应加上、下两道阀。两条或两条以上的煤气管道及同一煤气管道隔断装置的两侧，宜单独设置排水器；如设同一排水器，其水封有效高度按最高压力计算。排水器应设有清扫孔和放水的闸阀或旋塞，应设检查管头。每只排水器的满流管口应设漏斗；排水器装有给水管的，应通过漏斗给水。排水器可设在露天，但寒冷地区应采取防冻措施；设在室内的，应有良好的自然通风。

（4）补偿器。

补偿器宜选用耐腐蚀材料制造，补偿器内及煤气管道表面应经过加工，厂房内不得使用带填料的补偿器。

（5）人孔。

闸阀后，较低的管段上膨胀器或蝶阀组附近、设备的顶部和底部，煤气设备和管道需经常入内检查的地方，均应设人孔。煤气设备或单独的管段上人孔一般不少于两个，人孔直径应不小于 600mm。直径小于 600mm 的煤气管道设人孔时，其直径与管道直径相同。有砖衬的管道，人孔圈的深度应与砖衬的厚度相同，人孔盖上应根据需要安设吹刷管头，在容易积存沉淀物的管段上部，宜安设检查管。

（6）标志。

厂区主要煤气管道应标有明显的煤气流向和种类的标志，所有可能泄漏煤气的地方均应挂有警示标志。

三、煤气加压站及混合站

1. 管理室

为了隔绝主厂房机械运转的噪音，管理室与主厂房间相通的门应设有能观察机械运转的隔音玻璃窗；管理室应装设二次检测仪表及调节装置，一次仪表不应引入管理室内，一次仪表室应设强制通风装置；大型加压站、混合站的管理室宜设有与煤气调度室和用户联系的直通电话。此外，与其他建构筑物之间还应满足防火、防爆安全间距的要求。

2. 煤气加压机

煤气加压机等可能漏煤气的地方，每月至少用检漏仪或用涂肥皂水的方法检查一次。

煤气加压机械应有两路电源供电。

煤气加压机的排水器应按机组各自配置。

每台煤气加压机前后应设可靠的隔断装置。

3. 混合管道和混合站

两条引入混合的煤气管道的净距不小于 800mm，敷设坡度不应小于 0.5%；引入混合站的两条混合管道，在引入的起始端应设可靠的隔断装置；混合站在运行中应防止煤气互串；混合煤气压力在运行中应保持正压。

4. 加压站、混合站

（1）站房内应设有一氧化碳监测装置，并把信号传送到管理室内。

（2）有人值班的加压站、混合站，站内值班人员不应少于二人。室内禁止烟火。如需动火检修，应有安全措施和动火许可证。

四、煤气柜

1. 煤气柜设置

煤气柜应远离大型建筑、仓库、通信和交通枢纽等重要设施，并应布置在通风良好处。煤气柜周围应设有围墙、消防车道和消防设施，柜顶应设防雷装置。

2. 煤气柜装置

煤气柜上应有容积指示装置，柜位达到上限时应关闭煤气入口阀，并设有放散设施。应设置煤气柜位降到下限时，自动停止向外输出煤气或自动充压的装置。湿式柜出入口管道上应设隔断装置，出入口管道最低处应设排水器。煤气柜水封的有效高度，应不小于最大工作压力的 1.5 倍，在寒冷地带煤气柜的水封应采取防冻措施。

3. 操作室

煤气柜应设操作室，室内设有压力计、流量计、高度指示计，以及容积上、下限声光讯号装置和联系电话。

4. 严密性试验

煤气柜安装完毕后应进行严密性试验，试验方法有涂肥皂水的直接试验法和测定泄漏量的间接试验法两种，确保严密性符合要求。

五、煤气设施操作的安全要求

（1）除有特别规定外，任何煤气设施均应保持正压操作。在设备停止生产而保压又有困难时，则应可靠地切断煤气来源，并将内部煤气吹净。

（2）吹扫和置换煤气设施内部的煤气，应用蒸汽、氮气为置换介质。吹扫或引气过程中，不应在煤气设施上拴、拉电焊线，煤气设施周围 40m 内不应有火源。

（3）炉子点火时炉内燃烧系统应具有一定的负压，点火程序应为先点燃火种后给煤气，不应先给煤气后点火。凡送煤气前已烘炉的炉子，其炉膛温度超过 1073K（800℃）可不点火直接送煤气，但应严密监视其是否燃烧。

（4）送煤气时不着火或者着火后又熄灭，应立即关闭煤气阀门，查清原因，排净炉内混合气体后，再按规定程序重新点火。

（5）凡强制送风的炉子点火时应先开鼓风机但不送风，待点火送煤气燃着后，再逐步增大供风量和煤气量；停煤气时，应先关闭所有的烧嘴，然后停鼓风机。

（6）煤气系统的各种塔器及管道，在停产通蒸汽吹扫煤气合格后，不应关闭放散管；开工时，若用蒸汽置换空气合格后，可送入煤气，待检验煤气合格后，才能关闭放散管，但不应在设备内存在蒸汽时骤然喷水，以免形成真空压损设备。

（7）送煤气后，应检查所有连接部位和隔断装置是否泄漏煤气。

（8）煤气风机均应采取有效的防喘震措施，除应选用符合工艺要求、性能优良的风机外，还应定期对其动、静叶片及防喘震系统进行检查，确保煤气风机在启动、停止、倒机操作及运行中，不应处于或进入喘震工况。

六、煤气设施检修的安全要求

1. 检修前

煤气设施停煤气检修前，应可靠地切断煤气来源并将内部煤气吹净。

长期检修或停用的煤气设施，应打开上、下人孔、放散管等，保持设施内部的自然通风。

进入煤气设施前，检测一氧化碳及氧气含量，经检测合格方许进入。

2. 分析取样

安全分析取样时间不应早于动火或进塔（器）前 0.5h，检修动火工作中每两小时应重新分析，工作中断后恢复工作前 0.5h 也应重新分析。取样应有代表性，防止死角。当煤气比重大于空气时，取中、下部各一气样，煤气比重小于空气时，取中、上部各一气样。

3. 进入煤气设施工作

（1）一氧化碳和氧气含量检测。

应携带一氧化碳及氧气监测装置，一氧化碳含量不超过 30mg/m^3 时，可较长时间工作；不超过 50mg/m^3、100mg/m^3、200mg/m^3 时，入内连续工作时间分别不应超过 1h、0.5h 和 15～20min。工作人员每次进入设施内部工作的时间间隔至少在 2h 以上。

（2）设专职监护人。

（3）所用照明电压不得超过 12V。

4. 带煤气作业

（1）带煤气作业应有作业方案和安全措施，并应取得煤气防护站或安全主管部门的书面批准。不应在具有高温源的炉窑等建、构筑物内进行带煤气作业。

（2）带煤气抽堵盲板、带煤气接管、操作插板等危险工作，不应在雷雨天进行，不宜在夜间进行。

（3）作业时，应有煤气防护站人员在场监护，操作人员应佩戴呼吸器或通风式防毒面具。

（4）应使用不产生火星的工具，如铜制工具或涂有很厚一层润滑油脂的铁制工具。

（5）距作业点 10m 以外才可安设投光器。

（6）工作场所应备有必要的联系信号、煤气压力表及风向标志等。

（7）距工作场所 40m 内，不应有火源并应采取防止着火的措施，与工作无关人员应离开作业点 40m 以外。

5. 在煤气设备上动火

应有作业方案和安全措施。在运行中的煤气设备上动火，设备内煤气应保持正压，动火部位应可靠接地，在动火部位附近应装压力表或与附近仪表室联系。在停产的煤气设备上动火，应用可燃气体测定仪测定合格，并经取样分析，确保含氧量接近作业环境空气中的含氧量。将煤气设备内易燃物清扫干净或通上蒸汽，确保在动火全过程中不形成爆炸性混合气体。

七、煤气事故的预防措施

1. 煤气中毒

（1）煤气中毒的原因。

1）煤气泄漏。

① 存在泄漏煤气的部位有高炉风口、热风炉煤气闸阀、高炉冷却架、煤气蝶阀组传动轴、煤气管道的法兰部位、煤气鼓风机围带等处。

② 煤气设备年久失修，如高压排水槽内排水管腐蚀、补偿器腐蚀等，发生泄漏。

③ 煤气压力因事故骤然升高，有时会超过最大工作压力，使煤气系统排水槽中的水被鼓出，泄漏大量煤气。

2）其他原因。

① 剩余高炉煤气放散管的高度不够，或距生活区、居民区太近，或煤气没有点燃就放散，以及风向等气候原因。

② 煤气设备和蒸汽或生活用气，特别是浴室用气连接在一起，当蒸汽压力低于煤气压力时，煤气倒流入蒸汽管，窜入浴室。

③ 高炉检修时先用热风烘炉，但废气阀未用盲板或砌砖切断，各个风口又未用泥堵死，致使废气窜入高炉内导致检修工人中毒。

④ 检修煤气设备时未可靠切断煤气来源，煤气进入设备内。

⑤ 操作煤气叶形插架时，未佩戴氧气呼吸器。

⑥ 带煤气作业时，未正确使用氧气呼吸器或不使用通风口罩。

⑦ 煤气排水槽下水道与其他房间下水道相通，部分煤气可以从下水道窜入其他房间。

⑧ 各种炉窑由于不完全燃烧而产生一氧化碳。

（2）预防煤气中毒的安全对策。

1）煤气设施的设计必须符合国家标准和规范的要求。

2）制订煤气设备的维修制度，及时检查，发现泄漏及时处理。

3）根据一氧化碳的含量，将作业区域分成一、二、三类煤气危险区域，分级管理。内容及模拟试题参见本章第六节。

（3）煤气中毒事故抢救。

进入煤气危险区域抢救，必须戴氧气呼吸器。抢救工作必须服从统一指挥。事故现场布置警戒，防止无关人员进入。抢救现场要保持清静，冬季要保暖。中毒者在恢复知觉前，不得送往较远的医院，可送就近的卫生所抢救。

2. 煤气爆炸

煤气和空气的混合气体的浓度在爆炸极限范围以内，遇到点火源会发生爆炸。

（1）煤气爆炸原因。

1）工业炉窑内温度尚未达到燃点温度时就输入煤气，点火时发生爆炸；

2）强制送风的炉窑未开风机，煤气由闸阀窜入送风管，点火时发生爆炸；

3）工业炉窑送煤气点火时，操作人员误把煤气旋塞的开启当成关闭，将煤气送入炉窑，点火发生爆炸；

4）工业炉窑第一次点火时，送煤气未点燃，未处理的剩余煤气在第二次点火时发生爆炸；

5）工业炉窑的送风机突然停电，煤气不能完全燃烧，部分煤气从烧嘴窜入空气管道，发生爆炸；

6）煤气设备停产后，未将煤气处理干净，又未经爆炸试验，动火发生爆炸；

7）煤气发生炉的送风机突然停电，煤气倒流窜入空气管道，发生爆炸；

8）准备投产的煤气管道，与有煤气的管道没有用盲板隔断，煤气由闸阀漏入新管道，未经空气分析检查，动火发生爆炸；

9）煤气设备停产检修，设备内的煤气已清除，检验合格，允许动火，后因蒸汽管未与煤气设备断开，另一台正常生产的煤气设备的煤气沿蒸汽管道及闸阀窜入检修的设备中，第二次动火时未经化验检查，发生爆炸；

10）煤气设备着火时，未通入蒸汽或氮气充压，未切断煤气来源，发生回火爆炸。

（2）预防煤气爆炸的安全对策。

在员工中开展危险预知活动，凡直接接触、操作、检修煤气设备的员工，都应熟悉煤气设备的结构及性能，知晓煤气的危险性，掌握煤气设备的安全标准化操作要领，并经考试合格，取得操作资格证，方可上岗操作。

煤气设备停产检修时，必须将煤气处理干净，并将其与正常生产的煤气设备用盲板或闸阀和水封隔断，把煤气设备上的蒸汽管、水管断开。

在煤气设备上动火或炉窑点火送煤气之前，必须先做气体分析。一般停产检修的煤气设备内空气中的氧含量应在20.5%以上，炉窑点火送煤气时，煤气中的氧含量应不大于1%。

（3）爆炸事故抢救。

爆炸发生后，立即切断已发生煤气爆炸的设备的煤气来源，并同时救人。

3. 煤气火灾

煤气燃烧必须具备两个条件：一是有足够的空气，二是有明火或者达到煤气的燃点。

（1）煤气火灾原因。

1）在焦炉地下室或者在平炉炉台下一层带煤气抽堵盲板时，煤气大量逸出，与火源接触；

2）带煤气作业时使用铁质工具，撞击火花；

3）带煤气作业时，附近有火源或裸漏的蒸汽管道；

4）煤气设备动火时泄漏的煤气引起着火；

5）煤气设备停产检修时，煤气未清扫干净，又未准备好灭火措施而动火；

6）煤气管道停产检修时，管道内的存积物或硫化铁自燃起火；

7）雷击或焦炉煤气放散口积存硫化铁，引起着火。

（2）预防煤气火灾的安全对策。

1）带煤气作业时，40m 以内禁止一切火源。

2）严禁在焦炉地下室带煤气作业。

3）带煤气作业应使用铜质工具或铝青铜合金工具，禁止使用铁质工具。

4）在裸露的高温蒸汽管道附近，设备应做绝热处理。

5）停煤气动火的设备必须清扫干净。

6）在煤气设备上动火，应备有防火消火措施。

（3）火灾事故抢救。

煤气火灾往往是熊熊大火，煤气管道内起火则往往是黑烟滚滚。根据煤气着火的情况，应局部停止使用煤气，设法关闭闸阀降低煤气压力，并向着火的设备内通入大量蒸汽或氮气。

煤气管道管径在 150mm 以下，可直接关闸阀熄火。万一发生爆炸，最大爆炸压力约为 0.7MPa（$7kg/cm^2$），管径小的钢管足够承担煤气爆炸压力。管径在 150mm 以上，关闸阀降低煤气压力，最低不得小于 49～98Pa，严禁突然完全关闭闸阀或水封，以防回火爆炸。

特别注意：煤气设备已烧红时，不得用水骤然冷却，以防煤气设备变形，漏出煤气更多；煤气闸阀、压力表、蒸汽或氮气管头，应有专人控制操作；蒸气来源有困难时，可调用蒸气机车或汽吊；如煤气管道内沉积物着火，可密闭人孔隔绝空气使其灭火。

模拟试题及考点

1. 对煤气作业人员要进行专门的安全技术培训，经考试合格并取得________操作资格证。

A. 煤气作业　　B. 危险作业　　C. 特种作业　　D. 特殊工种

【考点】“一、煤气生产安全基本要求”。

2. 煤气作业人员应至少每隔________年进行一次职业健康体检，体检结果记入“职工健康监护卡片”，不符合要求者，不能从事煤气作业。

A. 半　　B. 一　　C. 两　　D. 三

【考点】“一、煤气生产安全基本要求”。

3. 煤气作业环境一氧化碳最高允许浓度为________$\times10^{-6}$。

A. 18　　B. 24　　C. 30　　D. 36

【考点】“一、煤气生产安全基本要求”。

4. 下述中错误的是________。

A. 高炉煤气管道应架空敷设　　B. 转炉煤气管道应架空敷设

C. 厂房内的煤气管道应架空敷设　　D. CO 含量低的管道应架空敷设

【考点】“二、煤气管道”。

5. 关于架空敷设煤气管道的下述说法，错误的是________。

A. 应采取消除静电和防雷的措施

B. 不应在存放易燃易爆物品的堆场和仓库区外敷设

C. 不应穿过不使用煤气的配电室、碎煤室等建筑物

D. 与氧气和乙炔气管道共架敷设时，其间的水平及垂直距离应符合要求

E. 不应穿过通风不良的地点

【考点】“二、煤气管道”。

6. 关于煤气管道隔断装置的下述说法，错误的是________。

A. 水封应装在其他隔断装置之前

B. 插板是可靠的隔断装置

C. 眼镜阀应设在密封蝶阀或闸阀后面

D. 密封蝶阀应和水封、插板、眼镜阀等并用

【考点】“二、煤气管道”。

7. 煤气放散管口应高出煤气管道、设备和走台 m，离地面不小于________m；厂房内的煤气管道和设备上的放散管，管口应高出房顶________m。

A. 2，8，2　　B. 3，8，3　　C. 4，10，4　　D. 5，10，5

【考点】“二、煤气管道”。

8. 排水器水封的有效高度应为煤气计算压力至少加________mm。

A. 300　　B. 400　　C. 500　　D. 600

【考点】“二、煤气管道”。

9. 在煤气设备或单独的管段上，人孔一般不少于________个，人孔直径应不小于________mm。

A. 2，600　　B. 4，800　　C. 2，800　　D. 4，600

【考点】“二、煤气管道”。

10. ________可不设隔断装置。

A. 一些不经常检修的部位

B. 每台煤气加压机前后

C. 引入煤气混合站的两条混合管道，在引入的起始端

D. 湿式煤气柜出入口管道上

【考点】“二、煤气管道”“三、煤气加压站及混合站”和“四、煤气柜”。

11. 下列关于煤气柜的说法，错误的是________。

A. 应远离大型建筑、仓库、通信和交通枢纽等重要设施

B. 应布置在通风良好处

C. 柜顶应设防雷装置

D. 柜上应有容积指示装置，柜位达到下限时应关闭煤气入口阀

E. 安装完毕后应进行严密性试验

【考点】“四、煤气柜”。

12. 下列关于煤气设施操作的要求，错误的是________。

A. 除有特别规定外，任何煤气设施均应保持正压操作

B. 应用蒸汽或氮气吹扫和置换煤气设施内部的煤气

C. 炉子点火程序为先给煤气后点燃火种

D. 送煤气时不着火，应立即关闭煤气阀门，查清原因，排净炉内混合气体后再重新点火

【考点】“五、煤气设施操作的安全要求”。

13. 下列关于煤气设施检修的要求，错误的是________。

A. 检修前，应可靠地切断煤气来源并将内部煤气吹净

B. 进入煤气设施前，检测一氧化碳及氧气含量，经检测合格方许进入

C. 进入煤气设施工作，应设专职监护人

D. 在煤气设施内工作，所用照明电压不得超过24V

【考点】“六、煤气设施检修的安全要求”。

14. 进入煤气设施检修，工作开始前、工作中断后恢复工作前________h进行气体分析取样，工作人员每次进入设施内部工作的时间间隔至少在________h以上。

A. 1，0.5　　B. 1，1　　C. 0.5，2　　D. 0.5，3

【考点】“六、煤气设施检修的安全要求”。

15. 下列关于带煤气作业的说法中，________有误。

A. 应有作业方案和安全措施，并应取得煤气防护站或安全主管部门的书面批准，作业时应有煤气防护站人员在场监护

B. 距作业点5m以外才可安设投光器

C. 不应在焦炉地下室及具有高温源的炉窑等建、构筑物内进行

D. 带煤气抽堵盲板、带煤气接管等危险作业不应在雷雨天进行

E. 使用不产生火星的工具，操作人员应佩戴呼吸器或通风式防毒面具

【考点】“六、煤气设施检修的安全要求”。

16. 在运行中的煤气设备上动火，设备内煤气应保持________压。

A. 正　　B. 负　　C. 高　　D. 低

【考点】“六、煤气设施检修的安全要求”。

17. 煤气设施周围和带煤气作业场所________m内，不应有火源及与工作无关人员。

A. 20　　B. 30　　C. 40　　D. 50

【考点】“五、煤气设施操作的安全要求”和“六、煤气设施检修的安全要求”。

18. 下列关于预防煤气爆炸的措施的叙述，________有误。

A. 煤气设备停产检修时，必须将煤气处理干净

B. 煤气设备停产检修时，将其与正常生产的煤气设备隔断

C. 煤气设备停产检修时，把煤气设备上的蒸汽管、水管断开

D. 炉窑点火送煤气时，煤气中的氧含量应不大于2%

【考点】“七、煤气事故的预防措施”。

19. 管径在________的煤气管道内起火，应关闸阀降低煤气压力，但不能突然完全关闭，以防回火爆炸。

A. 120mm 以上　　B. 120mm 以下　　C. 150mm 以上　　D. 150mm 以下

【考点】“七、煤气事故的预防措施”。

第九节　冶金企业常用气体安全技术

一、氧气及相关气体的特点

1. 氧气

无色、无味、无嗅，比空气重。标准大气压下液化温度为 182.98℃。液氧系天蓝色、透明、易流动的液体。凝固温度为–248.4℃，呈蓝色固体结晶。

氧是优良的助燃剂，与一切可燃物可进行燃烧。与氢、乙炔、甲烷、煤气、天然气等可燃气体，按一定比例混合后容易发生爆炸。氧气纯度越高，压力越大，愈危险。各种油脂与压缩氧气接触，易自燃。

2. 氮气

无色无味，比空气密度小。氮气占大气总量的 78.08%（体积分数），是空气的主要成分之一。在标准大气压下，氮气冷却至–195.8℃时，变成无色的液体，冷却至–209.8℃时，液态氮变成雪状的固体。氮气的化学性质不活泼，常温下很难跟其他物质发生反应，所以常被用来制作防腐剂。

空气中氮气含量过高，使吸入气氧分压下降，引起缺氧窒息。

3. 氩气

无色无臭的惰性气体，蒸汽压 202.64kPa（–179℃），熔点–189.2℃，沸点–185.7℃。溶解性：微溶于水。相对密度：（水=1）1.40（–186℃），（空气=1）1.38。稳定。不燃气体。

普通大气压下无毒。高浓度时，使氧分压降低而发生窒息。氩浓度达 50%以上，引起严重症状；75%以上时，可在数分钟内死亡。液态氩可致皮肤冻伤，眼部接触可引起炎症。若遇高热，容器内压增大，有开裂和爆炸的危险。

4. 氢气

无色透明、无臭无味，极易燃烧。氢气是密度最小的气体，只有空气的 1/14。氢气是相对分子质量最小的物质，主要用作还原剂。

若空气中氢气含量增高，将引起缺氧性窒息。直接接触液氢将引起冻伤。与空气混合能形成爆炸性混合物，遇热或明火即会发生爆炸。室内使用和储存时，漏气上升滞留屋顶不易排出，遇火星会引起爆炸。氢气与氟、氯、溴等卤素会剧烈反应。

二、氧气生产的安全要求

1. 空压机

（1）大、中型空压机应根据设备性能要求设防喘振、振动、轴位移、油压、油温、水压、水量、轴承温度及排气温度等报警联锁装置，开车前须做好空投试验。

（2）开车前检查所有防护装置和安全附件，确认处于完好状态，否则严禁开车。

（3）大、中型空压机连续冷启动不宜超过三次，热启动不宜超过两次，启动间隔时间按设备操作说明书规定执行。

（4）空压机运行中当发现不正常的声响、气味、振动或发生故障，应立即停车检查。

2. 氧压机

（1）设施要求。

1）氧压机入口，应设铜丝或不锈钢丝制作的过滤器。

2）透平氧压机的轴密封必须完好，并保证轴封气的压力在规定值之内。透平氧压机宜设可熔探针、自动或电动快速氮气灭火或其他灭火设施。

3）氧压机所有的零部件材质必须符合原设计要求，在未取得足够的试验数据证明可用代用材料前，不准随意变更氧压机零部件的材质。

（2）操作要求。

1）氧压机试车时，应用氮气或无油空气进行吹扫、试运行，严禁用氧气直接试车。

2）氧压机正常工作时，各级压力、温度不准超过规定值，有异常振动和声音时，则应采取措施，直到停机检查。

3）气缸用水润滑的氧压机运行中，应经常检查蒸馏水的供给情况，不准缺水和断水，宜设断水报警停车装置。

4）开关手动氧气阀门时必须侧身缓慢开启，带有旁通阀者，应先开旁通阀均压，发现异常声音应立即采取措施。

5）氧压机着火时，必须紧急停车并同时切断氧气来源，发出报警信号。

3. 膨胀机

（1）设施要求。

1）膨胀机前必须设置过滤器，透平膨胀机的轴密封气压力应调至规定值。

2）全低压制氧机的透平膨胀机应设超速报警和自动停车装置，入口前应设紧急切断阀，转速表必须定期进行校验。

3）增压透平膨胀机应设防喘振保护装置。

（2）操作要求。

1）运转中出现冰、二氧化碳等堵塞喷嘴时，应立即停车加温解冻，解冻过程仍须供油和密封气。空气轴承透平膨胀机的加温解冻，按其操作说明书规定执行。

2）膨胀机出现超速、异常声音、油压过低、轴承温度高等情况时，应迅速关闭入口阀，停车检查处理。

3）非带液膨胀机应保证进口温度在正常范围内，膨胀后气体温度应保持一定的过热度，严格控制机后温度，保证气体不液化。

4）风机制动的膨胀机，运行中不准关闭风机的进、排气阀口，应定期清洗吸入口的空气过滤器。

4. 液氧泵

（1）设施要求。

1）液氧泵的入口应设过滤器。

2）液氧泵应设出口压力、轴承温度过高声光报警和自动停车装置。

3）中、高压液氧泵与气化器间应设安全保护联锁装置。

（2）操作要求。

1）液氧泵启动前，应用氮气吹扫后再盘车检查，开车前应先开密封气，密封气压力应在规定范围内，经充分预冷后启动。

2）运行中不准有液氧泄漏，停车后立即解冻。

3）液氧泵轴承应使用专用油脂，并严格控制加油量，按规定时间清洗轴承和更换油脂。

5. 空分装置

（1）设施要求。

1）空气预冷系统应设空气冷却塔水位报警联锁系统及出口空气温度监测装置。

2）排放液氧、液氮、液空，宜采用高空气化排放。采用管道及地沟排放时，排放处应设有明显的标志和警示牌。

3）分子筛吸附器出口宜设二氧化碳监测仪和露点仪。

4）大、中型空分冷箱应设有正、负压力表、呼吸阀、防爆板等安全装置。

5）蒸汽加热器排气出口宜设露点仪。

（2）操作要求。

1）运行过程中应保持温度、压力、流量、液面等工艺参数的相对稳定，避免快速大幅度增减空气量、氧气量和氮气量，防止产生液泛等故障。

2）严格控制板式主冷液面，避免较大波动，并采取全浸式操作。

3）为防止全低压空分装置液氧中的乙炔积聚，宜连续从空分装置中抽取部分液氧，其数量不低于氧产量的1%。

4）各种吸附器必须按规定的使用周期再生，发现杂质含量超标应提前倒换。分子筛吸附器运行中必须严格执行再生制度，不准随意延长吸附器工作周期。再生温度、气量、冷吹温度应按规定控制。

5）空分冷箱应充入干燥氮气保持正压，并经常检查。空分冷箱上的防爆板动作或喷出珠光砂，应立即检查，必要时停车处理。

6）空分装置停车时，先及时通知有关岗位做好准备，然后立即关闭氧、氮产品送出阀，并应有专门停车信号送至有关站、所。

6. 液氧储存和气化

（1）应向珠光砂绝热液氧储罐的绝热层充入无油干燥氮气，并保持正压。

（2）液氧储罐液氧中乙炔含量，每周至少化验一次，其值超过百万分之 0.1 时，空分装置应连续向储罐输送液氧；小于百万分之 0.1 时，删去 1 字启动液氧泵和气化装置向外输送。

（3）液氧储罐，不准满罐储液，最大充装量为几何容积的 95%。

（4）使用液氧储罐前须用无油干氮吹刷干净，罐内气体露点不高于–45℃，方准投入使用。

（5）严禁液氧储罐的使用压力超过设计的工作压力。

（6）水浴蒸发器水位，应不低于规定线。应设水温调节控制系统，水温应保持在 40℃以上。液氧水浴蒸发器系统应设有温度过低报警和液氧泵停车等安全保护联锁装置，蒸发器出口的氧气温度应不低于 0℃。

三、相关气体生产的安全要求

1. 氮气

宜选用无油润滑型的氮压机。氮压机必须有完善的保护系统。氮压站与空分主控室应设有可靠的停车报警联系信号或停车联锁装置，并建立联系制度。氮压机运转后，应对机后出口氮气进行分析，纯度合格后方准送入管网。储存系统出口及氮气用户入口处，宜建立纯度监测、保护系统。

新安装的氮气管道及容器，必须经氮气吹扫置换合格后方准投入使用。氮气管道不准敷设在通行地沟内。各种使用氮气的场所，应定期分析周围大气的含氧量，其浓度不应低于 19.5%。凡氮气排放口、放散管口附近应挂警示牌，对地坑排放应设置警戒线，并悬挂“禁止入内”标志牌。氮气宜高空排放。

2. 稀有气体

使用氢气的氩净化间，其电器、设备、装置应符合防爆要求。氩净化设备及催化反应炉在投产前不准先加氢气，只有在粗氩中含氧量小于 3%后，方准加氢。

催化反应炉温度高于 500℃时，应停止加氢。氩净化设备停车前，必须停止向粗氩中加氢，关闭手动切断阀。催化反应炉的爆破片必须符合安全要求。

充装冷冻瓶前后，应严格称量，不准超装。充装后应立即复热气化充瓶，直至常温，不准存留低温液体。冷冻瓶气化时，应先用凉水浇淋，缓慢气化，防止超压。

更换氪、氙系统的设备零件，必须进行严格脱脂；在氖、氦生产中，粗氖、粗氦中的含氢量不宜超过 5%。加氧量应按比例进行，过量氧控制在 0.5%～1.0%范围内。在氪、氙生产的除甲烷系统中，接触炉的温度必须保持在 450～550℃范围内，除甲烷后的粗氪、氙气体中甲烷含量不应高于百万分之二。

稀有气体间必须具有良好的通风换气设施。各种稀有气体钢瓶应专气专用，划分区域保存，严禁混放、混用。

3. 氢气

（1）氢气站及制氢设备。

氢气站应设有高 2m 以上的实体围墙，并应有严格的门卫制度。围墙与站内建、构筑物的间距，应不小于 5m。氢气站内严禁烟火，制氢间内不准放置易燃易爆或油类物品。周围必须设置明显的“严禁烟火”警戒标志。不准穿带钉鞋和化纤及其他产生静电的衣、帽等进入生产、使用氢气的现场。氢气站内所有电器，应有良好的绝缘保护，站内不准挂设临时电气线路。

制氢设备、管道、容器上的安全水封及阻火器等安全装置，应完好、灵敏、可靠，并应定期检查。氢气洗涤器出口、湿式氢气储罐出口和进口等均应设置水封。室内氢气易泄漏和积聚处，宜设置浓度报警装置。

（2）制氢系统运行。

制氢系统开车前，必须用氮气置换系统内的空气，并经化验合格。认真检查电极的接线是否正确，对地电阻应大于 1MΩ。

电解槽运行时，严禁用导体材料制作的工具直接接触电解槽或其他电气设备，电解槽周围地面应铺设绝缘胶板。

对重要运行参数进行监控，宜设置报警、停车联锁保护装置。实行巡回检查制度，发现异常情况及时处理。每小时应分析一次氢气、氧气纯度，保证氢气纯度和氧气纯度均不低于 99.5%。当氢气纯度小于 98%时，应采取措施，如处理不好，应立即停止运行，排除故障。

（3）氢气管道。

氢气管道应架空敷设，不宜采用地沟及埋地敷设。不准穿过无关房间。其最低点设排水装置，最高点设放散管，并在管口处设阻火器。新安装的管道须进行吹刷处理后，方可投入使用。送氢气前应先用纯氮气吹扫管道、容器内的空气，再用氢气置换氮气后，方准投入正常运行。

（4）氢气瓶。

氢气瓶应漆成淡绿色，并用红漆标明“氢气”字样。严禁氢气瓶与其他气瓶混用、混放、混装，避免曝晒和剧烈碰撞。新气瓶必须用氮气置换空气，然后抽真空或用氢气置换氮气后方准使用。

四、检维修的安全要求

1. 一般要求

严格执行动火制度，在生产区域及设备、管道动火时，氧气含量必须控制在 23%以下；氢含量不准超过 0.4%。暂停动火后、再次动火前，以及动火作业连续超过 4h 后，需重新取样分析氧、氢含量。在空分设备生产区域内进行气焊作业时，应使用溶解乙炔气瓶。

所有运转设备检修前，应将电源开关断开，挂上“正在检修”的警示牌。非工作人员严禁取牌合闸。合闸前应检查，确认无人作业。

安全阀检修时，应按设计要求或有关规定进行校验，不准随意更改起跳压力。

2. 空分装置

（1）空分装置的低温部分设备检修，宜升到常温进行。必须在低温状态下进行抢修时，应有防止人员冻伤的措施。

（2）进入冷箱检修前，需先切断气源，用空气置换内部气体，扒出检修部位的保温材料，经分析冷箱内气体含氧量在 19.5%～23%范围内方准人员入内。冷箱内搭脚手架，应在冷箱骨架或大管径管道上固定牢实，检修完毕应将架子和所有杂物清理干净，施工中应采取防滑防跌措施。冷箱内高处作业须佩戴安全带，所携带工、机具应固定或系牢，不准乱扔物品。在冷箱内进行查漏作业时，严禁攀登直径 50mm 以下的细管及仪表管线。

（3）设备、阀门、管道和容器，严禁带压拆卸。

（4）与氧气接触的设备、阀门、管道和容器，检修时严禁被油脂污染，检修后必须进行脱脂处理并确认合格。

（5）管道施焊时，严禁在其他管道上打火引弧。铝管间一处焊接不能超过两次，否则应重新配管施焊。

（6）用三氯乙烯清洗空分装置时，应采取防中毒措施。清洗后、投产前应进行系统全面大加热。

（7）空分装置试压前，应首先制定试压方案，试压应采用气压法，所用气体必须是无油、干燥、洁净的空气或氮气，严禁用氧气试压。用瓶装的高压气体做试压气源时，必须减压。试压应有专人操作和监护，所用的压力表应在检验周期内。应按不同压力分别进行，缓慢升压，严禁超压。

（8）空分装置查漏，应采用涂刷肥皂水的方法，铝管应采用中性肥皂水。

（9）多台空分装置管道相连时，检修的空分装置应与其他空分装置可靠隔离。

3. 空压机、氧压机、氮压机

（1）在检修时划出检修范围，并设标志，无关人员不准入内；检修时严防异物进入或遗留在设备内，检修后彻底清理。

（2）对运转部位、气封、油封进行严格检查。氧压机油封不准有泄漏。各部间隙不准超出公差。

（3）在压缩机主机进行检修时，对配套的温度计、压力表、轴位移、振动表、防喘振等安全保护联锁装置，同时进行检修。

（4）对润滑油系统进行检修后，进行清扫和调试。

（5）气缸用油润滑的活塞式空压机，检修时必须将气缸内、吸排气阀及管道系统的积碳清理干净。

（6）氧压机与氧气接触部位检修时，工具、吊具、工作服等严禁沾染油脂。检修毕，与氧气接触部位应进行脱脂，用紫外线灯检查确认合格后，方准安装或扣盖。

4. 膨胀机

透平膨胀机转子检修后要做动平衡试验。对风机制动的膨胀机，在检修中应清洗空气过滤网，并调试制动蝶阀平衡锤。同时检修透平膨胀机入口前的快速切断阀，保证其动作迅速、灵敏，防飞车联锁装置可靠。活塞式膨胀机检修时，应检查或检修防飞车装置。

5. 液氧泵

检修前应先对设备加热至常温。

同时检修轴承温度、气封压力、出口压力、气化后氧气温度等安全保护联锁装置并调试。

清除已使用过的油脂，按规定加入适量的新油脂。

6. 氮气和稀有气体系统

进入氮气及其他稀有气体容器检修前，必须切断气源，堵好盲板，分析内部含氧量在

19.5%～23%范围内方可进行。氩净化系统检修后，应进行气密性试验。经吹扫和用氮气置换合格后，方可投入使用。氪、氙系统富氧部分检修应禁油脂，投用前应严格脱脂。

7. 氢气系统

（1）氢气系统停运后，应切断电源、对地放电，用盲板切实隔断与运行设备的联系，经氮气置换合格后，方准进行检修。

（2）氢气设备、管道和容器在动火作业前必须用氮气进行置换。运行设备旁严禁动火。

（3）进入氢气站检修人员不准穿化纤工作服和带钉鞋，严禁带入火种。施工中不准随意敲击设备，检修人员应使用铜质工具。电解槽拆卸使用的钢铁制工具仅限用于设备的松紧，严禁进行敲打或冲击式松紧，如需要时必须垫用紫铜板。

（4）检修氢压机设备的零部件，应进行清洗处理，严防杂质混入设备内部。

（5）检修人员与碱液接触时，必须穿戴好防护用品，同时在现场备浓度为 2%～3%的硼酸水溶液。

（6）氢气设备、管道和容器等，检修后必须进行严密性试验，试验介质用空气或氮气。

（7）检修后必须先用氮气试车。

五、事故和安全装置

1. 事故

（1）爆炸。

物理爆炸：由于气压超过了受压容器或管道的屈服极限乃至强度极限，造成爆裂。如氧气瓶使用年限过久，腐蚀严重，瓶壁变薄，在充气时或充气后发生爆炸。

化学爆炸：有化学反应，产生高温、高压，瞬时发生爆炸。

（2）燃爆。

氧气和液氧都是很强的氧化剂。当可燃气体、氧化剂、激发能源同时存在时，可能发生燃烧；当气体混合物浓度在爆炸极限范围内时，遇到激发能源，引发爆炸。

2. 安全装置

（1）报警停车联锁装置。

该装置能够通过对一系列参数进行监控，发现异常或超限，自动报警和（或）停车。目前使用较普遍的是温度、压力、浓度、阻力、流量、液位报警停车连锁装置。轴位移保护、防喘振保护、振动保护、超速保护，以及电压、电流、接地保护也经常采用报警停车连锁装置。

（2）安全泄压装置。

安全阀由阀座、阀瓣和阀体组成。压力超限时，阀门自动开启泄压：压力正常后，阀门自动关闭。安全阀泄压不影响系统正常运行。安全阀必须动作灵敏可靠，密封性能良好，结构紧凑，调节方便。

防爆片又称防爆膜、防爆板。因为泄压后膜片不能自动复原，所以系统将被迫停止运行。防爆片只是在不宜安装安全阀的情况下使用。

（3）其他安全装置。

其他安全装置包括放散阀、逆止阀、防爆墙、防雷防静电接地等。

模拟试题及考点

1. 冶金生产过程中，________是可燃气体。

A. 氧气　　B. 氢气　　C. 氮气　　D. 氩气

【考点】“一、氧气及相关气体的特点”。

2. 关于液氧储罐的下述说法，正确的是________。

A. 液氧中乙炔含量低于百万分之0.1时，应向储罐内输送液氧

B. 液氧中乙炔含量超过百万分之0.1时，应向储罐外输送液氧

C. 罐内气体露点不高于–45℃，方准投入使用

D. 液氧储罐液氧最大充装量为其几何容积的97%

【考点】“二、氧气生产的安全要求”。

3. 各种使用氮气的场所，应定期分析周围大气的含氧量，其浓度不应低于________%。

A. 22　　B. 21　　C. 20.5　　D. 19.5

【考点】“三、相关气体生产的安全要求”。

4. 氩净化设备及催化反应炉在投产前，只有在粗氩中含氧量小于________%时，方准加氢。

A. 5　　B. 4　　C. 3　　D. 2

【考点】三、相关气体生产的安全要求”。

5. 关于氢气站的下述说法，错误的是________。

A. 站内外严禁烟火

B. 制氢间内不准放置易燃易爆或油类物品

C. 不准穿带钉鞋和易产生静电的衣、帽等进入生产、使用氢气的现场

D. 站内挂设临时电气线路，需经安全主管部门批准

【考点】“三、相关气体生产的安全要求”。

6. 与氢气有关的下述说法，正确的是________。

A. 使用氢气的氩净化间，其电器、设备应符合防冻要求

B. 在氖、氦生产中，粗氖、粗氦中的含氢量不宜超过5%

C. 制氢系统运行中，氢气纯度、氧气纯度均不得低于99%

D. 氢气管道应埋地敷设

【考点】“三、相关气体生产的安全要求”。

7. 下述情况中，应用氮气进行吹扫或置换的共有________种。

① 氧压机试车时

② 液氧泵启动前、使用液氧储罐前

③ 制氢系统开车前、氢气管道送氢气前

④ 在氢气设备、管道和容器动火作业前

⑤ 新安装的氮气管道及容器投入使用前

A. 5　　B. 4　　C. 3　　D. 2

【考点】“二、氧气生产的安全要求”“三、相关气体生产的安全要求”和“四、检维修的安全要求”。

8. 在生产区域及设备、管道动火时，氧气含量必须控制在________%以下，氢含量不准超过________%。

A. 21，0.3　　B. 23，0.4　　C. 23，0.5　　D. 21，0.6

【考点】“四、检维修的安全要求”。

9. 与________接触的设备、阀门、管道和容器，检修时严禁被油脂污染，检修后或投用前必须进行脱脂处理。

A. 氢气　　B. 氧气　　C. 氮气　　D. 氩气

【考点】“四、检维修的安全要求”。

10. 关于空分装置的检修，下述中________有误。

A. 低温部分设备检修，宜升到常温进行

B. 设备、阀门、管道和容器，严禁带压拆卸

C. 检修的空分装置应与相连的其他空分装置隔离

D. 空分装置试压所用气体可以是氮气或氧气

【考点】“四、检维修的安全要求”。

11. 关于氢气系统的下述说法，错误的是________。

A. 制氢系统开车前，应确认其对地电阻小于 1MΩ

B. 检修设备与运行设备间必须采取隔离措施

C. 检修后可用空气进行严密性试验

D. 检修后用氮气试车

【考点】“三、相关气体生产的安全要求”“四、检维修的安全要求”。

12. 报警停车联锁装置一般不用于________。

A. 温度、压力、浓度、液位等参数异常或超限

B. 轴位移保护

C. 防喘振保护

D. 噪声防护

【考点】“五、事故和安全装置”。

第十节　铝冶炼安全技术

一、与氧化铝有关的安全要求

1. 生料磨制

作业前应对作业现场进行 CO、氧含量检测。

输送皮带输运机应设置紧急停车装置、程序联锁装置，安装防止人体接触的安全防护装置，间隔一定距离设安全过桥，不应横跨皮带或躺、坐在输送皮带上，打滑或主、被动轮挤进物料时，应停车处理。

化灰机应保持密闭完好。振打化灰机不应站在化灰机上方，防止被石灰乳灼伤，如溅入眼内，应立即用清水冲洗。

破碎机运转中不应调整、清洗或检修，破碎机进料口、出料口被异物卡住，应关停破碎机处理，同时停止裙式机运转。疏通出料口应处于安全位置、用力均匀，防止坠入出料口。

提升机故障处理，应严格执行设备检修停电挂牌制度，主动轮应采取机械固定，现场设专人监护方可进行作业；清理提升机出口时，应停车处理；清理输送皮带下料口时，皮带磁铁应停电。

2. 料浆配制

磨机及附属设施应定期检查，紧固磨门或磨体螺栓，应使用专用紧固扳手，磨机上端作业时应采取防坠落措施，清理筛板应戴护目镜。清理磨门使用的手锤，锤头要牢固。清除锤击点粘附浆液，以防物料飞溅伤人。

保持槽体液位，防止槽内物料溢出。槽罐顶部观察孔应安装防坠落篦子。检修泵或更换密封填料应严格执行停电挂牌制度，切断料源，管道加盲板。开、关阀门，清理管道，应佩戴护目镜，不应面对管道法兰。

3. 熟料烧结

点火时现场人员应站在窑头两侧，篦冷机、电收尘及喷枪平台不应有人。喷煤时窑头不应站人或通过，防止回火伤人。窑内温度高或有明火时，试送煤系统设备应提前开启排风机转窑，以防止放炮。带料停窑、进窑内检查或处理问题，沿物料一侧向里行走，以防止烫伤。停窑清理耐火砖及附着物应执行停电挂牌制度，单人不应入窑作业；疏通下料口积料，应佩戴防护面罩，设专人监护，多人工作时设专人指挥。检修转窑前，应检查窑顶、窑内、冷却机进料口等部位，确认无人后方可进行。

4. 溶出

溶出器及其附属设施应定期检查，溶出器预热，应熟悉检查流程，送汽前应放水，缓慢打开阀门，预热管道后方可提压，内、外管道应同时预热，防止膨胀系数不一样造成管道密封泄漏伤人。

酸洗作业应按酸加入水的原则进行，酸储罐应设防泄漏围堰，周围应有明显的警示标示，半径 15 米内应设紧急冲洗、喷淋装置。溶出器、酸槽等动火作业前，应用水冲洗干净，卸开管道通风放气。

5. 脱硅

脱硅机及附属设施应定期检查、检测，脱硅机密封泄漏或管道破裂，应立即切断料源、气源等，待机内压力降至零，确定无泄漏后方可进行处理。脱硅机机内压力小于管道压力方可进料。脱硅机内温度 40℃以下时方可进入，电压不得大于 12V，压力过高时应用空罐泄压，防止超压。

6. 分解

碳分槽分解时，CO_2 供气阀门应先开后关，通气时测量孔、流槽封闭，水封不应漏气，碳分槽、种分槽开启人孔、检查出料阀、拆卸三通，确认槽内无料方可作业。

7. 焙烧

焙烧炉及相关设施应定期检查，系统启动前，应先启动预热燃烧器，将焙烧炉预热到800℃以上。预热过程中，不应开启电收尘。除主控人员及维护人员外，任何人不应靠近燃烧器及控制柜。进入风机室工作应两人以上、戴耳塞、保证照明充足。

8. 蒸发

蒸发器及附属设施应定期检查，蒸发器酸洗后未经置换、通风，不应动火作业。蒸汽压力异常升高，应立即处理。蒸发器内温度40℃以下时方可进入，照明电压不得大于12V。蒸发器运转中，不应用冷水冲洗目镜、正对目镜紧螺栓。

9. 赤泥

赤泥压滤机应定期检查、维护，滤液集液管在反吹风时受压，应确保集液软管承压能力，按使用周期定期更换。不应在设备运转中清理粘在板框密封处的赤泥，防止板框挤压伤害。

10. 清理检修

清理检修作业应制定安全施工方案，进行现场安全确认，每项工作应设置安全监护人并严格履行职责。严格实施停电挂牌。应关闭进出料、风、汽、水等管道、溜槽的阀门，加盲板，挂警示牌，由施工负责人进行安全确认后方可施工。进入槽内清理、检修，应测定槽罐内氧含量高于19.5%。

带料承压管道、容器不应重力敲打和拉挂负重；拆卸管道及槽罐人孔等，应将料、风、汽、水排空；作业时不应垂直面对法兰，拆卸螺栓由下而上，注意物料喷出。多人作业时，专人指挥、互相监护、统一行动。风镐作业，休息时间应将钎子拔出。使用电气设备、电动工具，应有良好的漏电保护装置。

允许进入窑、炉、槽、罐等容器内工作的气流温度为40℃以下，至少二人以上同时在场，内外相互监护。进入前应先观察有无松脱的结疤、耐火砖等。进入狭小密闭空间及二氧化碳管道前，应对有毒有害气体浓度进行监测，CO气体含量在30mg/m^{3}以下。

在各类磨机、窑体上等高处作业时应采取防坠落措施，在活动爬梯上作业应设专人扶梯保护，电工停送电应戴绝缘手套，在电磁站内检修应使用隔离板。

二、预焙阳极安全要求

1. 煅烧

（1）原料输送。

开机前，必须清除破碎机内各种杂物，检查各部件紧固程度，电线完好状态及润滑情况。破碎机运转时上料要均匀，破碎机进料口、出料口被异物卡住时，应停机处理。清理皮带输送机下料口时，输送机和电磁分选器应停电。

（2）调温。

1）罐式煅烧炉各区域温度应在操作规程规定控制范围内，防止局部高温烧坏罐体。

2）回转窑烘炉前，检查大窑内浇注料确保坚固、平滑、无裂纹和孔洞。点火前必须将内部清扫干净。检查天然气各部阀门密封，必须整体打压合格后才能涂上黄甘油。燃气站送燃气前，打开放散管关闭其他燃气阀门。

3）停窑操作过程中，禁止打开窑门和观察孔，避免空气进入影响大窑内衬寿命。清理回转窑沉灰室料时，应防止烫伤，积料温度过高时，禁止进入沉灰室作业。

4）进入回转窑内工作，应切断电源；挂检修牌；窑外设专人监护；窑内温度降到 60℃以下。

（3）脱硫。

脱硫系统加碱和石灰操作时，作业人员应佩戴防尘口罩和长皮手套，并随时清理搅拌浆池的杂物，以免堵塞浆泵。设备运行中禁止清扫，擦拭和润滑机器的旋转和移动部位，严禁将手伸入栅栏内。禁止将抹布缠在手或手指上清拭运转中的机器。压滤机取板、排渣操作应两人协调进行，避免取板速度过快和排渣不彻底。

2. 成型

（1）沥青库。

1）向沥青熔化槽内加入沥青时禁止过量，避免沥青膨胀溢出造成事故。

2）沥青池部位严禁用火。沥青管线处导热油伴热管禁止重力敲打、用作地线或天线。沥青池应设置明显的警示标识，非工作人员严禁靠近。

3）启动电捕焦油器，严格按技术规程操作。输出电压应保持在规定范围之内，禁止超高或超低。电压调整应缓慢进行，防止打火。定期排出电捕器中的煤焦油，避免从人孔溢出。

（2）中碎。

振动筛开机时，应检查设备各部件完好，运行中靠近筛子两侧禁止站人，正常生产过程中如出现设备故障等异常情况，应切断电源并悬挂“禁止合闸，有人工作”牌，并设专人监护。

（3）磨粉。

在球磨机内检修必须切断电源，悬挂检修标识牌，专人负责监护。磨机加油应先切断电源及事故开关后方可进行，禁止将头、手伸进转动部位。球磨机装球（棒）时应确认磨机内无人。球磨机向外倾倒钢球时，操作人员应距离料斗落点 2m 以外。

（4）配料混捏。

1）禁止用手直接触摸检查糊料温度，应戴好手套防止烫伤。严禁将头、手或身体其他部位伸进未完全停止旋转的缸体中。取样或观察锅内温度时应停锅操作。严禁将手伸进转动部位检查设备。

2）停水、停气、停电及发现异常情况时应紧急停车。糊料在混捏锅内停留时间过长时，禁止启动混捏锅。混捏锅操作时维护门应关闭，否则无法启动。

3）进行锅体翻转及锅盖开关动作时，作业人员禁止走近其动作的范围内。禁止用手检查预热或混捏设备加热系统的加热管路及设备，以免烫伤。

4）连续混捏系统启动前应打开各部分冷却水阀门，保证冷却水畅通无阻。润滑系统、润滑油箱油、减速机油经检查确认正常后，空负荷运转 10min 再带料生产。

（5）成型。

成型时重锤下严禁站人，在压重下操作时应插好保险销，重锤提到上限位后，严禁人员到模具内工作，应将重锤安全夹关闭。禁止把手、脚伸进模具或重锤下。清理重锤粘料时，应注意防止脚下滑倒，抓紧手持工具防止掉入模具内。

在振动给料机处观察糊料或清理料斗粘料时，应停电源、停液压后专人指挥进行，避免工器具掉入输料小车。检查糊料时应戴手套。

3. 焙烧

（1）堆垛。

堆垛天车夹块提到上限位才能行走大车，严禁天车悬挂重物长时间停顿，夹具夹持炭块时，应确认夹紧指示灯亮后方可起吊。使用堆垛天车副钩吊运炭块或重物时，应先检查夹具和钢丝绳，由专人在地面指挥，吊物上禁止站人，

炭块堆垛应整齐、平稳，最多不应超过 8 层，长度小于 600mm 的不应超过 6 层。跺距、高度、层数应严格控制，做到齐、平、稳。

（2）编解组。

设备运转时禁止将头、手及其他身体部位伸进设备内，身体禁止接触翻转机。严禁在转动设备上进行清焦、撬炭块等作业。设备在运行中发生故障可采用手动方式完成相应操作程序。检修调试时禁止将炭块留在翻转机内，人工无法撬动时应及时停机处理。作业中严禁跨越运输机及在运输机上蹲、坐和行走。

编制品应平齐，禁止歪斜，并及时纠正倾斜制品，操作人员应在指定地点上下设备，禁止跨越、攀爬设备。在设备内部进行检修等作业前，应停机并在操作台上悬挂相应的警示牌。

（3）装、出炉。

检查炉室、火道和维修炉体前，炉窜应充分冷却。热炉室禁止装炉，严禁从人的上部传递工具或材料，禁止从料箱上向下抛掷任何物品，用手动工具维护炉室时应站稳，用力均匀，在料箱中作业时应检查梯子，确认放稳后方可进行。

修炉料箱应有安全防护栏，并由专人监护。吊运耐火材料前应仔细检查吊钩、钢丝绳、灰斗、砖箱，确认其安全可靠。

（4）焙烧调温。

在炉面作业时，禁止在料箱、火道间跳跃、跨越，避免踩空或坠入料箱。观察火道和燃烧孔、清理或取放热电偶、调整负压时，应佩戴专用防护用品，避免身体接触排烟架、高温套管等高温物体。定期清理排烟架内沉积的沥青烟垢和焦油，以免发生火灾。

进入烟道检查清理作业时，检查人员应穿戴特殊防护用品，系好安全带，配有安全照明工具和对外联络设备，同时烟道外应设专人监护。

（5）焙烧净化。

净化系统送电运行时禁止在电捕除尘器上面进行检查。

电捕送电时要先试电压。电捕检修作业时低压配电室应先停电并挂牌，再接地放电。设备运行中禁止进行检修、加油、清理卫生。应定时排放电捕焦油。排焦油时防止烫伤。

电捕焦油器检修，首先要确保变压器停电，经充分通风，极板和极丝放电、降温等措施，确保电捕室内温度不超过 40℃，检测无烟气，方可进内检修。若需照明必须使用安全电压。

（6）焙烧炉修炉。

修炉前应设置安全标志，严禁作业人员在相邻两个炉室同时作业，在空炉室内进行修炉作业时，炉室上面应有专人监护。

在炉室内工作时应系好安全带，在空炉室内作业时禁止向炉外抛掷物品，从焙烧炉炉面

向下传递修炉材料等物品时，修炉人员要从炉室内离开。

（7）炭块清理。

清理炭块前应检查炭块温度，防止烫伤。炭块清理时相互之间应保持安全距离，防止相互碰伤。天车夹块时应离开，防止砸伤。使用小夹具夹炭块时严禁将手放到夹具内。打磨炭块清理铲时应戴好防护眼镜。禁止在炭块上取暖。

三、铝电解安全要求

1. 一般要求

在电解厂房内使用铁制工具时，应注意磁场影响。工具使用前应充分预热，用完后应放回指定位置。原料经过预热干燥后方可使用，潮湿物品不应投掷到电解槽内。定期检查电解槽、母线、地面、厂房、其他建筑物之间绝缘状况，确保无导电物体连接。

在电解槽上进行操作时，应站在风格板或槽罩上。在槽罩上作业时，应当将槽罩放稳，确认槽罩拉筋固定牢靠、无松动。收边作业时，应使用脚踏板。不应坐在槽罩、槽沿板及立柱母线短路口上休息。不应将金属工具靠在电解立柱母线、槽控机、气控柜旁。电解测量作业时发生效应或对地电压异常时，应停止作业，待效应熄灭或异常对地电压排除后，方可继续作业。定期对电解槽槽控机进行吸灰并检查其绝缘情况，防止失效。换极作业时不应站在阳极、壳面上。新阳极换极前应进行预热。发生阳极效应时，不允许进行测量、换极、抬母线作业。

2. 测量

测量时，注意防止工器具同时接触两槽。阴极钢棒温度、侧壁温度、炉底钢板温度的测量、测试中应做好安全防护措施，防止电解槽漏槽烫人等事故。

3. 换极

在残极脱离电解质液面后或新极坐入电解质之前，作业人员应防止阳极脱落带出液体电解质；操作卡尺划线时一定事先检查阳极卡具是否会掉落，不应迎面站在卡具下方，不应将脚伸入阳极底掌下面，防止烫伤、砸伤、压伤等。进行卡具松紧作业时不应站在阳极上；新极装入后进行收边作业时，不应站在阳极、壳面上。处理热块应佩戴防护眼镜或防护面罩。不应用潮湿的物料进行收边作业。

4. 抬母线

在吊运、放置母线提升机时，应有专人指挥天车作业。确保母线提升框架水平放置在需要抬母线的电解槽上；抬母线前，应确认电解槽状态，电解槽处于效应等待期间不应进行抬母线作业；作业时，先打开抱紧装置、后打开夹紧装置，方可松开小盒卡具；抬母线吊放框架时，应有专人指挥，在不明确其指示和信号时，严禁任意操作。

5. 熄灭阳极效应

电解槽发生效应时，应先将电解槽出铝端炉门打开，操作打击头，打开结壳；在向电解槽插入或拔出效应棒时，不应将身体正对电解槽，以防电解质或铝液溅出烫伤；长效应后，应立即巡视、测量侧壁、阴极钢棒、炉底钢板等情况，对异常部位及时处理，并测量全槽电流分布，检查阳极情况，对异常极及时调整，监控好电压。

6. 通电、启动、停槽

通电作业应认真测量短路口的绝缘情况，绝缘等级不能低于 2MΩ；通电操作不应事先松开短路口螺栓，防止断路爆炸事故。

启动前紧固卡具，检查强制按钮，观察阴极窗口防止漏铝；往电解槽内灌注铝液或电解质时，操作应慢、准、稳，防止溅出伤人；阳极升降确保畅通，升阳极速度应与灌注电解质速度相一致，防止飞溅。

停槽时，在吸出电解质降阳极时应专人负责，防止阳极与电解质脱离；倾倒铝液时，应慢而平稳，防止飞溅；停槽作业完成后，应确认短路口螺栓紧固，压降在工艺要求的安全电压范围内。

7. 出铝

作业前应检查确认出铝抬包各部件完好，各装置运转正常，铝包内无杂物。出铝前，应先按下出铝键，与计算机联系，进行出铝程序控制，以免发生电解质脱落阳极造成短路事故。

铝液盛装不能过满，应低于铝包口 20cm 左右，以免运输时溅出；移动铝包时，吸出管口需离地面 30cm 以上，出铝工应与天车工配合，注意行人和车辆；出铝工扶包时，手应扶在手柄上，脚不应伸到出铝包的正下方。

出铝完毕摆放抬包时，操作者应站在减速器侧边，不能站在对面，按规定放在包架上，不应将吸铝管朝通道一侧。

8. 清包

清理吸铝管时，应先检查吸铝管是否有裂纹，防止断裂伤人；清理时应扶稳包盘，与天车工相互配合，避免抬包在空中摇摆；应防止风镐、铁纤滑落伤人；完成清包后，抬包应摆放平稳，抬包吊耳应用卡子卡稳；对吸铝管连接螺栓进行紧固；吸铝管有裂纹时应立即更换，避免断裂伤人。

四、铸造安全要求

1. 入铝

开口包使用前应认真检查各安全装置完好有效，吊运过程抬包应平稳地放在开口包底座上，包梁的卡具应卡到位，防止翻包。

捞渣作业，使用的工器具应预热干燥，操作者不可站在抬包底座、开口包沿、抬包减速机上，应站在捞渣平台上。

自动倒包时，将抬包扶稳挂好后远离作业区域 3m 外，不应向抬包内加入带有水分、潮气、油垢的固体铝及其他物品。

2. 混合炉操作要求

（1）电炉操作要求：倒包、搅拌、打渣、倒灰时，应佩戴好口罩和防护眼罩；使用前应检查入铝口畅通，炉眼堵好；入铝液时，防止铝液溢出炉膛；铸锭时保持入铝口畅通，并控制好流量；混合炉工作时，其他无关人员不得逗留；确需在入料后的炉内加固体物料时，应用专用工具将物料缓慢推入，防止铝液飞溅。

（2）天然气炉操作要求：检查燃气无泄漏，调整炉温、料温、进气量达到工艺要求，不得空炉高温运行；开关炉门时，炉前不得站人；经常巡视检查炉眼和溜槽接口，每班铸造结束后清理出铝口。

3. 铝锭铸造

浇铸前检查铸造机、堆垛机、混合炉和供水系统，确保正常；预热溜槽、分配器、渣铲，铸模使用间歇超过 8h 或新换时也应预热；浇铸时，在每个铸模都工作一次后，方可给水冷却；打渣时，渣铲应轻磕，防止铝渣飞溅；搬运铝锭堆垛时，应轻放，防止铝锭滑落伤人；混合炉堵眼时，严禁将炉眼和塞子头浇湿，以防爆炸；铝锭堆放高度不应超过 2 盘，堆放应垂直、平稳、整齐、可靠。

4. 打捆

工作前应检查打捆机、风管、风压，使用时应慢、稳、准，防止挤砸伤；未完全冷却的铝锭，不应裸手搬动、打捆；严禁在悬空的吊物下作业，控制好所使用的工器具，防止飞溅、弹出、滑落伤人。

五、铝冶炼事故的预防措施

1. 事故类型

（1）铸造铝水爆炸。

铝液铸造混合炉容量大，新炉容量一般在 40t 左右。在铸造过程中，由于铸模裂纹、断裂或潮湿，以及混合炉出铝口突发漏铝，导致大量铝液进入冷却水箱或循环水道，瞬间形成大量水蒸气无法排出，发生爆炸。

（2）其他事故。

大型预焙槽的换极、出铝、捞渣等作业均由多功能天车完成，操作过程中出现过诸如出铝小车坠落事故，电解质外溅造成人身烫伤事故等。此外，与电解生产配套系统的设备设施，还出现过工艺运输车辆事故，组装中频炉突发停水、停电等事故。

如果远程控制程序误操作或设备点检、巡检不到位，会造成设备设施事故。

2. 防范措施

（1）控制风险。

电解铝企业要细致地排查可能引起铝水爆炸事故及其他事故的隐患，制定预防或整改措施。

（2）提高操作人员的责任心和能力。

加强作业人员的业务技能培训，杜绝违章操作。加强作业规程和安全规程的学习培训，提高作业人员的事故分析判断和处理能力。

（3）应急救援预案、应急信号和反事故演习。

针对可能的重大事故或灾害，应预先制定应急救援预案。

电解铝生产车间与供电车间架设事故应急信号，出现紧急情况时，便于及时采取断停电措施；定期组织开展反事故演习，如防漏炉事故演习、电解车间与供电车间事故联动演习，突发停电事故演习等；对每次反事故演习的效果进行总结和评估，及时完善应急预案；储备应急工器具、备件和应急物资。

（4）重大生产操作要避开夜间进行。

一些重大生产操作如电解槽启动等要尽可能避开夜间。根据近年来的统计结果，80%以上的事故发生在夜间，由于夜间作业人员的精力、体力，包括视线等均不如白天，且夜间操作现场监管人员少，违章操作现象不能及时纠正或制止，更容易引起事故的发生。

模拟试题及考点

1. 下列关于生料研磨作业的叙述，错误的是________。

A. 作业前应对作业现场进行CO、氧含量检测

B. 人员不得坐在输送皮带上运行

C. 石灰乳如溅入眼内，应立即用大量清水冲洗

D. 清理输送皮带下料口时，皮带磁铁可不用停电

【考点】“一、1. 生料磨制”。

2. 清理疏通下料口是，正确的做法是________。

A. 作业前人员佩戴防护面罩

B. 多人工作时设专人指挥

C. 单人作业时，执行好停电挂牌制度

D. 作业时应设专人监护

【考点】“一、3. 熟料烧结”。

3. 酸洗作业应按酸加入水的原则进行，酸储罐应设防泄漏围堰，周围应有明显的警示标示，半径________m内应设紧急冲洗、喷淋装置。

A. 5　　B. 10　　C. 15　　D. 20

【考点】“一、4. 溶出”。

4. 焙烧炉及相关设施启动前，应先启动预热燃烧器，将焙烧炉预热到________℃以上。

A. 700　　B. 800　　C. 900　　D. 1000

【考点】“一、7. 焙烧”。

5. 下列关于氧化铝检修作业表述正确的是________。

A. 应对有毒有害气体浓度进行监测，CO气体含量在24mg/m^{3}以下

B. 应测定槽罐内氧含量高于18.5%。

C. 在各类磨机、窑体上等高处作业时应采取防坠落措施

D. 窑、炉、槽、罐等容器内工作的气流温度为50℃以下

【考点】“一、10. 清理检修”。

6. 下列预焙阳极过程中煅烧工艺的说法，错误的是________。

A. 清理皮带输送机下料口时，输送机和电磁分选器应停电

B. 清理回转窑沉灰室料时，应防止烫伤

C. 进入回转窑内工作，应切断电源

D. 脱硫系统加碱和石灰操作时，发现浆泵堵塞时，立即用手清理杂物

【考点】“二、1. 煅烧”。

7. 球磨机向外倾倒钢球时，操作人员应距离料斗落点________m以外。

A. 5　　B. 3　　C. 2　　D. 1

【考点】“二、2. 成型”。

8. 炭块堆垛最多不应超过________层，长度小于600mm的不应超过________层。

A. 8，6　　B. 10，8　　C. 10，6　　D. 8，4

【考点】“二、3. 焙烧”。

9. 电捕焦油器检修，首先要确保变压器停电，经充分通风，极板和极丝放电、降温等措施，确保电捕室内温度不超过________℃。

A. 30　　B. 40　　C. 50　　D. 60

【考点】“二、3. 焙烧”。

10. 下列铝电解的说法，错误的是________。

A. 在电解厂房内使用铁制工具时，应注意磁场影响

B. 工具使用前应充分预热

C. 原料经过预热干燥后方可使用

D. 干燥物品不应投掷到电解槽内

【考点】“三、1. 一般要求”。

11. 下列关于铝电解换极作业的说法，错误的是________。

A. 进行卡具松紧作业时应站在阳极上

B. 不应将脚伸入阳极底掌下面

C. 处理热块应佩戴防护眼镜或防护面罩

D. 不应用潮湿的物料进行收边作业

【考点】“三、3. 换极”。

12. 下列关于长效应后的操作，叙述错误的是________。

A. 立即巡视、测量侧壁、阴极钢棒、炉底钢板等情况

B. 对异常部位及时处理

C. 并测量全槽电流分布

D. 检查阴极情况，对异常极及时调整

【考点】“三、5. 熄灭阳极效应”。

13. 铝液盛装不能过满，应低于铝包口________cm左右，以免运输时溅出；移动铝包时，吸出管口需离地面________cm以上。

A. 10，20　　B. 20，30　　C. 10，30　　D. 20，20

【考点】“三、7. 出铝”。

14. 铝液盛装不能过满，应低于铝包口________cm左右，以免运输时溅出。

A. 40　　B. 30　　C. 20　　D. 10

【考点】“三、7. 出铝”。

15. 下列关于铝锭铸造的操作，叙述错误的是________。

A. 浇铸前检查铸造机、堆垛机、混合炉和供水系统

B. 预热溜槽、分配器、渣铲，铸模使用间歇超过 4h 应预热

C. 浇铸时，在每个铸模都工作一次后，方可给水冷却

D. 打渣时，渣铲应轻磕，防止铝渣飞溅

【考点】“四、3. 铝锭铸造”。

第十一节　重金属及其他有色金属冶炼安全技术

一、有色金属冶炼、黄金选冶的主要危险源及其危害

（1）冶炼烟气中含有有害气体，如二氧化硫、三氧化硫、氟氯、铅蒸汽、酸雾以及砷、硫化氢、烟尘，危害人体健康，引起中毒和职业病，腐蚀设备、建筑物，影响农作物生长。

（2）有色冶金工厂废水含有无机有毒物，即各种重金属和氟化物、砷化物、氰化物，易引起中毒，影响农作物生长和酸碱污染。

（3）有色冶金固体废物，包括有色金属渣、冶金废水处理渣等，通过各种途径进入地层造成土壤污染。

（4）有色冶炼生产用的重油、柴油、粉煤等燃料，冶炼烟气常含有浓度较高的煤粉或可燃性气体，易引起火灾和爆炸事故。

（5）有色冶炼常见的危化品，如硫酸、液氧、液态二氧化碳、硫酸铜、碱及分析试剂等，在泄漏、失控情况下，存在火灾、爆炸、人员中毒、窒息及灼烫等危险。

（6）黄金冶炼中的主要危险是氰化物和汞中毒。

（7）作业现场伴有噪声、振动、放射性和热辐射等，会引起噪声性耳聋、放射性危害、中暑和烧烫伤。

（8）有色冶金生产需转运大量的原材料、燃料以及中间产品，易发生公路、铁路运输事故。

二、铜冶炼、铅冶炼、锌冶炼、铝冶炼及其他有色金属冶炼中的主要安全技术

1. 铜冶炼的主要安全技术

铜冶炼以火法炼铜为主，火法炼铜大致可分为三步，即选硫熔炼—吹炼—火法精炼或电解精炼。铜冶炼的主要特点是：工艺流程较长，设备多；过程腐蚀性强，设备寿命短；“三废”排放数量大，污染治理任务重。

铜冶炼是一个以氧化、还原为主的化学反应过程，设备直接或间接受到高温或酸碱浸蚀影响，为延长设备寿命，应采取如下措施：选用优质、耐高温、耐腐蚀的设备；贯彻大、中、小修和日常巡回检查制度；采取防腐措施；提高操作工人素质，做好设备的维护保养等。

铜冶炼原料主要是硫化铜，硫在生产过程中形成二氧化硫进入烟气，回收烟气中的二氧化硫制取硫酸是污染治理的重要任务之一。

2. 铅冶炼的主要安全技术

铅冶炼主要采用火法，将硫化铅精矿烧结熔烧成烧结块，在鼓风炉中进行还原熔炼得到粗铅，再经火法、电解精炼产出电解铅，此法即烧结－还原熔炼法，是现代生产铅的主要方法。

（1）在熔烧过程中的安全生产要求。

1）把“三关”：炉料粒度、水分、混合制粒关，配料岗位操作关，烧结机操作关。

2）“七不准”：不准物料过干、过湿，不准粒度过粗、过细，不准违反配料单进行配料，不准烧结机料面穿孔、跑空车，不准烧生料，不准炉筐堵塞和带块，不准任意停车。

3）抓好“十个环节”：制备好返料，干燥和破碎好精矿，合理均匀地搭配好杂料、渣尘，准确配料，炉料润湿，混合制粒，烧结机上均匀布料，控制点火炉和烧结温度，控制炉料层和烧结机小车速度，调整风量和堵塞漏风。

（2）浮渣处理安全操作规程。

1）一次进炉料必须是干料，以防炉内残留的冰铜遇水爆炸；

2）铅、砷在高温下易挥发，在全部操作过程中必须戴手套、口罩，现场严禁进食或饮水，就餐前必先洗脸、漱口；

3）放渣和放冰铜前，渣包、冰铜包必须干燥，严禁潮湿工具接触熔融体，以防放炮伤人；

4）严格检查降温水套密封情况，发现渗漏，立即抢修或更换。

（3）铅中毒预防措施。

根本途径是改革工艺流程，使生产环境中空气含铅的浓度达到或接近国家卫生标准。

预防措施包括：

1）提高机械化、自动化程度，减轻劳动强度；

2）对劳动条件差、铅烟尘污染严重的岗位，除加强密闭、通风排毒外，在劳动组织上予以调整，由3班改为4班，缩短工作时间，减少接触铅的机会；

3）对新建、改建和扩建的企业，坚持做到安全防毒设施与主体工程同时设计、同时施工、同时投入使用，保证投产后生产岗位环境符合国家卫生标准；

4）严格安全规程和卫生制度，工人上岗前穿戴好防护用品，操作时及时启动抽风排气装置，定期检查维修防尘防毒设施，湿式清扫生产现场地面，定期监测空气中的铅尘浓度以及经常评价分析防毒设施的效果，不断改进；

5）加强个体防护，要选择和佩戴滤尘效率高、阻力小的防尘口罩，不在生产现场吸烟、饮水、进餐，饭前要洗手、刷牙、漱口，下班需洗澡，工作服要勤洗勤换。

3. 从铜阳极泥中提取金、银的事故预防措施

金、银冶炼采用硫酸化熔烧—湿法处理工艺。

（1）对烟气、烟尘的治理措施。

从铜阳极提取金、银生产过程中，产生的有毒有害气体主要有二氧化硫、氯气、二氧化氮等。治理措施主要有：

1）设置回转窑尾气吸收塔，通过负压，将铜阳极泥与浓硫酸反应生成的二氧化碳、二氧化硒气体，导入塔内，并在汞的作用下生成粗硒产品。搞好设备密封，避免回转窑、吸收塔泄漏烟气。

2）设置氯气吸收塔，通过抽风装置，将阳极泥分金生产中生成的氯气抽入塔内，用碱液中和处理，或液返回用过氯化分金作业。为减少氯气过量产生，避免氯酸纳与酸反应造成损失，防止氯气中毒，阳极泥分金作业除了要控制氯酸纳的加入速度以外，还要控制溶液的酸度和温度。

3）设置水沫收尘装置，净化小转炉吹炼炉气。由于从阳极泥中提取的粗银粉含有大量的杂质，目前，冶炼厂采用小型转炉并以高温空气为氧化剂，对粗银粉吹炼提纯。吹炼过程中，大量的金属（非金属）粉尘进入炉气，因此，通过水沫收尘器吸收粉尘，待炉气净化后再排放。

4）设置抽风装置。在金电解槽上方安装排风罩，将金电解过程中产生的氯气、氯化氢抽排，并用碱液吸收。造银电解液作业在抽风柜中进行，将产生的二氧化氮气体排出并用碱液吸收，此外，在银电解室安装换气扇。

（2）危险化学品伤害事故的预防措施。

运用现有工艺从铜阳极泥中提取金、银，要广泛使用强酸强碱、易燃易爆化学品和液化的有毒有害气体。主要安全措施有：

1）建立危化品的专贮库房，实行危险化学品分区、分类存放，避免性能互抵而产生燃烧、爆炸和有毒气体释放。

2）装卸、搬运盛酸容器、液化有毒有害气体高压容器、液态有害有毒化学品容器时，要谨慎操作，防止酸溅出伤人和容器爆裂造成危险化学品泄漏。

3）做好高压容器的日常检查、维护和定期校验工作，保证挥发性危险化学品的密封有效。

4）通过教育和培训，使从业人员掌握危险化学品特性和使用安全技术。

5）从业人员使用危险化学品时，要穿戴好必需的劳保用品。

6）尽可能减少危险化学品在生产车间的贮存量。

（3）高温烫伤事故的预防措施。

1）从阳极泥提取金、银有转炉吹炼、蒸晒窑熔烧、中转炉浇铸 3 个火法生产岗位，对此，要掌握蒸晒窑、转炉点火、停火的送风、送油和停风、停油的正确顺序，避免火焰喷炉烧伤；保证转炉吹焰中预炉浇铸投入的物料为干料，避免高温熔体爆炸烫伤；保证增柄的完好和夹具的灵活，防止发生高温熔体烫伤。

2）从阳极泥提取金、银高温湿法有浸出分铜、氯化分金 2 个岗位，向高温溶液中添加各种化学药剂要“均匀、缓慢、少量”，防止高温溶液外溢造成烫伤。

三、黄金冶炼事故预防与控制的主要技术措施

黄金冶炼事故除包括高温作业伤害、火灾和爆炸、机械伤害、触电、职业病、环境污染、冶金设备腐蚀等外，最主要的危险源还有氢化物和汞中毒。

氢化物和汞中毒的预防与控制的主要技术措施：选用优质、耐高温、耐腐蚀的劳动防护用品；加强职工安全素质教育和技术技能的培训；加强通风，保证工作场所的良好环境；安装安全预警装置。

四、几种有色金属冶炼事故的预防措施

1. 高温作业伤害预防措施

（1）通过职业健康检查，排除高血压、心脏病、肥胖和肠胃消化系统不健康的工人从事高温作业。

（2）供给作业人员 0.2%的食盐水，并给他们补充维生素 B_1 和 C。

2. 火灾和爆炸预防措施

（1）开展危险预知活动，凡直接接触、操作、检修煤气设备的职工，要掌握煤气设备的安全标准化操作要领，并经考试合格，取得合格证，方可上岗操作。

（2）在煤气设备上动火或炉窑点火送煤气之前，必须先做气体分析。

（3）架设隔拦防止灼热的金属飞溅。

（4）在煤气设备上动火，应备有防火消火措施。对停止使用的煤气动火设备，必须清扫干净。

3. 职业病防治措施

（1）加强职工职业病防治知识的培训。

（2）提供合格的劳动防护用品。

（3）定期对职工的身体进行职业健康检查。

（4）提供安全卫生的劳动场所和环境。

4. 机械伤害预防措施

（1）制定严格的设备设施运行规章制度。

（2）加强职工安全素质教育和技术技能的培训。

（3）提供合格的劳动防护用品。

（4）严格执行信号和联络制度。

5. 触电预防措施

（1）严格执行信号和联络制度。

（2）提供合格的劳动防护用品。

（3）加强职工安全素质教育和技术技能的培训。

（4）对于电缆电器设备的检修要及时认真。

模拟试题及考点

1. 冶炼烟气常含有浓度较高的________或可燃性气体，易引起火灾和爆炸事故。

A. 重油　　B. 煤气　　C. 煤气　　D. 煤粉

【考点】“一、有色金属冶炼、黄金选冶的主要危险源及其危害”。

2. 铜冶炼产生的烟气主要成分是________。

A. 一氧化碳　　B. 二氧化碳　　C. 硫化氢　　D. 二氧化硫

【考点】“二、1. 铜冶炼的主要安全技术”。

3. 铜冶炼产生的废水中不含________。

A. 重金属离子　　B. 氰　　C. 砷　　D. 氟

【考点】“二、1. 铜冶炼的主要安全技术”。

4. 铅冶炼安全预防的重点是________中毒。

A. 一氧化碳　　B. 二氧化硫　　C. 二氧化硒　　D. 铅

【考点】“二、2. 铅冶炼的主要安全技术”。

5. 在铅冶炼浮渣处理过程中，一次进炉料必须是干料，以防炉内残留的________遇水爆炸。

A. 硫化铅　　B. 铅液　　C. 冰铜　　D. 硫酸

【考点】“二、2. 铅冶炼的主要安全技术”。

6. ________不属于铅冶炼焙烧过程中的安全管理要求。

A. 把“三关”　　B. 抓“十个环节”

C. “七不准”　　D. 抓“五项重要内容”

【考点】“二、2. 铅冶炼的主要安全技术”。

7. 在金、银冶炼过程中，________不是防止氯气中毒的控制对象。

A. 溶液的压力　　B. 溶液的酸度

C. 溶液的温度　　D. 加入铝酸钠的速度

【考点】“二、3. 从铜阳极泥中提取金、银的事故预防措施”。

8. 黄金冶炼过程中的主要危险源不包含________。

A. 高温　　B. 煤气　　C. 汞　　D. 氢化物

【考点】“三、黄金冶炼事故预防与控制的主要技术措施”。

9. 有色金属冶炼火灾和爆炸预防措施是________。

A. 开展危险预知活动

B. 点火送煤气之前，必须先做气体分析

C. 停止使用的煤气动火设备，必须使用压缩空气吹扫干净

D. 架设隔拦防止灼热的金属飞溅

【考点】“四、2. 火灾和爆炸预防措施”。

第十二节　金属冶炼事故案例分析

案例 1　某矿业公司机械伤害

某日 22 时 17 分左右，某钢铁公司矿业公司洗矿车间洗矿班工人甲发现干筛下皮带尾轮处运

转不畅，未停机前去处理。尾轮下方地面有大片积水和泥浆，且现场照明不良。甲即将走到皮带尾轮处时滑倒，头部碰到皮带尾轮处，尾轮处缺少安全护罩，被运转的皮带挤伤致死。

请回答下列问题。

★1. 事故发生前，物的不安全状态有________。

A. 工人处理皮带尾轮处运转不畅未停机

B. 皮带尾轮处缺少安全护罩

C. 该公司洗矿车间安全培训教育工作有缺陷

D. 尾轮下方地面有大片积水和泥浆且现场照明不良

2. 用“轨迹交叉论”解释事故的发生？

参考答案

1. BD

2. 人的不安全行为——工人处理皮带尾轮处运转不畅未停机，导致处理故障时，皮带在运转；物的不安全状态——皮带尾轮处缺少安全护罩和尾轮下方地面有大片积水和泥浆且现场照明不良，导致人跌倒在没有护罩的尾轮处。两者“交叉”的结果是工人被尾轮处运转的皮带挤伤致死。

案例 2　某轧板厂热处理车间机械伤害

某日凌晨 2:00 左右，某钢铁公司轧板厂热处理车间丙班热处理炉出完钢板后，副班长甲站在 24 号回转台安全过桥上，指挥吊车将离线修磨好的 8 块钢板（规格 7500mm×2500mm×25mm 重量 3.68t）吊到回转台架上，并从安全过桥与护栏之间的 0.5m 左右空档穿越到回转台架第一组辊道（由南向北数）第 17 根单独辊道旁边，查看钢板钢号。

2:15 分左右，甲站在回转台架单独辊道电机传动轴承座旁，一脚踩在轴承座上，另一只脚踏在传动辊道边缘，同时，打手势指挥临时负责操作吊车的乙送第七块钢板。辊道启动后，甲失稳倒在输出辊道上，被由南向北方向运行的钢板挤压腰部，脾脏、腹部等内脏器官严重受伤，经送医院抢救无效，于 3:40 左右死亡。

说明：

（1）因有 3 号加热炉操作工请年休假，班长丙安排 24 号回转台操作工丁到 3 号加热炉顶岗。副班长安排热处理工乙到 24 号回转台操作室临时负责操作。

（2）该公司《职工安全通则》第四条规定了现场行走“五不准”，其中包括不准进入没有防护的运转设备旁。

（3）该公司《职工安全通则》第六条规定了操作确认制：确认没有人员处于设备运转的危险区域，才可启动运转设备。

请回答下列问题。

1. 此次事故的发生，下列选项中________不是事故的直接或间接责任人。

A. 甲　　B. 乙　　C. 丙　　D. 丁

2. 请问本次事故的直接原因和管理原因。

参考答案

1. D

2. 本次事故的直接原因

（1）人的不安全行为。

甲：违反公司《职工安全通则》关于现场行走“五不准”的规定，擅自进入危险场所，站在不安全位置指挥送钢。

乙：违反公司《职工安全通则》关于操作确认制的规定，在启动回转台设备前，对甲站在辊道危险区域没有确认，盲目服从违章指挥，启动设备，进行送钢板作业。

（2）物的不安全状态。

安全过桥与护栏之间有使人能通过的0.5m左右空档。

本次事故的管理原因

（1）甲违章指挥、乙违章作业，公司的安全规定没有落实，说明培训教育不到位。

（2）没有采取措施消除物的不安全状态。

（3）人事安排不合理，临时顶岗人员不熟悉所顶岗位安全规程，不能规范操作设备。

案例3　某动力厂检修车间窒息事故

某日8:30，某钢铁公司动力厂，决定恢复2号旁滤器检修。十天前曾检修过，这次恢复检修没有续办检修工作票。

8:50正在对3号旁滤器进行反冲洗的2名分水站岗位职工，看到检修车间钳工二班班长甲等人前来检修2号旁滤器，就对甲说：“我们正在反冲洗，你们等反冲洗结束后再干吧”。甲回答说：“没问题，我们加着盲板呢”，但加装的氮气管道盲板没有固定。

9:05甲带领乙等组员登上2号旁滤器，甲从2号旁滤器罐顶人孔顺着罐内梯子进到罐内后，立即窒息倒地。乙在罐口见状后下去拉甲，也当即倒在罐内。丙见此情景后马上让丁向车间领导报告情况。9:10车间从充氧站搬来氧气瓶向罐内吹富氧，并打开罐底人孔处的轴流风机对罐内进行通风，随后有职工下到罐内，在几人的协助下将甲、乙从罐内搬出。

救护车于9:35赶到现场将甲、乙送往医院抢救，乙当日死亡，甲于次日死亡。

请回答下列问题。

1. 按GB 6441—1986，本次事故的类别是________。

A. 窒息　　B. 中毒　　C. 中毒和窒息　　D. 中毒或窒息

2. 罐内气体的氧含量应在________范围内。

A. 18%～21%　　B. 18%～22%　　C. 19.5%～23%　　D. 19.5%～24%

3. 事故的直接原因是什么？

4. 人员进入2号旁滤器进行恢复检修前，应当做什么？

5. 运行岗位（分水站岗位）职工对事故的发生有什么责任？

参考答案

1. C　2. C

3. 事故的直接原因

在进行2号旁滤器检修时，加装的氮气管道盲板没有固定，导致3号旁滤器进行反冲洗时，氮气泄漏充入2号旁滤器内；进罐前也没有进行强制通风换气，造成2号旁滤器内缺氧，引起窒息。

4. 人员进入2号旁滤器进行恢复检修前，应当：

（1）续办检修工作票。

（2）加装的氮气管道盲板应当固定好，确保不泄漏。

（3）用轴流风机进行通风换气。

（4）进行氧含量测定。

（5）确定现场监护人。

5. 运行岗位职工的事故责任

对本岗位检修工作安全确认未落实，应确认检修人员加了盲板且盲板固定好。

案例 4　某钢铁公司转炉煤气泄漏导致中毒事故

某日，某钢铁公司炼钢分厂，转炉气柜煤气泄漏到 2 号转炉煤气回收管道。约 10 时 50 分，从 3 号风机入口人孔、2 号转炉一处溢流水封和斜烟道口等多个部位逸出，正在 2 号转炉进行砌炉作业的人员中毒，21 人死亡、9 人受伤。

事故发生之前：

2 号转炉与 1 号转炉的煤气管道完成了连接；

1 号转炉未回收；

2 号转炉：回收系统尚不具备使用条件；煤气管道中的盲板上被新切割了 500mm×500mm 的方孔；U 型水封排水阀门已持续漏水 21h，水封内水位下降，水位差小于 27.5cm（煤气柜柜内压力为 2.75kPa）；水封逆止阀、三通阀、电动蝶阀、电动插板阀处于安装调试状态。

请回答下列问题。

1. 煤气作业环境一氧化碳最高允许浓度为________$\times10^{-6}$。

A. 18　　B. 24　　C. 30　　D. 36

★2. 防范煤气中毒的主要预防措施有________。

A. 煤气设施的设计必须符合国家标准和规范的要求，所有安全装置、附件完好有效

B. 制订煤气设备的检维修制度，作业前及时检查，发现泄漏及时处理

C. 确保作业前煤气可靠切断，并实时监测，对需要带煤气作业的场所，必须穿戴好呼吸器

D. 事故发生后，不得盲目施救，抢救工作必须服从统一指挥，事故现场布置警戒，防止无关人员进入

3. 煤气泄漏是怎样发生的？

参考答案

1. B　2. ABC

3. 2 号转炉与 1 号转炉的煤气管道完成了连接后，未采取可靠的煤气切断措施，煤气柜内煤气通过盲板上新切割的方孔，击穿失去阻断煤气作用的 U 形水封，经仍处于安装调试状态的水封逆止阀、三通阀、电动蝶阀、电动插板阀，充满 2 号转炉。

案例 5　某钢铁公司高炉爆炸事故

某日，某钢铁公司原定 5 号高炉（450m³）进行计划检修，但由于当日夜班炉温向凉，次日 5:40 高炉产生悬料，并且风口有涌渣现象。值班工长及时通知车间主任和生产厂长到达现场。6:10 减风到 146 千帕，6:25 左右 11 号风口有渣烧出，看水工及时用冷却水封住，由于担心高炉产生崩料后灌死并烧穿风口，高炉改常压操作，为紧急休风作准备。6:35 改切断煤

气操作，炉顶、重力除尘器通蒸汽。6:50 观察炉况比较稳定，又减风到 70kPa。

稍后，又发现有风口涌渣现象。7:10 加风到 89kPa，压量关系转好，但顶温明显上行，为控制炉顶温度，从 7:35 开始间断打水，控制顶温在 300～350℃。8:15 左右高炉工况呈好转趋势。但发现此间料尺没有动，怀疑料尺有卡阻，值班工长通知煤防员和检修人员到炉顶平台对料尺进行检查。8:39 分左右，炉内突然塌料引起炉顶爆炸，造成 6 人死亡、6 人受伤。

请回答下列问题。

1. 事故的原因是什么？

2. 当发生高炉悬料的异常情况时，处置的关键是什么？

★3. 正常的停炉操作，为防止煤气爆炸，应________。

A. 保证煤气系统蒸气畅通

B. 利用打水控制炉顶温度在 200° 以下

C. 切断已损坏的冷却设备的供水，严防向炉内漏水

D. 停炉过程中休风

参考答案

1. 事故的原因

由于高炉悬料 3h，炉内形成较大空间，未采取紧急休风措施优先处理。为处理风口涌渣现象而加风，使炉顶温度升高。当料柱塌下时，炉顶瞬间产生负压，空气和混有未汽化水的冷料进入炉内，遇高温煤气后发生爆炸。

2. 当发生高炉悬料的异常情况时，处置的关键是逐步减风直至紧急休风，使炉顶温度降低，及时清空炉中的铁水和液态炉渣，之后处理完高炉悬料后，再考虑高炉工况运行及处理风口涌渣现象。

3. AC

案例 6　钢水外泄爆炸事故

某日 0 时 20 分，某钢铁集团所属炼钢股份公司炼钢车间 1 号转炉出第一炉钢。该车间清渣班长（兼指吊工）甲到岗准备把 1 号钢包车开到吹氩处吹氩。0 时 30 分，甲把钢包车开到起吊位置，天车工乙驾驶着 3 号 80t 天车落钩（双钩）挂包准备运到 4 号连铸机进行铸钢。甲站在钢包东侧（正确位置应站在距钢包 5m 处）指挥挂包，他看到东侧钩挂好后，以为西侧钩也挂好了，就吹哨明示起吊。乙听到起吊哨声后开始起吊，由 1 号炉向 4 号车方向行驶约 8m 时，甲发现天车西侧挂钩没有挂到位，钩尖顶在钢包车轴中间，钢包倾斜，随时都有滑落坠包的危险，立即吹哨示意落包。在 2 号烘烤器工作的清渣工、吹氩工听到甲的哨声后也发现天车西侧钩没挂好，便与甲一同追着天车喊停车，并对在天车下滑板作业场地 1 号包坑、3 号包坑（每坑相距 5m）作业的滑板工们喊："快跑，钩没挂上！"。当天车行驶到 3 号包坑上方时，乙听到地面多人的喊声，立即停车。在急刹车的惯性作用下，西侧顶在钢包耳轴的吊钩脱离钢包轴，钢包（自重 30t，钢水 40t）严重倾斜，挣弯东侧吊钩后脱钩坠落地面，钢水（温度 1640℃）洒地后因温差而爆炸。在 1 号包坑作业的 3 名工人中，先是丙听到钢包坠地"咣当"一声，侧头一看钢包坠落，钢水外泄，转身向东侧大门逃生，边跑边呼喊，跑了约 15m 之后摔倒。丁等 2 人随后跑到丙身边时，被一股爆炸的钢水严重灼伤。丙被灼成轻伤。距离钢包坠地最近的 3 个工人中 2 人当即死亡，1 人被送往医院，经抢救无效死亡。丁等 2 人被送往急救中心抢救。

背景情况：

（1）该厂炼钢产量已超出原设计能力。虽然厂房做了扩充改造，生产场地仍不能满足生产需要。厂房扩建未予验收。

（2）由于生产工艺衔接的需要，换钢包滑板作业与天车空中行驶形成交叉作业，但该厂没有采取专人监护和统一指挥的作业方式，只要求地面作业人员来车时躲闪。

（3）生产车间噪声较强。

请回答下列问题。

1. 分析事故的直接原因，包括事故发生的原因和后果严重的原因。

2. 分析事故的间接原因（管理原因）。

3. 确定事故的责任者。

4. 提出防范和整改措施。

参考答案

1. 直接原因

（1）事故发生的原因。

1）甲指挥起吊时站位不对，在只看到挂钩挂住东侧钢包耳轴，而没有看到西侧挂钩是否挂住就吹哨指挥起吊；

2）乙违规操作，起吊时没有按操作规程“点动”、“试闸”、“后移”、“准起吊”操作，在中途急刹车惯性力作用下钢包倾斜坠地。

（2）事故后果严重的原因。

1）作业场地狭小、交叉作业，钢包坠地、钢水四溢爆炸时，工人无法躲闪。

2）生产车间噪声强，工人难以听到天车行驶时的预警铃声，在发生事故时躲闪不及。

2. 间接原因（管理原因）

（1）在指吊工作中，生产确认制和安全操作规程未落实。《炼钢股份公司确认制》规定，“要保证做到确认、确实，确认安全无误再进行作业”。《指吊工安全操作规程》规定，“指吊金属液体，必须站在安全地方，确认无误方可指吊”。

（2）起吊安全操作规程未落实（乙违规操作）。

（3）超能力生产，厂房扩建未能满足生产需要，且未予验收。

（4）交叉作业、且天车行驶频率较大的情况下无专人监护和统一指挥。

（5）未有效治理生产车间噪声。

3. 责任者

（1）直接责任者。

1）炼钢车间清渣班长（兼指吊工）甲。

2）天车工乙。

（2）管理责任者：炼钢车间领导。

（3）领导责任者：钢铁集团炼钢股份公司领导。

4. 防范和整改措施

（1）厂房扩建达标、验收，使生产场地满足生产需要，避免危险性大的交叉作业。

（2）加强培训、考核，落实指吊的生产确认制和指吊、起吊的安全操作规程。

（3）治理车间噪声。

第四章

其他安全技术

第一节 烟花爆竹安全技术

一、烟花爆竹生产经营单位重大生产安全事故隐患判定标准

依据有关法律法规、部门规章和国家标准，以下情形应当判定为重大事故隐患：

（1）主要负责人、安全生产管理人员未依法经考核合格。

（2）特种作业人员未持证上岗，作业人员带药检维修设备设施。

（3）职工自行携带工器具、机器设备进厂进行涉药作业。

（4）工（库）房实际作业人员数量超过核定人数。

（5）工（库）房实际滞留、存储药量超过核定药量。

（6）工（库）房内、外部安全距离不足，防护屏障缺失或者不符合要求。

（7）防静电、防火、防雷设备设施缺失或者失效。

（8）擅自改变工（库）房用途或者违规私搭乱建。

（9）工厂围墙缺失或者分区设置不符合国家标准。

（10）将氧化剂、还原剂同库储存、违规预混或者在同一工房内粉碎、称量。

（11）在用涉药机械设备未经安全性论证或者擅自更改、改变用途。

（12）中转库、药物总库和成品总库的存储能力与设计产能不匹配。

（13）未建立与岗位相匹配的全员安全生产责任制或者未制定实施生产安全事故隐患排查治理制度。

（14）出租、出借、转让、买卖、冒用或者伪造许可证。

（15）生产经营的产品种类、危险等级超许可范围或者生产使用违禁药物。

（16）分包转包生产线、工房、库房组织生产经营。

（17）一证多厂或者多股东各自独立组织生产经营。

（18）许可证过期、整顿改造、恶劣天气等停产停业期间组织生产经营。

（19）烟花爆竹仓库存放其他爆炸物等危险物品或者生产经营违禁超标产品。

（20）零售点与居民居住场所设置在同一建筑物内或者在零售场所使用明火。

二、对生产企业、批发企业的共同要求

管理要求参见本套书《安全生产法律法规》第七章第十九节“二”的内容和相关模拟试题。

1. 定员、定量和定机

遵守定员、定量和定机的规定，不应超定员、定机、定量生产和储存。

2. 设施

（1）防雷和防静电设施。

防雷设施应当经具有相应资质的机构设计、施工，确保符合相关国家标准或者行业标准的规定。防范静电危害的措施应当符合相关国家标准或者行业标准的规定。

（2）标志标识。

生产区、总仓库区、工（库）房及其他有较大危险因素的生产经营场所和有关设施设备上，应当设置明显的安全警示标志；所有工（库）房应当按照国家标准或者行业标准的规定设置准确、清晰、醒目的定员、定量、定级标识。

（3）维护保养。

定期检查工（库）房、安全设施、电气线路、机械设备等的运行状况和作业环境，及时维护保养；对有药物粉尘的工房，应当按照操作规程及时清理冲洗。

（4）不应擅自增设建（构）筑物、安装电气（器）设备。

3. 作业

（1）工具。

手工直接接触烟火药的工序应使用铜、铝、木、竹等材质的工具，不应使用铁器、瓷器和不导静电的塑料、化纤材料等工具盛装、掏挖、装筑（压）烟火药。

（2）轻拿、轻放、轻操作。

烟火药、黑火药、引火线、效果件、含药半成品及成品生产、制作、装卸、搬运过程中应轻拿、轻放、轻操作。

（3）盛装烟火药时药面应不超过容器边缘。

（4）检修作业。

对工（库）房、安全设施、电气线路、机械设备等进行检测、检修、维修、改造作业前，生产企业、批发企业应当制定安全作业方案，停止相关生产经营活动，转移烟花爆竹成品、半成品和原材料，清除残存药物和粉尘，切断被检测、检修、维修、改造的电气线路和机械设备电源，严格控制检修、维修作业人员数量，撤离无关的人员。

4. 储存

（1）各类物品应按不同性质分别设库储存，性质不相容的物品不应混存。

（2）不应改变危险等级或超过核定数量储存，应储存在危险等级高的仓库、中转库的物品不应储存在危险等级低的仓库、中转库。

（3）摩擦药、含摩擦药的半成品、成品应在单独专用库房储存。

（4）仓库内木地板、垛架和木箱上使用的铁钉，钉头要低于木板外表面 3mm 以上，钉孔要用油灰填实；未做防潮处理的地面，应铺设防潮材料或设置大于或等于 20cm 高的垛架。

（5）库房温度控制范围应为–20～45℃，相对湿度控制范围为 50%～85%。

（6）储存乙醇、丙酮等易燃液体的库房应保持通风良好。

（7）烟火药、效果件、引火线等应经彻底干燥、冷却经包装后方可收存入库。

（8）仓库内堆垛与库墙之间宜留有大于或等于 0.45m 的通风巷，堆垛与堆垛之间应留有大于或等于 0.7m 的检查通道，通往安全出口的主通道宽度应大于或等于 1.5m，每个堆垛的边长应小于或等于 10m。

（9）禁止在仓库内进行拆箱、包装作业。

（10）禁止在烟花爆竹仓库储存不属于烟花爆竹的其他危险物品。

（11）严禁在库房区域内进行钉箱、分箱、成箱、串引、蘸（点）药、封口等生产作业；总仓库区域内物品应整箱（件）出入。

5. 禁火、无线通信设备、晾晒

不应在生产、储存区吸烟、生火取暖；不应携带火柴、打火机等火源火种进入生产、储存区。

未安装阻火器的机动车辆不应进入有药生产、储存区域。

不应在有可燃性气体，药物、可燃物粉尘环境的工（库）房使用无线通信设备。

不应在规定地点外晾晒烟花爆竹成品、半成品及烟火药、黑火药、引火线。

三、生产安全

1. 为取得安全生产许可证应当具备的条件

参见本套书《安全生产法律法规》第七章第十一节“三”的内容。

2. 工艺、机械设备及原材料

应当积极推进烟花爆竹生产工艺技术进步，采用本质安全、性能可靠、自动化程度高的机械设备和生产工艺，使用安全、环保的生产原材料。禁止使用国家明令禁止或者淘汰的生产工艺、机械设备及原材料。

涉药生产环节采用新工艺、使用新设备前，应当组织具有相应能力的机构、专家进行安全性能、安全技术要求论证。

3. 工序、工房

应按设计用途使用工（库）房，并按规定设置安全标志或标识，不应擅自改变生产作业流程、工（库）房用途和危险等级。

烟火药制造、裸药效果件制作的各工序、粉碎氧化剂及还原剂应分别在单独工房内进行。

使用含氯酸盐、黄磷、赤磷、雷酸银、笛音剂等高感度烟火药的工房，不应改做其他产品制作工房。

采用抗爆间室、隔离操作的联建 1.1 级工房，其定员、定机可为单人单机单间。

有药工序使用新设备和新工艺前，应按有关规定对其安全性能、安全技术要求进行论证。

4. 设备设施

（1）带电设备。

带电设备应按 GB 5083 的要求设置，有防止意外起动的联锁安全装置和防止传动部件摩擦发热的措施。

带电的机械设备应有可靠的接地设施，接地电阻小于或等于 4Ω。

（2）防静电。

直接接触烟火药的工序应按规定设置防静电装置，并采取增加湿度等措施，以减少静电积累。

进行烟火药混合的设备应达到不产生火花和静电积累的要求，不应使用易产生火花（铁质）和静电积累（塑料）材质。

工作台不应使用塑料、化纤等不导静电材质的工作台面。

（3）其他。

1）非标准和自制的生产设备应打磨平整光洁后方可投入使用。

2）凡接触药物的机械传动部分，不应采用金属搭扣皮带和不宜采用平板皮带或万能皮带，应采用三角皮带轮或齿轮减速箱。

3）进行二元或三元黑火药混合的球磨机与药物接触的部分不应使用铁制部件，可用黄铜、杂木、楠竹和皮革及导电橡胶等材料制成。

4）操作工作台应稳定牢固。直接接触烟火药工序的工作台宜靠近窗口，应设置橡胶、纸质、木质工作台面，且应高于窗口。

5）生产作业场所应保证疏散通道畅通，不应闩门、闩窗生产。

5. 操作安全

（1）药物配方和操作规程。

操作者不应擅自改变药物配方和操作规程；确需改变时，应按相应程序和规定经审查批准。

（2）混合。

1）不应在称原材料工房进行药物混合。

2）黑火药制造宜采用球磨、振动筛混合。

3）机械混药应远距离操作，人员未离开机房，不应开机。

4）不应使用石磨、石臼混合药物。

5）不应使用球磨机混合氯酸盐烟火药等高感度药物。

6）严禁将氧化剂和还原剂混合粉碎筛选。

（3）压药。

粒状黑火药制作压药应同时均匀加热，温度小于等于 110℃；压药片时应预加压，并缓慢升压，最大压力小于或等于 20MPa。

（4）干燥。

药物干燥应采用日光、热水（溶液）、低压热蒸汽、热风干燥或自然晾干，不应用明火直接烘烤药物。

烘房干燥应设置温度感应报警装置，保持均匀供热，烘房升温速度应小于等于 30℃每小时。

（5）其他。

1）调制湿药使用的溶剂和粘合剂 pH 值应为 5～8。

2）当筒体变形、筒体内壁不洁净或效果件变形时，按废弃物处理，不应将药物（效果件）

强行装入。

3）在有药工房进行设备检修时，应将工房内的药物、有药半成品、成品搬走，清洗设备及操作台、地面、墙壁的药尘，修理结束应清理修理现场。

4）烟火药中不应混入与烟火药配方无关的泥沙等杂物、杂质，如意外混入不应使用。

5）应在工作台上操作，不应把地面当作工作台。

6）禁止从业人员自行携带工具、设备进入企业从事生产作业。

7）不应在规定的燃放试验场外燃放试验产品。

6. 生产企业中转库储存

中转库数量、核定存药量、药物储存时间，应当符合国家标准或者行业标准规定，确保药物、半成品、成品合理中转，保障生产流程顺畅。禁止在中转库内超量或者超时储存药物、半成品、成品。

四、装卸、运输安全

1. 装卸

（1）装卸前应打开仓库相应的安全出口，机动车应熄火，平稳停靠在仓库门前 2.5m 以外。

（2）装卸烟火药、黑火药、引火线、有药半成品时，进入库房定员 2 人；装卸烟花爆竹成品，进入库房定员 8 人；不应有无关人员靠近，电瓶车、板车、手推车不应进入烟火药（黑火药）、引火线、有药半成品仓库内。

（3）装卸烟花爆竹成品、半成品及原材料时，不应有碰撞、拖拉、抛摔、翻滚、摩擦、挤压等不安全行为；不应使用铁撬等铁质工具。

（4）应单件装卸。

2. 运输

（1）运输工具应使用符合安全要求的机动车、板车、手推车，不应使用自卸车、挂车、三轮车、摩托车、畜力车和独轮手推车等；工房之间的物品搬运可采用肩挑、手抬（提）等方式。

（2）所运输的物品堆码应平稳、整齐，遮盖严密，物品堆码高度不应超过运输工具围板、挡板高度。

（3）厂内运输，机动车辆进入生产区和仓库区时，排气管应安装阻火器，速度小于或等于 15km 每小时。

（4）使用手推车、板车在坡道上运输时，应有人协助并以低速行驶。

（5）道路纵坡大于 6° 时不应使用板车、手推车运输。

（6）手推车、板车以及抬架应安装挡板，外延轮盘应是橡胶制品，车（架）脚应为木质或包裹橡胶。

（7）在企业内部及生产区、库区之间运输烟花爆竹成品、半成品及原材料时，应当使用符合国家标准或者行业标准规定安全条件的车辆、工具。企业内部运输应当严格按照规定路线、速度行驶。

五、烟花爆竹经营

1. 批发和零售许可

批发企业、零售经营者应当符合的条件，见本套书《安全生产法律法规》第六章第六节“三、经营安全”。

2. 对生产企业的要求

生产企业可以依法申请设立批发企业和零售经营场所。

生产企业不得向其他企业销售烟花爆竹含药半成品，不得从其他企业购买烟花爆竹含药半成品加工后销售，不得购买其他企业烟花爆竹成品加贴本企业标签后销售。

3. 对批发企业的要求

向零售经营者及零售经营场所提供烟花爆竹配送服务。配送烟花爆竹抵达零售经营场所装卸作业时，应当轻拿轻放、妥善码放，禁止碰撞、拖拉、抛摔、翻滚、摩擦、挤压等不安全行为。

可以依法申请设立零售经营场所。批发企业不得向零售经营者或者个人销售专业燃放类烟花爆竹产品。

不得在城市建成区内设立烟花爆竹储存仓库，不得在批发（展示）场所摆放有药样品。

4. 对零售经营者的要求

零售经营场所应当设置清晰、醒目的易燃易爆以及周边严禁烟火、严禁燃放烟花爆竹的安全标志。

零售经营者应当向批发企业采购烟花爆竹并接受批发企业配送服务，不得到企业仓库自行提取烟花爆竹。

零售经营者不得在居民居住场所同一建筑物内经营、储存烟花爆竹。

六、危险性废弃物处置

（1）不得留存过期的烟花爆竹成品、半成品、原材料及各类危险性废弃物。

（2）不应随意丢弃、转让、赠送、销售危险性废弃物；危险性废弃物不应与合格产品混存。

（3）销毁大批量危险性废弃物应分类、分批进行；处置前应制定处置作业方案，处置总含药量超过 1000kg 的作业方案应经相关专业专家组评估。

（4）含烟火药（黑火药）和可燃物宜采用焚烧销毁法，其他危险性废弃物应根据其性质采用化学中和法等相应的方法妥善处置；不应将危险性废弃物掩埋或倒入地面水体；不应将危险性废弃物混入其他普通废弃物中进行处置。

（5）采用焚烧销毁法时，应采取远距离点火方式；处置人员应戴头盔并撤离至安全区域；待处理危险性废弃物应远距离防火隔离保管。

（6）根据处置场所的安全距离及环境确定每次销毁量；烟火药、具有爆炸危险的效果件应摊成厚度小于等于 3cm（单个效果件超过 3cm 的应单层摊放）、宽度小于或等于 2m 的带状，长度应根据现场环境确定。

（7）废弃礼花弹宜单个进行解剖，取出发射药、烟火药。

（8）危险性废弃物为流质型的（沉淀池、浸泡池、废水沟等内含有危险性废弃物的残渣）应带水清理，将残渣倒成厚度小于或等于 5cm、宽度小于或等于 2m 的带状，待残渣水分稍渗干后，浇燃油或助燃物进行烧毁。

（9）不应在规定的销毁场外销毁危险性废弃物。

七、《生产安全事故应急条例》对重点生产经营单位的要求

烟花爆竹的生产、经营、储存、运输单位是《生产安全事故应急条例》明确的重点生产经营单位。

该条例对重点生产经营单位的要求，参见本书第一章第十二节“一、《生产安全事故应急条例》对重点生产经营单位的要求”，相关模拟试题参见该节第 1～7 题及本节最后一题。

模拟试题及考点

1. 烟花爆竹生产经营单位________属于重大生产安全事故隐患。

A. 工（库）房实际作业人员数量超过核定人数

B. 职工自行携带工器具进行设备维修作业

C. 工（库）房实际滞留、存储药量等于核定药量

D. 防雷设备设施超过检测有效期

【考点】“一、烟花爆竹生产经营单位重大生产安全事故隐患判定标准”。

2. 烟花爆竹生产经营单位________属于重大生产安全事故隐患。

A. 出借许可证

B. 制定了本企业的生产安全事故隐患排查治理制度

C. 制定了各岗位安全操作规程但未按要求进行评审

D. 一证一厂组织生产经营

【考点】“一、烟花爆竹生产经营单位重大生产安全事故隐患判定标准”。

3. 烟花爆竹生产企业、批发企业的________设施，应当经具有相应资质的机构设计、施工。

A. 防火　　B. 防静电　　C. 防腐蚀　　D. 防雷

【考点】“二、对生产企业、批发企业的共同要求”。

4. 烟花爆竹生产企业、批发企业所有工（库）房应当按照国家标准或者行业标准的规定设置“三定”标识，其中不包括________标识。

A. 定员　　B. 定位　　C. 定量　　D. 定级

【考点】“二、对生产企业、批发企业的共同要求”。

5. 手工直接接触烟火药的工序可使用________等材质的工具。

A. 铁　　B. 瓷　　C. 竹　　D. 塑料

【考点】“二、对生产企业、批发企业的共同要求”。

6. 烟花爆竹生产企业、批发企业对工（库）房、安全设施、电气线路、机械设备等进行________作业前，可不必制定安全作业方案、停止相关生产经营活动。

A. 检查　　B. 检测　　C. 维修　　D. 改造

【考点】“二、对生产企业、批发企业的共同要求”。

7. 对于烟花爆竹生产企业、批发企业，________可允许。

A. 将性质不相容的物质混存

B. 将低危险等级物品储存在高危险等级的仓库

C. 在烟花爆竹仓库储存不属于烟花爆竹的其他危险物品

D. 在仓库内进行拆箱作业

【考点】“二、对生产企业、批发企业的共同要求”。

8. 烟花爆竹生产企业、批发企业的库房，温度控制范围应为________℃，相对湿度控制范围应为________%。

A. −10～45，30～85　　B. −15～45，40～85

C. −20～45，50～85　　D. −25～45，60～85

【考点】“二、对生产企业、批发企业的共同要求”。

9. 下列中，应在单独工房内进行的共________个。

A. 1　　B. 2　　C. 3　　D. 4

① 烟火药制造的各工序

② 裸药效果件制作的各工序

③ 氧化剂粉碎

④ 还原剂粉碎

【考点】“三、生产安全”。

10. 烟花爆竹生产中，带电的机械设备应有可靠的接地设施，接地电阻不能大于________Ω。

A. 1　　B. 4　　C. 10　　D. 100

【考点】“三、生产安全”。

11. 下列与烟火药有关的防静电叙述中，________不确切。

A. 所有工序应设置防静电装置

B. 进行烟火药混合的设备的材质，应确保不产生火花和静电积累

C. 工作台面的材质不应是化纤的

D. 工作台面的材质可以是橡胶的

【考点】“三、生产安全”。

12. 凡接触药物的机械传动部分，应采用________。

A. 金属搭扣皮带　　B. 万能皮带

C. 平板皮带　　D. 三角皮带轮

【考点】“三、生产安全”。

13. 下列关于药物混合的说法中，错误的是________。

A. 不应在称原材料工房进行药物混合

B. 黑火药制造宜采用球磨、振动筛混合

C. 不可使用石磨、石臼混合药物

D. 应使用球磨机混合氯酸盐烟火药等高感度药物

E. 严禁将氧化剂和还原剂混合粉碎筛选

【考点】“三、生产安全”。

14. 药物干燥不应采用________。

A. 日光　　B. 热水（溶液）

C. 酒精灯　　D. 低压热蒸汽

【考点】“三、生产安全”。

15. 烘房干燥应设置温度感应报警装置，保持均匀供热，烘房升温速度应不大于________℃/h。

A. 20　　B. 30　　C. 35　　D. 40

【考点】“三、生产安全”。

16. 调制湿药使用的溶剂和粘合剂 pH 值，可允许为________。

A. 4　　B. 7　　C. 9　　D. 11

【考点】“三、生产安全”。

17. 下列关于烟花爆竹生产作业安全的说法中，正确的是________。

A. 从业人员自行携带工具进入企业从事生产作业，需经生产部门准许

B. 临时把地面当作工作台，需经车间主任准许

C. 在有药工房进行设备检修时，将工房内的药物、有药半成品、成品搬走，可不预先请示生产部门

D. 在规定的燃放试验场外燃放试验产品，需经安全部门准许

【考点】“三、生产安全”。

18. 生产企业的中转库，除________之外，应当符合国家标准或者行业标准规定。

A. 中转库数量　　B. 中转库位置

C. 核定存药量　　D. 药物储存时间

【考点】“三、生产安全”。

19. 装卸烟花爆竹前应打开仓库相应的安全出口，机动车应熄火，平稳停靠在仓库门前________米以外。

A. 2　　B. 2.5　　C. 3　　D. 3.5

【考点】“四、装卸、运输安全”。

20. 装卸烟火药、黑火药、引火线、有药半成品时，进入库房定员________人。

A. 1　　B. 2　　C. 3　　D. 4

【考点】“四、装卸、运输安全”。

21. 机动车、电瓶车、板车、手推车中，不得进入有药半成品仓库内装卸有药半成品的车辆共________种。

A. 3　　B. 4　　C. 1　　D. 2

【考点】“四、装卸、运输安全”。

22. 烟花爆竹运输可使用________，但要符合安全要求。

A. 手推车　　B. 三轮车　　C. 自卸车　　D. 挂车

【考点】“四、装卸、运输安全”。

23. 厂内运输烟花爆竹，机动车辆进入生产区和仓库区时，速度应不大于________km/h。

A. 15　　B. 20　　C. 25　　D. 30

【考点】“四、装卸、运输安全”。

24. 道路纵坡大于________度时不应使用板车、手推车运输烟花爆竹。

A. 5　　B. 6　　C. 7　　D. 8

【考点】“四、装卸、运输安全”。

25. 下述中错误的是________。

A. 批发企业应当向零售经营者提供烟花爆竹配送服务，零售经营者应当接受批发企业配送服务

B. 批发企业可以向零售经营者销售各类烟花爆竹产品

C. 零售经营场所应当设置周边严禁燃放烟花爆竹的安全标志

D. 零售经营者不得在居民居住场所同一建筑物内经营、储存烟花爆竹

【考点】“五、烟花爆竹经营”。

26. 烟花爆竹批发企业不得在城市________内设立烟花爆竹储存仓库。

A. 建成区　　B. 市区　　C. 近郊区　　D. 未建成区

【考点】“五、烟花爆竹经营”。

27. 下述中________不正确。

A. 不得留存过期的烟花爆竹成品、半成品、原材料

B. 不得随意丢弃危险性废弃物

C. 转让危险性废弃物，须请示公安部门

D. 销毁大批量危险性废弃物，应制定处置作业方案

【考点】“六、危险性废弃物处置”。

28. 烟花爆竹采用焚烧销毁法时，应采取________点火方式。

A. 引线引燃　　B. 抛射　　C. 远距离　　D. 电点火

【考点】“六、危险性废弃物处置”。

29. 按照《生产安全事故应急条例》，________应建立应急值班制度、配备应急值班人员。

A. 烟花爆竹的生产、经营、储存、运输单位

B. 规模较大的烟花爆竹的生产、经营、储存、运输单位

C. 有重大危险源的烟花爆竹的生产、储存单位

D. 发生过爆炸事故的烟花爆竹的生产、经营、储存、运输单位

【考点】“七、《生产安全事故应急条例》对重点生产经营单位的要求”。

第二节　民用爆炸物品安全技术

民用爆炸物品，是指用于非军事目的、列入民用爆炸物品品名表（由国务院民用爆炸物品行业主管部门会同国务院公安部门制订、公布）的各类火药、炸药及其制品和雷管、导火索等点火、起爆器材。

本节的内容来自 GB 6722—2014《爆破安全规程》和 GB 28263—2012《民用爆炸物品生产、销售企业安全管理规程》。

一、爆破工程分级

爆破工程按工程类别、一次爆破总药量、爆破环境复杂程度和爆破物特征，分 A、B、C、D 四个级别，实行分级管理。

B、C、D 级岩石爆破工程，根据距爆区一定范围内的建（构）筑物、设施的情况，B、C、D 级拆除爆破工程及城镇浅孔爆破工程，根据爆破拆除物周围环境等因素，分别可提高一个管理级别。详见《爆破安全规程》规定。

矿山内部且对外部环境无安全危害的爆破工程不实行分级管理。

二、爆破设计、安全评估与安全监理

1. 单位资质和人员资格

（1）爆破设计施工、安全评估与安全监理应由具备相应资质和从业范围的爆破作业单位承担。

（2）爆破设计施工、安全评估与安全监理负责人及主要人员应具备相应的资格和作业范围。

（3）爆破作业单位不得对本单位的设计进行安全评估，不得监理本单位施工的爆破工程。

2. 设计

（1）爆破工程均应编制爆破技术设计文件。

（2）矿山深孔爆破和其他重复性爆破设计，允许采用标准技术设计。

（3）爆破实施后应根据爆破效果对爆破技术设计作出评估，构成完整的工程设计文件。

（4）合格的爆破设计应符合下列条件。

（5）设计单位的资质符合规定。

（6）承担设计和安全评估的主要爆破工程技术人员的资格及数量符合规定。

（7）设计文件通过安全评估或设计审查认为爆破设计在技术上可行、安全上可靠。

（8）施工组织设计由施工单位编写，编写负责人所持爆破工程技术人员安全作业证的等级和作业范围应与施工工程相符合。

3. 安全评估

凡需报公安机关审批的爆破工程，提交申请前，均应进行安全评估。

A、B 级爆破工程的安全评估应至少有 3 名具有相应作业级别和作业范围的持证爆破工程技术人员参加；环境十分复杂的重大爆破工程应邀请专家咨询，并在专家组咨询意见的基础上，编写爆破安全评估报告。

经安全评估审批通过的爆破设计，施工时不得任意更改。施工中如发现实际情况与评估时提交的资料不符，需修改原设计文件时，对重大修改部分应重新上报评估。

4. 安全监理

凡需报公安机关审批的爆破工程均应由建设单位委托具有相应资质的监理单位进行安全监理。

（1）爆破安全监理的主要内容。

1）爆破作业单位是否按照设计方案施工。

2）爆破有害效应是否控制在设计范围内。

3）审验爆破作业人员的资格，制止无资格人员从事爆破作业。

4）监督民用爆炸物品领取、清退制度的落实情况。

5）监督爆破作业单位遵守国家有关标准和规范的落实情况，发现违章指挥和违章作业，有权停止其爆破作业，并向委托单位和公安机关报告。

（2）监理方法。

1）爆破安全监理人员应在爆破器材领用、清退、爆破作业、爆后安全检查及盲炮处理的各环节上实行旁站监理，并作出监理记录。

2）每次爆破的技术设计均应经监理机构签认后，再组织实施。

3）当爆破作业严重违规经制止无效时，或施工中出现重大安全隐患，须停止爆破作业以消除隐患时，监理机构可签发爆破作业暂停令。

三、爆破作业的基本规定

1. 爆破作业环境

（1）爆破作业场所。

爆破作业场所有下列情形之一时，不应进行爆破作业：

1）距工作面 20m 以内的风流中瓦斯含量达到 1%或有瓦斯突出征兆；

2）爆破会造成巷道涌水、堤坝漏水、河床严重阻塞、泉水变迁；

3）岩体有冒顶或边坡滑落危险；

4）硐室、炮孔温度异常；

5）地下爆破作业区的有害气体浓度超过本节“六 2（1）”表 4–1 规定；

6）爆破可能危及建（构）筑物、公共设施或人员的安全而无有效防护措施；

7）作业通道不安全或堵塞；

8）支护规格与支护说明书的规定不符或工作面支护损坏；

9）危险区边界未设警戒；

10）光线不足且无照明或照明不符合规定；

11）未按《爆破安全规程》的要求作好准备工作。

（2）恶劣气候和水文情况。

露天和水下爆破装药前，遇以下恶劣气候和水文情况时，应停止爆破作业，所有人员应立即撤到安全地点：热带风暴或台风即将来临时；雷电、暴雨雪来临时；大雾天或沙尘暴，能见度不超过 100m 时；现场风力超过 8 级、浪高大于 1.0m 时或水位暴涨暴落时。

（3）采用电爆网路。

采用电爆网路时，应对高压电、射频电等进行调查，对杂散电进行测试；发现存在危险，应立即采取预防或排除措施。

2. 爆破工程施工准备

（1）施工组织。

A 级、B 级爆破工程，都应成立爆破指挥部，全面指挥和统筹安排爆破工程的各项工作。其他爆破应设指挥组或指挥人。

（2）施工公告。

凡经公安机关审批的爆破作业项目，爆破作业单位应于施工前 3d 发布公告，并在作业地点张贴，施工公告内容应包括：爆破作业项目名称、委托单位、设计施工单位、安全评估单位、安全监理单位、爆破作业时限等。

装药前 1d 应发布爆破公告并在现场张贴，内容包括：爆破地点、每次爆破时间、安全警戒范围、警戒标识、起爆信号等。

（3）施工现场清理与准备。

爆破工程施工前，应根据爆破设计文件要求和场地条件，对施工场地进行规划，并开展施工现场清理与准备工作；应制定施工安全与施工现场管理的各项规章制度。

（4）通信联络。

爆破指挥部应与爆破施工现场、起爆站、主要警戒哨建立并保持通讯联络；不成立指挥部的爆破工程，在爆破组（人）、起爆站和警戒哨间应建立通信联络，保持畅通。通讯联络制度、联络方法应由指挥长或指挥组（人）决定。

（5）装药前的施工验收。

装药前应对炮孔、硐室、爆炸处理构件逐个进行测量验收，作好记录并保存。

凡报公安机关审批的爆破工程施工验收应有爆破设计人员参加。

对验收不合格的炮孔、硐室、构件，应按设计要求进行施工纠正，或报告爆破技术负责人进行设计修改。

3. 爆破器材现场检测、加工和起爆方法

（1）爆破器材现场检测。

爆破器材必须符合国家标准或行业标准。

在实施爆破作业前，爆破器材现场检测应包括：

1）对所使用的爆破器材进行外观检查。

2）对电雷管进行电阻值测定。

3）对使用的仪表、电线、电源进行必要的性能检验。

A、B 级爆破工程检测及试验项目还应包括：炸药的殉爆距离；延时雷管的延时时间；起爆网路连接方式的传爆可靠性试验。

（2）起爆器材加工。

1）加工起爆药包和起爆药柱，应在指定的安全地点进行，加工数量不应超过当班爆破作业用量。

2）在水孔中使用的起爆药包，孔内不得有电线、导爆管和导爆索接头。

3）当采用孔（硐）内延时爆破时，应在起爆药包引出孔（硐）外的电线和导爆管上标明雷管段别和延时时间。

4）切割导爆索应使用锋利刀具，不得使用剪刀剪切。

（3）起爆方法。

1）电雷管应使用电力起爆器、动力电、照明电、发电机、蓄电池、干电池起爆。

2）电子雷管应使用配套的专用起爆器起爆。

3）导爆管雷管应使用专用起爆器、雷管或导爆索起爆。

4）导爆索应使用雷管正向起爆。

5）不应使用药包起爆导爆索和导爆管。

6）工业炸药应使用雷管和导爆索起爆，没有雷管感度的工业炸药应使用起爆药包或起爆器具起爆。

7）各种起爆方法均应远距离操作，起爆地点应不受空气冲击波、有害气体和个别飞散物危害。

8）在有瓦斯和粉尘爆炸危险的环境中爆破，应使用煤矿许用起爆器材起爆。

9）在杂散电流大于 30mA 的工作面或高压线、射频电危险范围内，不应采用普通电雷管起爆。

4. 起爆网路

（1）一般规定。

1）多药包起爆应连接成电爆网路、导爆管网路、导爆索网路、混合网路或电子雷管网路起爆。

2）起爆网路连接工作应由工作面向起爆站依次进行。

3）雷雨天禁止任何露天起爆网路连接作业，正在实施的起爆网路连接作业应立即停止，人员迅速撤至安全地点。

4）各种起爆网路均应使用合格的器材。

5）起爆网路连接应严格按设计要求进行。

6）在可能对起爆网路造成损害的部位，应采取保护措施。

7）敷设起爆网路应由有经验的爆破员或爆破技术人员实施，并实行双人作业制。

（2）起爆网路试验。

硐室爆破和其他 A 级、B 级爆破工程，应进行起爆网路试验。

（3）起爆网路检查。

起爆网路检查，应由有经验的爆破员组成的检查组担任，检查组不得少于两人，大型或复杂起爆网路检查应由爆破工程技术人员组织实施。

5. 装药

（1）一般规定。

1）装药前应对作业场地、爆破器材堆放场地进行清理，装药人员应对准备装药的全部炮孔、药室进行检查。

2）从炸药运入现场开始，应划定装药警戒区，警戒区内禁止烟火，并不应携带火柴、打火机等火源进入警戒区域；采用普通电雷管起爆时，不得携带手机或其他移动式通讯设备进入警戒区。

3）炸药运入警戒区后，应迅速分发到各装药孔口或装药硐口，不应在警戒区临时集中堆放大量炸药，不得将起爆器材、起爆药包和炸药混合堆放。

4）搬运爆破器材应轻拿轻放，装药时不应冲撞起爆药包。

5）在铵油、重铵油炸药与导爆索直接接触的情况下，应采取隔油措施或采用耐油型导爆索。

6）在黄昏或夜间等能见度差的条件下，不宜进行露天及水下爆破的装药工作，如确需进行装药作业时，应有足够的照明设施保证作业安全。

7）炎热天气不应将爆破器材在强烈日光下暴晒。

8）爆破装药现场不得用明火照明。

9）爆破装药用电灯照明时，在装药警戒区 20m 以外可装 220V 的照明器材，在作业现场或硐室内应使用电压不高于 36V 的照明器材。

10）从带有电雷管的起爆药包或起爆体进入装药警戒区开始，装药警戒区内应停电，应采用安全蓄电池灯、安全灯或绝缘手电筒照明。

11）各种爆破作业都应按设计药量装药并做好装药原始记录。记录应包括装药基本情况、出现的问题及其处理措施。

（2）人工装药。

1）人工搬运爆破器材时应遵守本节“七、3（4）”的规定，起爆体、起爆药包应由爆破员携带、运送。

2）炮孔装药应使用木质或竹制炮棍。

3）不应往孔内投掷起爆药包和敏感度高的炸药，起爆药包装入后应采取有效措施，防止后续药卷直接冲击起爆药包。

4）装药发生卡塞时，若在雷管和起爆药包放入之前，可用非金属长杆处理。装入雷管或起爆药包后，不得用任何工具冲击、挤压。

5）在装药过程中，不得拔出或硬拉起爆药包中的导爆管、导爆索和电雷管引出线。

6. 填塞

（1）硐室、深孔和浅孔爆破装药后都应进行填塞，禁止使用无填塞爆破。

（2）填塞炮孔的炮泥中不得混有石块和易燃材料，水下炮孔可用碎石渣填塞。

（3）不得捣固直接接触起爆药包的填塞材料或用填塞材料冲击起爆药包。

（4）发现有填塞物卡孔应及时进行处理（可用非金属杆或高压风处理）。

（5）填塞作业应避免夹扁、挤压和拉扯导爆管、导爆索，并应保护电雷管引出线。

7. 爆破警戒和信号

（1）警戒。

1）装药警戒范围由爆破技术负责人确定，装药时应在警戒区边界设置明显标识并派出岗哨。

2）爆破警戒范围由设计确定。在危险区边界，应设有明显标识，并派出岗哨。

（2）信号。

预警信号：该信号发出后爆破警戒范围内开始清场工作。

起爆信号：起爆信号应在确认人员全部撤离爆破警戒区，所有警戒人员到位，具备安全起爆条件时发出。起爆信号发出后现场指挥应再次确认达到安全起爆条件，然后下令起爆。

解除信号：安全等待时间过后，检查人员进入爆破警戒范围内检查、确认安全后，报请现场指挥同意，方可发出解除警戒信号。在此之前，岗哨不得撤离，不允许非检查人员进入爆破警戒范围。

各类信号均应使爆破警戒区域及附近人员能清楚地听到或看到。

8. 爆后检查

（1）爆后检查等待时间。

1）露天浅孔、深孔、特种爆破，爆后应超过5min，方准许检查人员进入爆破作业地点；如不能确认有无盲炮，应经15min后才能进入爆区检查。

2）露天爆破经检查确认爆破点安全后，经当班爆破班长同意，方准许作业人员进入爆区。

3）地下工程爆破后，经通风除尘排烟确认井下空气合格、等待时间超过15min后，方准许检查人员进入爆破作业地点。

4）拆除爆破，应等待倒塌建（构）筑物和保留建筑物稳定之后，方准许人员进入现场检查。

（2）爆后检查的内容。

1）确认有无盲炮；

2）露天爆破爆堆是否稳定，有无危坡、危石、危墙、危房及未炸倒建（构）筑物；

3）地下爆破有无瓦斯及地下水突出、有无冒顶、危岩，支撑是否破坏，有害气体是否排除；

4）在爆破警戒区内公用设施及重点保护建（构）筑物安全情况。

（3）检查人员。

A、B级及复杂环境的爆破工程，爆后检查工作应由现场技术负责人、起爆组长和有经验的爆破员、安全员组成检查小组实施。

其他爆破工程的爆后检查工作由安全员、爆破员共同实施。

（4）检查发现问题的处置。

1）发现盲炮或怀疑盲炮，应向爆破负责人报告后组织进一步检查和处理；发现其他不安全因素应及时排查处理；上述情况下，不得发出解除警戒信号，经现场指挥同意，可缩小警戒范围。

2）发现残余爆破器材应收集上缴，集中销毁。

3）发现爆破作业对周边建（构）筑物、公用设施造成安全威胁时，应及时组织抢险、治理，排除安全隐患。

4）对影响范围不大的险情，可以进行局部封锁处理，解除爆破警戒。

9. 盲炮处理

（1）处理盲炮前应由爆破技术负责人定出警戒范围，并在该区域边界设置警戒，处理盲炮时无关人员不许进入警戒区。

（2）应派有经验的爆破员处理盲炮，硐室爆破的盲炮处理应由爆破工程技术人员提出方案并经单位技术负责人批准。

（3）电力起爆网路发生盲炮时，应立即切断电源，及时将盲炮电路短路。

（4）导爆索和导爆管起爆网路发生盲炮时，应首先检查导爆索和导爆管是否有破损或断裂，发现有破损或断裂的可修复后重新起爆。

（5）严禁强行拉出炮孔中的起爆药包和雷管。

（6）盲炮处理后，应再次仔细检查爆堆，将残余的爆破器材收集起来统一销毁；在不能确认爆堆无残留的爆破器材之前，应采取预防措施并派专人监督爆堆挖运作业。

（7）盲炮处理后应由处理者填写登记卡片或提交报告，说明产生盲炮的原因、处理的方法、效果和预防措施。

GB 6722 对裸露爆破、浅孔爆破、深孔爆破、硐室爆破、水下爆破、拆除爆破的盲炮处理和其他盲炮处理做出了特别规定。

10. 爆破效应监测

D 级以上爆破工程以及可能引起纠纷的爆破工程，均应进行爆破有害效应监测。监测项目由设计和安全评估单位提出，监理单位监督实施。

监测项目涉及：爆破振动、空气或水中冲击波、动水压力、涌浪、爆破噪声、飞散物、有害气体、瓦斯以及可能引起次生灾害的危险源。

四、露天爆破

（1）露天爆破作业时，应建立避炮掩体，避炮掩体应设在冲击波危险范围之外；结构应坚固紧密，位置和方向应能防止飞石和有害气体的危害；通达避炮掩体的道路不应有任何障碍。

（2）起爆站应设在避炮掩体内或设在警戒区外的安全地点。

（3）起爆前应将机械设备撤至安全地点或采用就地保护措施。

（4）雷雨季节、多雷地区和附近有通讯机站等射频源时，进行露天爆破不应采用普通电雷管起爆网路。

（5）在寒冷地区的冬季实施爆破，应采用抗冻爆破器材。

（6）松软岩土或砂矿床爆破后，应在爆区设置明显标志，发现空穴、陷坑时应进行安全检查，确认无危险后，方准许恢复作业。

（7）硐室爆破爆堆开挖作业遇到未松动地段时，应对药室中心线及标高进行标示，确认是否有硐室盲炮。当怀疑有盲炮时，应设置明显标识并对爆后挖运作业进行监督和指挥，防止挖掘机盲目作业引发爆炸事故。

（8）露天岩土爆破严禁采用裸露药包。

《爆破安全规程》对以下爆破的安全技术措施做了特别规定：深孔爆破，预裂爆破、光面爆破，复杂环境深孔爆破，浅孔爆破，保护层开挖爆破，冻土爆破，硐室爆破。

五、地下爆破

（1）地下爆破可能引起地面塌陷和山坡滚石时，应在通往塌陷区和滚石区的道路上设置警戒，树立醒目的警示标识，防止人员误入。

（2）工作面的空顶距离超过设计或超过作业规程规定的数值时，不应爆破。

（3）采用电力起爆时，爆破主线、区域线、连接线，不应与金属管物接触，不应靠近电缆、电线、信号线、铁轨等。

（4）距井下炸药库 30m 以内的区域不应进行爆破作业。在离爆破器材库 30～100m 区域内进行爆破时，人员不应停留在爆破器材库内。

（5）地下爆破时，应明确划定警戒区，设立警戒人员和标识，并应采用适合井下的声响信号。发布的“预警信号”、“起爆信号”、“解除警报信号”，应确保受影响人员均能辨识。

（6）井下工作面所用炸药、雷管应分别存放在受控加锁的专用爆破器材箱内，爆破器材箱应放在顶板稳定、支架完整、无机械电气设备、无自燃易燃或其他危险物品的地点。每次起爆时均应将爆破器材箱放置于警戒线以外的安全地点。

（7）地下爆破出现不良地质或渗水时，应及时采取相应的支护和防水措施；出现严重地压、岩爆、瓦斯突出、温度异常及炮孔喷水时，应立即停止爆破作业，制定安全方案和处理措施。

（8）地下爆破应有良好照明，距爆破作业面 100m 范围内照明电压不得超过 36V。

（9）爆破后，应进行充分通风，检查处理边邦、顶板安全，做好支护，确认地下爆破作业场所空气质量合格、通风良好、环境安全后方可进行下一循环作业。

（10）在城市、大海、河流、湖泊、水库、地下积水下方及复杂地质条件下实施地下爆破时，应作专项安全设计并应有切实可行的应急预案。

《爆破安全规程》对井巷掘进爆破、地下大跨度硐群开挖爆破、地下采场爆破、煤矿井下爆破、隧道开挖爆破等的安全技术措施做了特别规定。

六、安全允许距离与对环境影响的控制

1. 安全允许距离

（1）一般规定。

爆破地点与人员和其他保护对象之间的安全允许距离，应按各种爆破有害效应（地震波、冲击波、个别飞散物等）分别核定，并取最大值。

确定爆破安全允许距离时，应考虑爆破可能诱发的滑坡、滚石、雪崩、涌浪、爆堆滑移等次生灾害的影响，适当扩大安全允许距离或针对具体情况划定附加的危险区。

（2）爆破振动安全允许距离。

地面建筑物、电站（厂）中心控制室设备、隧道与巷道、岩石高边坡和新浇大体积混凝土的安全允许距离，与炸药量、保护对象所在地安全允许质点振速（即安全允许标准，取决于保护对象类别和主振频率）、爆破点至保护对象间的地形、地质条件有关。

（3）爆破空气冲击波安全允许距离。

空气冲击波超压的安全允许标准：对不设防的非作业人员为 0.02×10^5Pa，掩体中的作业人员为 0.1×10^5Pa；建筑物的破坏程度与超压的关系见《爆破安全规程》表 4。

地表裸露爆破空气冲击波安全允许距离，应根据保护对象、所用炸药品种、药量、地形和气象条件由设计确定。

露天地表爆破，当一次爆破炸药量不超过 25kg 时，空气冲击波对在掩体内避炮作业人员的安全允许距离，仅取决于炸药量［见 GB 6722—2014 条款 13.3.1 式（2）］。

（4）个别飞散物安全允许距离。

对一般工程爆破，《爆破安全规程》规定了各种爆破类型和方法的个别飞散物对人员的最小安全允许距离；对设备或建（构）物的安全允许距离，由设计确定。

（5）外部电源与电爆网路的安全允许距离。

《爆破安全规程》规定了电力起爆时，普通电雷管爆区与高压线间的安全允许距离，以及与广播电台或电视台发射机的安全允许距离。

2. 爆破对环境有害影响控制

（1）有害气体。

1）检测。

地下爆破作业点有害气体允许浓度，见表 4–1。

表 4–1　　地下爆破作业点有害气体允许浓度

有害气体名称		CO	N_nO_m	SO_2	H_2S	NH_3	R_n
允许浓度	按体积（%）	0.002 40	0.000 25	0.000 50	0.000 66	0.004 00	3700Bq/m^3
	按质量/（mg/m^3）	30	5	15	10	30	

在煤矿等有爆炸性气体及有害气体的矿井中爆破前，应按有关规定对气体进行监测。在下水道、储油容器、报废盲巷、盲井中爆破时，作业人员进入之前应先对空气取样检验。

露天硐室爆破后 24h 内，应多次检查与爆区相邻的井、巷、涵洞内的有毒、有害气体浓度，防止人员误入中毒。

地下爆破作业面有害气体浓度应每月测定一次；爆破炸药量增加或更换炸药品种时，应在爆破前后各测定一次爆破有害气体浓度。

2）预防瓦斯爆炸应采取的措施。

① 爆破工作面的瓦斯超标时严禁进行爆破；

② 在有瓦斯爆炸危险的矿井中，严格按规程进行布孔、装药、填塞、起爆，以防爆破引爆瓦斯；

③ 通风良好，防止瓦斯积累；

④ 封闭采空区，以防氧气进入和瓦斯逸出；

⑤ 采用防爆型电器设备，严格控制杂散电流。

3）预防有害气体中毒的措施。

① 使用合格炸药；

② 做好爆破器材防水处理，确保装药和填塞质量，避免半爆和爆燃；

③ 井下爆破前后加强通风，应设置对死角和盲区的通风设施；

④ 加强有毒气体监测，不盲目进入可能聚藏有害气体的死角；

⑤ 对封闭矿井应作监管，防止盗采和人员误入造成中毒事故。

（2）预防粉尘爆炸。

在确保爆破作业安全的条件下，城镇拆除爆破工程应采取以下减少粉尘污染的措施：适当预拆除非承重墙，清理构件上的积尘；建筑物内部洒水或采用泡沫吸尘措施；各层楼板设置水袋；起爆前后组织消防车或其他喷水装置喷水降尘。

在有煤尘、硫尘、硫化物粉尘的矿井中进行爆破作业，应遵守有关粉尘防爆的规定。

在面粉厂、亚麻厂等有粉尘爆炸危险的地点进行爆破时，应先通风除尘，离爆区 10m 范围内的空间和表面应作喷水降尘处理。

（3）噪声控制。

1）爆破作业噪声控制标准。

爆破突发噪声判据，采用保护对象所在地最大声级。控制标准见表 4–2。

表 4–2 爆破作业噪声控制标准

声环境功能区类别	控制标准 dB（A）	
	昼间	夜间
0	65	55
1	90	70
2	100	80
3	110	85
4	120	90
施工作业区	125	110

注：声环境功能区类别见 GB/T 15190—2014。

2）控制措施。

在 0～2 类区域进行爆破时，应采取降噪措施并进行必要的爆破噪声监测。监测应采用爆破噪声测试专用的 A 计权声压计及记录仪；监测点宜布置在敏感建筑物附近和敏感建筑物室内。

城镇拆除及岩石爆破，应采取以下措施控制噪声：严禁使用导爆索起爆网路，在地表空间不应有裸露导爆索；严格控制单位耗药量、单孔药量和一次起爆药量；实施毫秒延时爆破；保证填塞质量和长度；加强对爆破体的覆盖。

爆区周围有学校、医院、居民点时，应与各有关单位协商，实施定点、准时爆破。

（4）振动液化控制。

在饱和砂（土）地基附近和尾矿库库区进行爆破作业时，应邀请专家评估爆破引起地基与尾矿坝振动液化的可能性和危害程度，提出预防土层受爆破振动压密、孔隙水压力骤升的措施，评估因土体“液化”对建筑物及其基础产生的危害。

实施爆破前，应查明可能产生液化土层的分布范围，并采取相应的处理措施，如增加土体相对密度，降低浸润线，加强排水，减小饱和程度。爆破作业方面，控制爆破规模，降低爆破振动强度，增大振动频率，缩短振动持续时间等。

七、爆破器材的运输

1. 一般规定

（1）专用车船。

应用专用车船运输爆破器材。

（2）爆破器材装卸。

1）认真检查运输工具的完好状况，清除运输工具内一切杂物；

2）有专人在场监督；

3）设置警卫，无关人员不允许在场；

4）遇暴风雨或雷雨时，不应装卸爆破器材；

5）装卸爆破器材的地点设明显标识：白天应悬挂红旗和警标，夜晚应有足够的照明并悬挂红灯；

6）装卸爆破器材应轻拿轻放，码平、卡牢、捆紧，不得摩擦、撞击、抛掷、翻滚；

7）分层装载爆破器材时，不应脚踩下层箱（袋）；

8）同车（船）运输两种以上的爆破器材时，应遵守小型爆破器材库的最大贮存量的规定；

9）当需要将雷管与炸药装载在同一车内运输时，应采用符合有关规定的专用的同载车运输；

10）待运雷管箱未装满雷管时，其空隙部分应用不产生静电的柔软材料塞满。

（3）车（船）装运爆破器材。

押运人员应熟悉所运爆破器材性能；非押运人员不应乘坐；按指定路线行驶；运输工具应符合有关安全规范的要求，并设警示标识；不准在人员聚集的地点、交叉路口、桥梁上（下）及火源附近停留；开车（船）前应检查码放和捆绑有无异常；运输特殊安全要求的爆破器材，应按照生产企业提供的安全要求进行；车（船）完成运输后应打扫干净，清出的药粉、药渣应运至指定地点，定期进行销毁。

2. 汽车公路运输爆破器材

（1）出车前，车库主任（或队长）应认真检查车辆状况，并在出车单上注明“该车经检查合格，准许运输爆破器材”；

（2）由熟悉爆破器材性能，具有安全驾驶经验的司机驾驶；

（3）在平坦道路上行驶时，前后两部汽车距离不应小于 50m；

（4）遇有雷雨时，车辆应停在远离建筑物的空旷地方；

（5）在雨天或冰雪路面上行驶时，应采取防滑安全措施；

（6）车上应配备消防器材，并按规定配挂明显的危险标识；

（7）在高速公路上运输爆破器材，应按国家有关规定执行。

公路运输爆破器材途中应避免停留住宿，禁止在居民点、行人稠密的闹市区、名胜古迹、风景游览区、重要建筑设施等附近停留。

3. 往爆破作业地点运输爆破器材

（1）竖井、斜井运输爆破器材。

1）事先通知卷扬司机和信号工；

2）在上下班或人员集中的时间内，不应运输爆破器材；

3）除爆破人员和信号工外，其他人员不应与爆破器材同罐乘坐；

4）运送硝化甘油类炸药或雷管时，罐笼内只准放 1 层爆破器材料箱，不得滑动。运送其他类炸药时，炸药箱堆放的高度不得超过罐笼高度的 2/3；

5）用罐笼运输硝化甘油类炸药或雷管时，升降速度不应超过 2m/s；用吊桶或斜坡卷扬设备运输爆破器材时，速度不应超过 1m/s；运输电雷管时应采取绝缘措施；

6）爆破器材不应在井口房或井底车场停留。

（2）用矿用机车运输爆破器材。

1）列车前后设“危险”警示标识；

2）采用封闭型的专用车厢，车内应铺软垫，运行速度不超过 2m/s；

3）在装爆破器材的车厢与机车之间，以及装炸药的车厢与装起爆器材的车厢之间，应用空车厢隔开；

4）运输电雷管时，应采取可靠的绝缘措施；

5）用架线式电力机车运输爆破器材，在装卸时机车应断电。

（3）在斜坡道上用汽车运输爆破器材。

1）行驶速度不超过 10km/h；

2）不应在上、下班或人员集中时运输；

3）车头、车尾应分别安装特制的蓄电池红灯作为危险标识。

（4）人工搬运爆破器材。

1）在夜间或井下，应随身携带完好的矿用灯具；

2）不应一人同时携带雷管和炸药；

3）雷管和炸药应分别放在专用背包（木箱）内，不应放在衣袋里；

4）领到爆破器材后，应直接送到爆破地点，不应乱丢乱放；

5）不应提前班次领取爆破器材，不应携带爆破器材在人群聚集的地方停留；

6）一人一次运送的爆破器材数量不超过：雷管，1000 发；拆箱（袋）运搬炸药，20kg；背运原包装炸药一箱（袋）；挑运原包装炸药二箱（袋）；

7）用手推车运输爆破器材时，载重量不应超过 300kg，运输过程中应防止碰撞并采取防滑、防摩擦产生火花等安全措施。

4. 生产、经营企业内运输爆破器材的特殊规定

（1）生产区至总仓库区运输道路应坚实牢固、路面平整、边坡稳定，并应按照国家相关规定设置必要的交通标志。

（2）运输工业电雷管的车辆安装卫星定位导航终端时，应符合 GB 28263—2012 条款 9.1.5 的规定。

（3）采用电瓶车运输民爆物品时，电瓶车应符合防爆要求；采用防爆叉车装运民爆物品时，叉杆应有防止火花产生的安全措施。

（4）人力手推车运输工业炸药时，所载工业炸药质量不宜超过 300kg，运输过程中应采取防滑、防摩擦产生火花等安全措施；人力手推车运输散装工业炸药药粉时应保持车厢清洁、干净，装药高度不应超过车厢高度，并应有防止工业炸药药粉撒落的安全措施。

（5）人工传送起爆药时，应有专用道路并保持道路平整；传送人员和传送工具应有明显标志；传送人员行走时应与他人保持 5m 以上间距。

（6）在生产区和总仓库区内运输民爆物品的机动车行车速度不应超过 15km/h，前后车之间的距离不应小于 50m。

5. 生产、经营企业内装卸爆破器材的特殊规定

（1）非防爆机动车辆不应直接进入危险性建筑物或构筑物内，装卸作业宜在距危险性建筑物不小于 2.5m 处进行。

（2）当危险性建筑物或构筑物内有火炸药粉尘或易燃易爆溶剂挥发气体时，装卸机动车应在距危险性建筑物不小于 5m 处进行。

（3）用于装卸民爆物品的高位站台应设置防止车辆顶撞站台的缓冲设施或采取其他有效措施。

（4）严禁用撬棍、榔头等铁器敲打包装件。

（5）厂内普通汽车装载民爆物品时，车厢底部应铺软垫，不应倒置或侧放；装载量不应超过额定装载量；产品包装箱超出车厢的高度不应超过产品包装箱高度的三分之一；雷管装车高度应低于车厢三分之一；车厢应盖好篷布，捆绑牢固，确保包装件固定可靠后，方可关严车厢栏板。

（6）专用运输车装载民爆物品时，装载质量不应超过额定装载量；包装件应码放整齐并根据运输量确定合适的码放高度；中途卸车后及时调整包装件的堆放高度，防止高位坠落和撞击；正确使用车内专用捆绑带和挂钩。

（7）运输民爆物品的车辆出车或收车前应将车厢打扫干净，清出的药粉、药渣应存放在指定地点并统一定期销毁。

（8）在暴雨和雷电等恶劣天气情况下，产品不应出入库；恶劣天气的能见度在 5m 以内，或道路坡度在 6%以上且能见度在 10m 以内时，运输民爆物品的车辆应停止行驶。

八、爆破器材的贮存

1. 一般规定

（1）爆破器材贮存库安全评价应按 GA/T 848 执行。

（2）爆破器材应贮存在爆破器材库内，任何个人不得非法贮存爆破器材。

（3）单库允许存放量及存放方式执行 GB 50089 的规定，总库的总容量不得超过以下规定：炸药为本单位半年用量；起爆器材为本单位年用量。

（4）爆破器材单一品种专库存放。若受条件限制，同库存放不同品种的爆破器材则应符合下列规定：

1）炸药类、射孔弹类和导爆索、导爆管可以同库混存；

2）雷管类起爆器材应单独库房存放；

3）黑火药应单独库房存放；

4）硝酸铵不应和任何物品同库存放；

5）当不同品种的爆破器材同库存放时，单库允许的最大存药量应符合 GB 50089 的规定。

（5）小型爆破器材库的最大贮存量应按 GA 838 执行。

2. 可移动式爆破器材仓库

可移动爆破器材仓库的选址、外部距离、总平面布置按 GB 50089 和 GA 838 的相关规定执行，其结构应经国家有关主管部门鉴定验收。

3. 地下矿山的井下爆破器材库与发放站

（1）井下爆破器材库。

1）井下只准建分库，库容量不应超过：炸药 3d 的生产用量；起爆器材 10d 的生产用量。

2）井下爆破器材库的布置，应遵守 GB 6722 条款 14.2.3.2 的规定。

3）井下爆破器材库和距库房 15m 以内的联通巷道，需要支护时应用不燃材料支护；库内应备有足够数量的消防器材。

4）有瓦斯煤尘爆炸危险的井下爆破器材库附近，应设置岩粉棚，并应定期更换岩粉。

5）井下爆破器材库区，不应设爆破器材检验与销毁场；爆破器材的爆炸性能检验与销毁，应在地面指定的地点进行。

6）不应在井下爆破器材库房对应的地表修筑永久性建筑物，也不应在距库房 30m 范围内掘进巷道。

7）井下爆破器材库应安装专线电话并装备报警器。

8）井下爆破器材库的电气照明，应遵守下列规定：

① 应采用防爆型或矿用密闭型电气设备，电线应采用铜芯铠装电缆；

② 照明线路的电压不应大于 36V；

③ 贮存爆破器材的硐室或壁槽，不安装灯具；

④ 电源开关或熔断器，应设在铁制的配电箱内，该箱应设在辅助硐室里；

⑤ 爆破器材库的移动式照明，应使用防爆型移动灯具和防爆手电筒。

（2）井下爆破器材发放站。

1）在多水平开采的矿井，爆破器材库距工作面超过 2.5km 或井下不设爆破器材库时，允许在各水平设置发放站。

2）发放站存放的炸药不应超过 0.5t，雷管不应超过 1000 发。

3）炸药与雷管应分开存放，并用砖或混凝土墙隔开，墙的厚度不小于 0.25m。

4）发放站的移动式照明，应使用防爆型移动灯具和防爆手电筒。

4. 生产、经营企业内储存爆破器材的特殊规定

（1）生产点的爆炸性材料仓储能力应满足生产需要，安全许可能力（不含现场混装炸药）与成品总库储存能力应满足 GB 28263—2012 条款 9.2.2 的规定。

（2）出库后返回的产品应有验收手续方可入库，拆包的产品应另库存放。

（3）各类民爆物品宜单独品种专库存放，仓库内严禁储存无关物品。以下品种的民爆物品允许同库存放：单质炸药、工业导爆索、工业炸药及其炸药制品允许同库存放；包装完好的塑料导爆管允许与工业雷管（含继爆管）、单质炸药、工业导爆索、工业炸药及其炸药制品同库存放。

（4）废品或未进行安定性试验的新产品应单独存放。

（5）仓库产品应成垛、分垛堆放，仓库内各种通道（装运、人行检查、清点）宽度，堆垛边缘与墙之间及堆垛之间的距离，堆放工业炸药、索类火工品成品箱和堆放工业雷管和其他起爆器材成品箱的堆垛总高度应满足 GB 28263—2012 条款 9.2.9 的规定。

（6）严禁在仓库内开箱；需取出产品时应在仓库管理人员监督下，将产品箱移至库房防护屏障外指定地点进行；使用不产生火花的启箱工具。

5. 爆破器材的治安防范、收发、检验、销毁

（1）库区和贮存库的治安防范。

爆破器材库区和贮存库的治安防范，应满足 GA 837 的要求。

（2）爆破器材的收发。

1）新购进的爆破器材，应逐个检查包装情况，并按规定作性能检测；

2）建立爆破器材收发账、领取和清退制度，定期核对账目，应做到账物相符；

3）变质的、过期的和性能不详的爆破器材，不应发放使用；

4）爆破器材应按出厂时间和有效期的先后顺序发放使用；

5）库房内不准许拆箱（袋）发放爆破器材，只准许整箱（袋）搬出后发放；

6）爆破器材的发放应在单独的发放间（发放硐室）里进行，不应在库房硐室或壁槽内发放；

7）退库的爆破器材应单独建账、单独存放。

（3）爆破器材的检验。

各类爆破器材的检验项目，应按照产品的技术条件和性能标准确定；检验方法应严格执行相应的国家标准或行业标准；在爆破器材性能试验场进行性能试验时，应遵守 GB 50089 的有关规定。

爆破器材的外观检验应由保管员负责定期抽样检查。

爆破器材的爆炸性能检验，由爆破工程技术人员负责。

对新入库的爆破器材，应抽样进行性能检验；有效期内的爆破器材，应定期进行主要性能检验。

（4）爆破器材的销毁。

经过检验，确认失效及不符合国家标准或技术条件要求的爆破器材，均应退回原发放单位销毁；包装过硝化甘油类炸药有渗油痕迹的药箱（袋、盒），应予销毁。

不应在阳光下暴晒待销毁的爆破器材。

销毁爆破器材，可采用爆炸法、焚烧法、溶解法、化学分解法。

九、对生产、经营企业安全管理的要求

1. 综合安全管理

（1）按照国家民爆行业行政主管部门行政许可的品种、产量组织建设和生产经营，严禁

非法建设、非法生产、非法销售。

（2）生产宜采用连续化、自动化、人机隔离的工艺，并贯彻执行在线危险品存量少、工房内定员少、危险作业工序少，在有固定操作人员的情况下，非危险建筑物与危险建筑物隔开、非危险生产线与危险生产线隔开、非危险操作与危险操作隔开的原则。

（3）危险工序作业人员应经考核合格后方可上岗。

（4）按照 WJ 9065 的规定设置监控系统。建立视频监视和安监人员现场检查相结合的危险点安全检查制度。

（5）劳动作业班制：在生产技术不能满足 24h 连续作业的安全条件下，当日零点至六点期间，不应组织工业炸药及其炸药制品的生产作业；当日二十二点至次日六点期间，不应组织起爆器材的生产作业。（允许企业根据地域时差作顺延调整）

（6）根据安全生产许可或行政主管部门批准的计划产量，均衡组织生产，严禁超产、超时、超员、超量。

注：1. 超产指生产企业超过安全生产许可或行政主管部门批准的计划限定产量组织生产的行为。

2. 超时指超过规定的作业时间组织生产的行为。

3. 超员指生产、经营企业在危险作业场所超过规定定员的行为。操作定员指危险性建筑物内或操作工位上满足生产需要的最低操作人数。最大允许定员指最多允许进入该危险性建筑物内或操作岗位上的操作人员和临时人员（检修、取样、装卸、安检、参观等人员）人数。

4. 超量指生产、经营企业在生产或储存场所超过规定定量进行作业、存放和运输的行为。定量指危险性建筑物内或操作工位上允许存放的危险品最大计算药量。

（7）当恶劣天气危及安全生产时，应立即停止生产并采取有效的安全处理措施。

（8）根据产品性质、生产设备结构特性等情况，制定停产时设备和现场的清扫制度。

（9）生产线建设（包括新建和改造）工程竣工后，在带危险物料进行试生产，应符合 GB 28263—2012《民用爆炸物品生产、销售企业安全管理规程》条款 5.18 规定的条件，生产设施建设工程验收还应符合条款 5.19 规定的条件。

（10）严禁在正常生产的同时进行试验。在将内部安全论证或有资质机构安全评价资料报省级民爆行业行政主管部门备案后方可进行。试验期间，该生产线停止其他正常生产；疏散与试验无关的人员。

（11）对于本企业生产作业人员，应按照工业炸药类、起爆器材类生产工种作业人员分区管理；外来参观、工作检查的人员，每次进入危险性工（库）房的人数不应超过三人且不应超过最大允许定员。

（12）与进入危险生产区或试验场地参加危险性试验的外单位工作人员和进入企业管辖区内从事其他临时性工程作业的外来人员签订安全责任协议书，明确双方责任和义务。

（13）严禁人员将移动通讯工具带入民爆物品生产区、储存区、试验区和销毁场。

（14）生产区、总仓库区入口处应有“严禁烟火”警示标志；生产场所、危险性建筑物内的安全疏散通道应有指示性标志；危险设施及设备应有警示标志。

（15）在变更危险性建筑物用途、危险等级和计算药量时，应由有资质的设计单位进行设计或有资质的安全评价机构出具安全咨询意见，并经企业安全负责人和技术负责人共同签批后发方可实施，相关技术资料向省级民爆行业行政主管部门备案。

2. 生产工艺管理

（1）基本要求。

结合本企业实际，及时将国家或行业颁布实施的有关民爆物品生产安全技术方面的标准、规定编入本企业相关的安全技术操作规程。引进新产品、新技术时，应结合实际编制或完善安全技术操作规程。

在局部调整原生产线生产工艺、改变工艺参数和设备布置、更新专用生产设备时，应组织专业技术人员充分论证，或经有资质的安全评价机构咨询后，再经企业安全负责人和安全技术负责人共同签批后方可实施，相关技术资料应及时调整归档，并向省级民爆行业行政主管部门备案。

（2）技术要求。

1）所有用于生产的原材料和辅料在储存、加工过程中应按照各自的理化性能存放或加工，性质相抵触的物质应分隔存储。

2）在硝酸铵粉碎、加热干燥工序中不宜加入有机物。因工艺需要加入有机物时，应经省级以上行政主管部门组织的专家论证、评审后方可进行，且有机物质加入量（质量分数）不应超过 0.2%。

3）粉状铵油类炸药连续化生产中的混药工序宜采用冷混工艺。

4）经加工后的易燃易爆原材料、辅料和半成品因工艺需要存放或保温时，应有防止自行分解或加热分解而导致发生火灾和爆炸的安全技术措施。易燃易爆物品存放时，应距离加热器（包括暖气片）和热力管线 300mm 以上。

5）生产过程中需用热媒加热危险物料或加工中可能引起物料升温的作业点，均应设温度检测仪器并采取温控措施。

6）所有液态物料进入混合工序前，应设置过滤装置除去固体杂质。工业炸药原材料进入制药工序前应设置除铁装置；起爆药、延期药、点火药等生产工艺用水和液态半成品（中间体）应设置除去杂质的过滤装置。

7）危险性物料输送装置应有防止液体结晶或固体物料粘结器壁的技术措施，并应结合工艺特点和生产情况制定定期清扫制度。严禁轴承设置在粉状危险性物料中混药、输送等方式；输送螺旋和混药设备应有应急消防雨淋装置，输送螺旋和混药设备应选择有利于泄爆、清扫、应急处理的封闭方式。

8）采用湿法粉碎混合单质炸药或点火药、延期药时，应待物料全部浸湿后方可开机；当采用金属球和金属球磨筒方式进行单质炸药或者点火药、延期药的粉碎和混合时，宜用水或含水溶剂作为介质。

9）单质炸药的粉碎加工的开、停机操作应在控制室内，控制室的设置应符合 GB 50089 的规定，设备运行过程中工房内不应留有人员；延期药、点火药剂的混合、造粒、筛分应根据药量设置可靠的防护设施，操作应人机隔离。

10）新建工业雷管半成品装填生产线应具备人机分离、自动添加药、自动在线检测、自动在线检测药高、自动剔除废品、自动安全报警、自动安全连锁、可靠防止工序间殉爆的连续化生产功能。现有条件下的自动化工业雷管装填生产线生产能力应符合：单班年产不应超过 3000 万发，两班年产不超过 5000 万发。

11）工业雷管电阻检查，卡口（腰）、打把、装盒（袋）、排模、卸模、导爆管拉制加药等作业工序应设置有效防护设施。

12）生产线危险工序的抗爆结构应具有民爆物品设计甲级资质的专业设计单位设计，或经抗爆试验验证；在连续化生产线工序之间传送危险品时应有可靠的防殉爆措施和防传爆措施。

13）工业炸药制造过程中采用机械搅拌混合氧化剂水溶液和可燃剂的工艺，应限制机械搅拌强度和输送泵的有关技术参数。其中乳化炸药（含粉状乳化炸药）的乳化、基质冷却、基质温度低于 70℃的敏化工序宜采用敞口作业；连续化生产线的密闭式乳化器不应采用两台（含两台）以上机械强度搅拌乳化，乳化器和螺杆泵的结构、技术参数应符合 GB 28263—2012 附录 B 的要求。

3. 设备与设施管理

（1）基本要求。

1）新研制的民爆物品专用生产设备投入使用，应通过科技成果鉴定。

2）生产线建设和更换专用生产设备时，选用的设备应符合以下要求：0 类、Ⅰ类、Ⅱ类设备已经被列入民爆物品专用生产设备目录；Ⅲ类设备已经通过科技成果鉴定。

3）建立专用生产设备易损件的强制更换制度。

4）根据设备供应单位提供的有关技术资料，结合本企业实际编制能正确指导作业人员操作和维护设备的技术文件。

5）设备在更新或大修后投入使用前，组织专业技术人员进行现场验收，验收投产报告经企业安全负责人和机电设备负责人签批。

（2）机械。

1）一般要求。

① 生产过程中所用的设备、工装、器具、仪表与危险物品接触时应相容；对用于加工、输送、存储危险物品的各种设备、器具或有可能接触危险物品的转动部件，均应有防止产生摩擦、撞击、静电积累的措施。

② 设计制造危险性物料螺旋输送机时，其长度和强度应能保证螺旋叶片与槽体之间不发生摩擦；应有防止物料进入空心轴和夹套的技术措施；不应采用螺纹连接。螺旋叶片和槽体之间应采用有色金属材料制作。

③ 设备机械转动部位应设置防护罩。

④ 在压力容器、计量仪表和安全保护装置等设备和设施安装前，应查验设备和设施检定合格证或试验报告。

2）检修。

① 在对有可能产生燃烧、爆炸或中毒事故的设备和设施进行检修前，应制定检修安全规程，检修安全规程的主要内容应包括：危险物料的处理措施、施工前后检查验收方法、施工过程注意事项、安全防护和应急救援措施等。

② 对从事危险品生产设备和设施检修的人员进行安全知识培训，并通过考核持证上岗。

③ 在检修危险工房内的设备前应停止生产并切断电源，应有防止他人合闸的措施；彻底

清理所要检修的设备、管道及作业场所的危险品，必要时做销爆处理；不产生明火的检修应经生产现场负责人检查合格后方可进行。

④ 若需对危险工房内的设备进行零部件拆卸或组件检修时，宜将可拆卸部件卸下后移至工房外的安全地带进行。不应在带有压力的管线和容器上检修或拆卸阀门等部件。

⑤ 拆除或修理含有起爆药的污水池、下水管和沉淀池前，应先做化学处理或其他有效的销爆处理。在起爆药生产区周围进行工程施工时，应制定专门的安全技术措施。

在危险区域内的焊接与动火作业应符合以下要求：

① 制定焊接与动火许可审批制度；

② 宜在危险生产区内设置固定的焊接动火地点，焊接动火地点与危险工房或场地的距离不应小于 50m，焊接动火地点周围 5m 范围内应无杂草和其他可燃物品；

③ 在危险性建筑物和构筑物内，生产期间或停产后未进行彻底清理和未经安检人员验收，严禁焊接与动火；

④ 与危险品接触的设备及与危险品有金属连接的一切设备进行焊接时宜使用气焊，并有防止火花飞溅的措施；因工艺需要不能拆卸且使用电焊时，应由企业安全部门批准，并在被焊接的设备与其他设备之间应采取可靠的绝缘措施或防止杂散电流扩散的措施；

⑤ 焊接动火期间应设专人监护，工作结束后应彻底清理现场。

4. 电气管理

（1）一般要求。

1）在危险作业场所内不宜架设临时线路，确需安装临时线路时，应经企业安全部门审批，临时线路使用完毕后应及时拆除。

2）电气设备操作、电气设备及线路维护、检修人员经考核合格，持证上岗。

（2）运行与维护。

1）定期试用备用电源及各种安全事故报警信号等装置，确保安全事故报警信号等装置处于完好状态。

2）保持电气设备处于良好的清洁、通风、散热状态。

3）运行中如发生下列情况，操作人员应采取紧急措施并立即上报企业安全部门：电气设备发出异常声响或异常气味；负载电流突然超过允许值；电气设备及线路突然出现高温或冒烟；电气设备连接部件松动或产生火花；设备壳罩破损；自控设备出现异常启动、停机等；其他异常情况。

（3）检修。

1）拆修有易燃易爆危险物品存在的危险场所的电气设备时，应：制定安全技术措施，并按企业规定办理审批手续；彻底清理检修现场，将易燃易爆危险物品移至安全场所；切断该设备的电源，并悬挂“有人工作，禁止合闸”的警示标志牌。

2）更换或检修后的电气设备及线路，应经验收和试运行合格后方能投入正式使用。

3）保持电气设备的接地保护系统完好，并定期检测。

4）乳化器、敏化器、输送泵等密闭式带有机械搅动装置的乳化炸药专用生产设备，应有防止超压、超温、断料干磨的自动控制装置。

5. 防静电与防雷

（1）防静电与防雷设施及其接地应符合 GB 50089 的要求。

（2）危险物料粉碎混合加工过程中易产生静电积聚的工序应设置自动导出静电的装置，出料时应将接料车和出料器用导线可靠连接并整体接地。生产工序中盛装火工药剂及其炸药制品的盒、盘等活动器具应采用防静电材料制品，活动器具对地电阻值应为 $1.0\times10^4\Omega$～$1.0\times10^8\Omega$。

（3）静电危险场所不应存在电容大于 3pF 的孤立导体。装有产品的金属容器应直接放置在防静电地面上。

（4）工业雷管药剂生产工房的入口处应设导出静电的门帘、扶手及人体静电检测仪，工房地面、工作台面、椅子、脚踏等应铺设防静电材料。

（5）进入工业雷管药剂生产工房内的作业人员，应穿戴防静电（或纯棉）工作服、防静电（或纯棉）鞋袜，经静电检测合格后方可进入，人体对地电阻值应为 1.0×10^4～$1.0\times10^8\Omega$。

（6）根据危险物品特性、静电危害风险以及生产加工作业方式等因素，规定危险作业场所空气相对湿度下限。GB 28263—2012 条款 7.7.6 列出了空气相对湿度不应低于 60%的生产工房（工作间），如起爆药制造的分盘工作间、筛分工作间、称量工作间；炸药粉碎工房；导爆药制造的配料工作间、混合工作间、筛药工作间、分盒工作间等。

（7）防静电用品及器材的以下主要技术性能指标应符合 GB 28263—2012 条款 7.7.7 的要求。

（8）生产线和危险品仓库的防静电接地系统应每半年检测一次，起爆器材生产线防静电地面、防静电台面等装置每月应不少于一次抽查。

（9）避雷针塔附近应根据实际情况设立警示标志牌或设护栏。防雷接地装置应按当地气象部门的规定定期检测。

6. 作业场所管理

（1）生产现场。

1）工房内设备与工作台的布置应有利于工序间物流传递、方便操作、方便设备维修及方便操作人员安全疏散。物流、人流宜设置各自通行路线和标识，避免交叉。

2）对作业场所的人员、物料、成品、工具及其在制品实行定置管理。作业现场危险物品的存放方式应有利于防止殉爆。

3）在易发生燃烧或爆炸事故的工序之间不宜设置用于传递危险品的过墙孔洞。因工艺需要设置时，应有隔火或隔爆的安全措施。

4）危险工房内外通道、安全出口（含安全窗口）及安全疏散隧道等应设置明显的警示标志，严禁堆放任何物品，严禁设置坎、沟、台阶等。

（2）定员、定量。

工（库）房内危险品总定量应符合 GB 50089 的规定；抗爆间室内爆炸物品的存量不应超出抗爆间室的设计药量；各岗位（工位）的定量在满足生产的前提下应尽量控制在下限。

工业炸药及其炸药制品生产线危险工房（工位）操作定员、最大允许定员和危险品定量应符合 GB 28263—2012 附录 C 的要求；起爆器材生产线危险工位操作定员、最大允许定员和危险品定量应符合 GB 28263—2012 附录 D 要求；无人操作的连续化、自动化基础雷管装填线、成品雷管装配生产线（工位），索类产品生产线（工位）的危险品定量应符合设计药量或抗爆试验验证药量。

十、《生产安全事故应急条例》对重点生产经营单位的要求

民用爆炸物品的生产、经营、储存、运输单位是《生产安全事故应急条例》明确的重点生产经营单位。

《生产安全事故应急条例》对重点生产经营单位的要求，参见本书第一章第十二节“一、《生产安全事故应急条例》对重点生产经营单位的要求”，相关模拟试题参见该节第1～7题及本节最后一题。

模拟试题及考点

1. 爆破工程按工程类别、一次爆破总药量、爆破环境复杂程度和爆破物特征，分为______个级别，实行分级管理。______的爆破工程不实行分级管理。

A. 三，矿山内部

B. 四，对外部环境无安全危害

C. 三，矿山内部且对外部环境无安全危害

D. 四，矿山内部且对外部环境无安全危害

【考点】“一、爆破工程分级”。

2. 下述中正确无误的是______。

A. 凡需报公安机关审批的爆破工程，应编制爆破技术设计文件

B. 施工组织设计编写负责人所持爆破工程技术人员安全作业证的等级和作业范围应与施工工程相符合

C. 凡需报公安机关备案的爆破工程，均应进行安全评估

D. A、B级爆破工程的安全评估应至少有2名具有相应作业级别和作业范围的持证爆破工程技术人员参加

【考点】“二、爆破设计施工、安全评估与安全监理”。

3. 下列关于爆破安全监理的叙述中，无误的是______。

A. 凡需报公安机关备案的爆破工程均应由建设单位委托具有相应资质的监理单位进行安全监理

B. 爆破安全监理人员应在爆破作业、爆后安全检查及盲炮处理等环节上实行停工待检监理

C. 每次爆破的技术设计均应经监理机构签认后，再组织实施

D. 当爆破作业有违规现象或施工中出现安全隐患，监理机构应签发爆破作业暂停令

【考点】“二、爆破设计施工、安全评估与安全监理”。

4. 爆破安全监理的主要内容不包括______。

A. 监督爆破作业单位是否按照设计方案施工

B. 制定爆破有害效应检测计划

C. 审验爆破作业人员的资格

D. 监督民用爆炸物品领取、清退制度的落实情况

E. 向委托单位和公安机关报告违章指挥和违章作业情况

【考点】“二、爆破设计施工、安全评估与安全监理”。

5. 当________时，不应进行爆破作业。

A. 地下爆破作业区 CO 的体积浓度为 0.003 40

B. 照明符合规定

C. 岩体无边坡滑落危险

D. 工作面支护规格符合支护说明书的规定

E. 距工作面 20m 以内的风流中瓦斯含量小于 1%

【考点】“三、爆破作业的基本规定”。

6. 露天爆破装药前，遇雷电或暴雨雪来临时、大雾天或沙尘暴使能见度不超过________m 时、现场风力超过________级时，应停止爆破作业，所有人员应立即撤到安全地点。

A. 50，7　　B. 100，8　　C. 150，9　　D. 200，10

【考点】“三、爆破作业的基本规定”。

7. 下述中正确的是________。

A. B 级爆破工程应设指挥组或指挥人

B. 凡经公安机关审批的爆破作业项目，爆破作业单位应于装药前 1 天发布施工公告

C. 起爆前应对炮孔、硐室、爆炸处理构件逐个进行测量验收

D. 爆破公告的内容通常不包括爆破作业项目的安全评估单位

【考点】“三、爆破作业的基本规定”。

8. C 级爆破工程在实施爆破作业前，爆破器材现场检测的项目不包括________。

A. 对所使用的爆破器材的外观检查

B. 延时雷管的延时时间

C. 起爆器的充电电压、外壳绝缘性能

D. 测定电雷管的电阻值

E. 各种连接线的材质、规格、电阻值和绝缘性能

【考点】“三、爆破作业的基本规定”。

9. 关于起爆器材加工，下述中________不正确。

A. 起爆药包的加工数量不应超过当天爆破作业用量

B. 加工起爆药柱，应在指定的安全地点进行

C. 切割导爆索应使用锋利刀具，不得使用剪刀剪切

D. 在水孔中使用的起爆药包，孔内不得有电线、导爆管和导爆索接头

【考点】“三、爆破作业的基本规定”。

10. 下列起爆方法中，破折号左侧是起爆的对象或环境，右侧是相应的起爆器材，其中错误的是________。

A. 电雷管——照明电

B. 电子雷管——配套的专用起爆器

C. 导爆管雷管——导爆索

D. 导爆索——起爆药包

E. 在有瓦斯和粉尘爆炸危险的环境中爆破——煤矿许用起爆器材

【考点】“三、爆破作业的基本规定”。

11. 下列关于起爆网路的叙述，________有误。

A. 敷设起爆网路实行双人作业制

B. 雷雨天禁止任何起爆网路连接作业

C. 硐室爆破应进行起爆网路试验

D. 应由至少 3 个有经验的爆破员组成的检查组进行起爆网路检查

【考点】“三、爆破作业的基本规定”。

12. 从炸药运入现场开始，应划定装药警戒区。下述关于警戒区内的要求中，________有误。

A. 禁止烟火，并不应携带火柴、打火机等火源进入

B. 采用普通电雷管起爆时，不得携带手机进入

C. 不得将起爆器材、起爆药包和炸药混合堆放

D. 不应使爆破器材暴露在日光下

【考点】“三、爆破作业的基本规定”。

13. 下述在装药作业现场照明方面的行为，合规的有________项。

① 在硐室内使用 36V 的照明器材

② 在其他装药作业现场使用 24V 的照明器材

③ 离装药警戒区 22m 处装了 220V 的照明器材

④ 从带有电雷管的起爆药包进入装药警戒区开始，用绝缘手电筒照明

A. 4　　B. 3　　C. 2　　D. 1

【考点】“三、爆破作业的基本规定”。

14. 下述人工装药的行为中，合规的是________。

A. 起爆体由安全员携带

B. 炮孔装药使用竹制炮棍

C. 装入雷管后发生卡塞，用非金属长杆处理

D. 装药过程中拔出起爆药包中的导爆管

【考点】“三、爆破作业的基本规定”。

15. 发出起爆信号的时间，在________之前。

A. 人员全部撤离爆破警戒区　　B. 所有警戒人员到位
C. 具备了安全起爆条件　　D. 现场指挥下令起爆

【考点】“三、爆破作业的基本规定”。

16. 爆破后，检查人员进入爆破作业地点检查的时间，________错误。
A. 露天爆破：如确认无盲炮，经 5min 后
B. 露天爆破：如不能确认有无盲炮，经 10min 后
C. 地下爆破：经通风除尘排烟确认井下空气合格，超过 15min 后
D. 拆除爆破：倒塌建（构）筑物和保留建筑物稳定之后

【考点】“三、爆破作业的基本规定”。

17. 地下爆破爆后检查的内容不包括________。
A. 确认有无盲炮
B. 有无瓦斯及地下水突出
C. 爆堆是否稳定
D. 有无冒顶、危岩，支撑是否破坏
E. 有害气体是否排除

【考点】“三、爆破作业的基本规定”。

18. 下列关于盲炮处理的叙述中，无误的是________。
A. 电力起爆网路发生盲炮时，立即切断电源，及时将盲炮电路短路
B. 导爆管起爆网路发生盲炮时，检查导爆管，若有破损或断裂，修复后不可重新起爆
C. 拉出炮孔中的起爆药包和雷管
D. 硐室爆破的盲炮处理，应由爆破段（班）长提出方案并经爆破工程技术人员批准

【考点】“三、爆破作业的基本规定”。

19. 下列关于露天爆破的叙述中，错误的是________。
A. 应建立避炮掩体，设在冲击波危险范围之外，并能防止飞石和有害气体的危害
B. 起爆站应设在警戒区内的安全地点
C. 雷雨季节进行露天爆破不应采用普通电雷管起爆网路
D. 露天岩土爆破严禁采用裸露药包
E. 怀疑有盲炮时，应设置明显标识并对爆后挖运作业进行监督和指挥

【考点】“四、露天爆破”。

20. 下列关于地下爆破的叙述中，________有误。
A. 工作面的空顶距离超过设计或超过作业规程规定的数值时，不应爆破
B. 地下爆破可能引起地面塌陷时，应在通往塌陷区的道路上设置警戒和警示标识，防止人员误入
C. 距井下炸药库 20m 以外的区域才可进行爆破作业

D. 发布的“预警信号”、“起爆信号”、“解除警报信号”，应确保受影响人员均能辨识

【考点】“五、地下爆破”。

21. 下列关于地下爆破的叙述中，________有误。

A. 采用电力起爆时，爆破主线、区域线、连接线不应与金属管物接触

B. 井下工作面所用炸药、雷管应分别存放在受控加锁的专用爆破器材箱内

C. 距爆破作业面100m范围内照明电压不得超过36V

D. 出现岩爆，应在作业时采取支护措施

【考点】“五、地下爆破”。

22. 若爆破振动安全允许距离、爆破空气冲击波安全允许距离、个别飞散物安全允许距离分别为R_1、R_2、R_3，在不考虑爆破可能诱发的次生灾害的影响时，爆破地点与人员和其他保护对象之间的安全允许距离，________。

A. 等于R_1、R_2、R_3的平均值

B. 大于R_1、R_2、R_3的平均值

C. 等于R_1、R_2、R_3中的最大值

D. 大于R_1、R_2、R_3中的最大值

【考点】“六、安全允许距离与对环境影响的控制”。

23. 在________类声环境功能区域进行爆破时，应采取降噪措施。居住、商业、工业混杂区（2类声环境功能区）的爆破作业噪声，夜间应不大于________dB（A）。

A. 0～1，100　B. 0～2，80　C. 0～3，100　D. 0～4，80

【考点】“六、安全允许距离与对环境影响的控制”。

24. 预防爆破作业引起瓦斯爆炸应采取的措施，下述中________错误。

A. 爆破工作面瓦斯超标时严禁进行爆破

B. 在有瓦斯爆炸危险的矿井中，严格按规程进行布孔、装药、填塞、起爆

C. 采空区外良好通风

D. 采用防爆型电器设备

【考点】“六、安全允许距离与对环境影响的控制”。

25. 预防井下爆破作业引起有害气体中毒应采取的措施，下述中________有误。

A. 使用批准的炸药

B. 做好爆破器材防水处理，确保装药和填塞质量，避免半爆和爆燃

C. 井下爆破前后加强通风，设置对死角和盲区的通风设施

D. 加强有毒气体监测，不盲目进入可能聚藏有害气体的死角

【考点】“六、安全允许距离与对环境影响的控制”。

26. 为避免爆破引起地基与尾矿坝振动液化的下述措施中，________不正确。

A. 实施爆破前，增加土体相对密度

B. 实施爆破前，降低浸润线

C. 降低爆破振动强度

D. 减小振动频率，维持振动持续时间

【考点】“六、安全允许距离与对环境影响的控制”。

27. 下述装卸爆破器材应遵守的要求中，________不达标。

A. 装卸地点夜晚应有足够的照明并悬挂红灯

B. 有专人在场监督，无关人员不允许在场

C. 轻拿轻放，不得摩擦、撞击、抛掷、翻滚

D. 待运雷管箱未装满雷管时，其空隙部分应用柔软材料塞满

E. 遇暴风雨或雷雨时，不应装卸

【考点】“七、爆破器材的运输”。

28. 下列对车（船）运输爆破器材的要求中，________不是《爆破安全规程》的规定。

A. 用专用车船运输爆破器材

B. 非押运人员不应乘坐

C. 按指定路线行驶

D. 在人员聚集的地点停留，司机或押运人员应看守

【考点】“七、爆破器材的运输”。

29. 汽车在公路运输爆破器材，________是危险的。

A. 在平坦道路上行驶时，前后两部汽车距离为 60m

B. 遇有雷雨时，车辆停在靠近建筑物的地方

C. 在冰雪路面上行驶时，采取防滑措施

D. 车上配备消防器材，配挂危险标识

【考点】“七、爆破器材的运输”。

30. 在竖井运输爆破器材，________不符合《爆破安全规程》的规定。

A. 不在上下班或人员集中的时间内运输

B. 除爆破人员和信号工外，其他人员不与爆破器材同罐乘坐

C. 运送硝化甘油类炸药或雷管时，罐笼内最多只放 2 层爆破器材料箱

D. 用罐笼运输硝化甘油类炸药或雷管时，升降速度不超过 2m/s

E. 爆破器材不在井口房或井底车场停留

【考点】“七、爆破器材的运输”。

31. 用矿用机车往爆破作业地点运输爆破器材的下列叙述中，________不是《爆破安全规程》的规定。

A. 采用封闭型的专用车厢，车内应铺软垫

B. 装炸药的车厢之间，用空车厢隔开

C. 运输电雷管时，采取可靠的绝缘措施

D. 列车前后设“危险”警示标识

E. 运行速度不超过 2m/s

【考点】“七、爆破器材的运输”。

32. 在斜坡道上用汽车往爆破作业地点运输爆破器材，行驶速度不超过________km/h，车头、车尾应分别安装特制的________作为危险标识。

A. 20，红灯　　B. 20，蓄电池红灯

C. 10，红灯　　D. 10，蓄电池红灯

【考点】“七、爆破器材的运输”。

33. 某爆破员在井下往爆破作业面搬运爆破器材，他的下列行为中，________是违规的。

A. 随身携带完好的矿用灯具

B. 把领到的 100 发雷管和 10kg 折箱运搬炸药分别放在两个专用背包内

C. 携带两个专用背包

D. 经过人员多的地方没有停留

【考点】“七、爆破器材的运输”。

34. 爆破器材总库的总容量，炸药不得超过本单位________用量，起爆器材不得超过本单位________用量。

A. 三个月，半年　　B. 半年，年　　C. 年，一年半　　D. 年，两年

【考点】“八、爆破器材的贮存”。

35. 某单位受条件限制，不能做到所有爆破器材单一品种专库存放。下述状况中________是不允许的。

A. 炸药类和导爆索同库存放

B. 雷管类起爆器材单独库房存放

C. 黑火药单独库房存放

D. 硝酸铵和导爆管同库存放

【考点】“八、爆破器材的贮存”。

36. 矿山井下只准建爆破器材分库，库容量不应超过：炸药________d 的生产用量；起爆器材________天的生产用量。

A. 3，10　　B. 3，6　　C. 5，10　　D. 5，15

【考点】“八、爆破器材的贮存”。

37. 下列关于矿山井下爆破器材库的叙述中，可允许的是________。

A. 库和距库房 15m 以内的联通巷道，需要支护时用难燃材料支护

B. 库区设爆破器材检验场，进行爆破器材的爆炸性能检验

C. 在井下爆破器材库房对应的地表修筑临时性建筑物

D. 在距库房 25m 处掘进巷道

【考点】“八、爆破器材的贮存”。

38. 下列关于井下爆破器材库电气照明的状况，不合规的是________。
A. 电气设备和移动式照明灯具为防爆型
B. 照明线路的电压为 24V
C. 贮存爆破器材的硐室或壁槽，安装防爆型灯具
D. 电源开关或熔断器，设在铁制的配电箱内
【考点】“八、爆破器材的贮存”。

39. 某多水平开采的矿井的井下爆破器材发放站的下列情况中，违规的是________。
A. 因井下不设爆破器材库，在各水平设置了发放站
B. 通常情况下，发放站存放的炸药为 1t
C. 炸药与雷管分开存放，并用砖隔开
D. 发放站移动式照明的灯具为防爆型
【考点】“八、爆破器材的贮存”。

40. 某单位关于爆破器材收发和检验的下述情况中，________不合规。
A. 库房内不拆箱发放爆破器材
B. 库房壁槽作为发放间
C. 按出厂时间和有效期的先后顺序发放爆破器材
D. 对新入库的爆破器材，抽样进行性能检验
E. 爆破器材的爆炸性能检验，由爆破工程技术人员负责
【考点】“八、爆破器材的贮存”。

41. 民爆物品生产工艺不宜________。
A. 连续化　　B. 自动化　　C. 人机结合　　D. 人机隔离
【考点】“九、对生产、经营企业安全管理的要求”。

42. 民爆物品生产执行的原则，不包括________隔开。
A. 非危险建筑物与危险建筑物
B. 非危险物料与危险物料
C. 非危险生产线与危险生产线
D. 非危险操作与危险操作
【考点】“九、对生产、经营企业安全管理的要求”。

43. 根据安全生产许可或行政主管部门批准的计划产量，均衡组织生产，严禁________。
A. 超产、超员、超量　　B. 超值、超员、超量
C. 超产、超时、超员、超值　　D. 超产、超时、超员、超量
【考点】“九、对生产、经营企业安全管理的要求”。

44. 在硝酸铵粉碎、加热干燥工序中不宜加入有机物。因工艺需要加入有机物时，应经________以上行政主管部门组织的专家论证、评审后方可进行，且有机物质加入量（质量分数）不应超过________%。

A. 设区的市级，0.2　　B. 省级，0.2

C. 设区的市级，0.3　　D. 省级，0.3

【考点】“九、对生产、经营企业安全管理的要求”。

45. 单质炸药的粉碎加工设备运行过程中，工房内________。

A. 不应留有人员

B. 操作定员符合要求

C. 最大允许定员符合要求

D. 操作定员、最大允许定员都符合要求

【考点】“九、对生产、经营企业安全管理的要求”。

46. 现有条件下的自动化工业雷管装填生产线生产能力应符合：单班年产不应超过________万发，两班年产不超过________万发。

A. 2000，4000　　B. 3000，5000　　C. 4000，6000　　D. 5000，7000

【考点】“九、对生产、经营企业安全管理的要求”。

47. 关于专用生产设备，下述中正确无误的是________。

A. 选用的Ⅰ类设备应通过科技成果鉴定

B. 选用的Ⅲ类设备应被列入民爆物品专用生产设备目录

C. 建立专用生产设备易损件的强制更换制度

D. 设备在更新或大修后投入使用前，组织专业技术人员进行现场验收，验收投产报告经企业机电设备负责人和生产负责人签批

【考点】“九、对生产、经营企业安全管理的要求”。

48. 对用于加工、输送、存储危险物品的各种设备、器具、部件，不要求其具有防止发生________的措施。

A. 转动　　B. 摩擦　　C. 撞击　　D. 静电积累

【考点】“九、对生产、经营企业安全管理的要求”。

49. 在检修危险工房内的设备前采取的措施，下述中________有误。

A. 停止生产

B. 切断电源

C. 清理所要检修的对象的危险品，必要时做销爆处理

D. 对设备进行零部件拆卸检修时，将卸下的零部件移至工房内的安全地点

E. 防止他人合闸的措施

【考点】“九、对生产、经营企业安全管理的要求”。

50. 宜在危险生产区内设置固定的焊接动火地点，焊接动火地点与危险工房或场地的距离不应小于________m，焊接动火地点周围________m范围内应无杂草和其他可燃物品。

A. 40，4　　B. 50，5　　C. 60，6　　D. 70，7

【考点】“九、对生产、经营企业安全管理的要求”。

51. GB 28263—2012 要求，与危险品接触的设备及与危险品有金属连接的一切设备进行焊接时宜使用________，并有防止火花飞溅的措施。

A. 气焊　　B. 电焊

C. CO_2气体保护焊　　D. 氩弧焊

【考点】“九、对生产、经营企业安全管理的要求”。

52. 拆修有易燃易爆危险物品存在的危险场所的电气设备之前应采取的措施，下述中________有误。

A. 制定安全技术措施，办理审批手续

B. 将易燃易爆危险物品移至较远场所

C. 切断该设备的电源

D. 悬挂“有人工作，禁止合闸”的警示标志牌

【考点】“九、对生产、经营企业安全管理的要求”。

53. 下列关于防静电的要求中，________的叙述有误。

A. 危险物料粉碎混合加工过程中易产生静电积聚的工序应设置自动消除静电的装置

B. 进入工业雷管药剂生产工房内的作业人员，人体对地电阻值应为 $1.0 \times 10^4\Omega \sim 1.0 \times 10^8\Omega$

C. 炸药粉碎工房空气相对湿度不应低于 60%

D. 导静电胶板对地电阻值应符合 GB 28263—2012 的规定

【考点】“九、对生产、经营企业安全管理的要求”。

54. 对生产现场作业场所的下列要求中，________的叙述不准确。

A. 设备与工作台的布置利于工序间物流传递，方便操作、维修及人员疏散

B. 物流、人流宜设置各自通行路线和标识，避免重复

C. 对物料、成品、在制品等实行定置管理

D. 危险物品的存放方式应有利于防止殉爆

E. 危险工房内外通道、安全出口及安全疏散隧道等严禁堆放任何物品

【考点】“九、对生产、经营企业安全管理的要求”。

55. 按照《生产安全事故应急条例》，________应建立应急值班制度、配备应急值班人员。

A. 民用爆炸物品的生产、经营、储存、运输单位

B. 规模较大的民用爆炸物品的生产、经营、储存、运输单位

C. 有重大危险源的民用爆炸物品的生产、储存单位

D. 发生过爆炸事故的民用爆炸物品的生产、经营、储存、运输单位

【考点】“十、《生产安全事故应急条例》对重点生产经营单位的要求”。

第三节 电力安全技术

一、通用安全要求

1. 通则

（1）任何单位和个人需要在依法划定的电力设施保护区内进行可能危及电力设施安全的作业时，应当经电力管理部门批准并采取安全措施后，方可进行作业。电力设施与公用工程、绿化工程和其他工程在新建、改建或者扩建中相互妨碍时，有关单位应当按照国家有关规定协商，达成协议后方可施工。

（2）监理、设计、施工、调试单位应具备与承建项目相适应的资质。

（3）建设、监理、设计、施工、调试单位应为作业人员提供符合国家现行标准要求的工作环境、工作条件和劳动防护用品，并办理相关保险。严禁使用国家明令淘汰的技术、工艺、流程、装备和材料。

（4）电力生产必须建立健全各级人员安全生产责任制。按照“管生产必须管安全”的原则，做到在计划、布置、检查、总结、考核生产工作的同时，计划、布置、检查、总结、考核安全工作。

2. 工作人员的条件和个人防护

（1）工作人员至少每两年一次进行体格检查。凡患有妨碍工作病症的人员，经医疗机构鉴定和有关部门批准，应调换其他工作。新录用的工作人员，必须经体格检查合格，符合电力生产人员健康要求。

（2）所有新入厂（公司）的人员（含实习、代培人员），必须经厂（公司）、车间（部门）和班组（岗位）三级相应内容的安全教育培训，考试合格后方可进入现场参加指定的工作。主要负责人、安全管理人员和特种作业人员必须经培训持证上岗。生产人员调换岗位、因故间断工作连续三个月以上者，必须学习电力安全工作规程的有关部分，并经考试合格后方可上岗。

（3）外来承揽各类工程施工单位的全体人员和临时参加现场工作的人员进入现场前，应经体格检查合格；经相关安全知识培训、考试合格后，方可进入现场参加指定的工作。对于生产厂家技术指导、安装调试、试验等人员，各单位应按有关安全管理要求开展安全教育培训，以书面形式进行安全告知，确认其已掌握全部内容后，在有关人员带领下，方可进入现场。对外来参观、学习等人员，必须进行现场危险有害因素的告知，并在有关人员陪同下方可进入现场。

（4）所有工作人员应：掌握防护用品的使用方法；会使用现场消防器材；熟悉本岗位所需的安全生产应急知识及技能，了解作业场所危险源分布情况，熟悉相关应急预案内容，掌握逃生、自救、互救方法；熟悉有关烧伤、烫伤、外伤、电伤、气体中毒、溺水等急救常识。学会紧急救护方法，特别是触电急救法、窒息急救法、心肺复苏法等。

（5）使用易燃物品（乙炔、氢气、油类、天然气、煤气等）时，工作人员必须熟悉其特性、操作方法及防火防爆规则。使用有毒危险品（氯气、氨、汞、酸、碱等）时，工作人员必须熟悉其特性及应急处理常识，防止不当施救。从事有放射性物质（钴、铯、镅等）的工作时，工作人员必须熟悉放射防护及应急处理常识。

（6）禁止无关人员进入生产现场。任何人进入生产现场（办公室、控制室、值班室和检修班组室除外），必须正确佩戴合格的安全帽，安全帽带必须系好；工作服禁止使用尼龙、化纤或棉、化纤混纺的衣料制作，不应有可能被转动的设备绞住的部分和可能卡住的部分；衣服和袖口必须扣好，禁止戴围巾、穿着长衣服，禁止穿裙子、短裤、拖鞋、凉鞋、高跟鞋；辫子、长发必须盘在帽内。从事酸、碱作业，在易爆场所作业，必须戴专用的手套，穿防护工作服。接触带电设备工作，必须穿绝缘鞋。

（7）工作人员进入噪声超标的作业区域，应正确佩戴耳罩、耳塞等防护用品。从事高温环境下作业人员接触高温物体时，作业人员必须戴专用手套、穿专用防护服和防护鞋。在高温环境工作时，应合理增加作业人员的工间休息时间，工作人员应穿透气、散热的棉质衣服。现场应为工作人员提供足够的饮水、清凉饮料及防暑药等防暑降温物品。对温度较高的作业场所必须设置通风设备。从事低温环境作业时，作业人员应穿防寒衣物，佩戴防寒安全帽。

（8）从事涂漆作业时，应保持现场通风良好，工作人员戴口罩或防毒面具，并采取防火防爆措施。工作服、专用防护服、个人防护用品应根据产品说明或实际情况定期进行更换。

（9）在设备断电隔离之前或在设备转动时，禁止拆除联轴器和齿轮的防护罩或其他防护设备。在设备完全停止以前，不准进行检修工作。设备检修前应做好防止突然转动的安全措施，如切断电源（电动机的开关、刀闸或熔丝应拉开，开关控制电源的熔丝也应取下；DCS系统操作画面应设置“禁止操作”）；切断风源、水源、汽（气）源、油源等；关闭有关闸板、阀门等，必要时，应加装堵板，并上锁；上述闸板、阀门上均应设置“禁止操作，有人工作”标志牌。必要时还应采取强制制动措施，防止设备突然转动。

（10）禁止在运行中清扫、擦拭和润滑设备的旋转和移动的部分。严禁将手或其他物体伸入设备保护罩及栅栏内。清扫、擦拭运转中设备的固定部分时，严禁戴手套或把抹布缠在手上使用。只有在转动部分对工作人员没有危险时，方可用长嘴油壶或油枪往油盅和轴承里加油。

（11）禁止在栏杆上、管道上、联轴器上、防护罩上或运行中设备的轴承上行走和坐、立，如必需在管道上坐、立才能工作时，必须做好安全措施。应尽可能避免靠近和长时间地停留在可能受到烧伤、烫伤、有毒有害气体、酸碱泄漏、辐射伤害及其他危及人身安全的地方，例如：汽、水、燃油管道的法兰盘、阀门附近；煤粉系统和锅炉烟道的人孔及检查孔和防爆门、安全阀附近；除氧器、热交换器、汽包的水位计以及捞渣机等处。如因工作需要，必须在这些处所长时间停留时，应做好安全措施。

（12）雷雨天气禁止在室外高压设备附近及可能遭遇雷击的地方停留。严禁在循环水进水口附近区域、喷水池或冷水塔的水池内游泳。

3. 工作场所及设施安全要求

（1）厂区选址应经过安全条件论证，总平面布局合理。生产厂房内外必须保持清洁，进出通道应保持畅通。地面有油水、泥污等时，必须及时清除。

（2）作业区域内及其邻近的井、坑、孔、洞、沟道上部盖板应牢固；如果盖板被暂时移除（如异地修复或吊装需要），应在其四周装设坚固的临时防护栏杆，并在明显位置设置“当心坠落”警示牌。承重盖板上应有明显的承载标识。作业区域内敞开的井、坑、孔、洞或沟道周围应设置牢固的不低于 1050mm 高的双横杆栏杆和不低于 180mm 高的护板。防护栏杆应能经受 1000N 水平集中力，材质一般选用外径为 48mm，壁厚不小于 2mm 的钢管。

（3）所有升降口、吊装孔、大小孔洞、楼梯、平台以及通道等有坠落危险处，必须设置符合国家标准的固定式工业防护栏杆、扶手等设施。防护栏杆高度不低于 1050mm，踢脚板高度不低于 100mm，栏杆间距不大于 500mm，立柱间距不大于 1000mm。安装在离地高度等于或大于 20m 高的平台、通道及作业场所的防护栏杆，高度不得低于 1200mm。如在检修期间需将栏杆拆除时，必须装设牢固的硬质遮栏，并设置明显的“当心坠落”安全警示标志，在检修结束时将栏杆立即恢复。

（4）所有楼梯、平台、步道、栏杆都应保持完整，现场步道的梯蹬应平整，间距应一致，栏杆不准焊在铺设的铁板上面。铁板、格栅板必须铺设牢固、平整。铁板表面应有纹路或其他的防滑跌设施。室外楼梯、步道宜采用格栅板。在楼梯的始级应有明显的安全警示。

（5）厂房外墙、烟囱、冷水塔等处应设置固定爬梯，爬梯必须牢固可靠，高出地面 2.4m 以上部分应设护笼。高度超过 100m 的爬梯中间应设置休息平台，并应定期进行检查和维护。上爬梯必须逐档检查爬梯是否牢固，上下爬梯时必须抓牢，禁止两手同时抓一个梯阶，禁止手中携物上下爬梯。楼板、平台应有明显的允许荷载标志。

（6）禁止利用任何管道、栏杆、脚手架、设备底座、支吊架等作为起吊支承点悬吊重物和起吊设备。设备的转动部分必须装有防护罩或其他防护设备（如栅栏），防护罩必须坚固并牢靠固定，露出的轴端必须设有护盖，以防绞卷衣服。

（7）门口、通道、楼梯和平台等处不准放置杂物，并保持畅通。现场经常有人通行的通道上不准设有临时电缆、管道等，地面上临时放容易使人绊跌的物件（如钢丝绳、电缆、管道等）时，应采取防护措施和设置明显的“当心绊倒”警示标志。当过道中存在高度低于 2m 的物件时，必须设置明显的“当心碰头”警示标志。

（8）作业场所的自然光或照明应充足，照度符合 GB 50034《建筑照明设计标准》规定。在主控制室、重要表计（如水位计等）、主要楼梯、通道等地点，必须设有事故照明。工作地点应配有应急照明。高度低于 2.5m 的电缆夹层、隧道照明应采用安全电压供电。作业场所需要增加临时照明时，照明灯具的悬挂高度应高于 2.5m，低于 2.5m 的照明灯具应有保护罩。易燃易爆场所应使用防爆型照明灯具。

（9）生产区域以及其他人员物资集中的地方，应按规定配备消防器具，如消防栓、水龙带、灭火器、砂箱、石棉布和其他消防工具、正压式消防空气呼吸器等。以上设备应定期检查和试验，保证随时可用。严禁将消防工具移作他用。现场消防器材或设施确因需要而移动、拆除时，应采取临时防火措施，事先通知主管部门并得到批准，工作完毕后及时恢复。现场消防设施周围严禁堆放杂物和其他设备，消防用砂应保持充足和干燥。消防砂箱、消防桶和消防铲、消防斧把上应涂红色。

（10）禁止在工作场所存储易燃物品，如汽油、煤油、酒精、稀料、油漆等。运行中所需小量的润滑油和日常需用的油壶、油枪，必须存放在指定地点的储藏室内，专门管理。

（11）现场应保温的管道、容器等设备必须保温齐全，保温层应按工艺要求施工。当环境温度在25℃时，保温层表面的温度不宜超过50℃。油系统周围的热管道或其他热体，为了防止漏油而引起火灾，应在热体保温层外面再包上金属皮。不论在检修或运行中，如有油渗漏到保温层内，应立即将保温层更换。

（12）油系统管路不宜用法兰、接头连接，如必须采用法兰连接时，禁止使用塑料垫、橡皮垫（含耐油橡皮垫）、石棉纸垫做填料，禁止使用平口法兰，法兰盘应内外烧焊。在热体附近的阀门、法兰、接头等附件外必须装设金属罩壳。油管道的法兰、阀门以及轴承、调速系统等应保持严密不漏（渗）油。如有漏（渗）油现象，应及时消除，油迹应及时拭净。

（13）生产厂房内外的电缆，在进入控制室、电缆夹层、控制柜、开关柜等处的电缆孔洞，必须用防火材料严密封闭，并在封堵处的电缆两端按规定刷防火涂料或其他阻燃物质。控制室、档案室、配电室、电子间等房间内不准有水、汽、油等管道通过。必须通过时应使用钢管道，并不应设置接头、阀门。

（14）生产厂房的取暖用热源，应有专人管理，使用压力应符合取暖设备的要求。如用较高压力的热源时，必须装有减压装置，并装安全阀。安全阀应定期校验。冬季室外作业采用临时取暖设施时，必须做好相应的防火措施，高处作业的场所必须设置紧急疏散通道。

（15）厂房、烟囱、冷水塔、栈桥等处产生的冰溜子，应及时清除。如不能清除，应采取安全防护措施。厂房建筑物顶部的排汽门、水门、管道应无因漏汽、漏水而造成的严重结冰，以防压垮房顶。厂房屋面板上不许堆放物件，对积灰、积雪、积冰等应及时清除。龙门架、架空线路、杆塔、主厂房、煤场干煤棚等建筑物需要人工清除覆冰或清理积雪时，应采取可靠的防触电、防滑、防倒塌、防坠落、防冰砸等安全措施，随时检查除冰建筑物受力情况，防止发生倒塌事件。

（16）厂内道路及其上部有效空间应随时保持畅通。在厂区主要路段应设置限速等交通标识。消防道路应建成环形，设环形道路有困难时，应设有回车道或回车场。应急通道不得随意占用和封闭。

（17）室外设备的通道上、厂区道路上有积雪时，应及时清扫。易滑的作业场所应铺撒防滑砂或采取其他防滑措施，必要的地方设置防滑标志。

（18）易燃、易爆、有毒危险品，高噪音以及对周边环境可能产生污染的设备、设施、场所，在符合相关技术标准的前提下，应远离人员聚集场所。工作场所的噪声、粉尘、毒物等超过国家规定的限值时，应采取有效的降噪、防尘、防毒通风等措施。产生严重职业危害的作业岗位，应在其醒目位置设置警示标识和说明。作业场所的噪声、粉尘、有毒有害气体含量（不限于以下有害因素）不超过表4–3限值。

表4–3　　工作场所有害因素职业接触限值（GB Z 2.1、2.2）

有害因素名称	单位	限值		
		加权平均容许数值	短时间接触容许数值（15min）	最高容许数值
噪声	dB（A）	85		
氨	mg/m³	20	30	
二氧化硫	mg/m³	5	10	

续表

有害因素名称	单位	限值		
		加权平均容许数值	短时间接触容许数值（15min）	最高容许数值
二氧化氮	mg/m³	5	10	
甲醛	mg/m³			0.5
硫化氢	mg/m³			10
六氟化硫	mg/m³			6000
一氧化碳	mg/m³	20	30	
煤尘	mg/m³	4		
氢氧化钠	mg/m³			2
二氧化碳	mg/m³	9000	18 000	
氯	mg/m³			1
电焊烟尘	mg/m³	4		
石灰石粉尘	mg/m³	8		

（19）厂房等主要建筑物、构筑物及其附属设施必须定期进行检查、维护，不得渗水、漏水。厂房的结构应无倾斜、变形、裂纹、风化、下塌等现象。钢结构厂房使用的螺栓等应无明显锈蚀。门窗及锁扣、落水管、化妆板等附着物应完整无缺损、固定牢固。

（20）所有室内沟道、隧道、地下室和地坑等应有可靠的防、排水设施。当不能保证自流排水时，应采用机械排水并防止倒灌。严禁将电缆沟和电缆隧道作为地面冲洗水和其他水的排水通路。严禁将油料、酸、碱等液体废料倒入沟道、隧道、地下室和地坑。

（21）受限空间以及地下厂房等空气流动性较差的场所作业。

金属容器必须与运行设备有联系的热力系统可靠隔离，可靠切断所有汽（气）源、风源、油源、水源等介质，关闭或开启有关截门，应加锁的截门要加锁，应加装堵板的管道、阀门要加装堵板。

进入煤粉仓、引水洞、汽包等场所作业，必须事先进行通风换气（不得使用纯氧），并测量氧气、一氧化碳、可燃气等气体含量。

密闭场所空气中含氧量始终保持在 19.5%～23%。空气中可燃气体浓度应低于爆炸下限的 10%，油箱、油罐的检修，空气中可燃气体的浓度应低于爆炸下限的 1%。密闭场所空气中一氧化碳含量小于 20mg/m³，连续工作时间不得超过 8h。密闭场所空气中硫化氢含量必须小于 10mg/m³。

金属容器内照明电压应为 12V，隔离变压器外壳可靠接地并放置在容器外部。金属容器内使用的电气工器具，电压应为 24V 以下或为Ⅱ类工具。

作业时必须在外部设有监护人，随时与进入内部作业人员保持联络。进出人员应登记。

空气中有毒有害气体浓度超标或缺氧的密闭场所作业，工作人员必须佩戴正压式空气呼吸器。

（22）在易燃易爆区域进行检修作业，工器具为铜质，电气机具为防爆型。氢气系统动火检修，应保证系统内部和动火区域的氢气含量不超过 0.4%（体积比，下同）。氨气系统动火检修，应保证系统内部和动火区域的氨气体积分数最高含量不超过 0.2%。油系统动火检修，应保证系统内部和动火区域的油气含量不超过 0.2%。空气中煤粉尘浓度不大于 35g/m³。天然气（甲烷）系统动火检修，应保证系统内部和动火区域的天然气含量不超过 1%。

4. 电气安全注意事项

（1）所有电气设备的金属外壳均应有良好的接地装置，使用中不应拆除。不准靠近或接触任何有电设备的带电部分，特殊许可的工作，必须做好可靠的安全措施。严禁用湿手去摸触电源开关以及其他电气设备。电气设备无论仪表指示有无电压，凡未经验电、放电，均应视为带电设备。禁止未采取防触电措施就进行与电气有关的工作。

（2）电源开关外壳和电缆、电线绝缘必须保持完好，有缺陷时禁止使用。生产现场如有裸露的电线，应认为是带电的，不准触碰。对可能触到的裸露电线，应在检修工作开始前由电气人员拉开电源和上锁，并将该线挂上接地线接地。生产现场严禁有裸露的电线头。任何电气设备在未验明无电之前，应视为带电设备。

（3）厂房内应合理布置电源箱，宜采用插座式接线方式。电源箱及其附件必须保持完好，不得有破损。分级配置剩余电流动作保护器并应定期检验合格，电源箱箱体接地良好，接地、接零标志清晰。

（4）发现有人触电，应首先切断电源，使触电人脱离电源，并进行急救。如在高处工作，抢救时必须采取防止高处坠落的措施。

（5）电气设备着火时，应首先将有关设备的电源切断，然后进行灭火，同时立即报告。严禁使用能导电的灭火剂进行灭火。旋转电机发生火灾时，禁止使用干粉灭火器和干砂直接灭火。对可能带电的电气设备以及发电机、电动机等，应使用干式灭火器、CO_2 灭火器、六氟丙烷灭火器等灭火；对油断路器、变压器（已隔绝电源）可使用干式灭火器、六氟丙烷灭火器等灭火，不能扑灭时再用泡沫灭火器灭火，不得已时可用干砂灭火；地面上的绝缘油着火，应用干砂灭火。扑救可能产生有毒气体的火灾（如电缆着火等）时，扑救人员应使用正压式空气呼吸器。

（6）在高度不足 2.5m 的作业场所使用手提照明灯、行灯或危险环境的局部照明和使用携带式电动工具等，应采用 36V 及以下安全电压。在金属容器内、特别潮湿或周围均是金属导体的作业场所，使用手提照明灯或行灯，应采用 12V 安全电压。

（7）在室外变电站和高压室内搬动梯子、管子等长物，必须两人放倒搬运，在运行中的电气设备附近进行检修作业，人员、机具、设备零部件等与带电部分保持不小于表 4–4 的安全距离。

表 4–4　设备不停电时的安全距离

电压等级/kV	安全距离/m	电压等级/kV	安全距离/m
10 及以下	0.70	220	3.00
20、35	1.00	330	4.00
60、110	1.50	500	5.00

续表

电压等级/kV	安全距离/m	电压等级/kV	安全距离/m
750	7.20	±500	6.00
1000	8.7	±660	8.40
±50 及以下	1.50	±800	9.30

注 1：表中未列电压等级按高一档电压等级安全距离。

注 2：13.8kV 执行 10kV 的安全距离。

注 3：750kV 数据按海拔 2000m 校正，其他等级数据按海拔 1000m 校正。

（8）停电检修的电气设备，必须与带电设备、系统可靠断开，断路器在检修位置（状态），隔离开关机械操作机构必须可靠闭锁，断路器和隔离开关的控制电源必须可靠断开，并在操作把手和控制电源开关上设置“禁止合闸　有人工作”警示牌。

（9）可能送电至停电设备的各来电侧或可能产生感应电压的停电设备，应经接地刀闸或专用接地线三相短路后可靠接地。接地线应符合要求。

（10）停电检修的电气设备四周设置围栏，留有出入口并设置“从此出入”警示牌；围栏上设置适当数量的“止步　高压危险”警示牌，警示牌必须朝向围栏外面；工作地点悬挂“在此工作”警示牌；工作地点邻近带电设备设置运行标志，悬挂“当心触电”警示牌。

（11）电气设备检修，工作场所（升压站、配电室）大范围设备停电检修，带电设备四周设置封闭临时围栏，围栏上设置适当数量的“止步　高压危险”和“当心触电”警示牌，警示牌必须朝向围栏外面。电气设备检修场所，使用的临时遮栏应为干燥木材、橡胶或其他坚韧绝缘材料，装设应牢固，临时围栏与带电部分的距离不得小于表 4–5 规定数值。

表 4–5　　工作人员工作中正常活动范围与带电设备的安全距离

电压等级/kV	安全距离/m	电压等级/kV	安全距离/m
10 及以下	0.35	750	7.20
20、35	0.60	1000	8.7
60、110	1.50	±50 及以下	1.50
220	3.00	±500	6.00
330	4.00	±660	8.40
500	5.00	±800	9.30

注 1：表中未列电压等级按高一档电压等级安全距离。

注 2：13.8kV 执行 10kV 的安全距离。

注 3：750kV 数据按海拔 2000m 校正，其他等级数据按海拔 1000m 校正。

（12）接、拆临时电源的工作应由具有电工资质的人员进行。临时电源线应正确接线，压接牢固。严禁将电源线直接勾挂在闸刀上或直接插入插座内使用。临时电源线一般应架空布置，室内架空高度大于 2.5m，室外大于 4m，跨越道路时大于 6m。若需放在地面上，应做好防止碾压的措施；对埋地敷设的电缆线路应设有走向标志和安全标志，电缆埋地深度不应小于 0.7m，穿越公路时应加设防护套管。现场的临时照明线路应经常检查、维护。照明灯具的悬挂高度应离工作面 2.5m 以上，低于 2.5m 时应设保护罩。

二、火力发电安全要求

1. 锅炉及相关设备的运行

（1）观察锅炉燃烧情况时，应站在看火孔侧面并戴防护眼镜或用有色玻璃遮护眼睛。严禁站在看火孔、检查门或喷燃器检查孔的正对面，防止正压喷火造成人身伤害。

（2）对于循环流化床等正压锅炉，巡检时应避免在封闭的人孔门及与炉膛连接的膨胀节处长期停留，在锅炉运行时，严禁打开任何门、孔。

（3）磨煤机出口风温和煤粉仓温度应根据煤种控制在规定范围内。

（4）当制粉设备内部有煤粉空气混合物流动时，严禁打开检查门。开启锅炉的看火孔、检查门、灰渣门时，应缓慢小心，工作人员应站在门后，并选好向两旁躲避的退路。

（5）锅炉运行中应经常检查锅炉承压部件有无泄漏现象。应安装在线锅炉泄漏报警装置。锅炉停炉后压力未降至大气压力以及排烟温度未降至 60℃以下时，仍需对锅炉加以严密监视。投运、解列及冲洗水位计时，应站在水位计的侧面，缓慢操作，操作人员必须穿防烫伤工作服。

（6）在锅炉运行中，不应带压对承压部件进行焊接、捻缝、紧螺栓等工作。在特殊紧急情况下，需要带压进行上述工作，或出现紧急泄漏需进行带压堵漏时，应制定安全、技术、组织措施，经单位主管生产的领导（总工程师）批准，正确使用防烫伤护具，方可由有资质的专业人员进行临时处理。

（7）当燃烧不稳定或有炉烟向外喷出时，禁止打焦。除焦工作开始前，应先征得集控主值班员同意。除焦时，运行人员应保持燃烧稳定，并适当提高燃烧室负压；在集控主值班员操作及工作现场，应有明显的“正在除焦”标志牌。除焦完毕后应及时告知集控主值班员。

（8）防止锅炉灭火措施。

1）锅炉炉膛安全监控系统的设计、选型、安装、调试等各阶段都应严格执行 DL/T 1091—2008《火力发电厂锅炉炉膛安全监控系统技术规程》。根据 DL/T 435—2004《电站煤粉锅炉炉膛防爆规程》中有关防止炉膛灭火放炮的规定以及设备的实际状况，制订防止锅炉灭火放炮的措施。完善混煤设施。加强配煤管理和煤质分析，并及时将煤质情况通知运行人员，做好调整燃烧的应变措施。

2）新炉投产、锅炉改进性大修后或入炉燃料与设计燃料有较大差异时，应进行燃烧调整，以确定一、二次风量、风速、合理的过剩空气量、风煤比、煤粉细度、燃烧器倾角或旋流强度及不投油最低稳燃负荷等。当炉膛已经灭火或已局部灭火并濒临全部灭火时，严禁投助燃油枪、等离子点火枪等稳燃枪。当锅炉灭火后，要立即停止燃料（含煤、油、燃气、制粉乏气风）供给，严禁用爆燃法恢复燃烧。重新点火前必须对锅炉进行充分通风吹扫，以排除炉膛和烟道内的可燃物质。

3）100MW 及以上等级机组的锅炉应装设锅炉灭火保护装置。

4）炉膛负压等参与灭火保护的热工测点应单独设置并冗余配置。

5）每个煤、油、气燃烧器都应单独设置火焰检测装置。

6）加强设备检修管理，重点解决炉膛严重漏风、一次风管不畅、送风不正常脉动、直吹式制粉系统磨煤机堵煤断煤和粉管堵粉、中储式制粉系统给粉机下粉不均或煤粉自流、热控设备失灵等。

7）对于装有等离子无油点火装置或小油枪微油点火装置的锅炉点火时，严禁解除全炉膛灭火保护。加强热工控制系统的维护与管理，防止因分散控制系统死机导致的锅炉炉膛灭火放炮事故。

8）锅炉低于最低稳燃负荷运行时应投入稳燃系统。

2. 锅炉及相关设备的检修与维护

（1）严格执行防止锅炉承压部件爆破泄漏事故的各项措施，定期对汽包、集中下降管、联箱、主蒸汽管道、再热蒸汽管道、弯头、阀门、三通等大口径部件及其相关焊缝进行检查。对支吊架进行定期检查。运行达 10 万 h 的主蒸汽管道、再热蒸汽管道的支吊架应进行全面检查和调整，必要时应进行应力核算。

（2）在锅炉内部进行检修工作前，必须把该炉与蒸汽母管、给水母管、排污母管、疏水总管、加药管等的联通处用带有尾巴的堵板（盲板）隔断，或将该炉与各母管、总管间的严密不漏的阀门关严并上锁，然后设置“禁止操作，有人工作”标志牌，并打开门后疏水门。电动阀门、气动阀门的控制装置，应切断其电源或气源，并设置“禁止合闸，有人工作”标志牌。

（3）进入燃烧室及烟道内部进行清扫和检修工作前，应把该炉的烟道、风道、燃油系统、燃气系统、吹灰系统等与运行中的锅炉可靠地隔断，将给粉机、排粉机（一次风机）、送风机、回转式空气预热器（含烟气换热器 GGH）、除尘器、增压风机、捞渣机、碎渣机、炉排减速机、高能点火器、等离子点火器、微油点火燃烧器等设备电源切断，并设置“禁止合闸，有人工作”标志牌。

（4）燃烧室及烟道内的温度在 60℃以上时，不准入内进行检修及清扫工作。若必须进入 60℃以上的燃烧室、烟道内进行短时间的工作时，应设专人监护，制定安全、技术、组织措施、应急救援预案，并经主管生产的领导（总工程师）批准。

（5）进入燃烧室、烟道、压力容器、脱硫吸收塔前，应充分通风，不准进入空气不流通的系统或容器内。检修中的锅炉不应漏进炉烟、热风、煤粉或油、气。进入燃烧室、烟道等封闭受限空间内工作前，必要时应测量 O_2、CO 及 CO_2 等气体的含量，达不到要求严禁进入。

（6）进入燃烧室、汽包、烟风道、回转式空气预热器、除尘器、煤粉仓、压力容器、脱硫吸收塔等封闭受限空间内工作，工作人员应至少两人以上且外面必须有一名工作人员监护，所有工作人员必须进行登记，工作结束必须清点人员及工具，确保人员全部撤出、工具不遗留在工作室内。

（7）进入磨煤机内部时，应首先检查磨煤机筒体衬瓦的固定情况，采取防止塌瓦等措施后，作业人员方可进入。工作前应将机壳、分离器、罐体内的积粉、积煤清除干净。禁止使用压缩空气或氧气进行吹扫，以防止煤尘爆燃。在风扇磨叶轮上进行检修作业时，应做好防止叶轮转动的措施，禁止站在叶轮上盘动叶轮。使用拔轮器拆风扇磨叶轮时，应避开螺栓断裂时飞出的方向。

（8）清除炉墙或水冷壁焦渣时，应从上部开始，逐步向下进行；如特殊情况不能先从上部开始时，应制定安全、技术、组织措施，并经单位主管生产的领导（总工程师）批准后，方可进行清焦。禁止进入冷灰斗内进行清焦工作。

（9）炉膛内清焦所需的升降平台、脚手架或吊篮等必须牢固可靠，并采取措施，防止大块焦渣落下造成损坏，搭设的位置应便于工作人员的进出，验收合格后方可使用。

（10）清扫空气预热器上部时，不准有人在下部工作或逗留。清扫下部时必须特别注意不要被落下的灰尘烫伤。

（11）工作人员进入燃烧室进行检修工作前，检修工作负责人必须检查燃烧室是否符合安全工作条件，并检查燃烧室和第一段烟道内的灰和焦渣是否已清扫干净。

（12）在燃烧室内检修工作如需加强照明时，应由电气专业人员安设 110V、220V 临时性的固定照明，照明灯具及线路须绝缘良好并接剩余电流动作保护器，灯具必须安装牢固，放在人碰不到的高处。

（13）炉内升降平台、脚手架和吊篮搭设使用时，炉内升降平台铝合金快装平台及扣件应无损坏、变形，搭设作业人员应使用速差自控器等防坠装置；卷扬机应采用双制动装置，操作电源应使用安全电压。限位、断绳开关和逆止器应试验可靠。平台四周围栏应牢固可靠，下部应装设安全网；搭设完毕后，应进行升降运行试验和 1.25 倍的均匀静载荷试验合格，并经单位生产技术部门、安全监督部门、检修使用部门、搭设安装部门共同验收合格后方可使用。

（14）锅炉进行 1.25 倍工作压力的超压试验时，在升压和保持超压试验压力的时间内不准进行任何检查。双色水位计不应进行超压试验，防止玻璃碎裂伤人。水压试验时，当环境温度低于 5℃时，应采取防冻措施。

3. 汽轮机的运行与检修

（1）汽轮机检修前，须用阀门与蒸汽母管、供热管道、抽汽系统等隔断；疏水系统应可靠地隔绝；阀门应上锁并设置“禁止操作，有人工作”标志牌。以上系统必要时应加堵板（盲板）隔离。还应将电动阀门的电源切断，并在电源操作把手上设置“禁止合闸，有人工作”标志牌。对气控阀门、液动阀门，也应隔绝其动力源，并在进气气源门或液动阀门上设置“禁止操作，有人工作”标志牌。检修工作负责人应检查汽轮机前蒸汽管道内确无压力后，方可允许工作人员进行工作。汽轮机各疏放水出口处，应有必要的保护遮盖装置，以防止疏放水时烫伤人，并设置“当心烫伤”标志牌。

（2）在运行中的汽轮机上进行下列调整和检修工作，首先应汇报值长，值长同意后，制定安全、技术、组织措施，经单位主管生产的领导（总工程师）批准后，方可执行。由熟练人员在汽轮机的调速系统或油系统上进行调整工作（调整油压、调整主、辅同步器，校正调速系统连杆长度、更换伺服阀、电磁阀等）时，应尽可能在空负荷状态下进行。在内部有压力的状况下，由熟练人员紧阀门的盘根或当出现紧急泄漏需进行带压堵漏时，由有资质的专业人员进行临时处理。

（3）禁止在工作中的起重机吊物下方停留或通过。起重作业现场应设置起吊作业区，悬挂起吊作业信息牌，非起吊作业人员禁止入内。起吊作业前应检查钢丝绳、绳扣、吊环、卡环、吊带、专用吊具等符合要求，并在寿命期限内。所选吊具与所吊物件应相匹配，物件的捆绑符合要求，确认可靠后应进行试吊，试吊时重物稍离地面或支承物，检查无误后方可正式起吊。

（4）使用液压螺栓拉伸器紧固或拆卸螺栓时，应检查液压泵工作状态良好，压力过压阀工作正常，螺栓拉伸器无漏油，液压管道应连接牢固等，发现异常应停止作业，拉伸器正前方禁止有人停留或通过。拉伸器禁止超行程使用。

（5）使用加热器、加热炉加热或热油浸泡装配滚动轴承时，应戴好隔热手套，并使用合适的卡钳夹牢。禁止采取用气焊直接烘烤轴承加热的工艺装配滚动轴承。

（6）揭开汽轮机上汽缸时，必须在一个负责人的指挥下进行汽轮机上汽缸的起吊工作。使用专用的揭缸起重工具，起吊前应对吊具进行检查，在起吊过程中如发现专用吊具、绳扣等出现异常或起吊不平稳时，应立即停止起吊。汽轮机转子起吊前，应确认转子上部无阻碍起吊工作的部件及障碍物。起吊时必须将转子调整水平、起吊重心找正，四周应设专人监护，以防起吊过程中转子窜动、卡涩、倾斜、偏转。

（7）汽轮机转子吊装工作，须使用专用的直型或弓型铁梁和专用的钢丝绳，并须仔细检查钢丝绳的捆法是否合适，然后将转子调整平衡。起吊时，严禁人员站在转子上调整平衡。

（8）汽轮机扣缸前，必须事先检查确实无人、工具和其他物件留在汽缸或凝汽器内，汽缸内各抽汽口、疏水孔堵塞的物品确认全部取出，并应由单位组织验收（厂级验收）合格后，方可允许扣缸。

（9）校转子动平衡时，必须在一个工作负责人的指挥下进行。工作场所周围应设置围栏，严禁无关人员入内。采用电动机和皮带拖动转子时，应有防止皮带断裂时打伤人的措施。

（10）用热水或蒸汽冲洗冷油器时，应戴手套、面罩、围裙，穿水靴，裤脚套在水靴外面。用碱水清洗（加热）加热器、抽气器、冷却器等管束时，加热用的蒸汽管应与碱水箱固定连接。清洗过程中蒸汽不宜开得过大，防止碱水溅出伤人。应戴耐酸碱手套，面罩、围裙并穿水靴，裤脚套在水靴外面。

（11）给水泵在解体拆卸螺栓前，工作负责人必须先检查进出口阀门确已关严，电动门电机停电，然后将泵体放水门打开，放尽存水，防止拆卸螺栓后带压水喷出伤人。

（12）打开凝汽器门前，应由工作负责人确认循环水进出水门已关闭，同胶球清洗系统隔绝，挂上“禁止操作，有人工作”警告牌，并放尽凝汽器内存水。如为电动阀门，还应将电动机的电源切断。并挂上“禁止合闸，有人工作”警示牌。进入凝汽器内工作时，应使用12V 行灯。当工作人员在凝汽器内工作时，应有专人在外面监护，防止别人误关人孔门，并在发生意外时进行急救。凝汽器循环水进水口应加装临时堵板，以防人、物落入。

4. 化学工作

（1）化验人员应穿耐酸、碱腐蚀工作服。必要时应穿橡胶围裙和橡胶靴。化验室应有自来水，通风设备，消防器材，急救箱，急救酸、碱伤害时中和用的溶液以及毛巾、肥皂等物品。

（2）严禁将化学药品放在饮食器具内，不应将食品和食具放在化验室内。工作人员饭前和工作后应洗手。严禁用口尝和正对瓶口用鼻嗅的方法鉴别性质不明的药品，应用手在容器上方轻轻扇动，在稍远的地方嗅发散出来的气味。

（3）化验人员应熟知化学药品的化学物理特性，应用滴管或移液管吸取，严禁用口含玻璃管吸取酸碱性、毒性及有挥发性或刺激性的液体。

（4）试管加热时不应将试管口朝向自己或别人，刚加热过的玻璃仪器不应接触皮肤及冷水。禁止使用破碎的或不完整的玻璃器皿。装有药品的瓶子上应贴上明显的标签，并分类存放。严禁使用没有标签的药品。氧化剂和还原剂以及其他容易互相起反应的化学药品如储放在相邻近的地方，应采取可靠的物理隔离。

（5）凡有毒性、易燃、致癌或有爆炸性的药品不准放在化验室的架子上，应储放在隔离的房间和保险柜内，或远离厂房的地方，并有专人负责保管。存放易爆物品、剧毒药品的保险柜应用两把锁，钥匙分别由 2 人保管。使用和报废这类药品应有严格的管理制度。对有挥发性的药品应存放在专门的柜内。使用这类药品时应特别小心，必要的时应戴口罩、防护眼镜及橡胶手套；操作时必须在通风柜内或通风良好的地方进行，并应远离火源；接触过的器皿应及时清洗干净。

（6）蒸馏易挥发和易燃液体所用的玻璃容器必须完整无缺陷。蒸馏时严禁用火焰加热，应采用热水浴法或其他适当方法。采用热水浴法时，应防止水浸入加热的液体内。用烧杯加热液体时，液体的高度不应超过烧杯的 2/3。

5. 环保设备运行与检修

（1）在脱硫塔内部进行检修工作前，应将与该脱硫塔相连的石灰石浆液进料管、石膏浆液排除管、事故浆液排出管、事故浆液进入管、出人口烟道的阀门或挡板门关严并上锁，挂上警告牌。电动阀门还应将电动机电源切断，并挂上警告牌。停止该脱硫塔的增压风机、浆液循环泵、氧化风机、烟气换热器（GGH）、脱硫塔搅拌器等设备的运行，并将各设备电源切断，并挂上警告牌。

（2）在脱硫吸收塔内动火作业前，工作负责人应检查相应区域内的消防水系统、除雾器冲洗水系统在备用状态。除雾器冲洗水系统不备用时，严禁在吸收塔内进行动火作业。动火期间，作业区域、吸收塔底部各设置一名专职监护人。

（3）工作人员进入各类除尘器、脱硝设施、脱硫设施检修工作前，必须将对应锅炉的吸风机、给粉机、排粉机、送风机、回转式空气预热器等的电源切断，并挂上禁止起动的警告牌。

（4）不停锅炉运行进行袋式除尘器个别烟气室的检修时，必须将要检修的袋式除尘器烟气室对应的烟道进出口挡板门关闭，切断挡板门电源，并挂上警告牌。

（5）进入电除尘器、袋式除尘器、脱硝反应器内检修时，先进行充分的通风降温，除尘器内的温度应在 40℃以下，否则不准入内。若必须进入进行短时间的工作时，应制定出具体的安全措施并设专人监护，并经厂主管生产领导批准后进行。

（6）工作人员进入脱硫系统增压风机、烟气换热器（GGH）、脱硫塔、烟道以前，应充分通风，不准进入空气不流通的烟道内部。

（7）工作人员进入气力输灰系统储灰罐内检修工作前，必须将进入到该储灰罐的气力输灰仓泵停止运行或将干灰输送管道切换到其他储灰库，将输灰管道阀门关闭（电动门应将电源切断），并挂上禁止开关的警告牌。

（8）工作人员进入脱硝储氨罐内检修工作前，必须把氨罐内剩余氨气清除干净，将与该罐相连的管道阀门关闭，并挂上禁止开关的警告牌。

（9）脱硫系统运行时，严禁关闭与该套脱硫系统相连的出、入口烟道挡板门；严禁停止脱硫塔系统上全部浆液循环泵的运行。所有检修人员进入烟气系统（包括原烟气烟道，净烟气烟道、脱硫塔、烟气换热器、增压风机等）作业时，必须经过充分的通风换气、排水后，方可进入。在脱硫烟道内部作业必须使用12V的防爆照明灯具。

（10）所有衬胶、涂磷的防腐设备上（如：脱硫塔、球磨机、衬胶泵、烟道、箱罐、管道等），不应做任何焊接工作，如因设备系统必须进行焊接作业，应严格执行动火工作程序。焊接作业结束后，应对焊接及其影响部位重新进行防腐处理。

（11）石灰石浆液和石膏排出系统停止运行时，必须严格执行顺控程序操作，每次必须对系统内部进行充分的水冲洗，以免积浆造成设备、管道系统的堵塞。

（12）进入尿素储仓内检修前，必须将尿素全部清空，并充分通风后，方可进入内部工作。储仓内存有尿素时不准在仓内、外壁上动火作业。对尿素输送管道动火检修时，必须做好防止管道内残余氨气爆炸的措施。

（13）在电除尘器运行时严禁打开人孔门，严禁对阴极系统进行检修。进入电除尘器本体检修前，必须停止锅炉吸送风机运行，微开吸送风机出人口挡板。当本体内温度降至40℃以下时，方可进入本体工作。如因工作需要，本体内温度在40～50℃时，应根据自身身体情况轮流工作和休息。超过50℃时，严禁进入本体内工作。进入本体工作人员应穿连身工作服，戴防尘口罩。进入本体检修人员随身携带的移动照明必须为36V以下。

（14）工作人员进入电除尘器本体内部进行检修工作前，检修工作负责人必须检查除尘器阴极与接地网的接地线连接可靠，并用接地棒将阴极对地放电。

（15）防止脱硫系统着火的措施。

1）脱硫防腐工程用的原材料应按生产厂家提供的储存、保管、运输特殊技术要求，入库储存分类存放，配置灭火器等消防设备，设置严禁动火标志，在其附近5m范围内严禁动火；存放地应采用防爆型电气装置，照明灯具应选用低压防爆型。

2）脱硫原、净烟道，吸收塔，石灰石浆液箱、事故浆液箱、滤液箱、衬胶管、防腐管道（沟）、集水箱区域或系统等动火作业时，必须严格执行动火工作票制度，办理动火工作票。

3）脱硫防腐施工、检修时，检查人员进入现场除按规定着装外，不得穿带有铁钉的鞋子，以防止产生静电引起挥发性气体爆炸；各类火种严禁带入现场。

4）脱硫防腐施工、检修作业区，现场应配备足量的灭火器；防腐施工面积在10m^{2}以上时，防腐现场应接引消防水带，并保证消防水随时可用。

5）脱硫防腐施工、检修作业区5m范围设置安全警示牌并布置警戒线，警示牌应挂在显著位置，由专职安全人员现场监督，未经允许不得进入作业场地。

6）吸收塔和烟道内部防腐施工时，至少应留2个以上出入孔，并保持通道畅通；至少应设置2台防爆型排风机进行强制通风，作业人员应戴防毒面具。

7）脱硫塔安装时，应有完整的施工方案和消防方案，施工人员须接受过专业培训，了解材料的特性，掌握消防灭火技能；施工场所的电线、电动机、配电设备应符合防爆要求；应避免安装和防腐工程同时施工。

6. 贮运煤设备的运行和检修

（1）发电厂运煤系统的各工作地点应有相互联系用的信号或通信设备。各工作场所或通道以及铁道沿线应有良好的照明。严禁止在运煤设备运行中进行任何检修或清理工作。

（2）各种运煤设备在许可开始检修工作前，运行值班人员必须将电源切断并挂上警告牌。检修工作完毕后，检修工作负责人必须检查工作场所已经清理完毕，所有检修人员已离开，方可办理工作票终结手续。

（3）检修工作处所如有裸露的电线，应认为是带电的，不准触碰。对可能触到的裸露电线，应在检修工作开始前由电气人员拉开电源和上锁，并将该线挂上接地线接地。

（4）严禁在可能突然下落的设备（如抓斗、吊斗等）下面进行工作或行走。必须在这些设备下面进行检修等工作时，应先做好防止突然下落的安全措施。不准在有煤块掉落的地方通行或工作，并在周围设置围栏和安全警示标志。

（5）在移去煤中的雷管时，必须由专业人员操作并特别小心，防止撞击、掉落、挤压或受热，在任何情况下不得拉动导火线。运煤皮带上发现雷管时，应立即将皮带停下处理。取出的雷管，必须交有关部门处理。

（6）斗轮机、皮带等贮运煤设备开动前，必须进行音响警示，管理部门应对持续时间、间隔时间、次数等进行详细规定。

（7）储煤场应有良好的照明、排水沟和消防设备，消防车辆的通路应畅通。储煤场不得超设计能力存储。储煤场内煤堆底部与靠近煤堆的铁轨、非承重挡风墙、干煤棚、立柱支架等之间至少应有 1.5m 的距离，如有装煤或卸煤的机械（如坦克抓煤机、推煤机等）需要在其间进行工作时，还应适当放宽。卸煤沟或卸煤孔上应盖有坚固的箅子，卸煤时不准拿掉。箅子的网眼不宜大于 200mm×200mm。堆取煤时，应随时注意保持煤堆有一定的边坡，避免形成陡坡（不宜超过 60°）。

（8）所有运煤机（如龙门抓煤机、坦克抓煤机、扒煤机、推煤机、斗轮机、螺旋卸煤机、翻车机等）应保持完好，并应定期进行检修和试验。刹车装置不正常或有其他重大缺陷时应禁止使用。

（9）斗轮机、桥式龙门抓煤机等转动机械停止工作时，必须将轮斗放置有可靠支点的位置固定并切断电源，上好轨道夹。遇 6 级以上大风时，应停止作业，并用钢丝绳加固轮斗。

（10）与工作无关的人员，不准在运行中的运煤机旁逗留，在抓煤机抓紧斗活动范围内严禁人员通过或逗留。司机开动运煤机前应发出音响信号，确定附近无人和无妨碍起动的障碍物时方可起动。

（11）除当班司机人员外，严禁其他人员擅自开动运煤机。运煤机在运行中不准人员上下和进行维护工作。各式运煤机操作室的门窗应保持完好，窗子应加装册护栏杆，门应加装闭锁，以防行车中操作人员探头瞭望或走出操作室。禁止用吊斗、抓斗载运人员或工具。

（12）轮斗机的梯子及围栏，应保持完整。照明应保证足够的亮度。推土机配合轮斗机作业时，应保持 3m 以上的安全距离。

（13）翻车机作业时，限位器必须动作良好，回转自动限位保护应投入，手动限位器处于备用状态；值班人员必须检查煤车是否符合翻车机的要求，不准翻卸不符合要求的煤车；翻车机在运行中，作业区内不准无关人员靠近；当翻车机回转到 90° 后，需要清扫车底时，必须先切断电源并设置有效地防止自动翻转的装置，并取得值班人员许可。

（14）螺旋卸煤机作业时，起降限位装置和车门闭锁装置必须灵敏可靠；螺旋卸煤机在工作前必须检查确认上部无人工作，螺旋位于限位位置。警示铃停止后方可开动螺旋卸煤机；汽车螺旋卸煤机下方煤箅子应及时清理，防止运煤汽车进入卸车区域时与螺旋卸煤机发生碰撞；螺旋卸煤机卸完煤后，应随即将螺旋提升至高度限位，停放在规定位置；禁止用螺旋卸煤机从事运送人员、吊起重物、推拉车皮等无关工作。

（15）皮带的两侧人行道均应装设防护栏杆和紧急停运的“拉线开关”。皮带上方适当位置宜安装高置停运装置，以备紧急时刻自救。在皮带上或其他有关设备上站立、越过、爬过及传递各种用具，跨越皮带必须经过通行桥。在运行中的皮带上直接用手撒松香、涂油膏等防滑物料。皮带在运行中不准对设备进行维修、人工取煤样或检出石块等杂物的工作。

（16）防止输煤皮带着火的措施。

1）输煤皮带停止上煤期间，也应坚持巡视检查，发现积煤、积粉应及时清理。

2）煤垛发生自燃现象时应及时扑灭，不得将带有火种的煤送入输煤皮带。

3）燃用易自燃煤种的电厂必须采用阻燃输煤皮带。

4）应经常清扫输煤系统、辅助设备、电缆排架等各处的积粉。

7. 电气设备运行

（1）设备不停电时，人员在现场应符合安全距离要求。

（2）室内高压设备的隔离室设有安装牢固、高度大于 1.7m 的遮栏，遮栏通道门加锁；室内高压断路器的操作机构用墙或金属板与该断路器隔离或装有远方操作机构时，可实行单人值班或操作。

（3）高压设备发生接地故障时，室内人员进入接地点 4m 以内，室外人员进入接地点 8m 以内，均应穿绝缘靴。接触设备的外壳和构架时，还应戴绝缘手套。

（4）巡视高压设备时，不宜进行其他工作。雷雨天气巡视室外高压设备时，应穿绝缘靴，不应使用伞具，不应靠近避雷器和避雷针。

（5）停电操作应按照“断路器—负荷侧隔离开关—电源侧隔离开关”的顺序依次进行，送电合闸操作按相反的顺序进行。不应带负荷拉合隔离开关。非程序操作应按操作任务的顺序逐项操作。

（6）雷电天气时，不宜进行电气操作，不应就地电气操作。雨天操作室外高压设备时，应使用有防雨罩的绝缘棒，并穿绝缘靴、戴绝缘手套。用绝缘棒拉合隔离开关、高压熔断器，或经传动机构拉合断路器和隔离开关，均应戴绝缘手套。装卸高压熔断器，应戴护目眼镜和绝缘手套，必要时使用绝缘夹钳，并站在绝缘物或绝缘台上。

（7）在高压开关柜的手车开关拉至“检修”位置后，应确认隔离挡板已封闭。操作后应检查各相的实际位置，无法观察实际位置时，可通过间接方式确认该设备已操作到位。发生人身触电时，应立即断开有关设备的电源。

（8）防止电气误操作事故措施。

1）严格执行操作票、工作票制度，并使“两票”制度标准化，管理规范化。严格执行调度指令。不准擅自更改操作票，不准随意解除闭锁装置。

2）应制定和完善防误装置的运行规程及检修规程，加强防误闭锁装置的运行、维护管理，确保防误闭锁装置正常运行。

3）建立完善的解锁工具（钥匙）使用和管理制度。防误闭锁装置不能随意退出运行，停用防误闭锁装置时应经本单位分管生产的行政副职或总工程师批准；短时间退出防误闭锁装置应经变电站站长、操作或运维队长、发电厂当班值长批准，并实行双重监护后实施，并应按程序尽快投入运行。

4）采用计算机监控系统时，远方、就地操作均应具备防止误操作闭锁功能。

5）断路器或隔离开关电气闭锁回路不应设重动继电器类元器件，应直接用断路器或隔离开关的辅助触点；操作断路器或隔离开关时，应确保待操作断路器或隔离开关位置正确，并以现场实际状态为准。

6）对已投产尚未装设防误闭锁装置的发、变电设备，要制订切实可行的防范措施和整改计划，必须尽快装设防误闭锁装置。

7）新、扩建的发、变电工程或主设备经技术改造后，防误闭锁装置应与主设备同时投运。同一集控站范围内应选用同一类型的微机防误系统。微机防误闭锁装置电源应与继电保护及控制回路电源独立。微机防误装置主机应由不间断电源供电。

8）成套高压开关柜、成套六氟化硫（SF_6）组合电器（GIS/PASS/HGIS）五防功能应齐全、性能良好，并与线路侧接地开关实行连锁。

9）应配备充足的经国家认证认可的质检机构检测合格的安全工作器具和安全防护用具。为防止误登室外带电设备，宜采用全封闭（包括网状等）的检修临时围栏。

10）强化岗位培训，使运维检修人员、调控监控人员等熟练掌握防误装置及操作技能。

（9）防止发电厂全停事故措施。

1）加强厂用电系统运行方式和设备管理。

2）重视机组厂用电切换装置的合理配置及日常维护，确保系统电压、频率出现较大波动时，具有可靠的保厂用电源技术措施。

3）带直配电负荷电厂的机组应设置低频率、低电压解列装置，确保机组在发生系统故障时，解列部分机组后能单独带厂用电和直配负荷运行。自动准同期装置和厂用电切换装置宜单独配置。

4）在汽轮机油系统间加装能隔离开断的设施并设置备用冷油器，定期化验油质，防止因冷油器漏水导致油质老化，造成轴瓦过热熔化被迫停机。

5）厂房内重要辅机（如送引风，给水泵，循环水泵等）电动机事故控制按钮必须加装保护罩，防止误碰造成停机事故。

6）加强蓄电池和直流系统（含逆变电源）及柴油发电机组的运行维护，确保主机交直流润滑油泵和主要辅机小油泵供电可靠。

7）积极开展汽轮发电机组小岛试验工作，以保证机组与电网解列后的厂用电源。

8. 带电作业

（1）带电作业应在良好天气下进行。如遇雷电（听见雷声、看见闪电）、雪、雹、雨、雾等，不应进行带电作业。风力大于 5 级，或湿度大于 80%时，不宜进行带电作业。带电作业应设专责监护人。复杂作业时，应增设监护人。

（2）在带电作业过程中如设备突然停电，应视设备仍然带电，工作负责人应及时与线路运行维护单位或调度联系。线路运行维护单位或值班调度员未与工作负责人取得联系前不应强送电。

（3）等电位作业一般在 66kV、±125kV 及以上电压等级的线路和电气设备上进行。等电位工作人员应穿着阻燃内衣，外面穿着全套屏蔽服，各部分连接良好。不应通过屏蔽服断、接空载线路或耦合电容器的电容电流及接地电流。750kV 及以上等电位作业还应戴面罩。等电位工作人员在电位转移前，应得到工作负责人的许可。750kV 和 1000kV 等电位作业，应使用电位转移棒进行电位转移。

（4）交流线路地电位登塔作业时应采取防静电感应措施，直流线路地电位登塔作业时宜采取防离子流措施。等电位工作人员与地电位工作人员应使用绝缘工具或绝缘绳索进行工具和材料的传递。

（5）沿导（地）线上悬挂的软、硬梯或导线飞车进入强电场的作业，在连续档距的导（地）线上挂梯（或导线飞车）时，钢芯铝绞线和铝合金绞线导（地）线的截面应不小于 $120mm^2$；钢绞线导（地）线的截面应不小于 $50mm^2$。挂梯载荷后，应保持地线及人体对下方带电导线的安全距离比规定的安全距离数值增大 0.5m；带电导线及人体对被跨越的线路、通信线路和其他建筑物的安全距离应比规定的安全距离数值增大 1m。

（6）带电断、接空载线路，工作人员应戴护目眼镜，并采取消弧措施，不应带负荷断、接引线。不应同时接触未接通的或已断开的导线两个断头。

（7）采用绝缘手套作业法或绝缘操作杆作业法时，应根据作业方法选用人体绝缘防护用具，使用绝缘安全带、绝缘安全帽。必要时还应戴护目眼镜。工作人员转移相位工作前，应得到工作监护人的同意。

（8）在 330kV、±500kV 及以上电压等级的线路杆塔及变电站构架上作业，应采取防静电感应措施。

（9）绝缘架空地线应视为带电体。在绝缘架空地线附近作业时，工作人员与绝缘架空地线之间的距离应不小于 0.4m（1000kV 为 0.6m）。若需在绝缘架空地线上作业，应用接地线或个人保安线将其可靠接地或采用等电位方式进行。

（10）用绝缘绳索传递大件金属物品（包括工具、材料等）时，杆塔或地面上工作人员应将金属物品接地后再接触。

9. 发电机和高压电动机的检修、维护

（1）发电机（发电/电动机，以下同）和高压电动机的检修、维护应满足停电、验电、接地、悬挂标示牌等有关安全技术要求。

（2）检修发电机时，应断开发电机的断路器和隔离开关，若发电机出口无断路器，应断开联接在出口母线上的各类变压器、电压互感器的各侧开关、闸刀或熔断器。断开发电机励磁电源、盘车装置电源的断路器、隔离开关或熔断器。断开断路器、隔离开关、励磁装置、同期装置的操作电源及能源。在断开的断路器、隔离开关或熔断器操作处悬挂"禁止合闸，有人工作！"的标示牌。在发电机出口母线处验明无电压后装设接地线。

（3）检修的发电机中性点与其他发电机的中性点连在一起的，工作前应将检修发电机的中性点分开。在氢冷机组机壳内工作时，应关闭氢冷机组补氢阀门，排氢置换空气合格，补氢管路阀门至发电机间应有明显的断开点。检修机组装有可堵塞机内空气流通的自动闸板风门的，应采取措施防止风门关闭。

（4）测量轴电压和在转动着的发电机上用电压表测量转子绝缘的工作，应使用专用电刷，电刷上应装有 300mm 以上的绝缘柄。

（5）检修高压电动机及其附属装置（如启动装置、变频装置）时，断开电源断路器、隔离开关，经验明确无电压后接地或在隔离开关间装绝缘隔板；在断路器、隔离开关操作处悬挂“禁止合闸，有人工作！”的标示牌；将拆开后的电缆头三相短路接地；采取措施防止被其拖动的机械（如水泵、空气压缩机、引风机等）引起电动机转动。

（6）工作尚未全部终结，但需送电试验电动机及其启动装置、变频装置时，应在全部工作暂停后，方可送电。

10. 六氟化硫（SF_6）电气设备

（1）在六氟化硫（SF_6）电气设备上操作、巡视、作业时采取防止六氟化硫泄漏的措施。

（2）不应在 SF_6 设备防爆膜附近停留。

（3）设备解体检修前，应对 SF_6 气体进行检验，并采取安全防护措施。

（4）室内设备充装 SF_6 气体时，周围环境相对湿度应不大于 80%，同时应开启通风系统，避免 SF_6 气体泄漏到工作区。

（5）设备内的 SF_6 气体不应向大气排放，应采取净化装置回收，经处理检测合格后方可再使用。回收时工作人员应站在上风侧。

（6）进入 SF_6 电气设备低位区或电缆沟工作，应先检测含氧量（不低于 18%）和 SF_6 气体含量（不超过 1000μL/L）。

（7）SF_6 电气设备发生大量泄漏等紧急情况时，人员应迅速撤出现场，开启所有排风机进行排风。未佩戴防毒面具或佩戴正压式空气呼吸器的人员不应入内。

三、水力发电安全要求

1. 通用安全要求

（1）水车室常用照明应保证足够亮度，地面应保持清洁完整、无油迹。踏板铺设必须牢固，踏板表面应有纹路，以防滑跌。

（2）贯流式机组重锤和立式机组进水阀重锤周围应装设防护围栏。

（3）进入发电机风洞和水车室等空间狭窄区域工作时，应注意脚下行走路线，不得偏离行走通道。不准将与工作无关的随身物品带入发电机风洞，不得进入发电机引出线及中性点等禁行区域。

（4）进、出贯流式机组灯泡头或内筒体时必须使用安全带和防坠器。

（5）禁止在运用中的水轮机调速环、推拉杆等运动部件上站立和行走。

（6）大型设备吊放时，不应超过厂房地面的承载能力。

（7）在机组转动部分进行电焊工作，焊接线接地端应就近接到转动部分上，防止轴承绝缘击穿。

（8）清洗发电机定、转子和调速器液压元件时，应使用专用清洗剂。

（9）禁止将手或身体的其他部位伸入吊起的轴承、联轴器（法兰）、卡环等部位的螺丝孔或结合面进行触摸校正、清理等工作。如确实需要，必须使用专用撑架，由检修工作负责人检查合格后方可进行。

（10）转轮、顶盖、贯流式机组定、转子等大件翻身时，应指定专人负责检查，由起重负责人统一指挥进行大件翻身工作。

（11）蜗壳、转轮室、尾水管等内部的行灯电压不得超过 12V。特殊情况下需要在上述区域加强照明或使用动力电源时，应遵守下列规定：

1）所有电缆应采用双层绝缘，电缆架空应安全可靠。照明电源电缆不得与动力电源电缆混用。

2）加强照明时，可由电工安装 220V 临时性的固定照明，灯具及电线应绝缘良好，并安装牢固，放在人碰不着的高处，安装后应由检修工作负责人检查。禁止带电移动 220V 的临时照明。

3）应装设额定动作电流不大于 15mA、动作时间不大于 0.1s 的剩余电流保护装置。剩余电流保护装置、电源连接箱和控制箱应放在蜗壳、转轮室、尾水管等外面，并有专人监护。

4）应使用带绝缘外壳的电气工具；操作人员应戴干燥手套，必要时站在绝缘垫上。

（12）机组检修期间检修门全关时，如需开旁通阀或提工作门排除门槽积水，应事先检查蜗壳排水阀确已打开、蜗壳和检修平台上确已无人和设备；封闭蜗壳进人孔，在尾水进人孔处设置“禁止入内”的警告标志，并做好其他保证安全的措施后，再缓慢开启旁通阀或工作门。

（13）使用加热棒拆装螺栓时，应使用绝缘合格的加热棒，导线铺设应符合现场安全用电有关规定，待加热棒插入螺栓孔，并固定后方可接通电源。使用中禁止敲击、碰撞加热棒，工作人员离开现场应切断电源。

（14）使用火焰加热器拆卸、拧紧螺栓时，现场应配有灭火器，并做好防火、防烫伤的措施。火焰加热器、高温螺栓等要妥善放置，防止人员烫伤或引燃周围物品。

（15）发电机电气预防性试验时，水轮机及发电机内部工作人员应暂时停止检修工作并撤出，同时应做好防止人员进入的措施并设置“禁止入内”的警告标志。

（16）拆卸贯流式机组灯泡头、定子、转子、导水机构等部件固定螺栓前应先装好吊具，并调整桥机受力。吊装上述部件时，应打紧一半以上固定螺栓后方可卸下吊具。拆装固定螺栓时，应做好防止突然晃动的措施。

2. 水轮机检修

（1）水轮机检修开工前，做好防止机组转动的措施。可靠隔断油、水、气源，并在相应阀门上设置“禁止操作，有人工作！”标志牌。切断电动阀门及其他操作电源，并在相应电源开关上设置“禁止合闸，有人工作！”标志牌。

（2）进入水轮机内部工作时，严密关闭进水闸门（或进水阀），做好防误提（误开）措施，彻底隔离水源，防止突然来水。排除输水管内积水，并保持输水管排水阀和蜗壳排水阀全开启。落下尾水闸门，做好防误提措施和闸门堵漏工作。开启尾水管排水阀，保证尾水管水位在工作点以下。切断调速器操作油压，做好防止导叶或桨叶突然转动的措施，并在调速器和供油阀门上设置“禁止操作，有人工作！”的标志牌。切断水导轴承、主轴密封润滑水水源和调相充气气源，并在相应阀门上设置“禁止操作，有人工作！”的标志牌。

（3）打开水轮机检修进人孔前，应检查确认水位低于检修进人孔以下后方可打开。

（4）进入进水口钢管、蜗壳、转轮室和尾水管等危险部位工作时，应有 2 人以上，并做好防滑、防坠落、防止导叶和桨叶转动的措施，必要时应使用安全带，有足够照明并备带手电。如需搭设临时平台，应搭设牢固，禁止在活动导叶与转轮之间绑扎绳索或其他杆件。

（5）在蜗壳、转轮室和尾水管内进行电焊、气割或铲磨时，应做好通风和防火措施，并配备必要的消防器材。工作班成员在离开工作现场前应检查确无火种，并断开有关电源。

（6）立式机组转轮室检修时，转轮室下方应搭设牢固的工作平台，且转轮室上方应做好防护措施，防止落物。

（7）贯流式机组转轮室上半部起吊前，应检查各结合面紧固螺栓确已拆除且分离，严禁工作人员将头、手等部位伸入结合面之间。

（8）在导水叶区域内、接力器或调速环拐臂处工作时，必须切断操作油压，并在调速器和供油阀门上设置“禁止操作，有人工作！”的标志牌。必要时，泄掉调速系统压油罐油压。

（9）调速系统调试动作时，各活动部位（活动导叶之间、转轮浆叶、控制环、双联臂、拐臂等处）严禁有人工作或穿行。严禁将头、手脚伸入转动部件活动区域内。调试期间应做好人员分工并保证通信畅通，水车室和蜗壳内应有足够的照明，入口处应做好防止人员进入的安全措施和设置“禁止入内”的警告标志，并有专人监护。

（10）拔拐臂、套筒等工作时，要做好防止螺杆断裂，螺帽飞出伤人的措施。

（11）起吊接力器前应将推拉杆可靠固定，防止滑动。导叶拆装时应做好防止导叶滑落的措施。

（12）在转桨式机组桨叶上工作，应有防止桨叶转动的措施并做好防滑及防坠落措施。桨叶枢轴铜套如采用冷套操作，所有工作人员应做好防止被冷冻液冻伤的防护措施，实施冷套的工作人员应戴足够保温的防护手套，禁止戴普通手套进行操作。

（13）泄水锥分解脱离转轮过程中，应缓慢落到地面，在整个分解过程中，禁止无关人员在转轮下方停留。

（14）水轮机转轮吊装时，应有专人负责统一指挥。转轮未落到安装位置时，除指挥者外，严禁其他人员在转轮上任意走动或工作。

（15）机组在检修期间，如需进行盘车或操作导水叶和浆叶时，检修工作负责人应先检查蜗壳、导水叶、转轮室和水车室、发电机空气间隙等相关静止与转动结合部无妨碍转动的物件遗留，与检修工作无关人员应全部撤离。同时应做好在转动期间防止有人进入的措施和设置“禁止入内”的警告标志。

（16）拆装贯流式机组导水机构前，应做好内外配水环加固措施。拆装固定螺栓时，应做好防止突然晃动的措施。

（17）在封闭压力钢管、蜗壳、尾水管人孔前，检修工作负责人应先检查里面确无人员和物件遗留在内。在封闭蜗壳人孔时还需再进行一次检查后，立即封闭。封闭进人孔门前的检查，须两人以上进行。

3. 水轮发电机检修

（1）水轮发电机检修除做好电气方面安全措施外，还应做好防止转子转动的措施，并可靠切断各油、水、气源。

（2）进入发电机内部的工作人员，应取出随身物品，不得穿带有钉子的鞋。工作时必须穿着工作服，衣服和袖口必须扣好。进入发电机内部所带入的工具、材料要详细登记，工作结束时要清点，不得遗漏。不准踩踏发电机定子线棒绝缘盒及连接梁、汇流排、转子磁极和引线等绝缘部件。在发电机内部进行电焊、气割等工作时，应做好防火措施，并备足灭火器。在发电机定子上部电焊时电焊渣、铁屑不得掉入发电机内部。凿下的金属，电焊渣、残剩的焊头等杂物应及时清理干净。

（3）使用专用拔键器拆卸转子磁极时，拔键过程中应缓慢进行，并用绳索缚住拔键器，以防拔键器松脱伤人。

（4）在发电机内部起吊转子磁极时，工作人员应熟悉专用工具的使用方法，磁极上下起重指挥人员应协调一致，并注意对设备和人员的保护。

（5）在转子上进行内部检查时应防止人员从轮辐孔滑落。在转子上检修时，轮辐孔应铺设防护盖板。

（6）检修中需转动转子时，应在专人指挥下进行，转动前须先通知附近的人员。用吊车转动转子时，不准站立在拉紧的钢丝绳对面。如需站在转子上用手转动，不准在定子线棒绝缘盒及连接梁、汇流排、转子磁极和引线等绝缘部件用力。

四、风力发电安全要求

1. 作业现场基本要求

（1）风力发电机组底部应设置“未经允许、禁止入内”标示牌；基础附近应增设“请勿靠近，当心落物”“雷雨天气，禁止靠近”警示牌；塔架爬梯旁应设置“必须系安全带”“必须戴安全帽”“必须穿防护鞋”指令标识；36V 及以上带电设备应在醒目位置设置“当心触电”标识。

（2）风力发电机组内无防护罩的旋转部位应粘贴“禁止踩踏”标识；机组内易发生机械卷入、轧压、碾压、剪切等机械伤害的作业地点应设置“当心机械伤人”标识；机组内安全绳固定点、高空应急逃生定位点、机舱和部件起吊点应清晰标明；塔架平台、机舱的顶部和机舱的底部壳体、导流罩等作业人员工作时站立的承台等应标明最大承受重量。

（3）风电场场区各主要路口及危险路段内应设立相应的交通安全标志和防护措施。机组内所有可能被触碰的 220V 及以上低压配电回路电源，应装设满足要求的剩余电流动作保护器。

（4）风电场作业应进行安全风险分析，对雷电、冰冻、大风、气温、野生动物、昆虫、龙卷风、台风、流沙、雪崩、泥石流等可能造成的危险进行识别，做好防范措施；作业时，应遵守设备相关安全警示或提示。

（5）进入工作现场必须戴安全帽，登塔作业必须系安全带、穿防护鞋、带防滑手套、使用防坠落保护装置，登塔人员体重及负重之和不宜超过 100kg。身体不适、情绪不稳定，不应登塔作业。攀爬风力发电机组时，风速不应高于该机型允许灯塔风速，但风速超过 18m/s 及以上时，禁止任何人员攀爬机组。

（6）雷雨天气不应安装、检修、维护和巡检机组，发生雷雨天气后一小时内禁止靠近风力发电机组；叶片有结冰现象且有掉落危险时，禁止人员靠近，并应在风电场各入口处设置安全警示牌塔架爬梯有冰雪覆盖时，应确定无高处落物风险并将覆盖的冰雪清除后方可攀爬。

（7）攀爬机组前，应将机组置于停机状态，禁止两人在同一段塔架内攀爬；上下攀爬机组时，通过塔架平台盖板后，应立即随手关闭；随手携带工具人员应后上塔、先下塔；到达塔架顶部平台或工作位置，应先挂好安全绳，后解防坠器；在塔架爬梯上作业，应系好安全绳和定位绳，安全绳严禁低挂高用。

（8）出舱工作必须使用安全带，系两根安全绳；在机舱顶部作业时，应站在防滑表面；安全绳应挂在安全绳定位点或固构件上，使用机舱顶部栏杆作为安全绳挂钩定位点时，每个栏杆最多悬挂两个。

（9）现场作业时，必须保持可靠通信，随时保持各作业点、监控中心之间的联络，禁止人员在机组内单独作业；车辆应停泊在机组上风向并于塔架保持20m及以上的安全距离；作业前应切断机组的远程控制或换到就地控制；有人员在机舱内、塔架平台或塔架爬梯上时，禁止将机组启动并网运行。

（10）机组内作业需接引工作电源时，应装设满足要求的剩余电流动作保护器，工作前应检查电缆绝缘良好，剩余电流动作保护器动作可靠。

2. 风力发电机组安装

（1）风力发电机组吊装起重作业应严格遵循DL/T 5248、DL/T 5250和GB 26164.1规定的要求。

（2）塔架、机舱、叶轮、叶片等部件吊装时，风速不应高于该机型安装技术规定。未明确相关吊装风速的，风速超过8m/s时，不宜进行叶片和叶轮吊装；风速超过10m/s时，不宜进行塔架、机舱、轮毂、发电机等设备吊装。

（3）遇有大雾，雷雨天，照明不足，指挥人员看不清各工作地点，或起重驾驶人员等情况时，不应进行其中工作。吊装场地应满足作业需要，并应有足够的零部件存放场地；风电场道路应平整、通畅，所有桥涵、道路能够保证各种施工车辆安全通行。

（4）塔架、机舱就位后，应立即按照紧固技术要求进行紧固。使用的各类紧固器具，应经过检测合格并有检验合格标识。

（5）塔架安装之前必须先完成机组基础验收，其接地电阻必须满足技术要求。起吊塔架时，应保证塔架直立后下端处于水平位置，并至少有一根导向绳导向。底部塔架安装完成后应立即与接地网进行连接，其他塔架安装就位后应立即连接引雷导线。在塔架的安装过程中，应安装临时防坠装置。如无临时防坠装置，攀爬塔架时应使用双钩安全绳进行交替固定。顶端塔架安装完成后，应立即进行机舱安装。如遇特殊情况，不能完成机舱安装，人员离开时必须将塔架门关闭，并采取将塔架顶部封闭等防止塔架摆动措施。

（6）起吊机舱时，起吊点应确保无误。在吊装中必须保证有一名人员在塔架平台协助工作。机舱和塔架对接时应缓慢而平稳，避免机舱与塔架之间发生碰撞。起吊机舱时，禁止人员随机舱一起起吊。机舱与塔架固定连接螺栓到达技术要求的紧固力矩后，方可松开吊钩、移除钓具。

（7）叶轮和叶片起吊时，应使用经检验合格的吊具。起吊叶轮和叶片时至少有两根导向绳，导向绳长度和强度应足够；应有足够人员拉近导向绳，保证起吊方向。起吊变桨距机组叶轮时，叶片桨距角必须处于顺桨位置，并可靠锁定。叶片吊装前，应检查叶片引雷线连接良好，叶片各接闪器至根部引雷线阻值不大于该机组规定值。叶轮在地面组装完成未起吊前，必须可靠牢固。

3. 调试、检修和维护

（1）风速超过12m/s时，不应打开机舱盖；风速超过14m/s时，应关闭机舱盖；风速超过12m/s，不应再机舱外和轮毂内工作；风速超过18m/s时，不应在机舱内工作。

（2）测量机组网侧电压和相序时必须佩戴绝缘手套，并站在干燥的绝缘台或绝缘垫上；启动并网前，因确保电气柜柜门关闭，外壳可靠接地；检查更换电容器前，应将电容器充分放电。

（3）检修液压系统时，应先将液压系统泄压，拆卸液压站部件时，应带防护手套和护目眼镜；拆除制动装置应先切断液压、机械与电气连接，安装制动装置应最后连接液压、机械与电气装置。

（4）机组测试工作结束，应核对机组各项保护参数，恢复正常设置；超速试验时，实验人员应在塔架底部控制柜进行操作，人员不应滞留在机舱和塔架爬梯上，并应设专人监护。机组高速轴和刹车系统防护罩未就位时，禁止启动机组。严禁至叶轮转动的情况下插入锁定销，禁止锁定销未完全退出插孔松开制动器。

（5）检修和维护时使用的吊篮，工作温度低于零下20℃时禁止使用吊篮，共工作处阵风风速大于8.3m/s时，不应在吊篮上工作。

（6）需要停电的作业，在一经合闸即送电到作业点的开关操作把手上应挂“禁止合闸，有人工作”警示牌。

（7）机组调试期间，应在控制盘、远程控制系统操作盘处悬挂禁止操作标示牌。独立变桨的机组调试变桨系统时，严禁同时调试多只叶片。机组其他调试项目未完成前，禁止进行超速试验。

（8）新安装机组在启动前，各电缆连接正确，接触良好。设备绝缘良好。相序校核，测量电压值和电压平衡性。检测所有螺栓力矩达到标准力矩值。正常停机试验及安全停机、事故停机试验无异常。完成安全链回路所有元件检测和试验，并正确动作。完成液压系统、变桨系统、变频系统、偏航系统、刹车系统、测风装置性能测试，达到启动要求。

（9）每半年至少对变桨系统、液压系统、刹车机构、安全链等重要安全保护装置进行检测试验一次。拆车能够造成叶轮失去制动的部件前，应首先锁定叶轮。禁止使用车辆作为缆绳支点和起吊动力器械；严禁用铲车、装载机等作为高处作业的攀爬设施。

（10）每半年对塔架内安全钢丝绳、爬梯、工作平台、门防风挂钩检查一次；每年对机组加热装置、冷却装置检测一次；每年在雷雨季节前对避雷系统监测一次，至少每三个月对变桨系统的后备电源、充电电池组进行充放电试验一次。使用弹簧阻尼偏航系统卡钳固定螺栓扭矩和功率消耗应每半年检查一次。采用滑动轴承的偏航系统固定螺栓力矩值应每半年检查一次。

（11）清理润滑油脂必须佩戴防护手套，避免接触到皮肤或者衣服；打开齿轮箱盖及液压站油箱时，应防止吸入热蒸汽；进行清理滑环、更换碳刷、维修打磨叶片等粉尘环境的作业时，应佩戴防毒防尘面具。

4. 运行安全

（1）经调试、检修和维护后的风力发电机组，启动前应办理工作票终结手续。

（2）机组投入运行时，严禁将控制回路信号断接和屏蔽，禁止将回路的接地线拆除；未经授权，严禁修改机组设备参数及保护定值。

（3）手动启动机组前叶轮上应无结冰、积雪现象；机组内发生冰冻情况时，禁止使用自动升降机等辅助的爬升设备；停运叶片结冰的机组，应采用远程停机方式。

（4）在寒冷、潮湿和盐雾腐蚀严重地区，停止运行一个星期以上的机组再投运前应恢复绝缘，合格后才允许启动。受台风影响停运的机组，投入运行前必须检查机组绝缘，合格后方可恢复运行。

（5）机组投入运行后，禁止在装置进气口和排气口附近存放物品。

（6）应每年对机组的接地电阻进行测试一次，电阻值不应高于 4Ω；每年对轮毂至塔架底部的引雷通道进行检查和测试一次，电阻值不应高于 0.5Ω。

（7）每半年对塔架内安全钢丝绳、爬梯、工作平台、门防风挂钩检查一次；风电场安装的测风塔每半年对拉线进行紧固和检查，海边等盐雾腐蚀严重地区，拉线应至少每两年更换一次。

5. 防止风力发电机组着火的措施

（1）建立健全预防风力发电机组（以下简称风机）火灾的管理制度，严格风机内动火作业管理，定期巡视检查风机防火控制措施。

（2）严格按设计图册施工，布线整齐，各类电缆按规定分层布置，电缆的弯曲半径应符合要求，避免交叉。

（3）风机叶片、隔热吸音棉、机舱、塔筒应选用阻燃电缆及不燃、难燃或经阻燃处理的材料，靠近加热器等热源的电缆应有隔热措施，靠近带油设备的电缆槽盒密封，电缆通道采取分段阻燃措施，机舱内涂刷防火涂料。

（4）风机内禁止存放易燃物品，机舱保温材料必须阻燃。机舱通往塔筒穿越平台、拒、盘等处电缆孔洞和盘面缝隙采用有效的封堵措施且涂刷电缆防火涂料。

（5）定期监控设备轴承、发电机、齿轮箱及机舱内环境温度变化，发现异常及时处理。母排、并网接触器、励磁接触器、变频器、变压器等一次设备动力电缆必须选用阻燃电缆，定期对其连接点及设备本体等部位进行温度检测。

（6）风机机舱、塔筒内的电气设备及防雷设施的预防性试验合格，并定期对风机防雷系统和接地系统检查、测试。

（7）严格控制油系统加热温度在允许温度范围内，并有可靠的超温保护。刹车系统必须采取对火花或高温碎屑的封闭隔离措施。

（8）风机机舱的齿轮油系统应严密、无渗漏、法兰不得使用铸铁材料、不得使用塑料垫、橡胶垫（含耐油橡胶垫）和石棉纸、钢纸垫。

（9）风机机舱、塔筒内应装设火灾报警系统（如感烟探测器）和灭火装置。必要时可装设火灾检测系统，每个平台处应摆设合格的消防器材。

（10）风机机舱的末端装设提升机，配备缓降器、安全绳、安全带及逃生装置，且定期检验合格，保证人员逃逸或施救安全。塔筒的醒目部位必须悬挂安全警示牌，应尽量避免动火作业，必要动火时保证安全规范。

（11）风机塔筒内的动火作业必须开具动火作业票，作业前消除动火区域内可燃物，且不能应用阻燃物隔离。氧气瓶、乙炔气瓶应摆放、固定在塔筒外，气瓶间距不得小于 5m，不得暴晒。电焊机电源应取自塔筒外，不得将电焊机放在塔筒内，严禁在机舱内油管道上进行焊接作业，作业场所保持良好通风和照明。动火结束后清理火种。

（12）进入风机机舱、塔筒内，严禁带火种、严禁吸烟，不得存放易燃品。清洗、擦拭设备时，必须使用非易燃清洗剂。严禁使用汽油、酒精等易燃物。

五、线路安全要求

1. 线路运行与维护

（1）单人巡线时，不应攀登杆塔。恶劣气象条件下巡线和事故巡线时，应依据实际情况配备必要的防护用具、自救器具和药品。夜间巡线应沿线路外侧进行。大风时，巡线宜沿线路上风侧进行。事故巡线应始终认为线路带电。

（2）测量杆塔、配电变压器和避雷器的接地电阻，可在线路和设备带电的情况下进行。解开或恢复配电变压器和避雷器的接地引线时，应戴绝缘手套。不应直接接触与地电位断开的接地引线。用钳形电流表测量线路或配电变压器低压侧的电流时，不应触及其他带电部分。测量设备绝缘电阻，应将被测量设备各侧断开，验明无电压，确认设备上无人，方可进行。在测量中不应让他人接近被测量设备。测量前后，应将被测设备对地放电。

（3）测量线路绝缘电阻，若有感应电压，应将相关线路同时停电，取得许可，通知对侧后方可进行。测量带电线路导线的垂直距离（导线弛度、交叉跨越距离），可用测量仪或使用绝缘测量工具。不应使用皮尺、普通绳索、线尺等非绝缘工具。

（4）砍剪靠近带电线路的树木时，人体、绳索应与线路保持安全距离。树枝接触或接近高压带电导线时，应将高压线路停电或用绝缘工具使树枝远离带电导线，之前人体不应接触树木。需锚固杆塔维修线路时，应保持锚固拉线与带电导线的安全距离符合表 4–6 的规定。

表 4–6 邻近或交叉其他电力线工作的安全距离

电压等级/kV	安全距离/m	电压等级/kV	安全距离/m
10 及以下	1.0	750	9.0
20、35	2.5	1000	10.5
60、110	3.0	±50	3.0
220	4.0	±500	7.8
330	5.0	±660	10.0
500	6.0	±800	11.1

注 1：表中未列电压等级按高一挡电压等级安全距离。

注 2：750kV 数据是按海拔 2000m 校正的，其他等级数据是按海拔 1000m 校正的。

2. 邻近带电导线的工作

（1）在带电线路杆塔上的工作，带电杆塔上进行测量、防腐、巡视检查、校紧螺栓、清除异物等工作，工作人员活动范围及其所携带的工具、材料等，与带电导线最小距离应符合安全距离规定，风力大于 5 级时应停止工作。

（2）邻近或交叉其他线路的工作，工作人员和工器具与邻近或交叉的运行线路应符合安全距离。在变电站、发电厂出入口处或线路中间某一段有两条以上相互靠近的平行或交叉线路时，每基杆塔上都应有线路名称和杆号，经核对检修线路的名称无误，验明线路确已停电并装设接地线，方可开始工作。

（3）同杆塔多回线路中部分线路停电的工作，同杆塔多回线路中部分线路或直流线路中单级线路停电检修，应满足安全距离。同杆塔架设的 10kV 及以下线路带电时，当满足规定的安全距离且采取安全措施的情况下，只能进行下层线路的登杆塔检修工作。风力大于 5 级时，不应在同杆塔多回线路中进行部分线路检修工作及直流单级线路检修工作。

（4）防止误登同杆塔多回路带电线路或直流线路有电极，每基杆塔应标设线路名称和识别标记；工作前应发给工作人员相对应线路的识别标记；经核对停电检修线路的识别标记和线路名称无误，验明线路确已停电并装设接地线后，方可开始工作；登杆塔和在杆塔上工作时，每基杆塔都应设专人监护；登杆塔至横担处时，应再次核对识别标记与双重称号，确实无误后方可进入检修线路侧横担。在杆塔上工作时，不应进入带电侧的横担，或在该侧横担上放置任何物件。

3. 线路作业

（1）线路作业应在良好的天气下进行，遇有恶劣气象条件时，应停止工作。垂直交叉作业时，应采取防止落物伤人的措施。带电设备和线路附近使用的作业机具应接地。

（2）杆塔上作业，攀登前，应检查杆根、基础和拉线牢固，检查脚扣、安全带、脚钉、爬梯等登高工具、设施完整牢固。上横担工作前，应检查横担联结牢固，检查时安全带应系在主杆或牢固的构件上。新立杆塔在杆基未完全牢固或做好拉线前，不应攀登。

（3）在导线、地线上作业时应采取防止坠落的后备保护措施。在相分裂导线上工作，安全带可挂在一根子导线上，后备保护绳应挂在整组相导线上。

（4）立、撤杆塔过程中基坑内不应有人工作。立杆及修整杆坑时，应采取防止杆身倾斜、滚动的措施。顶杆及叉杆只能用于竖立 8m 以下的拔稍杆。使用抱杆立、撤杆时，抱杆下部应固定牢固，顶部应设临时拉线控制，临时拉线应均匀调节。

（5）整体立、撤杆塔前应检查各受力和联结部位全部合格方可起吊。立、撤杆塔过程中，吊件垂直下方、受力钢丝绳的内角侧不应有人。

（6）在带电设备附近进行立撤杆时，杆塔、拉线、临时拉线与带电设备的安全距离应符合规定，且有防止立、撤杆过程中拉线跳动和杆塔倾斜接近带电导线的措施。临时拉线应在永久拉线全部安装完毕并承力后方可拆除。拆除检修杆塔受力构件时，应事先采取补强措施。杆塔上有人工作时，不应调整或拆除拉线。

（7）在起吊、牵引过程中，受力钢丝绳的周围、上下方、内角侧，以及起吊物和吊臂的下面，不应有人逗留和通过。采用单吊线装置更换绝缘子和移动导线时，应采取防止导线脱落的后备保护措施。

（8）在电力设备附近进行起重作业时，起重机械臂架、吊具、辅具、钢丝绳及吊物等与架空输电线及其他带电体的最小安全距离应符合表 4–7 的规定。

表 4–7　与架空输电线及其他带电体的最小安全距离

电压/kV	最小安全距离/m	电压/kV	最小安全距离/m
＜1	1.5	220	6.0
1～10	3.0	330	7.0
35～66	4.0	500	8.5
110	5.0		

注：表中未列电压等级按高一挡电压等级安全距离。

4. 电力电缆工作

（1）在电力电缆的沟槽开挖、电缆安装、运行、检修、维护和试验等工作中，作业环境应满足安全要求。电缆施工前应先查清图纸，再开挖足够数量的样洞和样沟，查清运行电缆位置及地下管线分布情况。

（2）沟槽开挖应采取防止土层塌方的措施。电缆隧道、电缆井内应有充足的照明，并有防火、防水、通风的措施。

（3）进入电缆井、电缆隧道前，应用通风机排除浊气，再用气体检测仪检查井内或隧道内的易燃易爆及有毒气体的含量。

（4）电缆开断前，应核对电缆走向图，并使用专用仪器确认电缆无电，可靠接地后方可工作。

（5）在 10kV 跌落式熔断器与电缆头之间，宜加装过渡连接装置，工作时应与跌落式熔断器上桩头带电部分保持安全距离。在 10kV 跌落式熔断器上桩头带电时，未采取绝缘隔离措施前，不应在跌落式熔断器下桩头新装、调换电缆尾线或吊装、搭接电缆终端头。

（6）电缆试验前后以及更换试验引线时，应对被试电缆（或试验设备）充分放电。电缆试验时，应防止人员误入试验场所。电缆两端不在同一地点时，另一端应采取防范措施。电缆耐压试验分相进行时，电缆另两相应短路接地。电缆试验结束，应在被试电缆上加装临时接地线，待电缆尾线接通后方可拆除。

六、电力安全事故应急处置

（1）事故发生后，有关电力企业应当立即采取相应的紧急处置措施，控制事故范围，防止发生电网系统性崩溃和瓦解；事故危及人身和设备安全的，发电厂、变电站运行值班人员可以按照有关规定，立即采取停运发电机组和输变电设备等紧急处置措施。事故造成电力设备、设施损坏的，有关电力企业应当立即组织抢修。

（2）事故造成重要电力用户供电中断的，重要电力用户应当按照有关技术要求迅速启动自备应急电源；启动自备应急电源无效的，电网企业应当提供必要的支援。事故造成地铁、机场、高层建筑、商场、影剧院、体育场馆等人员聚集场所停电的，应当迅速启用应急照明，组织人员有序疏散。

（3）恢复电网运行和电力供应，应当优先保证重要电厂厂用电源、重要输变电设备、电力主干网架的恢复，优先恢复重要电力用户、重要城市、重点地区的电力供应。事故应急指挥机构或者电力监管机构应当按照有关规定，统一、准确、及时发布有关事故影响范围、处置工作进度、预计恢复供电时间等信息。

模拟试题及考点

1. 电力生产必须建立健全各级人员安全生产责任制。按照________的原则，做到在计划、布置、检查、总结、考核生产工作的同时，计划、布置、检查、总结、考核安全工作。

A. 管生产必须管安全　　B. 四不放过

C. 以人为本，生命至上　　D. 预防为主、防消结合

【考点】“一、通用安全要求”

2. 新录用的工作人员应经过身体检查合格。工作人员至少________年进行一次身体检查。

A. 1 B. 2 C. 3 D. 4

【考点】“一、通用安全要求”

3. 在潮湿的金属容器内、有爆炸危险的场所（如煤粉仓、沟道内）、脱硫烟道系统等处工作时，使用行灯电压不应超过________伏。

A. 36 B. 24 C. 12 D. 220

【考点】“一、通用安全要求”

4. 禁止在栏杆上、管道上、靠背轮上、安全罩上或运行中设备的________上行走和坐立，如必须在管道上坐立才能工作时，必须做好安全措施。

A. 轴承 B. 外壳 C. 防护罩 D. 靠背轮

【考点】“一、通用安全要求”

5. 生产人员调换岗位、因故间断工作连续________个月以上者，必须学习电力安全工作规程的有关部分，并经考试合格后方可上岗。

A. 六 B. 三 C. 一 D. 十二

【考点】“一、通用安全要求”

6. 所有升降口、吊装孔、大小孔洞、楼梯、平台以及通道等有坠落危险处，必须设置符合国家技术规范标准的固定式工业防护栏杆、扶手等设施。防护栏杆高度不低于________mm。

A. 1200 B. 1050 C. 1100 D. 1500

【考点】“一、通用安全要求”

7. 厂房外墙、烟囱、冷水塔等处应设置固定爬梯，爬梯必须牢固可靠，高出地面________m以上部分应设护笼。

A. 2.0 B. 1.5 C. 1.2 D. 2.4

【考点】“一、通用安全要求”

8. 现场应保温的管道、容器等设备及系统必须保温齐全，保温层应按工艺要求施工。当环境温度在25℃时，保温层表面的温度不宜超过________℃。

A. 30 B. 40 C. 50 D. 60

【考点】“一、通用安全要求”

9. 生产厂房内外的电缆，进入控制室、电缆夹层、控制柜、开关柜等处的电缆孔洞，必须用________材料严密封闭，并在封堵处的电缆两端按规定刷防火涂料或其他阻燃物质。

A. 防火 B. 保温 C. 封堵 D. 建筑

【考点】“一、通用安全要求”

10. 金属容器内作业，容器内含氧量应始终在________。

A. 18%～21%　　B. 19%～24%　　C. 19.5%～23%　　D. 20.5%～25%

【考点】“一、通用安全要求”

11. 在易燃易爆区域进行检修作业，工器具为________材料，电气机具为防爆型。

A. 铜质　　B. 钢制　　C. 铝合金　　D. 不锈钢

【考点】“一、通用安全要求”

12. 氢气系统动火检修，应保证系统内部和动火区域的氢气含量不超过________%。

A. 1.4　　B. 1.6　　C. 0.4　　D. 2.5

【考点】“一、通用安全要求”

13. 油系统动火检修，应保证系统内部和动火区域的油气含量不超过________%。

A. 1.1　　B. 1.5　　C. 0.4　　D. 0.2

【考点】“一、通用安全要求”

14. 所有电气设备的金属外壳均应有良好的________装置，使用中不应拆除或对其进行任何工作。

A. 接地　　B. 保护　　C. 连接　　D. 漏电保护

【考点】“一、通用安全要求”

15. 在高度不足2.5m的作业场所使用手提照明灯、行灯，或危险环境的局部照明和使用携带式电动工具等，应采用________V及以下安全电压。

A. 12　　B. 24　　C. 36　　D. 72

【考点】“一、通用安全要求”

16. 临时电源线一般应架空布置，跨越道路时架空高度大于________m。

A. 4.5　　B. 5.5　　C. 6　　D. 6.5

【考点】“一、通用安全要求”

17. 企业必须对所有新员工进行厂（公司）、车间（部门）、班组（岗位）的三级安全教育培训，并经________后方可上岗作业。

A. 考试合格　　B. 安全教育　　C. 技能培训　　D. 专业培训

【考点】“一、通用安全要求”

18. 发现有人触电，应立即________，使触电人脱离电源，并进行急救。如在高空工作，抢救时必须采取防止高处坠落的措施。

A. 直接救人　　B. 切断电源　　C. 拉开触电人员　　D. 拨打120

【考点】“一、通用安全要求”

19. 燃烧室及烟道内的温度在________℃以上时，不准入内进行检修及清扫工作。

A. 50　　B. 60　　C. 65　　D. 55

【考点】“二、火力发电安全要求”

20. 室内高压设备的隔离室须设有安装牢固、高度大于________m 的遮栏，遮栏通道门加锁。

A. 1.2　　B. 1.7　　C. 2　　D. 2.4

【考点】“二、火力发电安全要求”

21. 在锅炉运行中，不应带压对________进行焊接、捻缝、紧螺栓等工作。

A. 钢结构　　B. 消防管道　　C. 承压部件　　D. 压力容器

【考点】“二、火力发电安全要求”

22. 停电操作应按照________的顺序依次进行，送电合闸操作按相反的顺序进行。不应带负荷拉合隔离开关。

A. “负荷侧隔离开关一电源侧隔离开关一断路器”

B. “断路器一电源侧隔离开关一负荷侧隔离开关”

C. “断路器一负荷侧隔离开关一电源侧隔离开关”

D. “断路器一负荷侧隔离开关一电源侧断路器”

【考点】“二、火力发电安全要求”

23. 高压设备发生接地故障时，室内人员进入接地点 4m 以内，室外人员进入接地点________m 以内，均应穿绝缘靴。

A. 4.5　　B. 5.5　　C. 8　　D. 10

【考点】“二、火力发电安全要求”

24. 进入 SF_6 电气设备低位区或电缆沟工作，应先检测，确认含氧量不低于 19.5%和 SF_6 气体含量不超过________μL/L。

A. 900　　B. 1000　　C. 1100　　D. 1200

【考点】“二、火力发电安全要求”

25. 当锅炉燃烧不稳定或有炉烟向外喷出时，禁止________。

A. 除灰　　B. 打焦　　C. 出渣　　D. 吹灰

【考点】“二、火力发电安全要求”

26. 进入燃烧室及烟道内部进行清扫和检修工作前，应把锅炉的烟道、风道、燃油系统、燃气系统、吹灰系统等与运行中的锅炉可靠地________。

A. 隔断　　B. 接地　　C. 切断　　D. 封堵

【考点】“二、火力发电安全要求”

27. 进入燃烧室、汽包、烟风道、回转式空气预热器、除尘器、煤粉仓、压力容器、脱硫吸收塔等封闭受限空间内工作，工作人员应至少________人以上且外面必须有一名工作人员监护。

A. 一　　B. 二　　C. 三　　D. 四

【考点】“二、火力发电安全要求”

28. 工作人员进入凝汽器内工作时，应使用________V行灯。

A. 12　　B. 24　　C. 36　　D. 72

【考点】“二、火力发电安全要求”

29. 有毒性、易燃、致癌或有爆炸性的药品，不准放在化验室的架子上，应储放在隔离的房间和保险柜内，或远离厂房的地方，并由________保管。

A. 安全监察人员　　B. 专人　　C. 技术人员　　D. 当班值班员

【考点】“二、火力发电安全要求”

30. 吸收塔和烟道内部防腐施工时，作业人员应戴________。

A. 防尘口罩　　B. 安全帽　　C. 防毒面具　　D. 绝缘手套

【考点】“二、火力发电安全要求”

31. 除尘器本体检修前，必须停止锅炉引送风机运行，微开吸送风机出入口挡板。当本体内温度降至________℃以下时，方可进入本体工作。

A. 30　　B. 40　　C. 50　　D. 55

【考点】“二、火力发电安全要求”

32. 遇________级以上大风时，斗轮机、桥式龙门抓煤机等转动机械应停止作业，将轮斗放置在有可靠支点的位置，切断电源，并用钢丝绳加固。

A. 5　　B. 6　　C. 7　　D. 8

【考点】“二、火力发电安全要求”

33. 在330kV、±500kV及以上电压等级的线路杆塔及变电站构架上作业，应采取________措施。

A. 防静电感应　　B. 防触电　　C. 防漏电　　D. 防火

【考点】“二、火力发电安全要求”

34. 绝缘架空地线应视为带电体。在绝缘架空地线附近作业时，工作人员与绝缘架空地线之间的距离应不小于________m。

A. 0.4　　B. 0.5　　C. 0.6　　D. 0.8

【考点】“二、火力发电安全要求”

35. 带电导线及人体对被跨越的线路、通信线路和其他构筑物的安全距离应比规定的安全距离数值增大________m。

A. 0.5　　B. 0.6　　C. 1　　D. 1.5

【考点】“二、火力发电安全要求”

36. 水轮发电机检修除做好电气方面安全措施外，还应做好防止________的措施，并可靠切断各油、水、气源。

A. 机械伤害　　B. 车辆伤害　　C. 转子转动　　D. 高处坠落

【考点】“三、水力发电安全要求”

37. 如对水轮机桨叶枢轴铜套采用冷套操作，实施冷套的工作人员应戴________的防护手套，禁止戴普通手套进行操作。

A. 耐酸碱　　B. 焊工　　C. 保温　　D. 耐阻燃

【考点】“三、水力发电安全要求”

38. 雷雨天气不应安装、检修、维护和巡检机组，雷雨天气后________小时内禁止靠近风力发电机组。

A. 一　　B. 二　　C. 三　　D. 四

【考点】“四、风力发电安全要求”

39. 应每年对风力发电机组的接地电阻测试一次，电阻值不应高于________Ω。

A. 4　　B. 5　　C. 6　　D. 8

【考点】“四、风力发电安全要求”

40. 在寒冷、潮湿和盐雾腐蚀严重的地区，停止运行________天以上的机组再投运前应恢复绝缘，合格后才允许启动。

A. 7　　B. 10　　C. 15　　D. 30

【考点】“四、风力发电安全要求”

41. 检修作业需接引工作电源时，应装设满足要求的剩余电流动作保护器，工作前对其进行检查，确保________良好，动作可靠。

A. 电缆绝缘　　B. 接地装置　　C. 电压　　D. 电缆规格

【考点】“四、风力发电安全要求”

42. 风电机组风机叶片、隔热吸音棉、机舱、塔筒应选用阻燃电缆及不燃、难燃或经阻燃处理的材料，电缆通道采取分段阻燃措施，机舱内涂刷________。

A. 防锈漆　　B. 防火涂料　　C. 防水漆　　D. 绝缘漆

【考点】“四、风力发电安全要求”

43. 风电机组变桨系统、液压系统、刹车机构、安全链等重要安全保护装置，应每________进行一次检测试验。

A. 三个月　　B. 半年　　C. 年　　D. 两年

【考点】“四、风力发电安全要求”

44. 进入电缆井、电缆隧道前，应用通风机排除浊气，再用气体检测仪检查井内或隧道内的易燃易爆气体及________的含量。

A. 一氧化氮　　B. 二氧化碳　　C. 氧气　　D. 有毒气体

【考点】“五、线路安全要求”

45. 起重机械臂架、吊具、辅具、钢丝绳及吊物等与110KV架空输电线及其他带电体的最小安全距离是________m。

A. 3　　B. 4　　C. 5　　D. 6

【考点】“五、线路安全要求”

46. 为防止误登同杆塔多回路带电线路或直流线路有电极，每基杆塔应标设线路名称和________。

A. 识别标记　　B. 警示牌　　C. 标示牌　　D. 电压等级

【考点】“五、线路安全要求”

47. 测量线路绝缘电阻，若有感应电压，应将________同时停电，取得许可，通知对侧后方可进行。

A. 线路　　B. 三相电　　C. 二相电　　D. 相关线路

【考点】“五、线路安全要求”

第四节　石油天然气开采安全技术

本节内容来自 AQ 2012—2007《石油天然气安全规程》和《海洋石油安全管理细则》。

一、若干安全管理规定

1. 海洋石油天然气安全生产责任主体、监督管理机构和设施的备案管理

海洋石油作业者和承包者是海洋石油天然气安全生产的责任主体，对其安全生产工作负责。

国家安全生产监督管理总局海洋石油作业安全办公室（海油安办）对全国海洋石油天然气安全生产工作实施监督管理；海油安办驻中国海洋石油总公司、中国石油化工集团公司、中国石油天然气集团公司分部（海油安办有关分部）分别负责各公司海洋石油天然气安全生产的监督管理。

就下述设施，作业者或者承包者向海油安办有关分部备案：

（1）生产设施（试生产前）。

（2）（物探、钻（修）井、铺管、起重和生活支持等）作业设施。

（3）延长测试设施（延长测试前）。

海油安办有关分部对作业者或者承包者提交的设施资料，进行严格审查，必要时进行现场检查。经审查和现场检查符合规定的，颁发备案通知书；备案资料、设施现场安全状况等不符合规定的，及时书面通知作业者或者承包者进行整改。

生产设施试生产正常后，作业者或者承包者应当向海油安办申请安全竣工验收。经竣工验收合格并办理安全生产许可证后，方可正式投入生产使用。

2. 安全作业许可

（1）AQ 2012—2007《石油天然气安全规程》的规定。

1）易燃易爆、有毒有害作业等危险性较高的作业应建立安全作业许可制度，实施分级控制，明确安全作业许可的申请、批准、实施、变更及保存程序。

2）安全作业许可主要内容如下：作业时间段、作业地点和环境、作业内容；作业风险分析；确定安全措施、监护人和监护措施、应急措施；确认作业人员资格；作业负责人、监督人以及批准者、签发者签名；安全作业许可关闭、确认；其他。

3）安全作业许可只限所批准的时间段和地点有效，未经批准或超过批准期限不应进行作业，安全作业许可主要内容发生变化时应按程序变更。

（2）《海洋石油安全管理细则》的规定。

1）设施的作业者或者承包者应当建立动火、电工作业、受限空间作业、高空作业和舷（岛）外作业等审批制度。

2）作业前，作业单位应当提出书面申请，说明作业的性质、地点、期限及采取的安全措施等，经设施负责人批准签发作业通知单后，方可进行作业。作业通知单应当包含作业内容、有关检测报告、作业要求、安全程序、个体防护用品、安全设备和作业通知单有效期限等内容。

3）作业单位接到作业通知单后，应当按通知单的要求采取有关措施，并制定详细的检查和作业程序。

4）作业期间，如果施工条件发生重大变化的，应当暂停施工并立即报告设施负责人，得到准予施工的指令后方可继续施工。

5）作业完成后，作业负责人应当在作业通知单上填写完成时间、工作质量和安全情况，并交付设施负责人保存。作业通知单的保存期限至少1年。

3. 安全培训

（1）AQ 2012—2007《石油天然气安全规程》的规定。

1）进行全员安全生产教育培训，进行特种作业人员、高危险岗位、重要设备和设施作业人员的专业技术、技能培训和应急培训，培训应符合《生产经营单位安全培训规定》的规定。

2）蒸汽发生器操作人员经专业培训考试取得特种设备安全操作证后方可持证上岗。

3）在含硫化氢的油气田进行施工作业和油气生产前，所有生产作业人员包括现场监督人员应接受硫化氢防护的培训，培训应包括课堂培训和现场培训，由有资质的培训机构进行，培训时间应达到相应要求。对临时人员和其他非定期派遣人员进行硫化氢防护知识的教育。

（2）《海洋石油安全管理细则》的规定。

1）“海上石油作业安全救生”培训。

① 出海人员接受“海上石油作业安全救生”的专门培训，并取得具有资质的培训机构颁发的培训合格证书。

② 长期出海人员：全部内容的培训，培训时间不少于40课时，每5年进行一次再培训。

③ 短期出海人员：综合内容的培训，培训时间不少于24课时，每3年进行一次再培训。

④ 临时出海人员：电化教学的培训，培训时间不少于4课时。每1年进行一次再培训。不在设施上留宿的临时出海人员可以只接受作业者或者承包者现场安全教育。

⑤ 没有直升机平台或者已明确不使用直升机倒班的海上设施人员，可以免除“直升机遇险水下逃生”内容的培训；没有配备救生艇筏的海上设施作业人员，可以免除“救生艇筏操纵”的培训。

2）“防硫化氢技术”培训。

在作业过程中已经出现或者可能出现硫化氢的场所从事钻井、完井、修井、测试、采油及储运作业的人员，应当进行“防硫化氢技术”的专门培训，培训时间不少于16课时，并取得具有资质的培训机构颁发的培训合格证书。

3）“井控技术”培训。

从事钻井、完井、修井、测试作业的监督、经理、高级队长、领班，以及司钻、副司钻和井架工、安全监督等人员应当接受“井控技术”培训，并取得具有资质的培训机构颁发的培训合格证书。

4）“稳性与压载技术”培训。

稳性压载人员（含钻井平台、浮式生产储油装置的稳性压载、平台升降的技术人员）应当接受“稳性与压载技术”培训。

5）无线电技术操作人员应当按政府有关主管部门的要求进行培训，取得相应的资格证书。

6）海上油气生产设施兼职消防队员应当接受“油气消防”培训。

4. 海洋石油天然气放射作业人员防护

作业人员使用放射性物品的，配有个人辐照剂量检测用具，并建立辐照剂量档案；每年至少进行一次体检，体检结果存档。

发现作业人员受到放射性伤害的，立即调离其工作岗位，并按照有关规定进行治疗和康复；作业人员调动工作的，其辐照剂量档案和体检档案随工作岗位一起调动。

二、硫化氢防护

1. 硫化氢监测

（1）共性要求。

1）含硫化氢作业环境应配备固定式和携带式硫化氢监测仪，监测仪报警值设定：阈限值为1级报警值；安全临界浓度为2级报警值；危险临界浓度为3级报警值。

2）重点监测区应设置醒目的标志、硫化氢监测探头、报警器。

3）硫化氢监测仪应定期校验，并进行检定。

（2）海洋石油天然气个性要求。

1）钻井装置上安装硫化氢报警系统。当空气中硫化氢的浓度超过 $15mg/m^3$ 时，系统即能以声光报警方式工作；

2）配备探测范围 $0\sim30mg/m^3$ 和 $0\sim150mg/m^3$ 的便携式硫化氢探测器各1套，探测器件的灵敏度达到 $7.5mg/m^3$；

3）储备足够数量的硫化氢检测样品，以便随时检测探头。

2. 防护装备

在钻井过程，试油（气）、修井及井下作业过程，以及集输站、水处理站、天然气净化厂等含硫化氢作业环境应配备正压式空气呼吸器及与其匹配的空气压缩机；

配备的硫化氢防护装置应落实人员管理，并处于备用状态；

进行检修和抢险作业时，应携带硫化氢监测仪和正压式空气呼吸器。

3. 设施

（1）共性要求。

含硫化氢环境中生产作业时，场地及设备的布置应考虑季节风向。在有可能形成硫化氢和二氧化硫聚集处应有良好的通风、明显清晰的硫化氢警示标志，使用防爆通风设备，并设置风向标、逃生通道及安全区。

（2）海洋石油天然气个性要求。

1）除风向标外，还要安装风速仪。

2）按空气中含硫化氢浓度，挂标有硫化氢字样的绿牌、黄牌或红牌。

4. 含硫化氢生产作业安全要求

（1）共性要求。

1）含硫化氢油气井钻井的安全要求。

① 地质及工程设计应考虑硫化氢防护的特殊要求；

② 在含硫化氢地区的预探井、探井在打开油气层前，应进行安全评估；

③ 采取防喷措施，防喷器组及其管线闸门和附件应能满足预期的井口压力；

④ 采取控制硫化氢着火源的措施，井场严禁烟火；

⑤ 使用适合于含硫化氢地层的钻井液，监测和控制钻井液 pH 值；

⑥ 在含硫化氢地层取心和进行测试作业时，应落实有效的防硫化氢措施。

2）含硫化氢油气井井下作业的要求。

① 采取防喷措施；

② 采取控制硫化氢着火源的措施，井场严禁烟火；

③ 当发生修井液气侵，硫化氢气体逸出，应通过分离系统分离或采取其他处理措施；

④ 进入可能存在硫化氢气体的密闭空间或限制通风区域时，应采取加强通风、检测气体浓度、佩戴护具等安全防护措施；

⑤ 对绳索作业、射孔作业、泵注等特殊作业应落实硫化氢防护的措施。

3）含硫化氢油气生产和气体处理作业的要求。

① 作业人员进入有泄漏的油气井站区、低凹区、污水区及其他硫化氢易于积聚的区域时，以及进入天然气净化厂的脱硫、再生、硫回收、排污放空区进行检修和抢险时，应携带正压式空气呼吸器；

② 监测和控制天然气处理装置的腐蚀，检测硫化氢泄漏，制定硫化氢防护措施。

4）含硫化氢油气井废弃。

含硫化氢油气井废弃时，应考虑废弃方法和封井的条件，使用水泥封隔已知或可能产生达到硫化氢危险浓度的地层。埋地管线、地面流程管道废弃时应经过吹扫净化、封堵塞或加盖帽，容器要用清水冲洗、吹扫并排干，敞开在大气中并采取防止硫化铁燃烧的措施。

5）材料及设备的适应性。

在含硫化氢环境中钻井、井下作业和油气生产及气体处理作业使用的材料及设备，应与硫化氢条件相适应。

（2）海洋石油天然气个性要求。

1）在可能含有硫化氢地层进行钻井作业时应当采取的防护措施。

① 当空气中硫化氢浓度达到 15mg/m^3 时，及时通知所有平台人员注意，加密观察和测量硫化氢浓度的次数，检查并准备好正压式空气呼吸器；

② 当空气中硫化氢浓度达到 30mg/m^3 时，在岗人员迅速取用正压式空气呼吸器，其他人员到达安全区。通知守护船在平台上风向海域起锚待命；

③ 当空气中含硫化氢浓度达到 150mg/m^3 时，组织所有人员撤离平台；

④ 使用适合于钻遇含硫化氢地层的井液，钻井液的 pH 值保持在 10 以上；

⑤ 钻进作业时，其钻井设备具备抗硫应力开裂的性能；管材具有在硫化氢环境中使用的性能；对所使用作业设备、管材、生产流程及附件等，定期进行安全检查和检测检验。

2）在可能含有硫化氢地层进行生产作业时应当采取的防护措施。

① 生产设施上配备正压式空气呼吸器，一定数量的备用气瓶及 1 台呼吸器空气压缩机；

② 配备 2 至 3 套便携式硫化氢探测仪、1 套便携式比色指示管探测仪和 1 套便携式二氧化硫探测仪。在已知存在硫化氢的生产装置上，安装硫化氢报警装置；

③ 当空气中硫化氢达到 15mg/m^3 或者二氧化硫达到 5.4mg/m^3 时，作业人员佩戴正压式空气呼吸器；

④ 用于油气生产的设备、设施和管道等具有抗硫化氢腐蚀的性能。

5. 应急预案

含硫化氢环境中生产作业时应制定防硫化氢应急预案，钻井、井下作业防硫化氢预案中，应确定油气井点火程序和决策人。

三、陆上石油天然气开采安全

1. 石油物探

（1）施工设计。

1）编写施工设计前，应对工区进行踏勘，调查了解施工现场的自然环境和周边社会环境条件，进行危险源辨识和风险评估，编制踏勘报告。

2）根据任务书、踏勘报告，编写施工设计，并应对安全风险评估及工区内易发事故的点源提出相应的安全预防措施，施工单位编制应急预案。

3）施工设计应按程序审批，如需变更时，应按变更程序审批。

（2）地震队现场施工中的环境和气候。

1）穿越危险地段要实地察看，并采取监护措施方可通过；

2）炎热季节施工，做好防暑降温措施；严寒地区施工，应有防冻措施；雷雨、暴风雨、沙暴等恶劣天气不应施工作业；

3）在苇塘、草原、山林等禁火地区施工，禁止携带火种，严禁烟火，车辆应装阻火器。

（3）临时炸药库应符合的要求。

1）与营区、居民区的距离应符合国家现行标准关于地震勘探民用爆破器材安全管理的要求，并设立警戒区，周围加设禁行围栏和安全标志，配备足够的灭火器材；

2）库区内干净、整洁无杂草、无易燃物品、无杂物堆放，炸药、雷管分库存放且符合规定的安全距离；

3）爆破器材摆放整齐合理、数目清楚，不超量、超高存放，雷管应放在专门的防爆保险箱内，脚线应保持短路状态，有严格的安全制度、交接班制度和24h值班制度；

4）严禁宿舍与库房混用或将爆破器材存放在宿舍内。

2. 钻井

（1）钻井设计。

1）应由认可的设计单位承担。

2）地质设计应根据地质资料进行风险评估并编制安全提示。

3）根据地质设计编制工程设计，并根据地质设计中的风险评估、安全提示及工程设计中采用的工艺技术制定相应的安全措施，并按设计审批程序审批，如需变更应按程序审批。

（2）井场布置。

满足防喷、防爆、防火、防毒、防冻等安全要求。

（3）井控装置的管理。

企业应有专门机构负责井控装置的管理、维修和定期现场检查工作，并规定其职责范围和管理制度；在用井控装置的管理、操作应落实专人负责，并明确岗位责任；应设置专用配件库房和橡胶件空调库房，库房温度应满足配件及橡胶件储藏要求；企业应制定欠平衡钻井特殊井控作业设备的管理、使用和维修制度。

（4）开钻前验收。

钻井监督或开钻前由甲方或甲方委托的施工监督单位组织，对道路、井场、设备及电气安装质量、通信、井场安全设施、物资储备、应急预案等进行全面检查验收，经验收合格后方可开钻。

（5）井喷失控处理。

实施井喷着火预防措施，设置观察点，定时取样，测定井场及周围天然气、硫化氢和二氧化碳含量，划分安全范围；根据失控状况及时启动应急预案，统一组织、协调指挥抢险工作。

3. 录井

设施、仪器安装调校：仪器房中应配置可燃气体报警器和硫化氢监测仪。高压油气井、含硫化氢气井的气测录井仪器房应具有防爆功能，安全门应定期检查，保持灵活方便。

录井作业：钻具、管具应排放整齐，支垫牢固，进行编号和丈量；井涌、钻井液漏失时应及时向钻井队报警；氢气发生器应排气通畅，不堵不漏；当检测发现高含硫化氢时，应及时通知有关人员作好防护准备；现场点火时，点火地点应在下风侧方向，与井口的距离应不小于30m；发生井喷时，启动应急预案。

4. 测井

（1）现场施工作业。

1）测井施工前，应放好绞车掩木，复杂井施工时应对绞车采取加固措施，防止绞车后滑。

2）测井作业时，测井人员应正确穿戴劳动防护用品。作业区域内应戴安全帽，应遵守井场防火防爆安全制度，不动用钻井队（作业队、采油队）设备或不攀登高层平台。

3）气井施工，发动（电）机的排气管应戴阻火器，测井设备摆放应充分考虑风向。

4）接外引电源应有人监护，应站在绝缘物上，戴绝缘手套接线。

5）绞车和井口应保持联络畅通。夜间施工，井场应保障照明良好。

6）遇有七级以上大风、暴雨、雷电、大雾等恶劣天气，应暂停测井作业；若正在测井作业，应将仪器起入套管内。

（2）安全标志、检测仪器和防护用具。

1）危险物品的运输，运输放射源和火工品的车辆（船舶）及测井施工作业使用放射源和火工品的现场应设置相应的安全标志。

2）测井队应配备的检测仪器：便携式放射性剂量监测仪，定期检查并记录；从事放射性的测井人员每人应配备个人放射性剂量计，定期检查并记录；在可能含有硫化氢等有毒有害气体井作业时，测井队应配备一台便携式硫化氢气体监测报警仪。

3）从事测井、装卸放射源和装卸、押运火工品的人员应按规定配备防护用品。

（3）射孔作业中火工品的领取和运输。

测井队应配护炮工；押运员负责火工品从库房领出、押运、使用、现场保管及把剩余火工品交还库房；押运员领取雷管时应使用手提保险箱，由保管员直接将雷管导线短路后放入保险箱内；运输射孔弹和雷管时，应分别存放在不同的保险箱内，分车运输，应由专人监护。保险箱应符合国家的相关规定；运输火工品的保险箱，应固定牢靠；运输火工品的车辆应按指定路线行驶，不许无关人员搭乘；道路、天气良好的情况下，汽车行驶速度不应超过60km/h；在因扬尘、起雾、暴风雪等引起能见度低时，汽车行驶速度应在20km/h以下；途中遇有雷雨时，车辆应停放在离建筑物200m以外的空旷地带；火工品应采用专车运输。

5. 试油（气）和井下作业中的井控装置

（1）试油（气）和井下作业的井均应安装井控装置。高压高产油（气）井应安装液压防喷器及（或）高压自封防喷器，并配置高压节流管汇。

（2）含硫化氢、二氧化碳井，井控装置、变径法兰应具有抗硫化氢、抗二氧化碳腐蚀的能力，使用的材料及设备应与硫化氢条件相适应。

（3）井控装置（除自封防喷器外）、变径法兰、高压防喷管的压力等级应与油气层最高地层压力相匹配，按压力等级试压合格。

（4）井控装置应统一编号建档，有试压合格证。

6. 采油、采气

（1）高压、含硫化氢及二氧化碳的气井应有自动关井装置。

（2）油气井站投产前应对抽油机、管线、分离器、储罐等设备、设施及其安全附件，进行检查和验收。

（3）运行的压力设备、管道等设施设置的安全阀、压力表、液位计等安全附件齐全、灵敏、准确，应定期校验。

（4）油气井井场、计量站、集输站、集油站、集气站应有醒目的安全警示标志，建立严格的防火防爆制度。

（5）井口装置及其他设备应完好不漏，油气井口阀门应开关灵活，油气井进行热洗清蜡、解堵等作业用的施工车辆施工管线应安装单流阀。施工作业的热洗清蜡车、污油（水）罐应距井口20m以上。

7. 油气处理

（1）对原油计量工作人员的要求。

1）不应穿钉鞋和化纤衣服上罐；

2）上罐应用防爆手电筒，且不应在罐顶开闭；

3）每次上罐人数不应超过 5 人；

4）计量时应站在上风方向并轻开轻关油口盖子；

5）量油后量抽尺不应放在罐顶；

6）应每日对浮顶船舱进行全面检查；

7）雨雪天后应及时排放浮顶罐浮船盘面上的积水。

（2）原油脱水。

1）梯子口应有醒目的安全警示标志；

2）电脱水器高压部分应有围栅，安全门应有锁，并有电气连锁自动断电装置；

3）绝缘棒应定期进行耐压试验，建立试验台账，有耐压合格证；

4）高压部分应每年检修一次，及时更换极板；

5）油水界面自动控制设施及安全附件应完好可靠，安全阀应定期检查保养；

6）脱水投产前应进行强度试验和气密试验。

（3）原油稳定。

1）稳定装置不应超温、超压运行；

2）压缩机应有完好可靠的启动及事故停车安全联锁装置和防静电接地装置；

3）压缩机吸入管应有防止空气进入的安全措施；

4）压缩机间应有强制通风设施及安全警示标志。

（4）污油污水处理。

1）污油罐应有高、低液位自动报警装置；

2）加药间应设置强制通风设施；

3）含油污水处理浮选机应可靠接地，接地电阻应小于 10Ω。浮选机外露旋转部位应有防护罩。

（5）输油泵房。

1）电动往复泵、螺杆泵和齿轮泵等容积式泵的出口管段阀门前，应装设安全阀（泵本身有安全阀者除外）及卸压和联锁保护装置；

2）泵房内不应存放易燃、易爆物品，泵和不防爆电机之间应设防火墙。

（6）储油罐。

1）油罐区竣工应经相关部门验收合格后方能交工投产；

2）储油罐安全附件应经校验合格后方可使用；

3）储油罐液位检测应有自动监测液位系统，放水时应有专人监护；

4）储油罐应有溢流和抽瘪预防措施，装油量应在安全液位内，应单独设置高、低液位报警装置；

5）5000m^3 以上的储油罐进、出油管线应装设韧性软管补偿器；

6）浮顶罐的浮顶与罐壁之间应有两根截面积不小于 25mm^2 的软铜线连接；

7）浮顶罐竣工投产前和检修投用前，应对浮船进行不少于两次的起降试验，合格后方可使用；

8）储油罐应有符合设计的防雷、防静电接地装置，每年雷雨季前对其检测合格并备案；

9）$1000m^3$及以上的储油罐顶部应有手提灭火器、石棉被等；

10）罐顶阀体法兰跨线应用软铜线连接完好。

（7）油罐区。

1）阀门应编号挂牌，必要时上锁；

2）防火堤与消防路之间不应植树；

3）防火堤内应无杂草、无可燃物；

4）油罐区排水系统应设水封井，排水管在防火堤外应设阀门。

（8）消防管理。

1）消防设施的设置应根据其规模、油品性质、存储方式、储存温度、火灾危险性及所在区域外部协作条件等综合因素确定。

2）消防系统投运前应经当地消防主管部门验收合格。

3）站场内建（构）筑物应配置灭火器，其配置类型和数量应符合建筑灭火器配置的相关规定。

4）易燃、易爆场所应按规定设置可燃气体检测报警装置，并定期检定。

8. 注水、注汽（气）与注聚合物及其他助剂

（1）注水。

1）注水作业现场应设置安全警示标识。

2）注水设备上的安全防护装置应完好、可靠，设备的使用和管理应定人、定责、安全附件应定期校验。

3）注水泵出口弯头应定期进行测厚。法兰、阀门等连接要牢固，发现刺、渗、漏应及时停泵处理。严禁超压注水。

4）应控制泵房内的噪声。

（2）注汽。

1）安装。

① 蒸汽发生器安装单位应具有相应资质并经企业主管部门批准后方可承担蒸汽发生器的安装。

② 安装单位应将本单位技术负责人批准的按规定内容和格式编写的施工方案经企业主管部门批准后方可开工。

③ 安装前，安装单位应对发生器进行详细的检查并按设计图纸进行安装，如有变更应征得相关部门的同意。

④ 水压试验前，专业检验单位应对其全面检查和记录，安装结束后，安装单位应出具质量证明文件，由专业检验单位监督检验工作完成后，出具《安装质量监督检验报告》。

⑤ 监督检验合格，安装单位提供规定的资料后，由企业主管部门组织进行总体验收，通过后取得相关登记手续和使用登记证后方可使用。

2）注气。

① 注气站场应设高、低压放空系统，放空火炬应设置可靠的点火设施和防止火雨设施。

② 有机热载体炉燃气系统应设稳压装置（或调压器）、过滤器、火焰熄灭报警装置。

③ 空气压缩机和仪表风管网应设联锁装置，当管网压力降低时，空压机能自动启动。

④ 注气压缩机应设单向阀和自动联锁停车装置，注气管线至井口应设单向流动装置和紧急放空阀、自动联锁装置，注气井口应设自动保护系统，自动保护系统应能自动关闭井口。可燃气体压缩机的厂房应符合石油天然气工程设计防火和油气集输设计规范的设计要求。

（3）聚合物配制站和注入站。

1）站区严禁吸烟和使用明火。各种压力容器的安全阀、液面计、压力表应由专人负责定期检验，有记录并存档。

2）消防器材、消防工具应定人定期检查保养并记录。

3）定期巡回检查设备、设施，各种操作压力、液位应符合规定要求，保证机泵、电气设备应有接地线，并执行电气检查维护等电气安全操作规程。

4）容器和场地照明杆应设置防雷接地装置，厂房内的起重设备要有良好的接地装置。

四、海洋石油天然气开采安全

1. 危险区

按照设施不同区域的危险性，划分三个等级的危险区：

0 类危险区，是指在正常操作条件下，连续出现达到引燃或者爆炸浓度的可燃性气体或者蒸气的区域；

1 类危险区，是指在正常操作条件下，断续地或者周期性地出现达到引燃或者爆炸浓度的可燃性气体或者蒸汽的区域；

2 类危险区，是指在正常操作条件下，不可能出现达到引燃或者爆炸浓度的可燃性气体或者蒸气；但在不正常操作条件下，有可能出现达到引燃或者爆炸浓度的可燃性气体或者蒸气的区域。

设施的作业者或者承包者应当将危险区等级准确地标注在设施操作手册的附图上。对于通往危险区的通道口、门或者舱口，应当在其外部标注清晰可见的中英文“危险区域”、“禁止烟火”和“禁带火种”等标志。

在设施的危险区内进行测试、测井、修井等作业的设备应当采用防爆型，室内有非防爆电气的活动房应当采用正压防爆型。

2. 设备设施要求

（1）救生设备及配备要求。

1）设施配备的救生艇、救助艇、救生筏、救生圈、救生衣、保温救生服及属具等救生设备，应当符合《国际海上人命安全公约》的规定，并经海油安办认可的发证检验机构检验合格。

2）刚性全封闭机动耐火救生艇能够容纳自升式和固定式设施上的总人数，或者浮式设施上总人数的 200%；气胀式救生筏能够容纳设施上的总人数，其放置点应满足距水面高度的要求；至少配备并合理分布 8 个救生圈；救生衣按总人数的 210%配备。

3）滩海陆岸石油天然气设施配备救生设备的数量：至少配备 4 个救生圈，每只救生圈上都拴有至少 30 米长的可浮救生索；每人至少配备 1 件救生衣，在工作场所配备一定数量的工作救生衣或者救生背心。在寒冷海区，每位人员配备 1 件保温救生服。

4）特殊施工作业情况下，配备的救生设备达不到要求时，应当制定相应的安全措施并报海油安办有关分部审查同意。

5）所有救生设备都应当标注该设施的名称，按规定合理存放，并在设施的总布置图上标明存放位置。

（2）消防设备。

1）针对设施可能发生的火灾性质和危险程度，分别装设水消防系统、泡沫灭火系统、气体灭火系统和干粉灭火系统等固定灭火设备和装置；

2）设置自动和手动火灾、可燃和有毒有害气体探测报警系统，总控制室内设总的报警和控制系统；

3）配备4套消防员装备；

4）滩海陆岸石油天然气设施现场管理单位至少配备2套消防员装备，3套带气瓶的正压式空气呼吸器和可移动式消防泵1台。

（3）通道。

设施上所有通往救生艇（筏）、直升机平台的应急撤离通道和通往消防设备的通道应当设置明显标志，并保持畅通。

（4）租用直升机。

1）作业者或者承包者应当对提供直升机的公司进行安全条件审查和监督。

2）直升机公司应当符合规定的条件。

3）直升机应当配备应急救助设备。

（5）对滩海陆岸应急避难房的要求。

能够容纳全部生产作业人员；结构强度比滩海陆岸井台高一个安全等级；地面高出挡浪墙1米；采用基础稳定、结构可靠的固定式钢筋混凝土结构，或者采用可移动式钢结构；配备可以供避难人员5日所需的救生食品和饮用水；配备急救箱，至少装有2套救生衣、防水手电及配套电池、简单的医疗包扎用品和常用药品；配备应急通讯装置。

（6）对滩海陆岸值班车的要求。

1）接受滩海陆岸石油天然气设施作业负责人的指挥，不得擅自进入或者离开；

2）配备的通讯工具保证随时与滩海陆岸石油天然气设施和陆岸基地通话；

3）能够容纳所服务的滩海陆岸石油天然气设施的全部人员，并配备100%的救生衣；

4）具有在应急救助和人员撤离等复杂情况下作业的能力；

5）参加滩海陆岸石油天然气设施上的营救演习。

（7）其他。

1）气井、自喷井、自溢井应当安装井下封隔器；在海床面30m以下，应当安装井下安全阀。

2）进行电缆射孔、生产测井、钢丝作业时，在工具下井前，应当对防喷管汇进行压力试验。

3）钻开油气层前100m时，应当通过钻井循环通道和节流管汇做一次低泵冲泵压试验。

4）放喷管线应当使用专用管线。

3. 电气安全管理

（1）按照国家规定配备和使用电工安全用具，并按规定定期检查和校验；

（2）遇停电、送电、倒闸、带电作业和临时用电等情况，按照有关作业许可制度进行审批。临时用电作业结束后，立即拆除增加的电气设备和线路；

（3）按照国家标准规定的颜色和图形，对电气设备和线路作出明显、准确的标识；

（4）电气设备作业期间，至少有 1 名电气作业经验丰富的监护人进行实时监护；

（5）电气设备按照铭牌上规定的额定参数（电压、电流、功率、频率等）运行，安装必要的过载、短路和漏电保护装置并定期校验。金属外壳（安全电压除外）有可靠的接地装置；

（6）在触电危险性较大的场所，手提灯、便携式电气设备、电动工具等设备工具按照国家标准的规定使用安全电压。确实无法使用安全电压的，经设施负责人批准，并采用有效的防触电措施；

（7）安装在不同等级危险区域的电气设备符合该等级的防爆类型。防爆电气设备上的部件不得任意拆除，必须保持电气设备的防爆性能；

（8）定期对电气设备和线路的绝缘电阻、耐压强度、泄漏电流等绝缘性能进行测定。长期停用的电气设备，在重新使用前应当进行检查，确认具备安全运行条件后方可使用；

（9）在带电体与人体、带电体与地面、带电体与带电体、带电体与其他设备之间，按照有关规范和标准的要求保持良好的绝缘性能和足够的安全距离；

（10）对生产和作业设施采取有效的防静电和防雷措施；

（11）此外，设施必须配备必要的应急电源。

4. 危险物品管理

（1）设施上任何危险物品必须存放在远离危险区和生活区的指定地点和容器内，并将存放地点标注在设施操作手册的附图上；个人不得私自存放危险物品；

（2）设有专人负责危险物品的管理，并建立和保存危险物品入库、消耗和使用的记录；

（3）在通往危险物品存放地点的通道口、舱口处，设有醒目的中英文“危险物品”标识；

（4）放射性物品：不得将爆炸性物品中的炸药与雷管或者放射性物品存放在同一储存室内。对失效的或者外壳泄漏试验不合格（超过 185Bq）的放射源，应当采取安全的方式妥善处置。

5. 守护船管理

（1）守护船应当在距离所守护设施 5 海里之内的海区执行守护任务，不得擅自离开。

（2）守护船应当服从被守护设施负责人的指挥，能够接纳所守护设施全部人员，并配备可以供守护设施全部人员 1 日所需的救生食品和饮用水。

（3）守护船应当配备能够满足应急救助和撤离人员需要的下列设备和器具：担架；救助用长柄钩；抛绳器；带自亮浮灯、逆向反光带和绳子的救生圈；用于简易包扎和急救的医疗用品；营救区舷侧的落水人员攀登用网；1 艘救助艇；2 只探照灯；通信工具，保证守护船与被守护设施和陆岸基地随时通话。

（4）守护船船员应当符合下列条件：具有船员服务簿和适任证书等有效证件；至少有 3 名船员从事落水人员营救工作；至少有 2 名船员可以操纵救助艇；至少有 2 名船员经过医疗急救培训，能够承担急救处置、包扎和人工呼吸等工作。

6. 直升机起降管理

（1）指定直升机起降联络负责人，负责指挥和配合直升机起降工作；

（2）配备与直升机起降有关的应急设备和工具，并注明中英文“直升机应急工具”字样；

（3）设施与机场的往返距离所需油量超过直升机自身储存油量的，按有关规定配备安全有效的直升机加油用储油罐、燃油质量检验设备和加油设备；

（4）直升机与设施建立联络后，经设施主要负责人准许，方可起飞或者降落（紧急情况除外）；

（5）直升机机长或者机组人员提出降落要求的，起降联络负责人立即向直升机提供风速、风向、能见度、海况等数据和资料；

（6）无线电报务员一直保持监听来自直升机的无线电信号，直至其降落为止；

（7）机组人员开启舱门后，起降联络负责人方可指挥乘机人员上下直升机、装卸物品或者进行加油作业；

（8）直升机起飞或者降落前，起降联络负责人应当组织做好相关准备工作。

7. 生产作业安全

（1）钻井作业。

1）钻井装置在新井位就位前，作业者和承包者应收集和分析相应的地质资料。如有浅层气存在，安装分流系统等；

2）钻井作业期间，在钻台上备有与钻杆相匹配的内防喷装置；

3）下套管时，防喷器尺寸与所下套管尺寸相匹配，并备有与所下套管丝扣相匹配的循环接头；

4）防喷器所用的橡胶密封件应当按厂商的技术要求进行维护和储存，不得将失效和技术条件不符的密封件安装到防喷器中；

5）水龙头下部安装方钻杆上旋塞，方钻杆下部安装下旋塞，并配备开关旋塞的扳手。顶部驱动装置下部安装手动和自动内防喷器（考克）并配备开关防喷器的扳手；

6）防喷器组由环形防喷器和闸板防喷器组成，闸板防喷器的闸板关闭尺寸与所使用钻杆或者管柱的尺寸相符。防喷器的额定工作压力，不得低于钻井设计压力，用于探井的不得低于 70MPa；

7）防喷器及相应设备的安装、维护和试验，满足井控要求；

8）经常对防喷系统进行安全检查。检查时，优先使用防喷系统安全检查表。

（2）完井、试油和修井作业。

1）配备与作业相适应的防喷器及其控制系统；

2）按计划储备井液材料，其性能符合作业要求；

3）井控要求参照钻井作业有关规定执行；

4）滩海陆岸井控装置至少配备 1 套控制系统。

（3）载人吊篮作业。

除符合起重作业的通用要求外，还应符合下列要求：

1）限定乘员人数；

2）乘员按规定穿救生背心或者救生衣；

3）只允许用于起吊人员及随身物品；

4）指定专人维护和检查，定期组织检验机构对其进行检验；

5）当风速超过 15m/s 或者影响吊篮安全起放时，立即停止使用；

6）起吊人员时，尽量将载人吊篮移至水面上方再升降，并尽可能减少回转角度。

（4）高处及舷（岛）外作业。

1）高处及舷（岛）外作业人员佩戴安全帽和安全带，舷（岛）外作业人员穿救生衣，并采取其他必要的安全措施；

2）风速超过 15m/s 等恶劣天气时，立即停止作业。

（5）放射性作业的现场和设施。

除按国家相关规定的要求外，还应满足以下要求：

1）平台作业区进行放射性作业时，应设置明显、清晰的危险标志；

2）在放射性作业现场，应配备放射性强度测量仪；

3）放射性、火工品和危险化学品的存放场所应远离平台生活区及危险作业区，并应标有明显的警示标志；

4）对存放放射性物质的容器，应附有浮标或其他示位器具，浮标绳索的长度应大于作业海域的水深；

5）使用放射性物质和火工品作业的合同结束时，应将剩余的放射性物质和火工品运回陆岸存放。

五、油气管道储运

参见本套书《安全生产技术基础》第五章第七节“三、储运安全技术”。

模拟试题及考点

1. ________是海洋石油天然气安全生产的责任主体，对其安全生产工作负责。

A. 中国海洋石油总公司

B. 中国石油化工集团公司

C. 中国石油天然气集团公司

D. 海洋石油天然气作业者和承包者

【考点】“一、若干安全管理规定”。

2. 按照《海洋石油安全管理细则》，海洋石油天然气生产设施正式投入生产使用前的程序中，________的叙述无误。

A. 作业者或者承包者向海油安办提交生产设施资料

B. 海油安办严格审查生产设施资料，必要时进行现场检查

C. 经审查和现场检查符合规定的，海油安办有关分部向作业者或者承包者颁发备案通知书

D. 生产设施试生产正常后，作业者或者承包者向海油安办有关分部申请安全竣工验收

E. 竣工验收合格，办理生产许可证

【考点】“一、若干安全管理规定”。

3. 海洋石油天然气设施的作业者或者承包者应当建立动火、电工、受限空间、高空和舷（岛）外作业的审批制度，审批制度的主要内容中，________的叙述有误。

A. 作业前，作业单位提出书面申请，说明作业的性质、地点、期限及采取的安全措施等

B. 经设施负责人批准，签发作业通知单

C. 作业单位按通知单的要求采取有关措施

D. 作业完成后，作业负责人在作业通知单上填写完成时间、工作质量和安全情况，作业单位保存

【考点】“一、若干安全管理规定”。

4. 蒸汽发生器操作人员经专业培训考试取得________后方可持证上岗。

A. 特种设备操作证

B. 特种设备安全操作证

C. 蒸汽发生器操作证

D. 蒸汽发生器安全操作证

【考点】“一、若干安全管理规定”。

5. 长期出海人员接受“海上石油作业安全救生”________的培训，培训时间不少于________课时。

A. 全部内容，40　　B. 综合内容，40

C. 全部内容，24　　D. 综合内容，24

【考点】“一、若干安全管理规定”。

6.《海洋石油安全管理细则》未规定________必须取得有资质的培训机构颁发的培训合格证书。

A. 参加“海上石油作业安全救生”培训的出海人员

B. 参加“稳性与压载技术”培训的稳性压载人员

C. 参加“井控技术”培训的从事钻井、完井、修井、测试作业的相关管理人员和作业人员

D. 参加“防硫化氢技术”培训的在作业过程中出现硫化氢的场所的作业人员

【考点】“一、若干安全管理规定”。

7. 含硫化氢作业环境应配备固定式和携带式硫化氢监测仪，监测仪报警值设定：危险临界浓度为________级报警值；阈限值为________级报警值；安全临界浓度为________级报警值。

A. 1，2，3　　B. 2，1，3　　C. 3，1，2　　D. 3，2，1

【考点】“二、硫化氢防护”。

8. 在含硫化氢作业环境应配备________空气呼吸器及与其匹配的空气压缩机。

A. 正压式　　　　　　　　　　B. 钢瓶型
C. 碳纤维瓶　　　　　　　　　D. 移动长管式

【考点】“二、硫化氢防护”。

9. 含硫化氢环境中生产作业时，在有可能形成硫化氢和二氧化硫聚集处，应有下列设施中共________项设施。

① 防爆通风设备
② 硫化氢警示标志
③ 风向标
④ 逃生通道及安全区

A. 1　　　B. 2　　　C. 3　　　D. 4

【考点】“二、硫化氢防护”。

10. 下列关于含硫化氢油气井钻井安全要求的叙述中，________不确切。

A. 预探井、探井在打开油气层前，应进行安全评估
B. 井场严禁烟火
C. 防喷器组及其管线闸门和附件应能满足各种井口压力
D. 使用适合于含硫化氢地层的钻井液，监测和控制钻井液 pH 值

【考点】“二、硫化氢防护”。

11. 在可能含有硫化氢地层进行海洋石油天然气钻井作业，当空气中硫化氢浓度达到 $30mg/m^3$ 时，应________。

A. 通知所有平台人员，检查并准备好正压式空气呼吸器
B. 组织所有人员撤离平台
C. 所有平台人员迅速取用正压式空气呼吸器，命令守护船向平台驶来
D. 在岗人员迅速取用正压式空气呼吸器，其他人员到达安全区，通知守护船在平台上风向海域起锚待命

【考点】“二、硫化氢防护”。

12. 在含有硫化氢地层进行海洋石油天然气生产作业，当空气中硫化氢达到________ $\times10^{-6}$ 或者二氧化硫达到________ $\times10^{-6}$ 时，作业人员佩戴正压式空气呼吸器。

A. 5，1　　　B. 10，2　　　C. 15，3　　　D. 20，4

【考点】“二、硫化氢防护”。

13. 石油物探中的临时炸药库应符合的要求，下述中________有误。

A. 炸药、雷管分库存放
B. 设立警戒区，周围加设禁行围栏和安全标志，配备足够的灭火器材
C. 库区内干净、整洁无杂草、无易燃物品
D. 与营区、居民区的距离应符合公司关于地震勘探民用爆破器材安全管理的规定

【考点】“三、陆上石油天然气开采安全”。

14. 工程设计要根据采用的工艺技术和________中的风险评估、安全提示制定相应的安全措施，并按设计审批程序审批。

A. 地质设计　　B. 踏勘报告　　C. 地质资料　　D. 勘察资料

【考点】“三、陆上石油天然气开采安全”。

15. 关于陆上石油天然气开采中的作业安全，下述中无误的是________。

A. 钻井井场布置满足防喷、防爆、防毒等要求

B. 录井作业现场点火时，点火地点与井口的距离应不小于20m

C. 测井中进行气井施工，发动（电）机的进气管应戴阻火器

D. 遇有八级以上大风应暂停测井作业

E. 射孔作业中保管员负责从库房领出和现场保管火工品

【考点】“三、陆上石油天然气开采安全”。

16. 关于射孔作业中火工品运输的要求，下述中________有误。

A. 专车运输，运输车辆按指定路线行驶

B. 因扬尘、雾、暴风雪等引起能见度低时，汽车行驶速度应在20km/h以下

C. 途中遇有雷雨时，车辆应停放在离建筑物100m以外的空旷地带

D. 不许无关人员搭乘

【考点】“三、陆上石油天然气开采安全”。

17. 关于试油（气）和井下作业中的井控装置的要求，下述中________有误。

A. 试油（气）和井下作业的井均应安装井控装置

B. 井控装置应有试压合格证

C. 井控装置（除自封防喷器外）的压力等级应与油气层经常显现的地层压力相匹配

D. 含硫化氢、二氧化碳井，井控装置应具有抗硫化氢、抗二氧化碳腐蚀的能力

【考点】“三、陆上石油天然气开采安全”。

18. 原油计量工作人员，________。

A. 可穿化纤衣服上罐

B. 可在罐顶开闭防爆手电筒

C. 每次上罐人数可超过5人

D. 计量时应站在上风方向

E. 量油后可将量抽尺放在罐顶

【考点】“三、陆上石油天然气开采安全”。

19. 油气处理设施中的压缩机、污油罐、加药间、电动往复泵出口管段，应分别装设________。

A. 安全阀，强制通风设施，事故停车安全联锁装置，高、低液位自动报警装置

B. 事故停车安全联锁装置，高、低液位自动报警装置，强制通风设施，安全阀

C. 强制通风设施，安全阀，高、低液位自动报警装置，事故停车安全联锁装置

D. 高、低液位自动报警装置，事故停车安全联锁装置，安全阀，强制通风设施

【考点】“三、陆上石油天然气开采安全”。

20. 含油污水处理浮选机接地电阻应小于________Ω。

A. 5　　B. 10　　C. 15　　D. 20

【考点】“三、陆上石油天然气开采安全”。

21. 下列关于储油罐和油罐区的叙述中，________有误。

A. 储油罐安全附件应经企业主管部门检查合格后方可使用

B. 储油罐应设置高、低液位报警装置

C. 储油罐应有符合设计的防雷、防静电接地装置

D. 油罐区阀门应编号挂牌，必要时上锁

E. 油罐区防火堤内应无杂草、无可燃物

【考点】“三、陆上石油天然气开采安全”。

22. 蒸汽发生器安装工作，不属于企业主管部门的是________。

A. 审查安装单位资质

B. 批准安装施工方案

C. 监督检验安装质量

D. 组织进行总体验收，通过后取得使用登记证

【考点】“三、陆上石油天然气开采安全”。

23. 海洋石油天然气按照设施不同区域的危险性，划分三个等级的危险区。1 类危险区，是指在正常操作条件下，________出现达到引燃或者爆炸浓度的可燃性气体或者蒸汽的区域。

A. 连续　　B. 断续地或者周期性地

C. 极少　　D. 不可能

【考点】“四、海洋石油天然气开采安全”。

24. 对于海洋石油天然气设施的危险区，设施的作业者或者承包者应当采取的措施不包括________。

A. 将危险区等级准确地标注在设施操作手册的附图上

B. 在通往危险区的通道口、门或者舱口外部标注“禁止进入”标志

C. 在危险区内进行测试、测井、修井等作业的设备，采用防爆型

D. 对危险区室内有非防爆电气的活动房，采用正压防爆型

【考点】“四、海洋石油天然气开采安全”。

25. 关于海上石油天然气设施救生设备的配备，下述中________不符合《海洋石油安全管理细则》的规定。

A. 刚性全封闭机动耐火救生艇能够容纳自升式和固定式设施上的总人数

B. 气胀式救生筏能够容纳设施上的总人数

C. 配备并合理分布 8 个救生圈

D. 救生衣按总人数的 200%配备

【考点】“四、海洋石油天然气开采安全”。

26. 《海洋石油安全管理细则》明确规定应当设置明显标志并保持畅通的通道，不包括通往________的通道。

A. 救生艇（筏）　B. 消防设备　C. 守护船　D. 直升机平台

【考点】“四、海洋石油天然气开采安全”。

27. 下列关于海洋石油天然气电气管理的叙述中，________有误。

A. 除停送电外，倒闸、带电作业和临时用电须按照作业许可制度进行审批

B. 在触电危险性较大的场所，手提灯、便携式电气设备、电动工具应使用安全电压

C. 安装在不同等级危险区域的电气设备应符合该等级的防爆类型

D. 在带电体与人体、地面、其他带电体、其他设备之间，保持足够的安全距离

E. 电气作业期间，有电气作业经验丰富的监护人进行实时监护

【考点】“四、海洋石油天然气开采安全”。

28. 下列关于守护船的叙述中，________不充分。

A. 在距离所守护设施 5 海里之内的海区执行守护任务，不擅自离开

B. 能接纳所守护设施的全部人员

C. 配备能够满足应急救助和撤离人员需要的设备和器具

D. 船员具备落水人员营救、操纵救助艇两种能力

【考点】“四、海洋石油天然气开采安全”。

29. 海洋石油天然气钻井作业期间，应在钻台上备有与________相匹配的内防喷装置。

A. 钻头　B. 钻铤　C. 钻杆　D. 方钻杆

【考点】“四、海洋石油天然气开采安全”。

30. 海洋石油天然气钻井作业，防喷器的额定工作压力，不得低于钻井________压力。

A. 设计　B. 最大　C. 平均　D. 预期

【考点】“四、海洋石油天然气开采安全”。

31. 当风速达到 16 米/秒时，海洋石油天然气可进行的作业是________作业。

A. 载人吊篮　B. 高处　C. 受限空间　D. 舷（岛）外

【考点】“四、海洋石油天然气开采安全”。

32. 一般情况下，舷（岛）外作业时，作业人员可不佩戴________。

A. 安全帽　B. 防尘口罩　C. 救生衣　D. 安全带

【考点】“四、海洋石油天然气开采安全”。

第五节　事故案例分析

一、烟花爆竹事故案例分析

案例 1　烟花爆竹生产经营单位重大生产安全事故隐患判定

案例 A　2010 年 1 月 1 日，陕西省一烟花爆竹生产厂在生产双响炮过程中发生爆炸事故，造成 9 人死亡、8 人受伤。

事故发生前，生产线转包给河北、四川及当地的 3 个承包人分别组织生产；在生产区内搭建塑料工棚进行插引包装作业，半成品库改为作业工房；中转库核定药量 50kg，实际达 400kg；2009 年 12 月 20 日因违规被查封、责令停产整顿，2d 后擅自恢复生产。

★1. 事故发生前，该公司存在《烟花爆竹生产经营单位重大生产安全事故隐患判定标准》中的________。

A. “擅自改变工（库）房用途或者违规私搭乱建”

B. “出租、出借、转让、买卖、冒用或者伪造许可证”

C. “许可证过期、整顿改造、恶劣天气等停产停业期间组织生产经营”

D. “分包转包生产线、工房、库房组织生产经营”

E. “工（库）房实际滞留、存储药量超过核定药量”

案例 B　某日，一烟花爆竹生产厂生产线（称、混、装药及药饼中转）发生爆炸，造成 4 人死亡，1 人受伤，两条药物生产线建筑物全部被摧毁。

事故发生前，25 号、28 号、29 号工房严重超药量。

2. 事故发生前，该公司存在的重大生产安全事故隐患是什么？

案例 C　某日，一烟花爆竹生产厂发生特别重大烟花爆竹爆炸事故。该公司许可生产范围为 C 级烟花、爆竹类，但生产礼花弹和 B 级以上组合烟花。

3. 事故发生前，该公司存在的重大生产安全事故隐患是什么？

案例 D　某日，在一栋商住两用居民小楼一层的一个烟花爆竹零售点存放的烟花爆竹发生爆炸，导致人员伤亡。

4. 事故发生前，该公司存在的重大生产安全事故隐患是什么？

参考答案

1. ACDE

2. 工房实际滞留、存储药量超过核定药量。

3. 生产经营的产品种类、危险等级超许可范围。

4. 零售点与居民居住场所设置在同一建筑物内。

案例2　某烟花爆竹生产厂提升黑火药爆炸事故

一烟花爆竹生产企业，厂房建在离地面30m的高地上。为了运送物料，工厂在离厂房100m处自制了一台卷扬机，经技术鉴定部门检测结果认定不合格，卷扬机不能投入使用；后经公安消防部门验证，该设备确实不能保证运送物料的安全性，并要求该企业进行整改。该企业负责人C一再保证该提升机不用于炸药等易爆物品的提升作业。但实际上，在这之后曾多次用该提升机提升炸药等易爆物品。

事发当日，采购员A雇用两辆载重量7t的卡车进货，一辆车装载了7t黑火药，另一辆装载了3t烟火药和3t高氯酸钾。

货物拉回工厂后，正值一名副厂长B值班，该副厂长便带了二名值班人员组织卸货，指挥两辆车开到卷扬机旁，由两名工人卸车并装入提升机。因现场人手不够，采购员A到厂房去召集人，值班人员也帮助召集，共召集了十几个人一起卸货，并由一值班人员D操作提升机，通过卷扬机将货物提升到高地，再由工人用两轮手推车推入库房。同时，为增加卸车速度，副厂长指挥工人用手推车向山顶推运易燃、易爆物品。

卸货过程中，卷扬机曾发生过一次故障，但该值班人员C不懂怎样修理，故未对提升机进行处理，后在提升机提升黑火药的过程中，由于卷扬机过卷引起钢丝绳断裂，装有黑火药的吊篮坠地，发生爆炸，事故造成重大伤亡。

请回答下列问题。

1. 试分析事故的责任人和部门，并说明理由。

2. 在库房内装卸黑火药，进入库房定员________人。

A. 1　　　　B. 2　　　　C. 3　　　　D. 4

★3. 以下说法中________有误。

A. 应储存在危险等级低的仓库、中转库的物品，可以允许暂存在危险等级高的仓库、中转库中

B. 仓库内木地板、垛架和木箱上使用的铁钉，钉头不能高出木板外表面

C. 库房相对湿度控制范围为40%~85%

D. 仓库内堆垛与库墙之间宜留有检查通道，堆垛与堆垛之间应留有通风巷

参考答案

1. 责任人、责任部门及理由

（1）值班人员D（直接责任者）：违反规定，擅自无证操作不合格的提升机（特种设备）吊运危险物品；在提升机的组成部件卷扬机发生故障后不会修理，也不找专业人员处理，继续提升黑火药。

（2）副厂长B（管理责任者）：违章指挥，用不合格的卷扬机吊装爆炸品；指挥没有相应资质的人员操作特种设备及搬运爆炸品（用手推车向山顶推运易燃、易爆物品也很危险）；卷扬机发生故障不采取措施；A、D违章不制止。

（3）企业负责人C（领导责任者）：在经公安消防部门验证，自制卷扬机不能保证运送物料的安全性并要求该企业进行整改之后，仍用该提升机提升危险物品。

（4）公安消防部门：在验证卷扬机不能保证运送物料的安全性、并要求企业进行整改后，

无监督检查和落实。

此外，采购员 A：雇用的运输单位用非专用车辆运输危险物品；违章运输危险品，将烟火药与氧化剂氯酸钾同装一车，且超载运输（超过载重量的 80%）；召集无相应资质的人员卸危险物品。

2. B

3. BCD

案例 3 花炮厂现场考察

某省安全生产监督管理局工作人员到该省某市近郊的一花炮厂进行实地考察。

该厂设有原料间、装配间、成品间，但无准备间。装配间内，既有切引、插引等危险工序，又有封底、封面、编饼等一般工序。随同的市安全生产监督管理局工作人员责问厂长：两个月前，我们检查时开了整改通知单，要求你们把两类工序分开，为什么到现在还没整改？厂长说，目前场地、资金有些困难，忙过这一阵我们一定整改。

装配间有两个水泥工作台，一个就近有 4 万籽鞭敞口盘，另一个就近有 6 万籽中籽鞭敞口盘，靠一侧有一堆尚未转移到成品间的成品籽鞭。成品和半成品籽鞭的药剂共约 26kg。

省局工作人员索要了药物配方，后请有关机构检验，发现氯酸钾含量为 58.1%，大大超过配方中的含量。

省局工作人员询问了当天工人领药的次数和数量，又去领药处核对领药记录，发现有 3 人领了药而无记录，有 2 人的领药数量高于记录的数量。

省局工作人员看到装配间有的工人穿着化纤衣服，就查阅了该厂“装配安全操作规程”，规程规定不允许穿化纤衣服进车间。省局工作人员随机地记下了装配间 6 个人的姓名，并到工厂管培训的劳动人事科去查阅和他们有关的培训、考核记录，其中 4 人没有这方面的记录。

在装配间考察时，一 14 岁的童工陈某到水泥工作台拿一把剪子用，省局工作人员拿过剪子，发现是铁制的。

装配间面积大约 $50m^2$，有 22 人干活。省局工作人员又到原料间、成品间、办公室考察，发现总人数 47 人，而市安全生产监督管理局规定全厂职工人数不得超过 30 人。

离开该厂后，省局工作人员向市局索要该厂“三同时”设计审查和竣工验收的报告。市局说，建厂时没有做，准备让他们近期补上。

请回答下列问题。

1. 总人数 47 人的烟花爆竹生产厂，应至少配备________名专职安全生产管理人员，________名兼职安全员。

A. 1，2　　B. 2，2　　C. 2，3　　D. 3，4

2. 辨识该厂存在的危险源和安全管理缺陷。

3. 就该厂的问题，省安全生产监督管理局向市安全生产监督管理局的工作提出 4 点批评，请说出内容。

参考答案

1. C

2.

（1）该厂存在的危险源：

1）危险工序和一般工序在同一个装配间进行而没有分开；

2）成品和半成品籽鞭离水泥工作台太近；

3）实用氯酸钾含量大大超过配方标准；

4）工作人员违反规定穿易起静电火花的化纤服装；

5）车间中使用能碰撞出火花的铁质剪刀；

6）生产人员总数超过批准的数量使危险车间人员密度过大。

（2）该厂存在的安全管理缺陷：

1）车间厂房设计、布置不合理，没有足够的安全距离，危险工序和一般工序在同一厂房；生产人员数量太多；

2）作为与危险物品有关的单位，未按法规要求做到"三同时"；

3）对已查出的安全监督管理部门责令整改的隐患未予以整改；

4）安全管理混乱，缺乏制度或有制度但不能严格遵守，工作人员违规而无人检查纠正，危险物品领用管理无完整记录，实际用药超过配方标准而无人检查纠正，违规配备铁质工具，对员工的安全培训教育不充分等；

5）违法使用童工从事危险作业。

3. 省安全生产监督管理局向市安全生产监督管理局的工作提出4点批评为：

（1）对已查出的隐患进行整改的监督检查不落实；

（2）对该厂安全生产违规问题（如超过配方标准装药、穿化纤服装、使用铁质工具、人员未经培训等）检查纠正不力；

（3）对该厂擅自增加危险作业的职工人数和违法使用童工未及时发现并制止；

（4）在该厂没有进行"三同时"设计审查和竣工验收的情况下就开工生产未予以制止。

案例4 烟花厂殉爆事故

1. 事故情况

江门市土产进出口公司高级烟花厂始建于1992年，1993年底投产，在江门市工商局注册登记为全民所有制企业。企业法人代表先后由江门市土产进出口公司（下称土出公司）总经理罗某、梁某担任，证照齐全。厂址位于江海区外海镇麻一管理区，距江门市区中心约5公里的山坳里，占地面积2万m^2，建筑面积3700m^2。1999年烟花产量8.87万箱，产品全部出口，创汇额127万美元。

2000年6月30日上午8时05分，该厂发生特大爆炸事故，死亡37人（其中男8人，女29人），失踪2人，受伤住院108人，损毁厂房、民房、仓库10 200m^2和一批设备、原材料，直接经济损失3000万元。

当天上午8时05分，二车间装配车间员工万小玲用气动钉枪对一个火箭烟花进行装配时，连打两钉都打错位置，意外引爆所装配的火箭烟花；此时工人丁银生（已死亡）正领料路过该处，火箭烟花引燃其手推车上的原料，并引爆了包装二车间内大量待组装的火箭烟花半成品及成品；大量的火箭烟花四处飞蹿，引爆了装配车间的成品、半成品；巨大冲击波又引爆了原料库和半成品库内的易燃易爆物品，形成殉爆。爆炸总药量约为7t TNT当量（相当于

15t 黑火药），整个厂区瞬间被炸成废墟。万小玲本人发现烟花爆燃即迅速逃生，受重伤。

2. 背景情况

（1）自厂房建成后，该厂一直租赁给港商张某经营，土出公司没有参与经营管理，包括安全管理。对港商不断扩大生产规模、擅自加建厂房，明知而不予制止，也未向有关部门反映。

（2）万小玲于爆炸事故发生前一个多月（5 月 24 日）经在该厂做工的哥哥万智（已在事故中死亡）介绍进厂，在事故发生前 3 天被安排到二车间装配车间岗位做打气钉工作，操作岗位变换后没有受过一次安全培训。

（3）1993 年初，厂房在试产时，未经审批报建，擅自在包装车间和原料库之间的空地上扩建 4 幢装配车间，使工房与火药库之间的距离由原来的 59.3m 缩至 17.4m，并将其中 2 幢装配车间改成半成品仓库，使包装车间、半成品仓库到原料库连成一线。

（4）江门市公安部门曾核准该厂原料、成品、半成品的存放量为 1.5t 的火药储量。

（5）该厂报设计能力年产 5 万箱，1999 年实际产量 8.87 万箱。立项时核定的职工人数为 42 人，事故前为 229 人。

请回答下列问题：

★1. 事故调查组成员不包括________。

A. 公安部

B. 省安全生产监督管理部门

C. 住房城乡建设部

D. 省总工会

E. 市安全生产监督管理部门

2. 引起事故的不安全行为是什么？

3. 事故后果严重的原因是什么？

4. 请分析事故的间接原因。

参考答案

1. BCDE

2. 引起事故的不安全行为：员工万小玲在所安装的火箭烟花上用气动钉枪打钉时操作错误，使正在加工的火箭烟花爆炸。

3. 事故后果严重的原因。

（1）该厂原料、成品、半成品的存放量远远超过公安部门曾核准的火药储量，员工人数远远超过立项时核定的人数，使事故后果特别严重。

（2）厂房布局不合理。工房与火药库之间的距离远远小于安全距离，且包装车间、半成品仓库到原料库连成一线，使事故后果特别严重。

4. 事故的间接原因。

（1）厂方违反法规关于建设项目“三同时”的规定，擅自在包装车间和原料库之间的空地上扩建 4 幢装配车间，危险场所之间的距离小于安全距离。

（2）厂方违反法规关于高危行业从业人员培训考核的规定，安排未经专门培训并取得操作证书的人员从事危险作业。

（3）厂方违反公安部门核准的火药储量，擅自将爆炸危险品存放量从1.5万t增加到15万t。

（4）厂方违反烟花爆竹生产的定员要求，擅自扩招员工，使员工人数从批准的42人增加到229人。

（5）江门市土产进出口公司对租赁承包方的安全生产管理不仅未尽到监督检查的责任，甚至明知租赁承包方违反安全生产规定、不断扩大生产规模、擅自加建厂房而不加制止。

（6）江门市政府公安部门、安全生产监督管理部门对烟花厂的安全监督管理不严，使该厂诸多安全隐患未能及时纠正，最终酿成重大事故。

二、民用爆炸物品事故案例分析

案例1 某煤矿人工搬运爆破物品爆炸事故

某日，某煤矿2名工人，在无爆破工监护下，到井下爆炸材料库领取了81kg炸药和280发电雷管，分别混装在一条麻袋和一条尼龙编织袋里，其中一人背了63kg炸药和280发电雷管。两人在井下徒步走了2800m的路程到达工作地点，随便把麻袋、编织袋扔在煤电钻电缆线的明接头处，正巧与麻袋内外露的电雷管脚线相接触，瞬间发生雷管、炸药爆炸，死亡2人，伤3人。

请问：事故发生前，违反了《爆破安全规程》及《煤矿安全规程》的哪些规定？

参考答案

违反《爆破安全规程》及《煤矿安全规程》的如下规定：

（1）一人一次运送的爆破器材数量不超过：雷管，1000发；拆箱（袋）运搬炸药，20kg；背运原包装炸药一箱（袋）；挑运原包装炸药二箱（袋）。(《爆破安全规程》)

（2）不应一人同时携带雷管和炸药（《爆破安全规程》）。

（3）雷管和炸药应分别放在专用背包（木箱）内（《爆破安全规程》），电雷管和炸药严禁装在同一容器内，爆炸材料必须装在耐压和抗撞冲、防震、防静电的非金属容器内（《煤矿安全规程》）。

（4）电雷管必须由爆破工亲自运送，炸药应由爆破工或在爆破工监护下由其他人员运送（《煤矿安全规程》）。

（5）电雷管（包括清退入库的电雷管）在发给爆破工前，必须用电雷管检测仪逐个做全电阻检查，并将脚线扭结成短路（《煤矿安全规程》）。

案例2 几起非煤矿山装药事故

案例A 某铅锌矿事故

某铅锌矿进行露天剥离大爆破，爆破岩石主要是白云岩，局部有黑色破碎带。爆破方法为硐室大爆破，共有16条导硐、67个药室。某日白班装药到16时，3号洞18号药室室内装入了计划装药量的87%（其中，铵油炸药29.2t、2号岩石炸药3.12t），并装有3个带导爆索的副起爆器（经30～40s即可点燃）。

19时35分，在导硐内的4名守卫人员发现18号药室起火，并伴有响声，当即迅速向导峒外撤离，并报告现场技术人员。现场技术人员立刻组织现场人员向安全地点撤退。19 时 45 分左右，18 号药室发生爆炸，使临近导硐内装药的 40 多人被砸死或闷死。

经查，爆炸因 18 号药室内照明电灯烤燃炸药而造成。

★1. 关于爆破装药现场的照明，下述中正确的有________。

A. 不得用明火照明

B. 用电灯照明时，在离爆破器材 10m 以外可装 220V 的照明器材

C. 用电灯照明时，在作业现场或硐室内应使用电压不高于 36V 的照明器材

D. 从带有电雷管的起爆药包或起爆体进入装药警戒区开始，装药警戒区内应停电，采用安全蓄电池灯、安全灯或绝缘手电筒照明

案例 B　某碎石厂事故

某日，某碎石厂现场爆破作业人员在向炮眼内投放起爆药包时，硬拉雷管脚线，使雷管脚线自雷管中被强行脱出，在其脱出瞬间，与和雷管脚线相连接的桥丝摩擦发热使起爆药发火，从而使雷管发生爆炸，并由起爆药包引爆炮眼底部已装的炸药，造成一人死亡，一人手臂骨折。

2. 关于人工装药，下述中错误的是________。

A. 炮孔装药应使用木质或竹制炮棍

B. 不应往孔内投掷起爆药包，起爆药包装入后应采取有效措施，防止后续药卷直接冲击起爆药包

C. 装入雷管或起爆药包后，装药发生卡塞时，可用非金属长杆处理

D. 在装药过程中，不应拔出或硬拉起爆药包中的导爆管、导爆索和电雷管脚线

案例 C　某硐室爆炸事故

某年 7 月，某公司完成了某工地爆破方量为 6.85 万 m^3 的爆破设计方案。Ⅰ号和Ⅱ号导硐挖完后，8 月 26 日，两个硐的 10 个药室装药完毕，总药量为 28.28t。接着两个硐回填，每硐 13 人作业。

8 月 27 日 17 时，工地所在区域天气尚晴朗，硐室回填工作继续进行。约 17 时 25 分，天气突然变化，乌云密布，天色变暗，云层从东北向西南方向移动，并刮有大风。随即开始下雨，雨点大而稀疏，而后骤变为大雨。在工地进行回填工作的硐外作业人员以及爆破队队长，都分别跑到工地Ⅰ号、Ⅱ号硐内避雨。约 17 时 30 分，在工地 2km 范围上空发生强雷爆。10min 后，一声巨雷霹雳，随即Ⅱ号硐装有 2.28t 炸药的 3 号药室发生爆炸，Ⅱ号硐内 13 人全部遇难。由于Ⅰ、Ⅱ号两硐室相距仅 40 多米，Ⅰ号硐口发生垮塌，其中 2 人遇难。

★3. 关于爆破工程设计，下述中无误的是________。

A. A、B 级爆破工程需编制爆破技术设计文件

B. 爆破技术设计单位应具有相应的资质

C. 爆破技术设计应通过审查，被认为在技术上可行、安全上可靠

D. 施工组织设计由爆破技术设计单位编写

E. 施工组织设计编写负责人所持爆破工程技术人员安全作业证的等级和作业范围应与施工工程相符合

★4. 遇情况________时，应停止露天爆破作业，所有人员应立即撤到安全地点。

A. 雷电、暴雨雪来临

B. 大雾天或沙尘暴，能见度不超过200m

C. 现场风力超过8级

D. 浪高达到1.0m

参考答案

1. ACD

2. C

3. BCE

4. AC

案例3　几起爆破作业事故

案例A　某采石场爆破事故

某采石场在未取得安全设施设计批复前擅自开工建设。某日20时57分，采用扩壶爆破工艺，放炮炸石的工人无爆破作业资格证。3名工人在山腰处塞炸药点火后，炸药并未爆炸。他们折回再处理"哑炮"时，"哑炮"突然爆炸。爆炸使得山体发生坍塌，3人瞬间就被石流埋没，一名坐在矿山边停放车辆的人员被飞石砸中，被送往医院抢救无效死亡。

请回答下列问题。

1. 采石场建设项目"三同时"在施工前的要求有哪些?

2. 上述事件中，有哪些违反《爆破安全规程》的行为?

参考答案

1.《建设项目安全设施"三同时"监督管理办法》规定，对于非煤矿矿山建设项目，在施工前:

在进行可行性研究时，委托具有相应资质的安全评价机构，对其建设项目进行安全预评价，并编制安全预评价报告;

在建设项目初步设计时，委托有相应资质的初步设计单位对建设项目安全设施同时进行设计，编制安全专篇;

安全设施设计完成后，生产经营单位向安全生产监督管理部门提出审查申请，并提交相关资料。

2. 违反《爆破安全规程》的行为:

采用矿山扩壶爆破工艺;

作业人员无爆破作业资格证;

在光线不良的夜间进行爆破作业;

未经爆后检查确认爆破点安全后，作业人员就进入爆区;

允许无关人员进入爆破作业危险区。

案例B　某石料厂放炮事故

某石料厂用高、陡边坡采矿法开采。某日，采区负责人安排凿岩工甲、排险工乙为一组到采场的西部开采边坡打眼作业，安排凿岩工丙、丁为一组到采场东部开采边坡的中上部打眼。4人在开采边坡上都戴有安全帽、身系安全带，将安全带的保险扣钩挂于各自的专用保险绳上，呈半悬空状态高处作业。作业过程中，西段边坡中上部发生爆炸，甲、乙死亡。

3. 石料厂采矿爆破方法是否符合《爆破安全规程》的规定？

参考答案：

3. 石料厂采矿爆破方法不符合《爆破安全规程》的规定，露天浅孔开挖应采用台阶法爆破。

案例 C　某煤矿飞石事故

某日，某煤矿掘进—730m 西翼入风巷为岩石平巷，避炮安全距离规定 120m，实际只有 70m，爆破时飞石击中爆破工头部，当即死亡。

4. 若爆破振动安全允许距离、爆破空气冲击波安全允许距离、个别飞散物安全允许距离分别为 R_1、R_2、R_3，同时考虑爆破可能诱发的次生灾害的影响时，爆破地点与人员和其他保护对象之间的安全允许距离，应________。

A. 等于 R_1、R_2、R_3 的平均值

B. 大于 R_1、R_2、R_3 的平均值

C. 等于 R_1、R_2、R_3 中的最大值

D. 大于 R_1、R_2、R_3 中的最大值

参考答案：

4. D

案例 D　某煤矿爆破引起瓦斯爆炸

某日，某煤矿二号斜井—480m 水平车场岩石掘进工作面，在接近瓦斯煤层时使用非煤矿许用的 2 号岩石硝铵炸药和秒延期电雷管爆破，爆破时引起瓦斯爆炸，车场 102 架棚子被推倒 78 架，通风机、小水泵、装岩机等全部移位，风筒全部粉碎，死亡 24 人。

★5. 关于煤矿爆破作业，下述中正确无误的是________。

A. 距工作面 20m 以内的风流中瓦斯含量大于 1%时，不应进行爆破作业

B. 必须使用煤矿许用炸药和煤矿许用电雷管

C. 三级的煤矿许用炸药可用于低瓦斯矿井中

D. 煤矿采掘工作面，可以使用煤矿许用瞬发电雷管或煤矿许用秒延期电雷管

参考答案：

5. BC

案例 E　放炮引起的伤亡事故

某日，某磷矿的 1 名副队长带领 4 名矿工（均系采掘工）在 1 号排洪洞作业过程中，发现其中有 1 人打的炮眼过浅，不符合 1.3m 的要求，便让其补眼；同时对已打好的炮眼装药。该工人补眼后，深度仍然不够，便在副队长装药时，征得同意，再次补眼，使部分已装好的导火索淋湿。

副队长等人在点燃导火索时，未按有关规定，采用一次点火或成组点火，进行单个点燃时，也未使用信号线或记时信号线。点燃时未注意到部分导火索已湿，难以点燃而延长了点炮时间，49 个炮只点燃了 40 个，点炮引线已全部熄灭。但此时他们未迅速脱离现场，反而再点引线继续点炮。由于作业中使用的导火索过短，致使先点的炮爆响后，死亡 1 人、重伤 2 人、轻伤 2 人。

6. 在本次事故发生之前，存在几种不安全行为？

7. 本次事故的间接原因？

参考答案

6. 在本次事故发生之前，存在的不安全行为有：

（1）副队长在未对打的炮眼验收完毕时就进行装药，在开始装药后补打炮眼使已安装导火索被淋湿，延长了点火时间；

（2）安装的导火索长度不够；

（3）未采用一次点火或成组点火，延长了点火时间；未使用信号线或记时信号线，使点火后即将爆炸时未能引起重视；

（4）炮未点完但点炮引线已熄灭后未迅速脱离现场，反而再点引线继续点炮。

7. 事故间接原因：

（1）委派无证人员进行放炮作业；

（2）对打的炮眼不验收完毕就装药，使用的导火索长度不能保证人员撤到安全地点，危险情况下不迅速脱离现场，这些说明有关安全法规和安全操作规程的规定不落实，教育培训力度不够，日常监督检查不力，员工缺乏自我保护的意识。

案例 4　某民爆物品生产企业爆炸事故

某月 20 日，某生产乳化炸药的民爆公司 502 工房发生爆炸，33 人死亡，19 人受伤，工房生产线及设备粉碎性破坏，建筑物大部分整体坍塌，周围建筑物破坏范围约为 265m。

此前，该公司擅自在乳化型震源药柱中加装了太安起爆件。由于起爆件保管、领用、使用、登记和回收管理混乱，使起爆件中的太安混入震源药柱废药。

18 日，该工房生产 15 箱（360 根）带双雷管座起爆件（含太安药量 11g）震源药柱，并产生了带起爆件震源药柱废药（乳化炸药），存放于工房当班储物室内。19 日，该生产线停产 1d。

20 日，该工房生产直径 60mm 的不带起爆件震源药柱，同时生产直径 70mm 的 2 号岩石乳化炸药。9:43—9:46，甲班组长和加料员一起先后从储物间抬了三包 5 月 18 日的剩余废药放在敏化机的西侧；9:52—10:47，加料员分 7 次向敏化工序的搅拌机内加入 36 铲废药；10:51，该工房发生爆炸。

事故调查组认为：震源药柱废药在回收复用过程中混入了起爆件中的太安，提高了危险感度。太安在 4 号装药机内受到强力摩擦、挤压、撞击，瞬间发生爆炸，引爆了 4 号装药机内乳化炸药，从而殉爆了 502 工房内其他部位炸药。

事故发生时，502 工房现场人员总数达 34 人，工房总药量为 3.7t，而最大允许定员 14 人、定量 2.5t。该公司 2012 年实际生产震源药柱 12 937t，超过许可能力近 1 倍。2013 年 1～4 月份已生产 4554t。

请回答下列问题。

1. 该公司擅自在乳化型震源药柱中加装了太安起爆件，是否属于“调整原生产线生产工艺”？这种调整是否可以不经试验就直接用于生产中？

2. 在局部调整原生产线生产工艺、改变工艺参数和设备布置、更新专用生产设备时，应当怎么做？

3. 根据 GB 28263—2012《民用爆炸物品生产、销售企业安全管理规程》对试验的要求，________的说法有误。

A. 严禁在正常生产的同时进行试验

B. 进行内部安全论证或请有资质机构进行安全评价

C. 将内部安全论证或有资质机构安全评价资料报设区的市级民爆行业行政主管部门备案

D. 试验期间，该生产线停止其他正常生产

E. 试验期间，疏散与试验无关的人员

★4. 该企业民爆物品生产中，违反了 GB 28263—2012《民用爆炸物品生产、销售企业安全管理规程》关于严禁________的规定。

A. 超产　　B. 超时　　C. 超员　　D. 超量

5. GB 28263—2012 要求废品或未进行安定性试验的新产品应如何存放？

参考答案

1. 该公司擅自在乳化型震源药柱中加装了太安起爆件，属于“调整原生产线生产工艺”。这种调整不应不经试验就直接用于生产中。

2. 在局部调整原生产线生产工艺、改变工艺参数和设备布置、更新专用生产设备时，应当：

（1）组织专业技术人员充分论证，或经有资质的安全评价机构咨询；

（2）经企业安全负责人和安全技术负责人共同签批后方可实施；

（3）及时调整归档相关技术资料，向省级民爆行业行政主管部门备案。

3. C

4. ACD

5. GB 28263—2012 要求，废品或未进行安定性试验的新产品应单独存放。

案例 5　导爆管雷管装配生产线爆炸事故

某日，某导爆管雷管装配生产线生产秒延期 3 段压索，部分工位雷管超量。2 号装盒工位操作工装完一盒雷管之后，侧身从挡板内抽取成模雷管过程中雷管掉落，与地面撞击发生爆炸，殉爆了防险隔板内的雷管（高度不够且连接处松动），造成 1 号工位、4 号工位、压合工位室外操作台相继出现殉爆，造成退模装盒和装模操作工 2 人死亡，内传工 1 人重伤，压合 1 人和装索 1 人轻伤，生产线装模、装盒工位的抗爆装甲基本破坏。

请回答下列问题。

★1. 对用于民爆物品加工、输送、存储的各种设备、器具或有可能接触民爆物品的转动部件，均应有防止产生________的措施。

A. 摩擦　　B. 撞击　　C. 降温　　D. 静电积累

2. 事故发生前，生产中存在哪些隐患？

参考答案

1. ABD

2. 事故发生前，生产中存在的隐患：

（1）没有防止雷管掉落、与地面撞击的措施。

（2）作业现场民爆物品的存放方式（距离，药量）不能防止殉爆。

（3）防险隔板高度不够且连接处松动。

（4）部分工位雷管超量。

案例 6 某黑火药生产车间潮包药工房爆炸事故

某公司黑火药生产车间潮包药工房，包含潮药、筛药、包药等工序，潮药工 1 人，包药工 3 人，工序运输工 4 人。工序运输工用手推车将黑火药粉运到潮包药工房。每包完一机用药，工序运输工用手推车运到压药工房。整个作业过程均为手工操作，工房和物件上的浮药较多。

工房地面为不发火地面，内铺导静电胶板。某日，21 时 40 分左右，一名夜班工序运输工到岗，没有穿导静电鞋。他工作 10min 后，工房内发生爆炸，死亡 6 人。

★1. 民爆物品生产宜采用________的工艺。

A. 连续化　　B. 自动化　　C. 人机结合　　D. 人机隔离

★2. 民爆物品生产中防静电的要求，下述中正确的是________。

A. 粉碎混合加工过程中易产生静电积聚的工序应设置自动消除静电的装置

B. 盛装火工药剂及其炸药制品的盒、盘等活动器具应采用防静电材料制品

C. 进入工业雷管药剂生产工房内的作业人员，可穿戴纯棉工作服和鞋袜

D. GB 28263—2012 明确规定的工房、工作间内的空气相对湿度不应低于 50%

E. 工房地面、工作台面、椅子、脚踏等应铺设防静电材料

参考答案

1. ABD

2. BCE

案例 7 某矿井井下爆破器材库与发放站的合规性

某矿井井下爆破器材库存放炸药 2t，雷管 5000 发。该矿井每天生产用量约为炸药 1.5t、雷管 3000 发。井下爆破器材库和距库房 20m 以内的联通巷道，用不燃材料支护。库内备有足够数量的消防器材。距库房 25m 处有掘进巷道。该库安装了专线电话并装备了报警器。该库采用防爆型电气设备，照明线路的电压为 36V。贮存爆破器材的壁槽，没有安装灯具。

井下爆破器材库距工作面最远不超过 1.5km。该矿井地下有两个水平有发放站，一个存放炸药 0.4t、雷管 800 发，另一个存放炸药 0.6t、雷管 1100 发。发放站的炸药与雷管分开存放，并用砖隔开。

请回答下列问题。

★1. 下述中，________是《爆破安全规程》的规定。

A. 井下爆破器材库的容量不应超过：炸药 3 天的生产用量；起爆器材 10d 的生产用量

B. 井下爆破器材库和距库房 10m 以内的联通巷道，需要支护时应用不燃材料支护

C. 不应在距库房 20m 范围内掘进巷道

D. 照明线路的电压不应大于 36V

E. 贮存爆破器材的硐室或壁槽，不应安装灯具

2. 井下爆破器材发放站存放的炸药不应超过________t，雷管不应超过________发。

A. 0.4，800　　B. 0.5，1000　　C. 0.6，1200　　D. 0.7，1500

3. 该矿井井下爆破器材发放站还有什么违规之处？

参考答案

1. ADE

2. B

3.《爆破安全规程》规定，在多水平开采的矿井，爆破器材库距工作面超过 2.5km 或井下不设爆破器材库时，允许在各水平设置发放站。因此，该矿井不应设置发放站。

三、电力事故案例分析

案例 1　某热力发电厂预防爆炸的保护装置

某热力发电厂主要生产工艺单元有：贮煤场、煤粉制备与输煤系统、燃烧系统、汽水系统、凝结水系统、化学水系统、循环水系统、除灰渣与除尘脱硫系统、制氢系统、配电与送电系统、灰库等。大型设备主要有：锅炉、汽轮机、发电机、磨煤机、制氢装置、水处理装置、除尘装置等。发电用燃煤由汽车直接运往储煤场，在储煤场用滚轴筛将煤破碎后送入燃煤锅炉。

制氢系统包括制氢装置和氢气储罐。制氢装置为两套电解制氢设备及其管路等。制氢装置与其边缘的 6 个卧式氢气储罐用管道连接。

锅炉点火的助燃油为柴油。厂内有两个固定储罐存储柴油，在同一围堰内。在距制氢系统外部边界 550m 处有两个卧式汽油储罐，在同一围堰内。

请回答下列问题。

1. 指出该电厂可能发生爆炸的主要设备或设施，以及预防其发生爆炸的保护装置。

2. 各保护装置的作用是什么？

参考答案

1. 可能发生爆炸的主要设备或设施及预防爆炸的保护装置

（1）锅炉：安全阀。

（2）磨煤机：惰性气体保护系统。

（3）制氢装置：安全阀。

（4）氢气储罐：安全阀。

（5）汽油储罐：阻火器。

2. 各保护装置的作用

安全阀：当系统压力超过规定值时，安全阀打开，将系统中的一部分气体/流体排入大气/管道外，使系统压力不超过允许值。

惰性气体保护系统是为了消除煤尘爆炸的根源——煤尘与空气的混合物。

阻火器是为了去除使油、气混合物发生爆炸的火源（能量）。

案例 2 吊物坠落伤人事故

某日上午，某电厂在设备改造中，一名非起重作业人员使用未经检验的电动葫芦，并擅自拆除其上升限位。当吊物（重 761kg）提升到顶时，钢丝绳过卷扬被拉断，吊物坠落，将一途经工作人员砸死。

说明：下方作业点位于通道上，未设围栏及警告标志，也未设专人看护。

请回答下列问题。

1. 起重机正在吊物时，________不准在吊杆和吊物下停留或行走。

A. 工作人员 B. 技术人员 C. 与工作无关人员 D. 任何人

2. 事故的管理原因有哪些？

参考答案

1. D

2. 事故的管理原因

对物的管理：使用的电动葫芦未经检验。

对人的管理：特种设备操作人员无证上岗。

对环境的管理：作业点下方通道未设围栏及警告标志。

对危险作业的管理：起吊作业现场未设监护人员，未办理起重安全作业证。

案例 3 高处坠落事故

某日上午，某电厂安装主厂房屋面板。工作班成员张某、罗某、贺某等 5 人，在施工中未按施工组织设计要求（即：铺设压型钢板一块后，应首先对压型钢板进行锚固，再翻板）进行，实际施工中既未固定第一张板，也未翻板。施工作业属临边高处作业，作业人员未系安全带，作业中采取平推方式向外安装钢板，在推动钢板过程中，压型钢板两端（张某、罗某、贺某在一端，另 2 名施工人员在另一端）用力不均，致使钢板一侧突然向外滑移，带动张某、罗某、贺某坠落至平台（落差 19.4m），造成 3 人死亡。

请回答下列问题。

1. 在没有脚手架的情况下工作，或者在没有栏杆的脚手架上工作，高度超过________m 时，必须使用安全带，或采取其他可靠的安全措施。

A. 1 B. 1.5 C. 2 D. 2.5

★2. 安全带的挂钩或绳子不应挂在________上。

A. 牢固构件 B. 钢结构 C. 附近横梁 D. 附近管道

3. 事故的直接原因有哪些？

参考答案

1. B

2. BCD

3. 事故的直接原因

（1）高处临边作业，未系安全带；

（2）未按施工组织设计要求施工，不是先固定、再翻板，而是采用平推钢板方法。

案例 4　电气误操作导致锅炉煤粉爆炸

某日，某发电厂发生一起电气误操作事件，导致 35kV 系统停电，事故处理错误使锅炉灭火放炮。

事故前 35kV 系统为双母线带旁路母线运行。1 号、2 号母线经母联 310 联络运行，站用变由 322 开关送电，经 533 开关向生活区供电，并带两台生水泵运行；10kV 母线由 323、523 开关送电，并带 531、534 开关运行。

该日 8 时 20 分，电运申某和张某执行站用变刀闸操作，在未停生活区的生水泵和没有断开站用变高压侧 322 开关以前，就拉开了 533–1 刀闸。由于带负荷拉刀闸，造成弧光短路，站用变过流保护、重瓦斯保护动作，跳开 322 开关，322 开关掉闸时弧光重燃，引起弧光接地，35kV 系统过电压，322 开关套管、322–6.322–8.337–8 刀闸支瓶过电压被击穿炸坏，造成母线接地短路。母联开关 310 阻抗保护动作掉闸，4 号、5 号主变方向过流保护动作，掉开 314、315 主变开关，35kV 母线及 10kV 母线停电。

当 35kV 母线故障时，厂用电系统电压降低，部分低压动力设备跳闸，其中 6 号、7 号炉磨煤机润滑油泵也掉闸，造成 7 号炉灭火。处理中司炉殷某误判断，没有按灭火程序处理，而启动磨煤机，致使锅炉发生煤粉爆炸，崩坏部分炉墙，7 号炉于 10 时 22 分被迫停止运行。

请回答下列问题。

1. 停电操作应按照________的顺序依次进行，送电合闸操作按相反的顺序进行。

A. 负荷侧隔离开关——电源侧隔离开关——断路器

B. 断路器——电源侧隔离开关——负荷侧隔离开关

C. 断路器——负荷侧隔离开关——电源侧隔离开关

D. 断路器——负荷侧隔离开关——电源侧断路器

2. 防误闭锁装置不能随意退出运行，停用防误闭锁装置时，要经________批准。

A. 总经理　　B. 值长　　C. 总工程师　　D. 车间主任

★3. 当锅炉灭火后，要立即停止燃料供给。重新点火前，对锅炉进行充分通风吹扫，排除炉膛和烟道内的可燃物质。恢复燃烧可采用________。

A. 爆燃法　　B. 引燃法　　C. 投油法　　D. 隔离法

4. 此事件中，锅炉发生煤粉爆炸的原因是什么？

参考答案

1. C

2. C

3. BCD

4. 锅炉发生煤粉爆炸的原因

在锅炉灭火后，急于恢复，未按规定切断燃料并进行炉膛通风吹扫，就起动磨煤机，致使煤粉及乏气进入炉膛。

案例 5　磨煤机分离器内部煤粉爆燃事故

某日，某发电厂检修人员在处理风扇磨分离器堵塞工作时，因没有插入分离器出口插板，而锅炉运行中发生正压，导致分离器煤粉爆燃，造成伤亡事故。

4 号炉为直吹式制粉系统，配有 4 台风扇磨煤机（编号配置为 13 号，14 号，15 号，16 号）。事故前制粉系统运行方式：13 号磨处于检修状态，其余 3 台磨运行。20 时 55 分，运行中的 16 号风扇式磨煤机一次风压回零，司炉甲要求副司炉乙停止 16 号磨运行并检查 16 号磨锁风器。乙确认无杂物后，甲判断为分离器堵塞。

甲将情况向班长汇报，班长随即联系电气运行人员将 16 号磨停电，并用防误罩扣上了 16 号磨操作开关把手。班长要求乙联系制粉车间值班的检修人员处理分离器堵塞，乙在 22 时找到检修人员丙（40 岁，临时工）和丁（22 岁，临时工），丙和丁同意处理，乙随即离去。丙和丁在处理分离器堵塞时，没有插入分离器出口插板（按规定此项工作应由检修人员完成），16 号磨没有与运行系统隔绝。

此时，4 号炉 14 号、15 号磨运行，投一个油枪助燃。22 时 33 分，由于煤湿，15 号磨突然断煤，致使 4 号炉燃烧不稳，瞬间正压（60Pa），致使火焰冲入磨煤机分离器并引起内部煤粉爆燃，将正在处理分离器堵塞的丙、丁二人烧成重伤，丙于次日死亡。

请回答下列问题。

1. 制粉设备检修工作开始前，应将设备内部积粉完全清除，并与有关的运行系统可靠地________。

A. 接地　　B. 隔绝　　C. 断开　　D. 上锁

2. 本次事故的直接原因？

3. 运行人员（班长、司炉）的管理原因有哪些？

参考答案

1. B

2. 本次事故的直接原因

断开电源后，未隔断与运行设备联系的热力系统。

（正确做法：断开电源后，隔断与运行设备联系的热力系统，隔断后对检修设备实施消压、吹扫等任何一项安全措施。）

3. 运行人员（班长、司炉）的管理原因

（1）检修工作无票作业（按规定必须要有检修工作票；特殊紧急情况下，无票时要报请值长同意，且第二天需补票）。

（2）未执行有限空间作业安全管理规定（隔绝，吹扫，检测氧含量和有害气体浓度等）。

（3）让外雇工单独从事危险作业而未有效监护。

四、石油天然气开采事故案例分析

案例 1　某海上石油天然气平台爆炸事故

某日 22:00，某油田石油天然气平台发生爆炸事故，45min 内导致死亡 67 人，油田大火持续燃烧 16d。

事故原因：凝析油泵 B 发生故障，而凝析油泵 A 处于维修状态。操作工不知情，启动 A 泵，泄漏 30～60kg 凝析油。约 30mm 直径的有效孔洞持续喷射 30s，在具有 0.2～0.4MPa 最大峰值压的情况下发生爆炸。

请回答下列问题。

★1. ________不是海洋石油安全生产的责任主体。

A. 作业者（实施海洋石油开采活动的企业）

B. 承包者（向作业者提供服务的企业或者实体）

C. 实施海洋石油安全生产监督管理的机构

D. 承包者的供应商

★2. 海洋石油单位，应当经过专门培训，经考核合格取得有资质的培训机构颁发的安全资格证书或培训合格证书的人包括________。

A. 作业者的主要负责人

B. 承包者的安全管理人员

C. 临时出海人员

D. 从事修井作业的领班及井架工

3. 本次事故，什么原因造成了操作工的误操作？

4. 从管理上，怎样消除误操作的原因？

5. 挂牌锁定的注意事项是什么？

参考答案

1. CD

2. ABCD

3. 造成操作工误操作的原因：

（1）操作工操作之前，没有检查凝析油泵 A 的状态。

（2）无人告知操作工凝析油泵 A 处于维修状态，不可操作。

4. 消除误操作的措施

（1）制定并严格执行维修时锁定及挂牌的制度：对不能随意启闭的电器或机械的控制开关，用专用锁具锁定；在锁定后，悬挂警示标牌，告知危险的存在。

（2）对操作工进行技术、意识、操作的培训和考核，否则不得上岗作业。

（3）凝析油泵作业，必须制定严格的操作规程。

5. 挂牌锁定注意事项

锁定部位必须准确；

锁具必须与需锁定部位一致；

在可燃气体区域应使用防爆锁具；

钥匙应由作业者保存；

当多人作业时，应保证每个单独作业者有一把锁在锁定状态。

案例 2　输油管道爆炸、火灾和原油泄漏事故

某年 6 月 14 日，某市的储运有限公司 A 原油库输油管道发生爆炸，引发大火并造成大量原油泄漏，导致部分原油、管道和设备烧损，另有部分泄漏原油流入附近海域造成污染。事故造成作业人员 2 人轻伤、1 人失踪；在灭火过程中，消防战士 1 人重伤。据统计，事故

造成的直接财产损失为1亿多元。

A公司与B公司签订了原油硫化氢脱除处理服务协议，签订协议前未经安全审核。B公司使用C公司生产的含有强氧化剂过氧化氢的“脱硫化氢剂”，违规在原油库输油管道上进行加注“脱硫化氢剂”作业，并在油轮停止卸油的情况下继续加注，导致输油管道发生爆炸，引发火灾和原油泄漏。

事故调查认定：B公司违规承揽加剂业务；C公司违法生产“脱硫化氢剂”，并隐瞒其危险特性。

请回答下列问题。

1. 事故的直接原因是什么？

2. A公司存在哪些管理缺陷？

参考答案

1. 事故的直接原因

B公司使用C公司违法生产的“脱硫化氢剂”，违规在原油库输油管道上进行“脱硫化氢剂”加注作业，并在油轮停止卸油的情况下继续加注，造成“脱硫化氢剂”在输油管道内局部富集，发生强氧化反应，导致输油管道发生爆炸。

2. A公司的管理缺陷

（1）未执行承包商施工作业安全审核制度。在不了解B公司的作业方法、作业程序的情况下，未经安全审核就签订了原油硫化氢脱除处理服务协议。

（2）未对生产活动中使用的产品、物料进行安全评审，或要求B公司提供关于使用产品的安全确认报告。

（3）未明确要求B公司在油轮停止卸油的情况下停止作业。

案例3　油田钻井人员死亡事故

某日下午，天气晴朗，微风。某钻井队在HZ32–3海上石油生产平台完成HZ32–3–3井侧钻作业，正在下“3–1/2”钻杆进行通井和下筛管作业。当时，第95根钻杆已位于转盘里，第96根钻杆卡在吊卡上准备与第95根钻杆进行连接；井架工操作气动绞车提升第97根钻杆，准备送往小鼠洞。捆绑钻杆的索具为尼龙吊索，缠绕在钻杆母扣下方。提升钻杆过程中，井架工发现钢丝绳卡挂在井架V门的滚筒旁边，于是释放气动绞车后继续往上提，同时观察钻杆底部公扣端吊离钻台的距离。就在这时，尼龙吊索断了，第97根钻杆掉了下来。钻杆顺着坡道下滑，钻杆母扣端打到正在准备进行接单根作业的钻工后脑部位。事故发生后，平台医生立即对其进行紧急施救，然后由直升飞机将伤者送往医院抢救，但抢救无效死亡。在甲板上找到受损的吊索。

调查发现：没有专人负责吊索的存放和使用，平时用目测确认吊索是否过度磨损，是否满足原设计强度；井架V–门上的滚筒有一个介于轴承和滚筒之间的空隙，V–门的高度比钻杆短两英尺，气动绞车没有气压限制装置。

问题：分析本次事故的直接原因、间接原因，提出防范和整改措施。

参考答案

1. 直接原因

（1）尼龙吊索失效。

可能的原因有：

1）在作业过程中，尼龙吊索反复与钻杆和井架的某些部位直接接触，造成累积的吊索疲劳和损害（撞击，捏撮，切削点）；

2）钻杆与滚筒底部边缘或轴承座之间的撞击可能切断吊索；

3）钻杆母扣端如顶住井架 V 门滚筒或轴承下缘，仍以以往的提升作业荷载提升钻杆，极可能发生吊索超载断裂。

（2）接单根作业的钻工站在将钻杆送入鼠洞作业的危险区域干活。

2. 间接原因

（1）尼龙吊索管理。

1）吊索放在管架甲板上，容易受到物理损坏。没有专人负责吊索的存放和使用。

2）吊索检验

界定“过度磨损”的标准不清晰，用目测确认吊索是否满足原设计强度，具有主观性。

（2）作业管理。

钻杆送入鼠洞和接单根作业同时进行，一旦提升系统失灵，没有使接单根作业人员得到保护的措施。

（3）井架设计。

1）V–门上的滚筒有一个介于轴承和滚筒之间的空隙，钢丝绳/吊索可能进入这一空隙并可能被这个间隙卡住。这样就会发生钻杆被卡在滚筒下面，从而给吊索施加很高的张力。

2）V–门的高度比钻杆短两英尺，当钻杆被提起的时候，容易发生钻杆撞击 V–门上的滚筒，给吊索施加额外的张力。

3）气动绞车没有气压限制装置，不能防止气动绞车超过其安全工作负荷，或者超过提升系统部件的安全工作荷载。

3. 防范和整改措施

（1）吊索。

停止使用尼龙吊索，更换成诸如蛇皮钢丝绳等更容易检查、更耐磨损的吊带。或者在尼龙吊索时，加上备用安全系绳。

专人负责吊索的存放和使用，不用时要妥善存放、保护好；在每次使用之前，或者在经受任何异常拉力、敲打或者撞击的情况下，都要进行认真检查。

（2）作业管理。

当有多种作业（如钻杆送入鼠洞作业和接单根作业）同时进行时，要考虑让有危险的作业人员暂时转移到安全地带。

（3）提升驱动装置。

在所有提升驱动装置（如气动绞车）上安装限载装置（带有锁定控制），从而保证不会超过限定的安全工作负荷。

在所有提升驱动装置上装上标牌，标明安全工作负荷以及所能供给的空压/液压与最大提升力的关系。

（4）滚筒和 V 门高度。

对滚筒进行重新设计，保证在海上恶劣的环境条件下操作可靠，消除任何挤伤、撞伤和割伤索具的危险。

加强对滚筒的检查和保养。在每次钻井作业之前要检查滚筒是否工作正常。

井架设计和制造中避免出现V门高度小于钻杆长度的问题。

案例4 天然气井喷后的应急工作

某日晚10时左右，某钻井队在天然气矿井施工起钻过程中，因违章作业，未按规定保证泥浆灌注量和循环时间，导致钻井溢流，发生井涌；录井员未能及时发现溢流等井涌征兆，井涌迅速转为井喷。钻井队队长迅速组织采取了一系列的紧急关井措施，但由于回压阀被违规卸掉，井喷无法控制。井场设备价值数千万元，钻井队队长未敢下令点火，旋即向有关上级公司报告井喷事故，但也没有请示点火。公司应急中心主任即率队从A市出发前往事故现场。由于喷出的天然气中富含有毒气体硫化氢，井喷半小时后钻井队人员开始撤离，并派出2名员工通知井口附近村民紧急疏散，但大多数已经熟睡的村民并没有被他们的呼喊惊醒，该2名员工也不幸中毒身亡。井喷1h20min左右，钻井队队长派人回井场关闭了柴油机、泥浆泵和发电机等，对井场实施警戒，并向A市政府部门报告事故情况，A市政府立即通报事故所在县政府。而此时离事故地点1km远的当地镇政府却仍未接到钻井队的电话通报。次日11时左右，钻井队接到上级点火指示。而之前，公司应急中心主任在途中就有人向其建议点火，到达镇上后在知道已有人员中毒伤亡的情况下也都未能做出点火决定，也没有指派专人踏勘现场点火时机。直到12:30左右，钻井队某队员意外发现井口停喷，气体从放喷管线喷出，才开始组织点火准备。14时左右，派人核实后，于16时左右点火成功，险情得到初步控制。第三天上午10时，数百名公安干警、武警组成的几十个搜救组进入了井场附近的村庄，展开全面搜救，发现大量死亡人员。

事后，新闻媒体进行了大量的走访报道。一农妇见到慰问领导就哭道："我家的牛死了！"某村干部叹息道，要是村里有一个高音喇叭，也不至于死那么多人啊！还有些人就是不听劝，不肯离开，有的还回去锁门，拦也拦不住！一村民心有余悸地说，他家离井场也就50m，自己是因为和钻井队以前的一个队长比较熟，曾在闲谈时无意中听说过那气有毒，才拼命跑了出来，否则不堪设想。当地某政府官员说，事故一个多小时后，当地政府即组织了数十人的先遣队，派出警车、救护车鸣警笛沿公路往返行驶，用扩音器呼叫周围山上居住的群众转移。但由于正值深夜，灾区交通通信不便，现场有毒气体浓度太高，虽经多种努力，仍难保证灾区群众全部得到转移。并坦言：别说老百姓，连我们也不知这竟是一个大毒气筒。

请回答下列问题。

1. 当硫化氢的浓度为________$\times10^{-6}$时，人接触5min即会昏厥、死亡。

A. 200～300　　B. 500～700　　C. 700～900　　D. 1000～2000

2. 在含硫化氢的油气田进行施工作业和油气生产前，________应接受硫化氢防护的培训，培训应包括课堂培训和现场培训，由有资质的培训机构进行。

A. 从事钻井、完井、修井、测试作业的人员及相关管理人员

B. 所有高危险岗位作业人员

C. 所有重要设备和设施作业人员

D. 所有生产作业人员包括现场监督人员

★3. 关于含硫化氢油气井钻井的安全要求，下述中________有误。

A. 地质及工程设计应考虑硫化氢防护的特殊要求

B. 在含硫化氢地区的预探井、探井在打开油气层后，应进行安全评估

C. 采取防喷措施，防喷器组及其管线闸门和附件应能满足历史最高的井口压力

D. 使用适合于含硫化氢地层的钻井液，监测和控制钻井液 pH 值

E. 在含硫化氢地层取心和进行测试作业时，应落实有效的防硫化氢措施

4. 结合本案例，如何建立高风险企业与当地政府的互动应急机制？

5. 该案例在应急决策和现场应急工作的连续性方面暴露出哪些问题？举例说明。

6. 请分析该事故造成人员重大伤亡的原因。

参考答案

1. C

2. D

3. BC

4. 建立高风险企业与当地政府的互动应急机制

（1）高风险企业：把可能的事故（井喷）的性质、有毒物质的危害、事故的影响范围、本企业的应急措施和应急资源等告知当地政府，请求指导、支援和互助。

（2）当地政府：了解高风险企业可能的事故的性质、危害、影响范围、应急资源，纳入本行政区域应急预案。

（3）双方可共同确定双方预案的相关方面，以恰当配合，互相支援。例如，事前，将可能的事故的性质、危害、影响范围告知企业周围民众；一旦事故发生，如何最快地得到准确信息，如何最快地告知企业周围民众，如何最快地将周围民众疏散、转移等。

5. 该案例在应急决策和现场应急工作的连续性方面暴露出的问题

（1）应急决策不及时

例如：

1）未及时采取点火措施，使险情失控，造成重大伤亡。

事发时，钻井队队长未敢下令点火，向有关上级公司报告井喷事故也没有请示点火；公司应急中心主任于事故当晚率队从 A 市出发前往事故现场，在途中就有人向其建议点火，到达镇上后在知道已有人员中毒伤亡的情况下也都未能做出点火决定，也没有指派专人踏勘现场点火时机。直到第二天 16 时左右才点火成功。

2）事发时不立即通知井口附近村民紧急疏散，井喷半小时后钻井队人员开始撤离，才派出 2 名员工通知井口附近村民紧急疏散，但大多数村民已经熟睡。

（2）现场应急工作缺乏连续性

例如：

1）报警延迟。事发时钻井队队长只向有关上级公司报告事故，井喷 1h20min 后才向 A 市政府部门报告事故情况，且未向离事故地点 1km 远的当地镇政府电话通报；

2）第三天上午 10 时，搜救组才进入井场附近的村庄，展开全面搜救。

6. 该事故造成人员重大伤亡的原因

（1）应急决策失当，事发后 18h 才点火成功，使大量有毒气体硫化氢弥散于周围区域。

（2）事发时不立即通知井口附近村民紧急疏散，井喷半小时后通知，但大多数村民已经熟睡。

（3）报警延迟。钻井队队长一直未向离事故地点1km远的当地镇政府电话通报。

（4）缺乏有效的告知村民的方式。

（5）事前未告知村民关于井喷的知识及硫化氢的毒性，村民缺乏有关知识，撤离不坚决。

（6）正值深夜，灾区交通通讯不便，现场有毒气体浓度太高，转移工作成效低。

第五章

具有共性参考意义的事故案例分析

一、机构、人员、培训、制度

案例 1　建筑施工吊物伤人事故

某建筑公司有合同工 95 人，劳务工、农民临时工 68 人。

某日，施工现场进行吊卸多层木模板作业。信号工甲指挥塔吊司机乙起钩时，对周围情况观察不细，未注意到吊物绳索被吊物卡压、被吊物体不平稳，与摘钩操作工丙配合不当，造成被吊多层木模板侧滑，木模板直接击中在吊物下方正在进行塔吊检测的丁的头部导致其死亡。事后调查发现，甲某刚刚入职 3d，在经过简单的口头培训后就上岗。

请回答下列问题。

1. 根据安全生产法，该企业应当________。

A. 设置安全生产管理机构或专职安全生产管理人员

B. 设置专职或兼职安全生产管理人员

C. 委托有相应资质人员管理安全生产

★2. ________应当接受专门的安全技术培训，考核合格后取得国家统一格式的特种作业人员资格证书。

A. 甲　　B. 乙　　C. 丙　　D. 丁

3. 该建筑公司必须对新上岗的临时工进行________安全培训，培训时间不得少于________学时。

A. 自发性，24　　B. 普遍性，32

C. 常规性，48　　D. 强制性，72

参考答案

1. A

2. ABCD

3. D

案例 2　某机械产品生产企业规章制度制定

某企业从事机械产品生产、制造和自营产品的配套保障，企业设有 3 个生产性车间、1 个动力车间、1 个三产服务公司。员工 320 余人，安全生产监督管理人员 3 人。

机械加工车间：有 3 台数控机床和数十台普通机床，产品除有个别工件需要使用镁合金材料在数控机床上加工生产外，其他各类金属工件均可采用适宜的数控机床或普通机床加工生产；配有 2 台运输材料和工件产品的场内机动车辆，有场内机动车辆驾驶员 3 人。

表面处理车间：1 个喷漆工房、1 个木制品工房，承担产品的表面喷漆、包装箱的制作等事项；有与生产配套的空气压缩机 1 台、烘干箱、木工锯床和刨床等，并设有调漆间和可供 3 日喷漆用量的暂存漆料间。

装调车间：工作的程序为产品总装、调试、装箱。成型机械产品最大质量约 1.3t，有 1 台地面操作的 3T 行吊车、1 台 3T 轮式叉车，配有行吊车操作员、叉车驾驶员各 2 人。

动力车间：有供水站、高低压配电室、锅炉（煤、气、油、电）等动力供应站室，负责全厂生产经营和生活用的水、暖、电的动力保障。

三产服务公司：主要负责员工食堂的管理、闲置厂房和临街门面房的租赁及经营。

问题：

该企业应当建立哪些安全生产规章制度和操作规程？

参考答案

1. 规章制度

（1）支持性文件

关于以下主题的规章制度：

危险有害因素辨识、评价及控制策划，适用安全生产法规识别、获取、更新、传达，安全生产责任制，安全教育培训，安全信息沟通、全员参与及协商，安全检查，隐患排查治理，考核与奖惩，合规性评价，事故调查处理，内部审核评定等。

（2）生产安全运行控制文件

关于以下主题的规章制度：

危险物品管理，电气安全，职业病防治，消防安全，运输安全，劳动防护用品管理，设备及特种设备管理，危险作业（高处作业、动火作业、吊装作业、受限空间作业等）安全管理，总装调试作业安全管理，仓储安全，动力保障安全，员工食堂安全卫生管理，相关方监督管理，事故应急预案等。

2. 安全操作规程

关于以下对象或主题的安全操作规程：

各种危险作业，镁合金材料加工，数控机床，车钳铣刨磨冲等机床，喷漆工，木工机械，空气压缩机，烘干箱，行吊车，装配调试，产品包装，高压电工，低压电工，锅炉工，水暖工，水质化验工，炊事机械，厨师等。

二、安全生产许可和合规性

案例 3　某危险化学品企业安全生产许可及合规性

某危险化学品生产企业，已经取得危险化学品安全生产许可证、危险化学品生产许可证。该企业通过其所办的一家机电产品经营公司购买原料、销售产品（在厂区范围内外），该企业有储存产品的设施。

该企业有一原材料危险化学品库房，因所储存的危险化学品的量已经超过临界量，构成重大危险源。为此，该企业选调了一个工作认真、踏实、责任心很强的员工管理该库。该员工一个人负责原材料出入库房，没有出现任何差错。该库房危险化学品的数量、储存地点以及管理人员的情况，已经报当地安全生产监督管理部门备案。

为提高经济效益，该企业扩建一条危险化学品产品生产线，原料、产品均是危险化学品。前期工作准备好后，向县安全生产监督管理部门提出申请，提交了下列文件：① 可行性研究报告；② 原料、中间产品、最终产品或者储存的危险化学品的燃点、自燃点、闪点、爆炸极限、毒性等理化性能指标；③ 包装、储存、运输的技术要求；④ 安全评价报告；⑤ 事故应急救援措施。县安全生产监督管理部门及时组织有关专家进行审查，经审查符合条件，县安全生产监督管理部门很快就颁发了批准书，项目顺利实施。

半年后生产线建成，按程序经过相关部门“三同时”验收后投产。为满足用户需要，产品采用简易包装袋，附印上质量指标。用户需要少量的产品时，该企业用小货车送货上门。产品供不应求，取得了很好的经济效益。

回答下列问题：

1. 企业销售其产品，应否取得许可？应从哪级发证机关取得什么证书？

2. 企业扩建危险化学品产品生产线，在安全生产许可手续方面有何问题？

3. 什么样的企业需要取得危险化学品安全使用许可证？

4. 扩建项目安全设施设计完成后，企业向安全生产监督管理部门提出审查申请还是由自身组织审查并形成书面报告备查？

5. 上述情景中哪些违反了《危险化学品安全管理条例》的规定？

参考答案

1. 依据《危险化学品经营许可证管理办法》，危险化学品生产企业在厂区范围外销售产品，应取得经营许可证。由于有储存设施，须从市级发证机关取得经营许可证。

2. 在安全生产许可手续方面存在的问题：扩建危险化学品产品生产线需要办理变更手续。

企业为办理变更手续提交的申请文件不全。对照《安全生产许可证条例》规定的 13 项条件，缺项很多。例如，在厂房、作业场所，安全设施，设备，工艺，职业危害防治措施，劳动防护用品，相关人员经考核合格的证明材料等方面。县安全生产监督管理部门不应颁发批准书。

3. 列入危险化学品安全使用许可适用行业目录、使用危险化学品从事生产并且达到危险化学品使用量的数量标准的化工企业需要取得危险化学品安全使用许可证（危险化学品生产企业除外）。

4. 按照《建设项目安全设施“三同时”监督管理办法》的规定，生产、储存危险化学品的建设项目，在安全设施设计完成后，生产经营单位应当向安全生产监督管理部门提出审查申请。

5. 违反《危险化学品安全管理条例》的行为见表 5–1。

表 5–1　违反《危险化学品安全管理条例》的行为

违规行为	《危险化学品安全管理条例》的规定
该企业原料、产品通过其所办的一家机电产品经营公司购买和销售	对于带有储存设施经营除剧毒化学品、易制爆危险化学品以外的其他危险化学品的企业，由市级发证机关负责经营许可证审批、颁发
库房内储存的危险化学品的量已经超过临界量，一个人负责原材料出入	储存数量构成重大危险源的危险化学品，应当在专用仓库内单独存放，并实行双人收发、双人保管制度
库房危险化学品的数量、储存地点以及管理人员的情况，未报当地公安机关备案	储存数量构成重大危险源的危险化学品，储存单位报所在地县级人民政府安全生产监督管理部门和公安机关备案
简易包装袋	危险化学品的包装应当符合法律、行政法规、规章的规定以及国家标准、行业标准的要求。包装物、容器的材质以及危险化学品包装的型式、规格、方法和单件质量（重量），应当与所包装的危险化学品的性质和用途相适应
包装袋附印上质量指标	提供与其生产的危险化学品相符的化学品安全技术说明书，并在包装（包括外包装件）上粘贴或者拴挂与包装内危险化学品相符的化学品安全标签
用小货车送产品上门	危险化学品运输车辆应当符合国家标准要求的安全技术条件，并按照国家有关规定定期进行安全技术检验 根据危险化学品的危险特性采取相应的安全防护措施，并配备必要的防护用品和应急救援器材

案例 4　动火作业安全许可

某企业的一个外部承包单位的 4 名工人正在对处于易燃易爆场所的一化工装置的 3m 高护栏进行加高处理，进行乙炔切割、电焊等作业。他们刚刚完成了另一处相距较近的地点的电焊作业。现场附近不到 2m 处有四条并列的化工原料管线。焊接作业现场下方有一个可燃化工原料储箱，箱中原料所剩不多。现场没有灭火器。现场没有企业的任何人员。

承包方于作业前一天办理了一张动火安全作业证。证上的“危害识别”一栏写的是“高处坠落、烫伤、火星”；“安全措施”一栏写的是“严格遵守本企业的相关操作规程”；应急措施是“作业现场准备 2 个灭火器”；作业时间及作业区域未填写；作业证审批人一栏有企业安环部部长的签字。

请回答下列问题。

1. 一级动火作业（在易燃易爆场所进行的除特殊动火作业以外的动火作业），应由________审批。

A. 主管厂长　　B. 总工程师

C. 主管安全（防火）部门　　D. 动火点所在车间主管负责人

2. 关于焊接与热切割作业，需要持有效的特种作业操作资格证的是________。

A. 作业负责人　　B. 动火人　　C. 动火分析人

D. 监火人　　E. 作业审批人

★3. 关于动火作业，需要明确安全职责的人员有________。

A. 作业负责人　　B. 动火人　　C. 动火分析人

D. 监火人　　　　　　E. 作业审批人

4. 承包方应办理几张动火安全作业证？

5. “安全措施”一栏应怎样填写？

参考答案：

1. C

2. B

3. ABCDE

4. 承包方应办理两张动火安全作业证，一个动火点一张动火证。

5. “安全措施”一栏应填写：

（1）作业人员系安全带，防止高处坠落。

（2）对四条并列的化工原料管线，采取有效的隔离措施。（最好写出具体的隔离措施）

（3）移走作业现场下方的可燃化工原料储箱。

（4）现场配备适用的消防器材。（最好写出具体的消防器材）

（5）现场有企业（甲方）安全部门人员监护。

三、危险因素识别、安全检查和隐患排查

案例 5　高处抽加盲板作业危险因素识别

某日，某化工厂停产大检修，一车间领导安排民工甲和乙在重碱车间为距地面 4m 多高的 U 型管道加盲板。由于管内结疤，甲和乙虽然松开螺母，但盲板仍插不进去。于是，甲就用撬杆撬，乙在法兰口用楔子撑。此时，法兰之间仅有 4 个螺栓，这 4 个螺栓当中，1 个螺栓仅有 2 个扣带在螺母上，其余 3 个螺栓仅有 1 个扣带在螺母上。这时，乙的楔子掉下去 1 个，另一职工丙让地面待命（现场服务）的丁去捡掉下来的楔子。丁捡楔子时，甲仍用力敲法兰，致使 4 个螺母脱开，法兰移出，U 型管下部的塑料管断开，继而带有几个弯头和短管（铸铁）的组合管坠落。坠落的组合管砸伤丁，送医院后抢救无效死亡。

安全操作规程中明确规定：抽加盲板工作要有专门人员负责，根据设备、管道内的介质、压力、温度以及现场条件，制定必要的安全措施，办好安全检修证，向参与工作的成员详细交代检修任务和安全措施；对所要拆落的管道，如距支架较远、悬臂太长有可能断裂的，应将管道的两端吊稳或加临时支架。

在检修过程中，安全管理人员未到检修现场。

请根据 GB/T 13861—2009《生产过程危险和有害因素分类与代码》分析化工厂检修过程中存在的危险和有害因素及部位。

参考答案

1. 行为性危险和有害因素

（1）指挥错误：违章指挥。

A. 车间领导不应安排民工进行抽加盲板的作业。在距地面 4m 多高处抽加盲板是一项集工艺、机械、起重技术于一体的综合性作业，民工的本职工作是进行清塔，不具备从事技术工作的能力。

B. 对于有断落可能的管道，未决定在作业前加临时支架。

（2）操作错误：违章作业。对于这种一段为塑料、另一段为铸铁的U型管，当连接螺栓松动（卸螺栓，加盲板）时，有断落的可能，应按照抽加盲板安全操作规程在铸铁管一端进行吊拉。

（3）监护失误：这种作业属于危险性较大的高处作业，但没有设监护人。

2. 物理性危险和有害因素

（1）设施缺陷：稳定性差。法兰之间仅有4个螺栓，这4个螺栓当中，1个螺栓仅有2个扣带在螺母上，其余3个螺栓仅有1个扣带在螺母上。

（2）防护缺陷：检修过程中无任何防护措施。

注：不能将“带有几个弯头和短管（铸铁）的组合管坠落”视为危险因素，因为这是危险因素作用的结果，而不是因素本身。

案例6　某热力发电厂危险和有害因素识别

某热力发电厂主要生产工艺单元有：贮煤场、煤粉制备与输煤系统、燃烧系统、汽水系统、凝结水系统、化学水系统、循环水系统、除灰渣与除尘脱硫系统、制氢系统、配电与送电系统、灰库等。大型设备主要有：锅炉、汽轮机、发电机、磨煤机、制氢装置、水处理装置、除尘装置等。发电用燃煤由汽车直接运往储煤场，在储煤场用滚轴筛将煤破碎后送入燃煤锅炉。

制氢系统包括制氢装置和氢气储罐。制氢装置为两套电解制氢设备及其管路等。制氢装置与其边缘的6个卧式氢气储罐用管道连接。

锅炉点火的助燃油为柴油。厂内有两个固定储罐存储柴油，在同一围堰内。在距制氢系统外部边界550m处有两个卧式汽油储罐，在同一围堰内。

请回答下列问题。

1. 按照GB 6441—1986《企业职工伤亡事故分类标准》，指出该电厂可能发生的事故类别及其所在的生产工艺单元。

2. 按照GB 13861—2009《生产过程危险和有害因素分类与代码》给出的危险和有害因素分类，指出该电厂存在的化学性危险有害因素及其对应的物质名称。

参考答案

1. 该电厂可能发生的事故类别及其所在的生产工艺单元

物体打击：储煤场、煤粉制备与输煤系统、除灰渣系统、灰库等。

车辆伤害：汽车运煤途中、储煤场。

机械伤害：贮煤场的滚轴筛、煤粉制备与输煤系统等有设备之处。

触电：配电与送电系统。

火灾：贮煤场、汽油储罐区、柴油储罐区等。

锅炉爆炸：锅炉（燃烧系统）。

容器爆炸：制氢设备、氢气储罐。

其他爆炸：煤粉爆炸（煤粉制备与输煤系统），氢气爆炸（制氢系统），汽油、柴油火灾爆炸（汽油储罐区、柴油储罐区）。

灼烫：燃烧系统。

中毒和窒息：制氢系统。

淹溺：汽水系统。

2. 该电厂存在的化学性危险有害因素及其对应的物质名称

易燃易爆性物质：氢气（制氢系统）、汽油（汽油储罐）。

自燃性物质：煤（贮煤场、煤粉制备与输煤系统）。

腐蚀性物质：酸、碱（化学水系统），硫（除尘脱硫系统）。

案例 7　冲压车间、焊装车间和涂装作业的危险有害因素

某公司拟建年产 6 万辆轿车生产流水线。利用原有的冲焊联合厂房和涂装联合厂房设置了冲压车间、焊装车间、涂装车间和总装车间。本项目的原材料为钢板，主要辅助材料为涂料（主要成分为苯系物、溶剂汽油）、焊丝等。

冲压车间的生产工艺流程为：备料（开卷落料丝）→冲压成型（各冲压线）→检验（专用检具）→入库。

焊装车间的主要生产工艺流程为：组合→焊接→补焊→检查→涂密封胶→车身调整。

请回答下列问题。

1. 简述该公司拟建的冲压车间和焊装车间的主要职业病危害因素。

2. 简述涂装作业的主要危险有害因素。

3. 简述防止涂装作业中发生火灾、爆炸或中毒事故的主要安全技术措施。

参考答案

1. 冲压车间和焊装车间的主要职业病危害因素

冲压车间的主要职业病危害因素：

（1）备料：噪声、振动、劳动强度过大等；

（2）冲压成型：噪声、振动、有毒物质（如润滑油雾）等；

（3）入库：噪声。

焊装车间的主要职业病有害因素：

（1）组合：噪声；

（2）焊接、补焊：非电离辐射（不可见光射线，如紫外线）、电焊烟尘（氧化铁、氧化锰、铅等）、臭氧、氮氧化物（高温时产生）、一氧化碳、局部振动、高温等；

（3）涂密封胶：有毒物质（如苯、甲苯、二甲苯等）；

（4）车身调整：噪声、振动。

2. 涂装作业的主要危险有害因素

（1）火灾、爆炸。

涂装作业使用的涂料、溶剂等是易燃易爆物品，在涂装作业中，如果通风不良、设备设施缺陷、产生静电火花以及人员违章等，易燃易爆气体达到爆炸极限，就可能发生火灾、爆炸事故。

由于电气设备故障或检查维护不到位、电线绝缘老化等，还可能引起电气火灾；而且还可能由于电气火灾扩大引起爆炸。

（2）中毒。

涂料中含有苯系物，如苯、甲苯、二甲苯等。如果车间通风不良、作业人员未正确佩戴防护用品或防护用品失效，可能引起慢性中毒或急性中毒，甚至引起职业病。

3. 防止涂装作业中发生火灾、爆炸或中毒事故的主要安全技术措施

（1）通风：喷涂间应设置配套通风净化系统。

（2）检测报警。

在有可能泄漏可燃气体的地方将设置可燃气体检测报警装置，以便及时报警；

与喷涂设备配套的风机、泵、电动机、过滤器等部件易发生故障处，宜配套有响声的或声光组合的报警装置，并与喷漆操作动力源联锁。

（3）采用不燃材料：喷涂间室体及与其相连接的送风、排风管道应采用不燃材料制备，地面应采用不产生火花的材料制备，或铺盖不产生火花的材料。

（4）防爆设备：喷涂间应按相应的防爆等级选用防爆型电气设备、设施、仪器、仪表。

（5）禁火。

防静电：喷涂间内所有金属制件、处理涂料、溶剂等的设备和管道、通风系统，必须具有可靠的电气接地。

喷漆间设禁火标志，并配备足够的消防器材。

（6）喷漆操作中穿戴防护服、防护眼镜或长管面具，使物料与人体隔离。

（7）喷漆间应每年至少进行一次通风系统效能测定和电气安全技术测定。

（8）喷漆作业人员必须接受喷漆作业专业及安全技术培训后方可上岗。

（9）无关人员不得进入喷漆间，对进入人员要严格进行防火防爆教育。

说明：

从涂装作业的主要危险有害因素出发，即从导致火灾、爆炸、中毒的原因出发，考虑采取避免这些原因的安全技术措施。

案例8　某建筑施工现场安全检查

某施工现场为两幢学生宿舍楼，建筑面积 18 244m^2，建筑物总高 31.77m，地下一层，地上九层。施工任务为土方开挖至工程竣工前的全过程施工，合同总工期 452 日历天。两幢楼东西排列，现场西侧和南侧各设一个出入口，西侧主要为人员通行，南侧主要是运输车辆通行。现场南侧设有钢筋、模板等材料堆放及加工区域。现场有两台 TC5015 型塔吊，设置在楼体南侧，一台 HBT80 混凝土泵设置在两个楼体之间，当浇筑大体积混凝土时以混凝土泵车做补充。办公区设置在现场北侧，生活区设置在现场外南侧，与施工区分开。

主体施工阶段，施工现场共有管理人员及作业人员 306 人。现场管理人员 16 人，其中项目经理 1 人、副经理 2 人、安全员 2 人；劳动力投入 290 人，其中架子工 14 人、电焊工 8 人、电工 10 人、塔吊司机 4 人。该工程选用了三支专业分包队伍，主要施工顺序为土方施工、基础施工、结构施工、防水施工及室内外装修施工。

现场施工用外脚手架采用悬挑式双排脚手架，满足结构、装修期间的施工要求。悬挑式双排脚手架在首层施工时，在首层顶板挑出工字钢，随地上结构逐层搭设，直至装修完成后拆除。上料平台为定型悬挑卸料钢平台，模板支撑为碗扣式脚手架。根据施工现场布置及主要机械用电量计算，需要一台 200kVA 变压器，采用 TN—S 接零保护系统对办公区、施工现

场照明、施工机械等供电。

请回答下列问题。

1.《特种设备安全监察条例》规定，企业对特种设备的自查应每________进行一次。

A. 日　　B. 月　　C. 季度　　D. 年

2. 对施工现场应进行哪些专项（业）安全生产检查？

3. 除各种专项（业）安全生产检查外，对施工现场包括分包方施工现场还应进行哪些安全生产检查？

4. 对现场哪些部位应实行每日防火巡查？

5. 负有安全生产监督管理职责的部门应进行哪些方面的安全生产检查？

参考答案

1. B

2. 该施工现场应进行的专项（业）安全生产检查有：

各种脚手架专业检查；

施工现场用电安全专项检查；

特种设备专项检查；

消防安全专项检查；

危险作业（动火作业、吊装作业、高处作业等）安全专项检查；

危险性较大的分部分项工程安全专项检查。

3. 除各种专项（业）安全生产检查外，对施工现场包括分包方施工现场还应进行以下安全生产检查：

特种作业人员（架子工、电焊工、电工、塔吊司机等）持证上岗情况；

现场定置管理（包括物料堆放）及文明生产情况；

特种劳动防护用品安全标志及佩戴、使用情况；

各种危险部位安全警示标志的设置；

现场作业人员和指挥人员的遵章守规情况；

现场运输安全等。

4. 对现场所有消防安全重点部位应实行每日防火巡查，如使用、存放易燃材料的场所，动火作业现场，脚手架作业及室内装修作业现场，某些电气设施等。

5. 负有安全生产监督管理职责的部门应进行的安全生产检查有：

建设单位及分包方的资质等级证书；

建设单位及分包方的安全生产许可证；

建设项目安全设施、职业病危害防护设施“三同时”（如设施的设计审查及安全预评价）；

建设单位负责人、项目经理、副经理、安全员及其他安全生产管理人员以及分包方负责人和安全生产管理人员接受安全培训、考核的情况，以及他们的安全资格证书；

特种作业人员、特种设备操作人员资格证书抽查；

其他从业人员接受安全培训教育的情况；

建设单位与分包方签订的安全生产协议，包括安全生产责任的条款；

建设单位及分包方与从业人员签订的劳动合同中关于安全生产、劳动保护的条款；

建设单位及分包方是否为从事危险作业的人员办理人身意外伤害保险；

建设项目设计单位、监理单位的资质；

现场施工区、办公区、生活区设置是否符合安全要求等。

案例 9 某大型企业安全检查

某大型企业地处北方寒冷地区，距离 A 省 B 市约 35km。该企业的生活和工业用水均取自距离厂区 5km 处的 H 河。该企业生产区、工作区和生活区独立布置，自建了 10km 铁路线用于原料运入，生产废料和成品由汽车通过专用道路运出。该企业生产工艺流程较长，包括原料储运单元、初加工单元、精处理单元以及除渣除尘脱硫等辅助单元。现场布置有煤气、氢气、氧气、压缩空气管道及燃油管道以及大量动力电缆、控制电缆，现场大型转动机械多、高温高压容器多。有桥式起重机、汽车起重机多台，还有大量轻小起重设备。有一个自备电站提供生产用电、用热、用汽。该企业成立了检修公司，按照生产单元划分，检修公司下设多个车间，各车间根据工作需要配备有焊工、起重工、架子工等。在设备大修时，还需要将部分检修项目发包给外部专业队伍。为满足职工上下班的需要，该企业配置了多辆通勤大客车。

请回答下列问题。

1. 针对不同对象，确定安全检查的类型、内容、方法。
2. 安全检查的准备工作有哪些？
3. 安全检查中发现的问题如何处置？

参考答案

1. 针对不同对象，安全检查的类型、内容、方法见表 5–2。

表 5–2　　安全检查的类型、内容、方法

对象	类型	内容	方法
各生产工艺流程单元，自备电站，检修公司	综合性检查	软件：管理，意识，制度，隐患及整改，事故处理 硬件：生产设备，辅助设施，安全设施，作业环境	安全检查表
自备电站，起重设备	专项检查	依据国家、行业有关标准确定	安全检查表 仪器检查及数据分析法
煤气、氢气、氧气、压缩空气、燃油管道，动力电缆、控制电缆，高温高压容器	经常性检查	依据国家、行业有关标准确定	仪器检查及数据分析法
各种危险作业（吊装、动火、高处、受限空间、危险性检修）	经常性检查	作业审批，设备设施，安全设施，作业环境，作业人员行为，劳动防护等	安全检查表 常规检查
承包方现场	定期检查	除上一行内容外： 定置管理、文明生产，特种作业人员持证上岗，危险作业防护	安全检查表

续表

对象	类型	内容	方法
大型转动机械，铁路线，专用道路，通勤大客车	定期检查	机械设备防护、故障检修，异常状态，周边环境	常规检查
伴热系统，各种管道，高温高压容器	季节性检查	温度、湿度、恶劣天气对设施的影响，保护或检修的必要性	常规检查

2. 安全检查的准备工作：

（1）确定检查对象、目的、任务。

（2）查阅、掌握有关法规、标准、规程的要求。

（3）了解检查对象的工艺流程、生产情况、可能出现危险和危害的情况。

（4）制定检查计划，安排检查内容、方法、步骤。

（5）编写安全检查表或检查提纲。

（6）准备必要的检测工具、仪器、书写表格或记录本。

（7）挑选和训练检查人员并进行必要的分工等。

3. 对于安全检查中发现的问题：

（1）分析问题的直接原因和管理原因。

（2）根据问题的原因和性质，安全管理部门提出立即整改或限期整改的要求，并会同有关部门，共同制定整改计划。

（3）安全管理部门会同有关部门组织实施整改计划，责任部门落实整改计划。

（4）整改计划完成后，安全管理部门组织有关人员进行验收。

（5）对安全检查中经常发现的问题或反复发现的问题，应从规章制度的健全和完善、从业人员的安全教育培训、设备系统的更新改造、加强现场检查和监督等环节持续改进。

案例 10　某工业乳化炸药生产企业隐患识别

某日，某工业乳化炸药生产企业负责生产安全的王副厂长到生产现场进行安全检查。他骑着摩托车来到硝酸铵破碎工房门前，看到一名光着上身、穿着拖鞋的装卸工正在用手推车向工房内运袋装硝酸铵，手推车支腿由角钢焊成。操作工甲拖过一袋硝酸铵向破碎机中加料，加料过程中见硝酸铵中有一异物，急忙用手抓出，险些将手碰伤。工房闷热，墙壁及破碎机传动轴等设备上落有大量硝酸铵粉尘。操作工丙向王副厂长反映说，现在的操作以老带新，按经验操作，无操作的文字依据，这样下去不行，迟早会出事。王副厂长听后说："没事，以前都是这么干的。"他看了看生产还算正常，就骑着摩托车走了。

请识别生产现场存在的事故隐患、可能的后果，并指出纠正措施。

参考答案

事故隐患	可能的后果	纠正措施
王副厂长骑着摩托车来到硝酸铵破碎工房门前	打火的摩托车提供引爆能量	摩托车在距破碎工房较远处熄火
装卸工光着上身、穿着拖鞋	产生静电，提供引爆能量	穿防静电工服、防静电鞋

续表

事故隐患	可能的后果	纠正措施
用手推车向工房内运袋装硝酸铵，手推车支腿由角钢焊成	角钢易发生撞击，提供爆炸能量	危险化学品运输车辆应符合国家标准要求的安全技术条件
向破碎机中加料前没有分检过筛，料中有异物	石头、铁钉等摩擦、撞击，提供引爆能量； 油类与硝酸铵混合，提高硝酸铵爆炸感度	改进工艺，向破碎机中加料前设分检过筛
破碎机传动轴等设备上落有大量硝酸铵粉尘	传动轴有油类，与硝酸铵混合，提高硝酸铵爆炸感度	破碎机传动轴密封；若不密封，须经常清除传动轴上的硝酸铵粉尘

四、安全评价

案例 11 某化工厂安全评价

某化工厂拟将原有 10 万 t/a 的聚氯乙烯（PVC）装置扩建为 15 万 t/a，同时配套的烧碱装置由 10 万 t/a 扩建为 15 万 t/a。

扩建的烧碱装置主要包括：电解工序、氯氢处理及氯化氢合成、蒸发固碱工序。扩建的 PVC 装置主要包括：乙炔发生工序、氯乙烯生产工序和氯乙烯聚合工序。其他的生产、生活辅助设施和公用工程均根据生产能力的提高做相应的调整和扩建。

聚氯乙烯生产选择以电石为原料生产乙炔；以乙炔、氯化氢为原料合成氯乙烯，用悬浮聚合的方法生产聚氯乙烯，采用旋风干燥床干燥聚氯乙烯粉料、自动包装的工艺技术路线。

烧碱装置以固体原盐为原料，采用金属阳极隔膜电解技术生产烧碱、氯气和氢气；以蒸汽为热源，采用Ⅲ效四体蒸发浓缩技术生产 42%NaOH；以精煤气化技术生产的煤气为热源，利用固碱技术生产 96%NaOH 固体碱；采用氯气和氢气处理技术生产液氯，用氯化氢正压合成法分别生产氯化氢及盐酸。

请回答下列问题。

1. 评价单元如何划分？说明理由。

2. 评价方法如何选择？说明理由。

3. 项目选址时应注意哪些外部防护距离要符合相关国家标准的规定？

4. 扩建项目完成后，该厂应当委托具备国家规定的资质条件的机构，对本厂的安全生产条件每________年进行一次安全评价。

A. 1　　　　B. 2　　　　C. 3　　　　D. 4

参考答案

1. 评价单元的划分

主要评价单元是两个：扩建的烧碱装置和扩建的 PVC 装置。生产、生活辅助设施和公用工程，根据危险有害因素的种类及地理区域情况酌情划分评价单元。理由是：相对独立且具有明显的特征界限，便于实施评价。

2. 评价方法的选择

对于扩建的烧碱装置和扩建的PVC装置，采用预先危险分析方法，在设计、施工和生产前，对系统中存在的危险性类别、出现条件、导致事故的后果进行分析，以识别系统中的潜在危险，确定危险等级；或采用危险指数方法对工艺及运行的固有属性进行比较计算，确定工艺危险特性重要性大小。

对于公用工程，可采用故障类型和影响分析方法或LEC法；对于辅助设施，可采用LEC法。

3. 项目选址时应注意的外部防护距离要求

烧碱装置和PVC装置涉及的物质易燃（氢气、乙炔、煤气）、有毒（氯气、氯化氢、煤气）。因此，项目选址时，与周边建筑物、设施的防火距离和卫生防护距离应符合相关国家标准的规定。

4. C

案例12 某热电厂安全评价

某热电厂1×300MW级天然气燃气蒸气联合循环采用燃机、余热回收锅炉、汽轮机、发电机及其辅机组成联合循环装置的型式。主要工艺流程如下：

空气在进气装置中过滤除去灰尘颗粒和水滴，由进气通道引入压气机压缩升压。压气机中的部分空气被抽出，送至涡轮部分冷却高渐叶片和燃烧器件。压缩后的空气大部分进入燃烧室，天然气经预热后进入燃烧室，通过预混合燃烧后的高温烟气进入涡轮做功，带动压气机和发电机发电。此外，燃气轮机还有润滑油、在线清洗、注水、冷却等辅助系统。燃气轮机排气经排气扩散管进入余热锅炉，继续联合循环部分的燃气循环。如果此时通过烟囱排入大气，即为燃机简单循环。燃机的高温烟气先在余热锅炉入口喇叭段继续扩散，然后依次经过余热锅炉的过热器、再热器、各压力蒸发器、凝结水预热器，此间加热炉水生成过热蒸气，并使之过热后送入蒸气轮机做功。最后烟气温度降至 100℃以下，进入烟囱，再依次通过消声器、防雨挡板门至钢制烟囱排入大气。

天然气经长输管线上的分输站引接至电厂外的储配站，通过电厂专用天然气管线向电厂供气。

请回答下列问题。

1. 评价单元如何划分？

2. 评价方法如何选择？说明理由。

3. 该项目建成后，竣工验收安全评价的工作程序是什么？

参考答案

1. 评价单元划分为5个：燃机系统，余热回收锅炉系统，汽轮机系统，发电机及其辅机系统，天然气输送系统。

2. 评价方法选择为故障类型和影响分析及安全检查表方法（因为电厂是一个成熟的系统，故不采用预先危险分析方法）。两者都是将大系统分割成若干子系统、设备和元件。前者分析各子系统可能发生的故障类型及其对大系统产生的影响，以便采取相应的对策，提高系统的安全可靠性；后者针对各子系统，以提问或打分的形式，将检查项目列表逐项检查，避免遗漏。

3. 该项目建成后，竣工验收安全评价的工作程序：前期准备，辨识与分析危险、有害因素（参考安全预评价报告），划分评价单元，选择适用的评价方法开展定性、定量评价，提出安全对策措施及建议，做出安全验收评价结论，编制安全验收评价报告。

五、危险化学品重大危险源

案例 13　危险化学品重大危险源辨识

（1）某焦化厂的精制区域有 3 个 560m^3 和 2 个 200m^3 苯储罐。设储罐的危险化学品设计最大量为储罐容积的 85%。

注：苯的密度 0.878 6g/ml，苯的临界量 50t。

2. 某企业储存场所有甲烷 20t，乙醚 5t，磷化氢 0.15t。（甲烷、乙醚、磷化氢的临界量分别为 50t、10t 和 1t）

请回答下列问题。

1. 该焦化厂精制苯储罐区是否构成重大危险源？

2. 该企业储存场所是否构成重大危险源？

参考答案

1. 精制苯储罐区

苯的密度 0.878 6g/mL（kg/L，t/m^3），设充装系数为 85%

$$(560\times3+200\times2)\times0.85\times0.878\,6=1553\,(t)$$

构成重大危险源。

2. 某企业储存场所

$$20/50+5/10+0.15/1=1.05$$

构成重大危险源。

案例 14　危险化学品重大危险源控制装置和应急器材

某钢铁公司生产辅助单位负责本公司动力系统供应，包括压缩风、水、蒸气、煤气（高炉煤气、焦炉煤气、转炉煤气），上述介质依靠管道输送至各使用单位。该单位设有 3 座 8 万 m^3 煤气柜。

请回答下列问题。

1. 煤气柜是否构成危险化学品重大危险源？

2. 焦炉煤气中含一氧化碳、氢气、硫化氢、二氧化碳、氮气等，其中前三项在危险化学品分类中属于________。苯、甲苯、二甲苯在危险化学品分类中属于________。

A. 氧化性气体，易燃液体　　B. 易燃气体，易燃液体

C. 压力下气体，氧化性液体　　D. 有机过氧化物，氧化性液体

3. 对重大危险源中的毒性气体、剧毒液体和易燃气体等重点设施，应设置紧急________装置。

A. 处置　　B. 报警　　C. 停车　　D. 切断

★4. 对存在吸入性有毒、有害气体的重大危险源，危险化学品单位应当配备________。

A. 便携式浓度检测设备　　B. 空气呼吸器

C. 化学防护服　　D. 堵漏器材

参考答案

1. 煤气的临界量是20t。高炉煤气、焦炉煤气的密度分别是1.29～1.30t/m³和0.4～0.5t/m³。不用计算，就可知已构成重大危险源。

2. B

3. D

4. ABCD

六、职业病防治

案例15　某私人泥石厂粉尘危害

某私人泥石厂4年前招聘数百人来厂做工，简陋的厂房里除了生产用的机器外，无其他任何设备；作业场所狭小，空气流通不畅；每天工作时间很长，企业未给工人发放防尘口罩，工作时3m之外看不见人。没过多久，这些工人就出现了咳嗽、气短现象，但大家没在意。后来因连续发生几人不明原因死亡，症状几乎相同，才去医院检查，竟有上百人患上了职业病。

1. 该作业场所的粉尘主要属于________粉尘。

A. 无机　　B. 有机　　C. 混合性

2. 该职业病属于________。

A. 矽肺　　B. 中毒　　C. 石棉肺　　D. 职业肺癌

★3. 粉尘的理化性质有________。

A. 分散度　　B. 溶解度　　C. 密度　　D. 软度

E. 化学成分

★4. 根据粉尘化学性质的不同，粉尘对人体的危害作用有________。

A. 致纤维化　　B. 中毒　　C. 致敏　　D. 窒息

★5. 该厂应采用________消除或降低粉尘危害。

A. 改革工艺过程，使生产过程机械化、密闭化、自动化

B. 湿式作业

C. 开放作业

D. 佩戴个体防护用具

参考答案

1. A　　2. A　　3. ABCE　　4. ABC　　5. ABD

案例16　某煤制气厂职业危害

某煤制气厂使用无烟煤生产煤气，主要工艺流程如下：

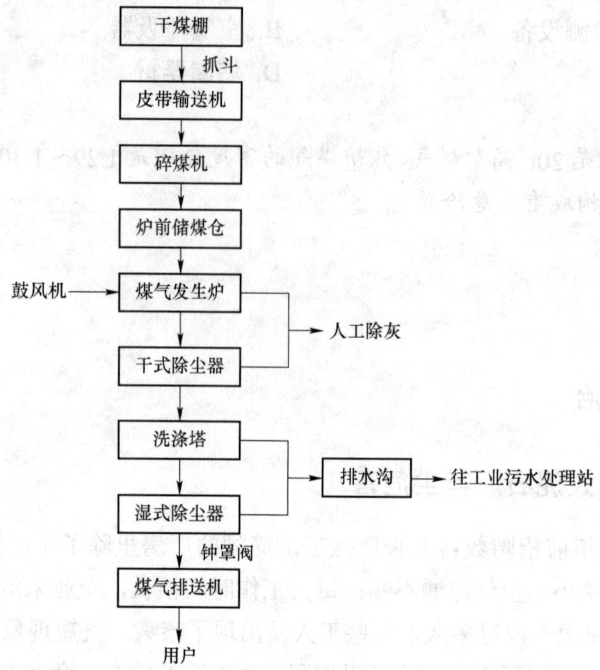

生产出的煤气主要成分为：

组成	CO_2	CO	H_2	N_2	H_2S	O_2	CH_4
%	6.0	27.0	14.0	50.0	＜0.16	0.4	2

测得某巡检工人在一个工作日 8h 工作时间内，接触一氧化碳情况如下：

接触时间 T_i/min	15	17	22	21	18	16
接触浓度 C_i/（mg/m³）	50	47	62	75	38	59

1. 请识别该项目可能产生的职业病危害因素。

2. 该建设项目的职业病危害防护设施设计，应当经政府主管部门进行卫生审查还是将相关材料报政府主管部门备案？为什么？

3. 请计算该巡检工人该日 8h 接触一氧化碳的时间加权平均浓度（计算结果保留一位小数）。

参考答案

1. 可能产生的职业病危害因素

（1）生产性粉尘：煤尘、干灰。

（2）有毒物质：一氧化碳、二氧化碳、氮氧化物、硫化氢（燃烧完全为二氧化硫，燃烧不完全为硫化氢）。

（3）噪声、高温、热辐射。

2. 按照 GB Z 230—2010《职业性接触毒物危害程度分级》，本项目所含的一氧化碳、硫化氢属于“高度危害”；根据《建设项目职业病危害分类管理办法》（原卫生部令第 49 号，

2006)，本项目为职业病危害严重的建设项目。按照《建设项目职业卫生“三同时”监督管理办法》(原安全监管总局)，其职业病危害防护设施设计，应当经政府主管部门（安全生产监督管理部门）进行审查。

3. 该巡检工人该日8h接触一氧化碳的时间加权平均浓度为：

$$E=\frac{C_1T_1+C_2T_2+\cdots+C_6T_6}{8\times60}$$

$$=\frac{50\times15+47\times17+62\times22+75\times21+38\times18+59\times16}{8\times60}$$

$$=12.7\,(\mathrm{mg/m^3})$$

案例17　克林霉素生产线的职业危害

某药业股份有限公司投资新建一条克林霉素生产线，目前已竣工投入试生产，按照《职业病防治法》等有关法律法规要求，应开展职业病危害控制效果评价和职业病防护设施竣工验收工作。

克林霉素生产工艺流程为：发酵配料（用液碱调节发酵液）—林可霉素提取（盐酸与碱液添加于提取液中）—氯仿溶解三光气（固体）—林可霉素氯化—碱化水解—分层水洗—蒸馏浓缩（回收氯仿）—结晶分离—干燥—成品包装。另外，还有燃煤锅炉、空压机房、变电站等辅助设施。

生产工人60人，其中新增员工20名，企业安全生产管理制度较为齐全，职业卫生管理制度基本空缺，现场安装若干通风机，部分不能正常运转；工人除配备了纱布口罩、工作服、安全帽、手套和安全鞋外，没有配备其他防护用品、应急设施和药品。

回答下列问题：

1. 公司有几类职业病危害因素？会导致什么职业病？

2. 该建设项目的竣工验收，应当由建设单位自行组织并向政府主管部门申请职业病防护设施竣工备案，还是向政府主管部门申请职业病防护设施竣工验收？为什么？

3. 从事使用高毒物品作业的用人单位应当至少每________对高毒作业场所进行一次职业中毒危害因素检测；至少每________进行一次职业中毒危害控制效果评价。

A. 一个月，三个月　　　　B. 一个月，半年

C. 三个月，半年　　　　D. 半年，年

★4. 用人单位应当组织从事使用有毒物品作业的劳动者进行________职业健康检查。

A. 上岗前　　B. 定期　　C. 离岗时　　D. 去世前

5. 用人单位建立的职业健康监护档案的内容不包括________。

A. 劳动者的职业史和职业中毒危害接触史

B. 相应作业场所职业危险因素监测结果

C. 职业健康检查结果及处理情况

D. 职业病诊疗等劳动者健康资料

6. 该公司应当为劳动者配备哪些特种劳动防护用品？

7. 根据《职业病危害项目申报办法》(安全监管总局令第48号)，该公司在职业危害项

目申报时，应申报哪些内容？

8. 按照《职业病报告办法》，该公司在职业病报告方面应做哪些工作？

参考答案

1. 公司的职业病危害因素

化学物质类（氯、酸碱等）、粉尘类（燃煤锅炉）、导致职业性耳鼻喉口腔疾病的危害因素（空压机房），分别会导致职业中毒、职业性皮肤病、尘肺、物理因素所致职业病（职业性耳聋）。

2. 按照 GB Z 230—2010《职业性接触毒物危害程度分级》，氯属于高度危害的化学物质；根据《建设项目职业病危害分类管理办法》（原卫生部令第 49 号，2006），该项目为职业病危害严重的建设项目。按照《建设项目职业卫生“三同时”监督管理办法》（原安全监管总局），建设单位应当向政府主管部门申请该项目职业病防护设施竣工验收。

3. B　　4. ABC　　5. B

6. 该公司应当为劳动者配备的特种劳动防护用品：防触电用品（变电站），防酸碱用品（盐酸、液碱），防尘用品（燃煤锅炉），防毒用品（氯），防噪声用品（空压机房）。

7. 用人单位申报职业病危害项目时，应当提交《职业病危害项目申报表》和下列文件、资料：

（1）用人单位的基本情况；

（2）工作场所职业病危害因素种类、分布情况以及接触人数；

（3）法律、法规和规章规定的其他文件、资料。

8. 该公司在职业病报告方面应做到：

（1）在年底以前向所在地的安全生产监督管理部门报告当年生产环境有害物质浓度测定和劳动者职业健康体检情况。

（2）发现职业病病人或者疑似职业病病人时，应当及时向所在地卫生行政部门报告；确诊为职业病的，还应当向所在地人力资源和社会保障行政部门报告。

七、应急处置程序、应急预案编制及演习

案例 18　应急处置程序

1. 煤矿发生瓦斯（煤尘）爆炸事故后，应急处置的第一步是________。

A. 向上级汇报事故情况　　B. 救护队到灾区侦察情况

C. 灾区停电撤人　　D. 灭火

E. 灾区救人

2. 某化工厂一容器泄漏发生火灾，请问下述五个步骤的顺序应是________。

① 防止火势蔓延并灭火

② 冷却容器防止爆裂

③ 疏散受火灾影响的人员至火灾或蒸汽云下风向地区

④ 救援人员穿戴相应的防护设备从上风向接近火灾

⑤ 使用消防水掩护设法关闭隔离阀

A. ①②⑤③④　　　　B. ③⑤④①②

C. ④⑤③②①　　　　D. ②③④①⑤

参考答案

1. C

2. B

案例 19　某厂重大事故应急及预案编制

某厂工人在新扩建的库房内安装消防设施，安装过程中，不慎造成电线短路，引起库内棉堆突然冒烟起火。由于现场工人不会使用灭火器，火势迅速蔓延。辖区消防中队接到报警后迅速出动，然而厂区无消防栓，消防车要到几公里以外取水，加上风大，火势迅速猛烈蔓延到楼上各层。当地政府紧急调集多个消防中队增援，经过近 10h 的奋勇扑救，大火基本扑灭。其后留下一个消防中队继续扑灭余火，其他消防队相继撤离。由于棉包仍在阴燃，为彻底消灭火种，火场指挥部先后调来多台挖掘机和推土机进入厂房，将阴燃的棉包铲出，并让该厂派出几十名工人协助消防人员清理火种。随后，厂方又组织数百名工人进入火场清理火种、搬运残存的棉包。不久，厂房突然倒塌，造成大量人员伤亡。

事后，厂长为加强应急管理工作，将企业重大事故应急预案编制纳入了工作计划，并将该任务指派给安全科。安全科科长受命后，立刻召集本部门人员成立了预案编制小组，进行了分工，并特意派出小组成员参加了预案编制培训班。编制小组在编制预案过程中，在档案室找到了 5 年前的企业预案，发现该预案中的厂区平面及人员变化等与现在的实际情况有一些差异，内容略显单薄，但基本结构尚可。编制小组便在原预案的基础上进行修改，系统分析了该厂潜在的重大事故隐患和应急能力，并参考有关书目及其他企业的预案等，进行了大量的完善和补充，按期向厂长提交了预案初稿。此后，编制小组根据厂长的审阅意见，再次修订完善，形成了预案的最终版本。预案经厂长批准签字后下发至全厂有关部门。

请回答下列问题。

★1. 在成立应急预案编制工作组并进行资料收集之后、进行应急预案编制之前，编制工作组应进行的工作有________。

A. 危险源与风险分析

B. 应急缺陷评估

C. 应急能力评估

2. 专项应急预案________。

A. 从总体上阐述处置事故的应急方针、政策，应急组织结构及相关应急职责，应急行动、措施和保障等基本要求和程序

B. 是针对具体的装置、场所或设施、岗位所制定的应急处置措施

C. 是针对具体的事故类别而制定的应急预案

D. 是针对具体的区域而制定的应急预案或方案

3. 该事故中，________的措施是比较成功的。

A. 应急准备　　B. 初期响应　　C. 扩大应急　　D. 现场恢复

★4. 该厂在预案编制过程中正确的做法有________。

A. 安全科长召集本部分人员成立预案编制小组

B. 参考其他企业的预案

C. 派人参加预案培训班

D. 以原预案为基础进行编制

★5. 该厂预案相关工作在________方面存在显著缺陷。

A. 预案的演练　　B. 预案的评审　　C. 档案管理　　D. 预案的修订

参考答案

1. AC

2. C

3. C

说明：

扩大应急较成功：辖区消防中队遇到取水困难、火势迅速猛烈蔓延时，当地政府紧急调集多个消防中队增援，将大火扑灭。

应急准备不成功：现场工人未经培训，不会使用灭火器；灭火资源缺乏，厂区无消防栓。

初期响应不成功：未及时扑灭初期火灾，使火势蔓延。

现场恢复不成功：大火被基本扑灭时，厂房已被烧十几个小时，受震动有倒塌危险，不应调来多台挖掘机、推土机、大量工人进入厂房，结果造成大量伤亡。

4. BCD

说明：

A. 预案编制小组应由各有关部门组成。

D. 原预案“基本结构尚可”。

5. ABD

说明：

以前的预案未经评审、演练和修订。

新的预案初稿未经由有关部门人员及厂领导参加的评审组评审，只厂长一人审阅；未经演练和修订就形成了预案的最终版本。

该厂在档案室能找到 5 年前的预案，说明档案管理较好。

案例 20　某化工厂化学品泄漏应急演习策划

某化工厂位于某市开发区，占地 3.3 万 m^2。厂区东面 1km 是国道，东面 1.5km 是条河流；南面 0.5km 是大片农田；西面 0.5km 和 1km 处分别有 2 家化工厂；北面紧邻一条公路，1km 处是一个城镇，3km 处是一条高速公路。该厂主要生产各种黏合剂，现场储存有大量的危险化学品和大量待运成品，其中丙烯腈是一种重要原料。

该厂准备开展一次应急响应的通信功能演习。策划的演习方案如下：

演习时间为当年 3 月 31 日。估计演习当天的天气情况是：晴，最高气温 17℃，最低气温 6℃，风向北风，风力 3～5 级。事故应急指挥中心设在办公楼内。演习地点设在办公楼北面的一片空地，空地的北面和东南面分别有 2 个出口。演习计划将盛有丙烯腈的储罐运到这片空地，但是为了防止演习发生意外事故，储罐只剩余约 1/5 体积的丙烯腈。

演习导演人员将储罐阀门打开，让丙烯腈流出并聚集在储罐的围堤内，与空气接触后，迅速产生刺激性蒸气。储罐附近有 3 名工作人员因吸入有毒蒸气而昏倒在地，不省人事，另 1 名工作人员在昏倒前成功报警。工厂其他工人闻到刺激性气味后，立即纷纷从东南出口自行逃离工厂。启动应急预案后，厂长立即向市安全生产监督管理局、环境保护局 2 个主管部门报警。

为增强演习的效果，演习前开展培训，重新复习工厂的应急预案，让所有人员了解在紧急情况下自身的责任，并且知道自己在演习过程中应该向谁汇报、对谁负责。此外还就演习的程序、内容和场景开展全员培训。

请指出上述演习计划中不正确的做法。

参考答案

（1）在有毒有害气体泄漏时，事故指挥中心不应该设在事故现场的下风向。

（2）演习泄漏时不应该采用真正的有毒化学品，模拟事故不应对参演人员构成伤害。

（3）开展演习响应行动人员培训时不应该介绍演习的场景，以使演习尽量“真实”，起到预期的作用。

（4）根据危险化学品安全管理条例，启动应急预案后，用人单位应立即报告当地安全生产监督管理部门和公安、环境保护、卫生部门，而本演习只汇报了两个部门。

八、事故性质、类别、事故统计、工伤保险、事故分级及调查组

案例 21　某管沟开挖施工土方坍塌事故的性质

某城市污水管线建设工程管沟开挖施工时，发生沟壁土方坍塌。

污水管线建设工程系该市市政基础设施建设工程，由市城投公司负责实施建设。A 建筑公司得到该工程建设信息后投标，但未能中标。由于中标单位缺少垫资资金，市城投公司与中标单位协商后，未报市招标办同意，擅自将该工程的部分工程改由 A 建筑公司承包建设，某月 15 日，市城投公司与 A 建筑公司签订了污水管线建设工程施工合同。

该月 20 日，A 建筑公司将该工程转包给无资质的赵某某，双方签订了“A 建筑公司内部项目工程承包合同书”。施工过程中 A 建筑公司、监理公司均无人员在施工现场。

赵某某在组织施工中发现，已用挖掘机开挖的管沟底部不平整，不符合施工要求，需修整。25 日中午，他临时从路边雇用 5 名流散人员，下午 5 人到施工现场后立即下至管沟底部开始修整。由于 7m 深 2.5m 宽的管沟用挖掘机开挖时没有放坡，且挖出的土方直接堆放在沟顶，沟底有地下水渗出，开挖范围均为粉土层，14 时 50 分左右，管沟西侧 9m 长的侧壁突然坍塌，将 4 人埋在管沟内，全部死亡。

问题：

1. 上述事故的性质为________。

A. 意外事故　　B. 技术事故　　C. 责任事故　　D. 自然事故

2. 指出市城投公司的违规行为。

3. 指出 A 建筑公司的违规行为。

4. 指出监理公司的违规行为。

参考答案

1. C

2. 市城投公司的违规行为

未报市招标办同意，擅自将该工程的部分工程改由A建筑公司承包建设。

3. A建筑公司的违规行为

（1）将工程转包给无资质的赵某某。

（2）7m深的沟槽开挖属于超过一定规模的危险性较大的分部分项工程，但未制定土方开挖的专项方案并组织专家论证。

（3）使用未经安全生产教育和培训合格的从业人员，施工前未对作业人员进行书面技术交底。

（4）危险性较大的分部分项工程施工过程中，A建筑公司项目负责人、项目专职安全生产管理人员未进行现场监督。

4. 监理公司的违规行为

（1）对施工方的违法行为没有下达停工令。

（2）未对危大工程施工实施专项巡视检查。

案例22 两个建筑施工事故

事故1：某建筑施工队在建筑工地上搭设了一个15m高的脚手架，但未设护栏。工人徐某在脚手架上进行作业时未系安全带，因而跌落到地面上，需要休息3个月，才能正常上班。

事故2：某建筑安装工程有限公司承包升降机拆除工程。机修班组3名工人对升降机进行降层拆卸工作（从17层降至15层）。3人到升降机顶，首先拆去了用于防止吊笼坠落的安全钢丝绳。在切断主电源、拆除电控箱的电源线和控制线时，曳引机卷筒钢丝绳突然在卷筒处断裂，吊笼坠落至15层，撞到垫设的2根钢管；钢管无法承受吊笼的冲击而弯曲，与吊笼一起坠落至楼底。吊笼内3人经医院抢救无效而死亡。

请回答下列问题。

1. 确定事故1的起因物、致害物、不安全状态和不安全行为。

2. 确定事故2的类别。

参考答案

1. 事故1

起因物：脚手架；致害物：地面。

不安全状态：脚手架无护栏。

不安全行为：高处作业不系安全带。

2. 事故2的类别是起重伤害

说明：在起重机械操作中发生的伤害，虽有高处坠落，习惯上定为起重伤害。

案例23 某亚麻厂粉尘爆炸事故

某日，某亚麻厂正在生产的梳麻车间、前纺车间和准备车间的联合厂房突然发生亚麻粉尘爆炸起火。一瞬间，停电停水，当班的400多名职工大部分被围困在火海中。经及时抢救，多数职工脱离了危险区。

该厂的除尘系统采用布袋除尘，金属管道输送亚麻粉尘，事故导致整个除尘系统遭受严重破坏，部分厂房倒塌，地沟盖板和原麻地下库被炸开，车间内大部分机器和电气设备损坏，企业停产，事故造成死亡35人，重伤5人，轻伤12人，直接经济损失800多万元。

请回答下列问题。

1. 该起事故的级别是________事故。
2. 该起事故类别属于________。
3. 该起事故中爆炸起火粉尘属于________。
4. 爆炸事故的起始原因可能是什么？
5. 为预防粉尘爆炸，采取安全技术措施的原则是什么？

参考答案

1. 特别重大
2. 其他爆炸
3. 有机性粉尘（植物性粉尘）
4. 粉尘与空气的混合物达到爆炸界限，遇能量——如静电引起除尘室内粉尘爆炸。
5. 为预防粉尘爆炸，采取安全技术措施的原则：

1）避免形成粉尘与空气的爆炸性混合物；

2）避免能量如静电、火源、热源的存在。

案例24　某矾土矿事故

某矾土矿井深42m，东西向为倾斜主巷道，主巷道两侧每隔7～10m分6个中段开采。某月16日22时，矿技术员指挥7名矿工在井下第六中段作业。17日凌晨1时许，4名矿工打了9个炮眼，装上炸药，放炮。响完两炮后，从第三中段巷道透出水来，5min后第四中段以下巷道淹没。井下电缆被水冲毁，失去照明。待2名矿工上井报告矿技术员时，水已漫到第三中段。

为组织抢救，花费10万元租用了抢险救灾设备，经过33h的抢救，于18日15时将5名遇难矿工尸体运到地面。事后，给每名遇难者赔偿5万元，事故调查处理费用10万元。

请回答下列问题。

1. 根据《企业职工伤亡事故分类标准》，这起事故的类别是什么？
2. 这起事故应该统计在________中。

A. 煤矿事故　　　　B. 非煤矿山事故　　C. 非矿山事故

3. 请计算这次事故造成的损失工作日和直接经济损失。

参考答案

1. 透水。
2. B
3. 损失工作日：30 000日；直接经济损失：45万元。

说明：按GB 6721—1986，现场抢救费用、赔偿费用、事故调查处理费用属于直接经济损失。

案例 25　事故直接经济损失计算

根据 GB 6721—86，计算以下两个事故案例的直接经济损失。

案例 A：某发电厂一期工程发生一起高处坠落事故。7 人从高处坠落，当场死亡 5 人，重伤 2 人。施工现场地面人员发现情况后，紧急呼叫 120，与该单位车辆一起立即将坠落人员送至市人民医院抢救，但重伤 2 人经抢救无效先后死亡。这起事故的经济赔偿为平均每位死者 16.5 万元，重伤 2 人的抢救费用为 3.6 万元，事故造成停工经济损失为 80 万元。

案例 B：某危险化学品生产企业发生一起伤亡事故，死亡 3 人，伤 5 人。事故现场抢救费 20 万元，抚恤费 100 万元，丧葬费 30 万元，伤者医疗费 80 万元，停产损失费 200 万元。

参考答案

案例 A：16.5×7+3.6=119.1（万元）。

案例 B：20+100+30+80=230（万元）。

说明：按 GB 6721–86，医疗费用、丧葬及抚恤费用、现场抢救费用、赔偿费用属于直接经济损失；停产损失费用属于间接经济损失。

案例 26　某企业工伤保险

某企业发生工伤事故，死亡 1 人，重伤 1 人，轻伤 3 人。

请回答下列问题。

1. 职工因工负伤，以下哪种费用由用人单位支付而不从工伤保险基金支付？

A. 工伤医疗费用

B. 经劳动能力鉴定委员会确认需安装辅助器具的费用

C. 接受工伤医疗停工留薪期内的工资福利待遇

D. 工伤康复的费用（工伤职工到签订服务协议的医疗机构进行康复）

2.《工伤保险条例》规定，一次性工亡补助金标准为________。

A. 当地 48～60 个月的职工月平均工资

B. 当地 61～73 个月的职工月平均工资

C. 上一年度全国城镇居民人均可支配收入的 10 倍

D. 上一年度全国城镇居民人均可支配收入的 20 倍

参考答案

1. C

2. D

案例 27　某建筑施工事故

某日，某建筑企业在其注册地的某项施工过程中，甲班队长在指挥组装塔吊时没有严格按规定把塔吊吊臂的防滑板装入燕尾槽中并用螺栓固定，而是将防滑板点焊住。次日，甲班作业过程中发生吊臂防滑板开焊、吊臂折断脱落事故，造成 3 人死亡、1 人重伤。

请回答下列问题。

★1. 根据《建筑工程安全生产管理条例》，以下说法正确的有________。

A. 该企业所在行政区的县级以上人民政府安全生产监督管理部门，对该企业的建筑工程安全生产工作实施行业监督管理

B. 该项工程应取得施工许可证

C. 对建筑工程安全生产违法行为可以实施罚款的处罚

D. 甲班队长应取得特种作业操作资格证书

★2. 此次事故发生后，________应为事故调查组的成员。

A. 地市级安全生产监督管理部门

B. 县级工会

C. 地市级公安部门

D. 地市级建设部门

★3. 该起事故的直接原因有________。

A. 私自改装、使用不牢固的设施

B. 塔吊司机作业时未加注意

C. 现场安全生产管理不到位

D. 塔吊吊臂防滑板开焊

E. 安全生产责任制不健全

★4. 根据《特种设备安全法》和该企业的情况，下列说法正确的是________。

A. 塔吊设计文件应经安全生产监督管理部门组织的专家鉴定方可用于制造

B. 特种设备检测检验机构不必对安装塔吊过程进行监督检验，但在安装后应进行检验

C. 该企业应制定塔吊事故的应急处置措施

D. 此次事故发生后，企业应及时向特种设备安全监督管理部门等有关部门报告

5. 此次事故是否一起责任事故？

参考答案

1. BCD

2. ACD

说明：本次事故的级别为较大事故。

3. AD

4. CD

说明：《特种设备安全法》规定："锅炉、压力容器、压力管道元件等特种设备的制造过程和锅炉、压力容器、压力管道、电梯、起重机械、客运索道、大型游乐设施的安装、改造、重大修理过程，应当经特种设备检验机构按照安全技术规范的要求进行监督检验；未经监督检验或者监督检验不合格的，不得出厂或者交付使用。"

5. 此次事故由于违章指挥造成，是一起责任事故。

案例 28　事故调查组组成和调查报告

A：某厂有机加工车间、总装车间、锅炉房、油库等。厂内有起吊 2.5t、高 2m 的起重机，以及升降机、叉车等。2005 年 12 月 3 日 7 点半（8 点上班），甲在机加工车间做起吊前准备，并在其他人不在场的情况下开始吊运钢板。7 点 45 分，乙进入机加工车间，未走行人安全通

道，在吊物下行走，结果被吊运中的钢板碰撞成重伤，甲慌忙停止作业。

B：某煤矿发生一起特大瓦斯爆炸事故，造成14人死亡。

请回答下列问题。

1. 事故A的调查组成员有哪些？

2. 事故B的调查组成员有哪些？

3. 列出事故A调查报告的要点。

参考答案

1. 事故A的调查组成员

本起事故属有人员伤亡的“一般事故”，由事故发生地县级人民政府或其授权或者委托的有关部门组织调查组。调查组的成员应有县级人民政府，县级的安全生产监督管理部门、负有安全生产监督管理职责的其他部门、监察机关、公安机关，以及县级工会的代表，并应当邀请县人民检察院派人参加。同时，事故调查组可以聘请有关专家参与调查。

2. 事故B的调查组成员

这是一起重大事故，由事故发生地省级人民政府，也可以授权或者委托省煤矿安全监察局组织成立事故调查组，调查组的成员应有省级人民政府，省煤矿安全监察局，省级煤矿安全管理机关、监察机关、公安机关，以及省工会的代表，并应当邀请省人民检察院派人参加。同时，事故调查组应聘请瓦斯、通风、机电等方面的技术专家参与调查。

3. 事故A调查报告的要点

（1）发生事故的企业情况。

（2）事故发生时间：2005年12月3日7点45分。

（3）事故发生地点：机加工车间。

（4）事故过程描述。

（5）事故救援情况。

（6）事故类别（起重伤害）。

（7）事故性质（责任事故）。

（8）事故直接原因：① 甲开动、关停机器时未给信号；② 乙在起吊物下作业、停留。

（9）事故间接原因。

（10）事故责任者。

（11）防范及整改措施，如加强教育培训，增强安全意识等。

九、事故原因和责任分析

案例29 搅拌机致人受伤事故

一日，某县燃料公司蜂窝煤生产车间，王某和曾某操作搅拌机，搅拌机齿轮没有安装防护罩。约10时30分，曾某有事离开，由王某单独操作。10时50分，王某见搅拌机不能正常将煤料送上运输皮带，便像以往一样，站在搅拌机有旋转齿轮的一侧，用铁锹将机内煤料铲到出口处。在铲料过程中，搅拌机一对离地约80cm、直径约15cm、相向啮合的齿轮将王的衣袖夹住，导致王某左肘以下粉碎。

据调查，该公司搅拌机投入运行 10 多年来，一直没有安装齿轮的防护罩。在作业过程中，多次将上机操作的工人衣服夹住，但因其转速较慢且工人采取的措施得当，一般只将衣服夹烂，未出现伤人事故，未引起企业的重视。

问题：试分析造成该事故的原因。

参考答案

直接原因：

（1）齿轮部位没有安装安全防护罩。

（2）操作人员处理故障时未停机。

间接原因：

（1）企业领导不重视安全投入。

（2）未对工人进行有效的安全培训，工人缺乏安全操作技术知识。

案例 30　机械伤害事故

某机械加工厂金工一车间三组车工安敏承担 150S50 泵轴的加工任务，具体是车丝工序，在 C620 车床上操作。某日上午下班前完成 3.25h（应完成工时定额 3.12h）。上午未穿工作服。

下午安继续加工任务，仍未穿工作服。约 12 时 45 分左右，在其前后工作的丁兰惠和赵红忽然听到安的一声惨叫，看到安的上衣已被加工旋转泵轴全部卷上，马上喊拉电闸，距安 20m 远的刘石玉迅即切断离自己较近的车间电闸。

从事故现场清楚可见，安全部上衣（包括内衣）都缠卷在加工的 682mm 长的泵轴上，覆盖了从三角夹头起一大部分泵轴。胳臂位置在泵轴的下方，紧靠三角夹头处的泵轴部分，并伸向斜上方。头右部紧靠三角夹头，而与夹头接触部位是裂开的脑浆。身体直挂在车床上，只下装完好无损。

当把缠卷的上衣从泵轴解下时，发现腈纶袖边一部分已紧粘在泵轴的“消气”部位表面。从车床转述表上可见，事故发生时车床转速为 480r/min。

该厂有《机械安全操作规程》，并多次要求和宣传上班要穿工作服，但这次事故发生前仍有 20%～25%左右的人不按规定穿戴个人防护用品。据说，青年工人不喜欢工作服的样式和面料；此外，只有两套工作服，遇雨季洗换不便。

问题：分析事故的直接原因、间接原因、责任者。

参考答案

1. 直接原因

安敏上班不穿工作服，作业时，所穿的腈纶衣的袖边粘在加工的泵轴上，被卷击致死。

2. 间接原因

虽有安全操作规程，但未采取恰当措施使之落实。事故发生前有 20%～25%左右的人不按规定穿戴个人防护用品。

3. 责任者

（1）直接责任者：安敏。

（2）管理责任者：车间主任，厂安全科长。

（3）领导责任者：厂领导。

案例 31 触电烧伤事故

某日，某建筑施工队在城市一街道旁的一个旅馆工地拆除钢管脚手架。钢管紧靠建筑物，临街面架设有 10kV 的高压线，离建筑物只有 2m。上午下过雨。安全员向施工工人讲过操作方式，要求立杆不要往上拉，应该向下放。

下午上班后，在工地二楼屋面“女儿墙”内继续工作的泥工甲和普工乙在屋顶上往上拉已拆除的一根钢管脚手架立杆。向上拉开一段距离后，甲、乙以墙棱为支点，将管子压成斜向，欲将管子斜拉后置于屋顶上。由于斜度过大，钢管临街一端触及高压线，当时墙上比较湿，管与墙棱交点处发出火花，将靠墙的管子烧弯 25°。甲的胸口靠近管子烧弯处，身上穿着化纤衣服，当即燃烧起来，人体被烧伤。乙手触管子，手指也被烧伤。

楼下工友及时跑上楼将火扑灭，将受害者送至医院。甲烧伤面积达 50%，由于呼吸循环衰竭，抢救无效，于当日晚死于医院。乙烧伤面积达 15%，三根手指残疾。

经查，用人单位没有该种作业的操作规程，作业时无现场监督；甲未接受足够的业务培训和安全培训，乙从农村来到施工队仅仅 4d。

请分析事故的直接原因、间接原因和责任者。

参考答案

1. 直接原因

（1）物的不安全状态

高压线距建筑物过近，工作场所间隔不足。

（2）人的不安全行为

1）不按规定的方法操作：把立杆往斜上方拉；

2）使用保护用具的缺陷：穿化纤衣服。

2. 间接原因

（1）作业前未切断高压线供电。

（2）钢管距高压线过近而未采取隔离措施。

（3）没有危险作业的操作规程。

（4）人事安排不合理：工人不具备安全生产的知识和能力。

（5）从事危险作业任务而无现场监督。

3. 责任者

（1）直接责任者：甲、乙。

（2）领导责任者：建筑施工队主要负责人、安全负责人。

案例 32 记者考察冲压机伤害事故

广东省 3 家媒体的记者共 8 人，在东莞市清溪镇展翊五金厂员工向他们反映该厂工伤事故多以及伤残员工得不到合理赔偿的情况之后，于 1998 年 11 月对该厂进行了考察。（后来，《羊城晚报》的《新闻周刊》连续刊登了《谁赔我们的手》《断手指？一分钱也不赔！来采访？你给我滚出去!》等系列报道）

展翊五金厂是一家台籍独资企业，位于金桥工业区，主要生产设备是冲压机，产品是电脑机箱。1996 年建成投产两年多的时间内，共发生工伤事故 38 起，39 人重伤，伤残程度为 4～10 级，其中冲压机致伤 36 人。

现场看到，多台双按键控制冲压部件的安全装置已损坏或失效，不少双按键中的一个键被有意拆开，改为单手按键；由于气压控制不良，冲压机的冲头时快时慢。

现场看到有些员工只知道如何开冲压机，而关、停冲压机时需要班长或其他人员来操作。记者问询上岗前的培训时间，绝大多数冲压机操作工回答说，在班长简单介绍操作要领后就从事冲压机操作。

现场还看到几个冲压工显得非常疲劳，精神恍惚，问他们怎么回事，回答说：昨天晚上加班到很晚，睡眠不足。

记者了解到，该厂没有安全管理机构和安全生产管理人员，也没有工会组织。

当问到该厂安全生产目标时，老板说我们的目标是每月断指头不超过两个。

记者还了解到，发生事故后该厂只向保险部门申领赔偿，而没有按规定向当地的安全生产监督管理部门报告工伤事故。

员工们说，在该厂一些伤残员工向广东电视台等新闻单位反映情况后，厂台籍管理人员让保安人员将 12 名伤残员工叫到办公室，辱骂、威胁并殴打这些员工。

记者团要求老板找医院对部分被打员工验伤，医院出示的验伤报告表明，有 4 名员工需要住院治疗。

记者团随后走访了清溪镇及所属区政府和工伤保险部门，镇政府和区安全生产监督管理部门对展翊五金厂的工伤情况一无所知，而工伤保险部门确认曾对该厂重复理赔。

问题：请分析冲压机伤害事故的直接原因、间接（管理）原因和深层次原因。

参考答案

1. 该厂冲压机伤害事故的直接原因

（1）冲床安全装置即防冲手的双按键损坏失效或被有意拆除，变为危险性较大的单手操作；

（2）控制气动冲头速度的气压不稳使冲头速度不稳，操作工难以掌握送、取工件的时间；

（3）操作工操作技能低下，不会关、停冲压机；

（4）操作工过度疲劳，无充分休息，精神不易集中导致误操作。

2. 该厂冲压机伤害事故的间接原因

（1）厂台籍管理人员。

1）对危险设备的安全防护装置维护维修不到位，使安全防护装置失效；

2）对压不稳的隐患不及时整改，增加了作业的危险性、事故发生的可能性；

3）对员工不进行必要的安全培训，造成员工不懂操作规程和安全知识；

4）违反劳动法规定，让员工长时间加班，使员工过度疲劳。

（注：间接原因是直接原因的原因）

（2）当地政府和安全生产监督管理部门没有对该厂进行有效的监督管理，对该厂事故频繁发生竟不知情，更谈不到促其整改。

3. 该厂冲压机伤害事故频发的深层次原因

（1）台籍资方忽视员工的安全权益，竟将每月断指头不超过两个作为安全目标。因此，不设安全管理机构和安全生产管理人员，发生工伤事故不按规定向安全生产监督管理部门报告，伤残员工得不到合理赔偿，还对反映情况的员工进行报复。

（2）当地政府在安全生产监督管理方面不作为，只重视经济发展，忽视安全生产；只看重引进外资，忽视员工的基本权益。

案例 33 某制衣厂火灾事故

1991 年 5 月 30 日凌晨，广东省东莞市石排镇田边管理区盆岭村个体户（挂名集体）王某一、王某二两对夫妇办的兴业制衣厂（来料加工企业），发生火灾。

1989 年期间，王某两对夫妇自筹资金建成一幢四层楼的厂房。同年 11 月以王某二之名签领营业执照开办石排镇兴业制衣厂，并与香港三裕公司签订来料加工协议，生产塑料雨衣。此后，在招收工人、生产、管理等方面都由王某一负责。投产后，生产车间、仓库、工人宿舍同在一幢楼，原料、成品、废料、易燃物品胡乱放置。

1991 年 5 月 30 日凌晨，加班工人梁某吸烟后扔下烟头引燃易燃物。4 时 20 分左右，厂一楼起火，存放在楼层的大量生产原料 PVC 塑料布和成品雨衣 7 万多件着火，火势迅速蔓延并封住了这幢四层楼厂房的唯一出口。楼内既无防火栓、灭火器等起码消防器材，亦无防火疏散通道和紧急出口，还将很多门、窗都用铁条焊死，造成工人扑火无力，逃避无门。浓烟烈火沿着楼梯和电梯井筒道大量窜入三、四层楼的工人宿舍。当时许多工人正在该楼内熟睡，64 人没等醒来或还不知这里发生什么事情，就被直接熏死或烧死；55 人从窗口跳楼逃生，其中两人当场摔死，6 人摔伤、烧伤过重，抢救无效死亡。84m^2 的厂房烧毁。

经调查，该镇、该管理区很多“三资”“三来一补”企业安全管理机构没有或不健全，厂房设计、建设及投产时未经安全主管理部门审验，布局不合理，安全设施缺失，没有严格的安全生产措施和规章制度，违章作业现象普遍，工作场所事故隐患多。

问题：分析事故的直接原因、间接原因、责任者，提出防范和整改措施。

参考答案

1. 直接原因

（1）物的不安全状态。

1）“三合一”：生产车间、仓库、工人宿舍同在一幢楼；

2）原料、成品、废料、易燃物品胡乱放置；

3）楼内无防火栓、灭火器等消防器材；

4）无防火疏散通道和紧急出口，很多门、窗被铁条焊死。

（2）人的不安全行为。

1）在有很多易燃物的工作场所，加班工人梁某吸烟并乱扔烟头；

2）紧急情况下跳楼逃生的方式不对。

2. 间接原因

（1）王某一：不重视安全生产，安全管理混乱。

（2）石排镇、田边管理区政府：安全生产监督管理很不到位。

3. 责任者

（1）直接责任者：加班工人梁某。

（2）管理责任者：王某一、王某二；石排镇、田边管理区安全生产监督管理部门和政府主要负责人。

4. 防范和整改措施

（1）兴业制衣厂：改变“三合一”现象；设置专职或兼职安全管理人员；建立、健全安全制度和操作规程；消除工作场所事故隐患；加强安全教育和培训。

（2）石排镇、田边管理区政府和安全生产监督管理部门：端正对安全生产工作方针的认识，在发展经济的同时充分重视安全生产，加强安全生产监督管理力度。

案例 34 裕新织染厂火灾、倒塌事故

1994 年 6 月 16 至 17 日，珠海市香洲区前山镇裕新织染厂发生特大火灾和倒塌事故，死亡 93 人（包括 1 名消防队员），受伤住院 156 人（其中重伤 48 人），毁坏厂房 18 135m^2 及原材料、设备等，直接经济损失 9515 万元。

6 月 16 日下午，珠海市天安消防工程安装公司陈钟富等 6 名工人（5 人无证）在裕新织染厂 A 厂房一楼棉仓安装消防自动喷淋系统的消防水管时，使用冲击钻钻孔装角码。他们将带驳接口的电源线搭在棉包上，陈在移动钻孔位置时，用手拉夹在棉堆缝中的电源线，将驳接口拉断，造成电线短路。16 时 30 分，棉堆中距北墙 9m、东墙 27m、距地面 2m 的棉堆夹缝冒烟起火。作业现场有灭火器，但工人们不会使用，他们也不知道报火警的 119 电话，而是用了 15min 查找地方消防队的电话，致使火势迅速蔓延。在二～六楼上班的织染厂工人，见到有烟上楼，即自动跑出厂房。

16 时 45 分，拱北消防中队接报后，立即出动，10 分钟后赶到火场灭火。市消防局先后调集 4 个消防中队 24 台消防车参加灭火。16 日 19 时至 17 日凌晨 1 时，省消防局又先后调集了中山、佛山、广州市消防支队的 28 台消防车、222 名消防人员到场灭火。省公安厅和珠海市委、市政府以及香洲区、前山镇的有关领导也迅速赶赴现场指挥扑救。各地消防车到达后，厂区无消防栓、无水源，消防车要到 3km 以外取水。到 17 日凌晨 3 时，才将大火基本扑灭。

17 日凌晨 3 时 30 分以后，中山、佛山、广州市消防支队相继撤离，珠海市留下一个中队 40 多人、4 台消防车继续扑灭余火。市委、市政府领导离开时叮嘱留下的市消防局副局长：一定不能让死灰复燃。由于紧扎的棉包在明火扑灭后仍在阴燃，为有效地消灭火种，火场指挥部先后调来七、八台挖掘机和推土机进入厂房将阴燃的棉包铲出。8 时左右，应市消防局副局长的要求，厂方先后两次共派出 50 多名工人到三楼协助消防人员清理火种。13 时左右，厂方领导根据个别消防员的意见，未经火场指挥员批准，组织了 400 多名工人进入火场灭余火、搬运被推出厂房的棉包。市消防局领导和厂方都没有认识到：在 10 多个小时的持续高温作用下（据判断火场内最高温度在 1000℃以上，部分混凝土内钢筋温度达 600℃左右），钢筋屈服强度显著降低，产生过大的伸长变形；混凝土的石英组分（砂、砾石）的体积发生突变，产生脆性破坏。又由于钢筋、水泥、砂、石等建筑材料在大火焚烧后膨胀系数的差异及结构件内外、不同部位的温差，使钢筋和混凝土无法协同工作，整体结构受到严重破坏。14 时 10 分，A 厂房西半部突然发生倒塌，造成大量人员伤亡。

背景情况：

（1）据该建筑物的设计部门提供的结构设计情况和珠海市建设工程质量监督检测站提

供的技术分析报告，该建筑物是按纺织车间设计的，为现浇普通钢筋混凝土框架结构，在纵向中轴处设有变形缝（伸缩缝），耐火等级为一级（耐火极限3h）。

（2）前山工业集团总公司领导在该厂房土建工程没有全部竣工，尤其是在消防设施未安装验收的情况下，就同意裕新织染厂（老板是港方）投入使用；没有履行与天安消防工程安装公司签订的《水自动消防系统工程合同》，督促厂方清理施工现场堆放的大量棉花。

（3）裕新织染厂在土建工程没有全部竣工，尤其是在消防设施未安装验收的情况下就投入使用，且一楼生产车间不作改造就堆放大量棉花，并将柴油、氧气瓶与棉花混存。在消防部门发出了《整改通知书》后没有落实防范和整改措施。

（4）对消防水源不足问题，当地消防部门早已发现，先后两次下达整改通知书，省消防检查组还具体提出在消防供水管道建成之前，要把厂房的消防蓄水池贮满水，以应急需。但这个整改一直没有落实，火灾发生时，消防水池没有水。

问题：裕新织染厂、前山工业集团总公司、天安消防工程安装公司、消防部门对此次事故应负哪些管理责任？

参考答案

1. 裕新织染厂的管理责任

违反国家关于建设项目安全设施“三同时”的规定，在安全设施没有安装验收时就将厂房投入生产使用；

易燃物品储存管理混乱，大量棉花储存在生产车间，并将柴油、氧气瓶与棉花混存；

未对员工进行消防教育和培训，员工不会使用灭火器、不会报火警；

对消防安全管理部门提出的消防隐患整改要求未予以执行，未在消防供水管道建成之前把厂房的消防蓄水池贮满水，以应急需；

未经火场指挥员批准，组织了400多名工人进入火场，使伤亡人数增大。

2. 前山工业集团总公司的管理责任

违反国家关于建设项目安全设施“三同时”的规定，在安全设施没有安装验收时就同意裕新织染厂将厂房投入生产使用；

未按与天安消防工程安装公司签订的《水自动消防系统工程合同》的要求，督促厂方清理施工现场堆放的大量棉花。

3. 天安消防工程安装公司的管理责任

在施工现场不符合合同要求的安全条件时同意施工；

委派缺乏安全知识和技能的无证人员从事消防设施安装工作；

未对员工进行消防教育和培训，员工不会使用灭火器、不会报火警。

4. 消防部门的管理责任

对该厂消防水源不足等隐患提出了整改要求，但未严格监督落实；

火场指挥部、市消防局副局长指挥失误。没有考虑到在10多个小时的持续高温作用下建筑物结构强度和变形等变化，调来七、八台挖掘机和推土机进入厂房，并要求厂方派出工人协助清理火种。

模拟试题答案

第一章

第一节

1. B　2. A　3. C　4. D　5. C　6. B　7. D　8. B　9. D　10. A　11. B　12. C　13. A

第二节

1. C　2. C　3. D　4. A　5. B　6. B　7. A　8. B　9. D　10. A　11. D　12. C

第三节

1. A　2. A　3. C　4. B　5. C　6. A　7. A　8. D　9. B　10. B　11. C　12. C　13. B　14. C　15. D

第四节

1. B　2. B　3. D　4. B　5. D　6. D　7. A　8. B　9. B　10. C　11. D　12. A

第五节

1. D　2. D　3. B　4. C　5. C　6. B　7. B　8. C　9. D　10. D

第六节

1. C　2. B　3. A　4. C　5. D　6. A　7. B　8. C　9. D　10. C

第七节

1. B　2. C　3. A　4. D　5. B　6. E　7. A　8. C　9. B

第八节

1. B　2. D　3. A　4. C　5. C　6. D　7. B　8. D　9. A　10. C　11. C　12. C　13. A　14. C　15. D　16. B　17. A　18. B　19. C　20. B

第九节

1. D　2. D　3. D　4. B　5. D　6. A　7. A　8. B　9. C　10. A　11. C　12. B　13. C

第十节

1. A　2. C　3. C　4. C　5. D　6. A　7. B　8. C　9. C　10. E

第十一节

1. A　2. C　3. D　4. B　5. C

第十二节

1. B　2. D　3. D　4. A　5. A　6. D　7. B　8. A　9. D　10. C　11. B　12. D　13. C　14. D

第二章

第一节

1. C　2. B　3. C　4. A　5. C　6. B　7. A　8. D　9. C　10. A　11. C　12. A　13. A　14. A　15. B　16. A

第二节

1. B　2. A　3. C　4. D　5. B　6. A　7. A　8. C　9. C　10. C　11. D　12. D　13. A　14. E　15. C　16. A

第三节

1. B　2. A　3. C　4. C　5. C　6. D　7. D　8. D　9. B　10. B　11. A　12. C

第四节

1. D　2. C　3. B　4. A

第五节

1. C　2. B　3. C　4. D　5. A　6. B　7. A　8. D　9. A　10. B　11. C　12. A

第六节

1. B　2. C　3. C　4. D　5. B　6. A　7. C　8. B　9. B　10. C　11. B　12. C　13. D　14. A　15. D　16. B　17. D　18. C　19. A　20. A　21. C　22. A　23. B　24. C

第七节

1. B　2. B　3. C　4. A　5. D　6. B　7. A　8. C

第八节

1. C　2. B　3. A　4. E　5. C　6. B　7. D　8. B　9. A　10. A　11. D　12. B　13. C

第九节

1. B　2. C　3. D　4. A　5. A　6. B　7. B　8. C　9. A　10. B　11. C　12. D　13. D　14. A　15. B　16. C　17. C　18. B　19. D　20. C　21. B　22. C　23. D　24. A　25. B

第十节

1. D　2. C　3. D　4. B　5. A　6. C　7. B　8. C　9. B　10. A　11. A　12. B　13. D　14. D　15. B　16. C　17. C　18. A　19. C　20. B　21. D　22. D　23. B

第三章

第一节

1. A　2. D　3. D　4. C　5. A　6. D　7. B　8. C

第二节

1. D 2. A 3. B 4. C 5. D 6. B 7. C 8. B 9. C 10. A 11. C 12. A 13. D

第三节

1. A 2. C 3. D 4. B 5. C 6. D 7. C 8. B 9. A 10. A 11. C 12. B 13. C 14. D 15. B 16. D 17. C 18. B 19. A 20. D 21. C

第四节

1. C 2. B 3. D 4. A 5. B 6. E 7. B 8. B 9. C 10. A 11. C 12. B 13. B 14. B 15. B

第五节

1. A 2. C 3. C 4. D 5. B 6. B 7. A 8. D 9. C 10. D 11. C 12. A 13. D 14. C 15. B 16. C 17. C 18. D 19. E 20. D 21. E 22. C 23. D

第六节

1. B 2. C 3. A 4. C 5. A 6. B 7. B 8. B 9. B 10. B 11. D 12. A 13. D 14. B 15. A 16. C 17. D

第七节

1. D 2. C 3. B 4. B 5. A 6. C 7. B 8. A 9. C 10. D 11. D 12. B

第八节

1. C 2. C 3. B 4. D 5. B 6. A 7. C 8. C 9. A 10. A 11. D 12. C 13. D 14. C 15. B 16. A 17. C 18. D 19. C

第九节

1. B 2. C 3. D 4. C 5. D 6. B 7. A 8. B 9. B 10. D 11. A 12. D

第十节

1. D 2. C 3. C 4. B 5. C 6. D 7. C 8. A 9. B 10. D 11. A 12. D 13. B 14. C 15. B

第十一节

1. D 2. D 3. B 4. D 5. C 6. D 7. A 8. B 9. C

第四章

第一节

1. A 2. A 3. D 4. B 5. C 6. A 7. B 8. C 9. D 10. B 11. A 12. D 13. D 14. C 15. B 16. B 17. C 18. B 19. B 20. B 21. B 22. A 23. A 24. B 25. B 26. A 27. C 28. C 29. A

第二节

1. D 2. B 3. C 4. B 5. A 6. B 7. D 8. B 9. A 10. D 11. B 12. D 13. A 14. B 15. D 16. B 17. C 18. A 19. B 20. C 21. D 22. C 23. B 24. C 25. A 26. D 27. D 28. D 29. B 30. C 31. B 32. D 33. C 34. B

35. D 36. A 37. C 38. C 39. B 40. B 41. C 42. B 43. D 44. B 45. A
46. B 47. C 48. A 49. D 50. B 51. A 52. B 53. A 54. B 55. A

第三节

1. A 2. B 3. C 4. A 5. B 6. B 7. D 8. C 9. A 10. C 11. A 12. C
13. D 14. A 15. C 16. C 17. A 18. B 19. B 20. B 21. C 22. C 23. C 24. B
25. B 26. A 27. B 28. A 29. B 30. C 31. B 32. B 33. A 34. A 35. C 36. C
37. B 38. A 39. A 40. A 41. A 42. B 43. B 44. D 45. C 46. A 47. D

第四节

1. D 2. C 3. D 4. B 5. A 6. B 7. C 8. A 9. D 10. C 11. D 12. B
13. D 14. A 15. A 16. C 17. C 18. D 19. B 20. B 21. A 22. C 23. B
24. B 25. D 26. C 27. A 28. D 29. C 30. A 31. C 32. B

参 考 文 献

第 一 章

［1］国家安全生产监督管理总局，国家煤矿安全监察局.煤矿安全规程（2016）
［2］GB 3836.1—2010 《爆炸性环境　第一部分：设备　通用要求》
［3］GB 6722—20114　爆破安全规程

第 二 章

［4］GB 16423—2006　金属非金属矿山安全规程
［5］AQ2006—2005　尾矿库安全技术规程
［6］GB 6722—2014　爆破安全规程
［7］尾矿库安全监督管理规定（国家安全生产监督管理总局）

第 三 章

［8］GB 12710—2008　焦化安全规程
［9］GB 6222—2005 工业企业煤气安全规程
［10］GB 16912—2008　氧气与相关气体安全技术规范
［11］GB 30186—2013　氧化铝安全生产规范
［12］GB 29741—2013　铝电解安全生产规范
［13］GB/T 29520—2013　铜冶炼安全生产规范
［14］GB/T 29519—2013　铅冶炼安全生产规范
［15］AQ 2025—2010　烧结球团安全规程
［16］AQ 2002—2004　炼铁安全规程
［17］AQ 2001—2004　炼钢安全规程
［18］AQ 2003—2004　轧钢安全规程
［19］YS/T 1094—2015　铝用预焙阳极安全生产规范
［20］有色金属压力加工企业安全生产标准化评定标准
［21］冶金行业较大危险因素辨识与防范指导手册

第 四 章

第一节

［22］烟花爆竹生产经营单位重大生产安全事故隐患判定标准（试行）（安全监管总局）
［23］烟花爆竹生产经营安全规定（安全监管总局令第 93 号）
［24］烟花爆竹生产企业安全生产许可证实施办法（安全监管总局令第 54 号）

[25] 烟花爆竹经营许可实施办法（安全监管总局令第 65 号）

第二节

[26] GB 6722—2014　爆破安全规程

[27] GB 28263—2012　民用爆炸物品生产、销售企业安全管理规程

[28] GB 50089—2018　民用爆炸物品工程设计安全标准

第三节

[29] 中华人民共和国电力法（2015 年第二次修订）

[30] 国务院令第 599 号　电力安全事故应急处置和调查处理条例

[31] 国能安全〔2013〕427 号　防范电力人身伤亡事故的指导意见

[32] 国能安全〔2014〕161 号　防止电力生产事故的二十五项重点要求

[33] 国能安全〔2014〕205 号　电力安全事件监督管理规定

[34] 国能安全〔2014〕198 号　关于做好电力安全信息报送工作的通知

[35] GB 26164.1—2010　电力安全工作规程　热力和机械部分

[36] GB 26859—2011　电力安全工作规程　电力线路部分

[37] GB 26860—2011　电力安全工作规程　发电厂和变电站电气部分

[38] DL/T 796—2012　风力发电场安全规程

[39] DL/T 710—1999　水轮机运行规程

[40] DL/T 751—2014　水轮发电机运行规程

[41] DL/T 1123—2009　火力发电企业生产安全设施配置标准

第四节

[42] 海洋石油安全管理细则（安全监管总局令第 25 号）

[43] AQ 2012—2007　石油天然气安全规程

第 五 章

[44] 宋大成. 事故案例分析——内容精讲与试题解析. 5. 北京：中国石化出版社，2013

[45] 中国安全生产协会注册安全工程师工作委员会.安全生产事故案例分析（2008 版）.北京：中国大百科全书出版社，2008